CONSTRUCTION MATERIALS ENGINEERING

제4판

토목재료학

김성수 · 유재석 · 이승태 · 정호섭 공 저

도서출판 구미서관

머리말

과학기술의 눈부신 발전과 더불어 건설기술분야에 있어서도 비약적인 진보를 이루었으며, 날로 고기능화 복잡화되는 토목기술에 있어서 토목재료가 미치는 영향은 대단히 크다. 그에 따라 토목재료로 기존 재료의 특성을 개선하고 신재료에 대한 연구 개발이 활발해지고 있다.

토목재료라고 하면 과거의 목재, 석재, 점토재료 위주에서 철강재, 콘크리트 및 아스팔트가 주종을 이루는 시대로 바뀌었으며, 최근에는 고급강재, 고품질의 콘크리트, 다양한 고분자재료 등 신소재들이 개발되고 있으며 그 수요도 점차 증가하고 있는 추세이다.

특히 토목구조물이 가혹한 기상조건에 잘 견디어야 하며 또한 구조물의 대형화, 경량화 및 기능의 다양화라는 시대적 요청에 부응하기 위해서는 새로운 기술, 새로운 공법과 새로운 재료의 탄생이 없이는 이들 제 조건을 만족시키기 어렵다고 생각된다.

이 책은 주로 대학에서 건설관련학과를 전공하는 학생들의 교과서로, 건설기술자들의 참고서적으로서 기본적인 사항만을 골라 편집하였다. 또한 국토교통부 고시 2016-438에 의한 '건설기준 통합코드'로서 2021년 설계기준(KDS, Korean Design Standard)과 시공기준(KCS, Korean Construction Specification)을 참고하였으며, 다양한 토목재료 중 가장 많이 사용하고 있는 시멘트, 골재, 콘크리트, 금속재료 및 역청재료를 중심으로 설명하고 특히 보통콘크리트 이외의 콘크리트를 특수콘크리트 편으로 분리하여 보다 이해가 쉽게 집필하려고 노력하였다. 또한, 이번 제4판에서는 국제화 흐름에 맞춰 단위를 전면 SI단위로 개정하였으며, 새로운 콘크리트에 대한 요구가 증가하고 있는 시점을 감안하여 여러 가지 기능성콘크리트를 추가하였으며, 화약에 대한 단원을 새로 편성하여 다양한 건설재료에 대하여 서술하였다. 그리고 새로 바뀐 용어에 대해서도 통일성있게 정리하였다. 한편 실무에 종사하면서 꼭 알아야 할 시멘트, 골재, 콘크리트 및 강재에 관한 실험방법을 부록에 실었으므로 재료실험을 익히고자 하는 공학도나 기술자에게 크게 도움이 될 것으로 생각된다.

토목재료학을 집필하면서 토목재료 전반에 대한 필자의 지식이 부족함을 느꼈으며 기회가 되는 대로 부족한 부분을 개정, 증보할 것을 약속하면서 독자들의 질책과 아울러 선배재현들의 각별하신 지도편달이 있으시길 바란다.

끝으로 본서는 은사님인 문한영 교수님께서 감수하신 책을 수정·보완하여 새롭게 출간하였으며 은사님께 다시 한번 깊은 감사를 드리고, 그동안 원고정리와 교정을 도와준 대진대학교, 한양대학교 콘크리트연구실 대학원생 여러분과 출판을 위해 애써 주신 구미서관 임해진 사장님을 비롯한 관계자 여러분께도 진심으로 감사드린다.

2022년 2월

저자 일동

목 차

제5장 • 콘크리트

제6장 • 특수콘크리트

제7장 • 콘크리트제품

제8장 • 금속재료

제10장 • 목재

제11장 • 석재

제12장 • 고분자 재료

제 1 장

총 론

제 1 장 총 론

1.1 개설

토목재료(土木材料)란 토목구조물을 축조하는데 사용되는 재료를 총괄하여 일컫는 말이며, 재료(materials)란 물건을 만드는데 필요한 원료이다.

토목재료를 넓은 의미에서 보면 토목구조물에 직접적으로 사용되는 재료이외에도 간접적으로 사용되는 가설공사용의 자재 및 구조물의 장치에 이용되는 모든 재료를 포함하고 있다.

근년에 와서 토목구조물의 종류, 용도 및 공법이 매우 복잡해지고 다양화됨에 따라 이들 조건을 만족시키는 구조물을 축조하기 위한 재료도 다종다양해 졌으며 토목구조물의 건설이 증대되고 규모도 대형화되어 많은 종류의 토목재료를 대량으로 사용하고 있다. 특히 토목구조물은 가혹한 기상작용과 주위환경의 영향을 많이 받기 때문에 구조물의 설계, 시공시 재료에 관한 지식이 매우 중요하며 재료의 기본적 성질을 충분히 파악, 이해하여 적재적소(適材適所)에 사용함으로써 합리적인 구조물의 설계, 시공이라는 목적을 달성할 수 있다.

한편 최근에는 기존의 재료를 토목구조물에 합리적으로 사용하는 것 뿐만이 아니라 사용에 적절한 재료의 개발이 요구되고 있다. 이러한 목적을 달성하기 위해서는 토목 재료학의 기초적 연구의 중요성을 재확인하는 것이 필요하다.

이 책에서는 토목구조물을 대상으로 하는 재료전반에 관하여 기술하고자 한다.

1.2 토목재료의 분류

일반적으로 토목재료를 분류하면 다음과 같다.

1 용도에 의한 분류

(1) 구조주재료(構造主材料)

구조물의 주체가 되는 것으로서 강도와 내구성이 필요한 재료를 말한다. 예를 들면 석재, 콘크리트, 시멘트 2차제품, 금속재료, 역청재료 등이다.

(2) 구조부재료(構造副材料)

구조용 주재료에 첨가 또는 부가하여 보조적 역할을 하는 피복, 절연, 단열, 장식 등의 목적으로 사용되는 재료로서 유리, 페인트, 합성수지 및 경금속재료 등이 있다.

2 생산에 의한 분류

(1) 천연재료(天然材料)

목재, 석재, 골재, 점토 등

(2) 인공재료(人工材料)

시멘트, 콘크리트, 금속, 역청재료 등

3 화학조성에 의한 분류

(1) 유기재료(有機材料)

목재, 역청재료, 고분자재료 등

(2) 무기재료(無機材料)

- 금속재료 – 철금속재료 : 주철, 연철, 강, 합금강 등
  – 비철금속재료 : 구리, 아연, 알루미늄, 납 등
- 비금속재료 : 석재, 시멘트, 콘크리트, 점토제품 등

1.3 재료에 요구되는 성질

토목재료 중에서 콘크리트와 철강 재료가 가장 많이 사용되고 있다. 그 이유는 토목재료에 요구되는 성질을 비교적 잘 만족시키기 때문이며 토목재료에 요구되는 성질은 다음과 같다.

1) 사용 목적에 알맞은 공학적 성질을 가질 것
2) 사용 환경에 대하여 안정성과 내구성을 가질 것
3) 대량공급이 가능할 것
4) 운반, 취급 및 가공이 용이할 것
5) 경제성이 있을 것

1.4 재료의 일반적 성질

재료의 기본적 성질은 역학적 성질, 물리적 성질 및 화학적 성질로 나눌 수 있으며 이들 성질은 다음과 같다.

1.4.1 역학적 성질

1 탄성(elasticity)과 소성(plasticity)

물체에 외력이 작용하면 변형이 생기며 이 외력을 제거하면 원래의 모양, 크기로 되돌아가는 성질을 탄성(彈性)이라 한다. 그러나 외력을 제거하여도 변형된 그대로 모양, 크기가 원형으로 되돌아가지 않는 성질을 소성(塑性)이라 한다.

엄밀한 의미에서 많은 재료는 위의 두 가지 성질을 가지고 있어 완전한 탄성체 또는 소성체라고 하는 것은 드물다. 그러나 대부분의 구조재료는 공학적으로 사용되는 범위에서는 탄성체로 취급되는 경우가 많다.

2 응력–변형률곡선(stress–strain curve)

재료의 외력과 변형과의 관계를 나타내는 데는 응력–변형률곡선(應力–變形率曲線)이 사용된다.

(1) 응력(stress)

물체에 외력이 작용했을 때 생기는 내력(內力)을 원래의 단면적으로 나눈 값을 말한다. 즉, 단위면적당 작용하는 힘을 말하며 단위는 N/mm^2 또는 MPa 등으로 나타낸다.

(2) 변형률(strain)

물체가 외력을 받아 변형되는 단위길이당의 변형량을 말하며 그 값은 무차원으로 나타낸다.

그림 1.1은 연강재에 외력이 작용했을 때 생기는 응력과 변형률의 관계를 곡선으로 나타낸 것이며 그림에서 각 점의 명칭은 다음과 같다.

- 비례한도(比例限度 ; proportional limit) : 탄성한도내에서 응력과 변형률이 비례하는 최대한도(P 점)
- 탄성한도(彈性限度 ; elastic limit) : 외력을 제거해도 영구변형을 남기지 않고 원래의 상태로 되돌아가는 응력의 최대한도(E 점)
- 항복점(降伏點 ; yielding point) : 외력은 증가하지 않는데 변형이 급격히 증가하였을 때의 응력(Y_1은 상항복점, Y_2는 하항복점)

▸ 극한강도(極限强度 ; ultimate strength) : 응력의 최대값(U 점)
▸ 파괴점(破壞點 ; breaking point) : 재료가 파괴되는 점(B 점)

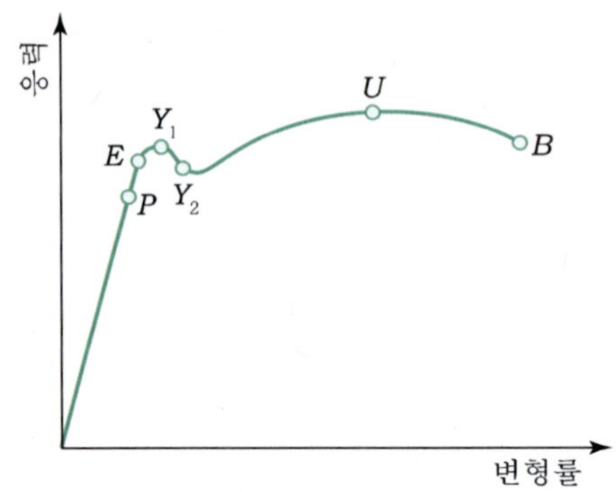

그림 1.1 연강재의 응력-변형률 곡선

한편 동, 알루미늄과 같이 재료에 따라서는 항복점이 명확하지 않는 경우가 있으며 이런 때에는 그림 1.2에서와 같이 응력을 0(零)으로 했을 때 남는 변형률, 즉 잔류변형률의 0.2% 영구변형율을 가지는 점을 항복점으로 취하며 이것을 0.2% 내력(耐力 : offset point)이라 한다.

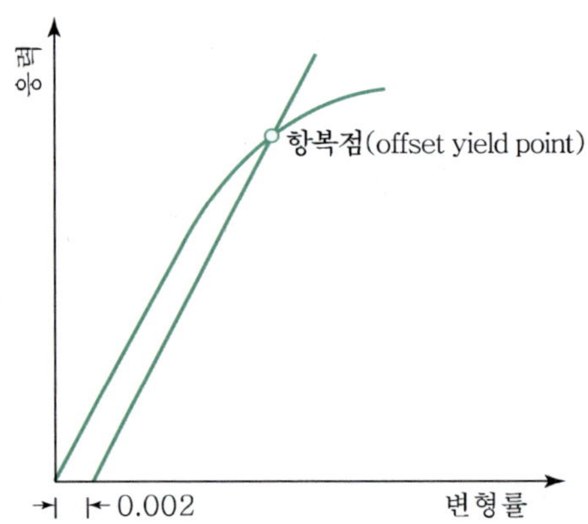

그림 1.2 항복점이 명확하지 않는 강재의 응력-변형률 곡선

3 탄성계수(modulus of elasticity)

재료는 탄성한도내에서 응력은 변형률에 비례한다. 이러한 성질을 후크의 법칙(Hook's law)이라고 한다. 어떤 재료의 단면적 A, 길이 l 의 부재에 하중 P 가 작용하여 길이가 Δl 만큼 변하였다면 후크의 법칙에 의하여 응력 f 는 변형률 ε 에 비례하며 이때 비례상수를 탄성계수(彈性係數) 또는 영계수(Young's modulus)라 하고 E 로 표시한다.

$$E=\frac{f}{\varepsilon}=\frac{\frac{P}{A}}{\frac{\Delta l}{l}}=\frac{P\cdot l}{A\cdot\Delta l} \tag{1.1}$$

또한 재료가 전단력 Q 를 받는다면 전단응력 τ 와 전단변형률 γ 는 비례하며 이때의 비례 상수를 전단탄성계수(shear modulus of elasticity)라 하고 G 로 표시한다.

$$G=\frac{\tau}{\gamma}=\frac{\frac{Q}{A}}{\frac{e}{l}}=\frac{Q\cdot l}{A\cdot e} \tag{1.2}$$

탄성체에 크기가 같고 서로 직각되는 방향으로 외력이 작용하면, 그 체적에 변화가 일어난다. 그 외력을 P , 원래의 체적을 V , 체적변화를 ΔV 라 하면

$$K=\frac{P}{\Delta V/V}=\frac{P\cdot V}{\Delta V} \tag{1.3}$$

K를 체적탄성계수(modulus of elasticity of volume, bulk modulus)라 한다.

탄성체는 인장력이나 압축력이 작용할 때 그 응력의 방향에 변형률이 생기는 동시에 그 직각의 횡방향에도 변형률이 생긴다. 이 두 변형률의 비를 포와송의 비(Poisson's ratio) ν라 하며 포와송의 역수를 포와송의 수(Poisson's number) $m=\frac{1}{\nu}$라 한다.

$$\nu=\frac{1}{m}=\frac{\text{축과 직각방향 변형률}}{\text{축방향 변형률}} \tag{1.4}$$

강재 및 콘크리트의 포와송비 ν는 각각 0.3 및 0.17~0.2 정도이며, 보통 재료에서는 m 값이 3~4이다. 이상의 탄성계수, 포와송비 및 전단탄성계수 사이에는 다음과 같은 관계가 성립한다.

$$E=2G(1+\nu) \tag{1.5}$$

$$G=\frac{mE}{2(m+1)} \tag{1.6}$$

4 강도(strength)

재료의 강도(强度)란 물체에 하중이 작용할 때 그 하중에 저항하는 능력을 말하며 재료에 하중을 가하여 파괴에 도달했을 때의 하중을 그 공시체에 최초 단면적으로 나눈 값으로서 공칭응력(nominal stress)이라 하며 일반적으로 이를 강도(strength)라 한다. 단위는 일반적으로 N/mm^2, N/m^2 등으로 나타낸다. 강도는 하중 속도 및 작용에 따라 정적강도, 충격강도, 피로강도, 크리프강도 등으로 구별된다.

(1) 정적강도(static strength)

재료에 비교적 느린 속도로 하중을 가하여 파괴되었을 때 파괴시의 응력을 정적강도(靜的强度)라 하며 압축강도, 인장강도, 휨강도, 전단강도, 비틀림강도, 지압강도 등이 있다.

(2) 충격강도(impact strength)

재료에 충격적인 하중이 작용할 때 여기에 대한 저항성을 충격강도(衝擊强度)라 하며 정적강도와 구별한다. 충격강도는 재료의 파괴에 요구되는 에너지로서 나타내며 이것을 충격치(impact value)라 한다.

(3) 피로강도(fatigue strength)

하중이 반복 작용할 때 재료가 정적강도보다도 낮은 강도에서 파괴되는 현상을 피로파괴(疲勞破壞)라고 한다.

금속의 반복하중 시험으로서 그림 1.3과 같은 $S-N$ 곡선을 얻을 수 있으며 이 곡선으로 재료의 피로특성을 알 수 있다. 여기서 S는 응력 또는 정적강도에 대한 응력의 비, N은 S에 대응하는 파괴까지의 반복횟수이다. 이 그림에서 피로한계(疲勞限界) 이하에서는 N을 증가시켜도 파괴가 일어나지 않으며 $S-N$ 곡선은 수평이 된다. 비철금속이나 콘크리트 등의 재료는 $S-N$ 곡선에 수평부가 생기지 않는다.

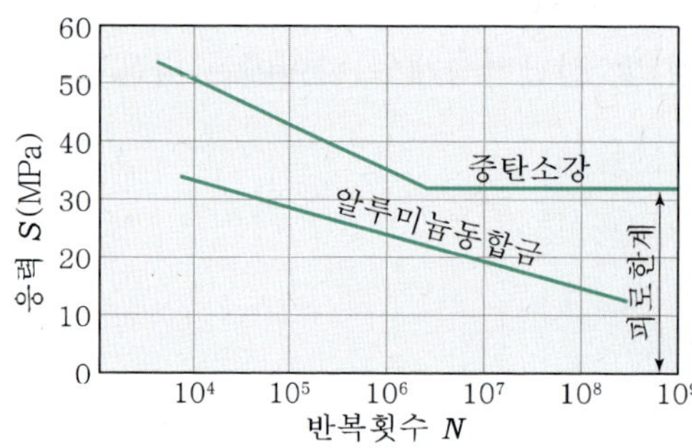

그림 1.3 $S-N$ 곡선

(4) 크리프(creep)

재료에 일정한 하중이 지속적으로 장시간에 걸쳐 작용할 때 시간의 경과와 함께 변형이 증가하는 현상을 크리프라 하며 이로 인하여 재료가 파괴되는 현상을 크리프 파괴(creep rupture)라 한다. 이때 크리프 파괴가 생기지 않는 지속응력의 한계를 크리프 한계(creep limit)라 한다. 또 어느 규정시간 내에 크리프 파괴를 일으키는 응력을 이 재료의 크리프 강도라 한다.

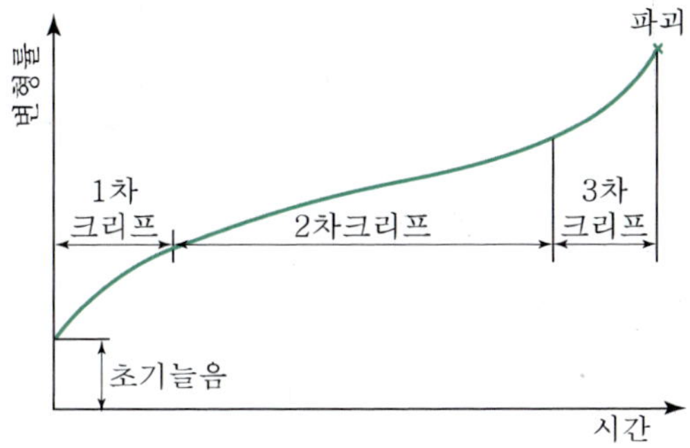

그림 1.4 전형적인 크리프 곡선

(5) 릴랙세이션(relaxation)

재료에 외력을 작용시키고 변형을 억제하면 시간이 경과함에 따라 재료의 응력이 감소하는 현상을 응력완화(應力緩和) 또는 릴랙세이션(relaxation)이라 한다.

기타 성질로서 강성, 연성, 취성, 인성, 전성 및 경도 등이 있다.

- 강 성(剛性 ; rigidity) : 외력을 받아도 변형을 적게 일으키는 재료를 강성이 큰 재료라고 한다. 강성은 탄성계수와 관계가 있으나 강도와는 직접적인 관계가 없다.
- 연 성(延性 ; ductility) : 재료에 인장력을 주어 가늘고 길게 늘어나게 할 수 있는 재료를 연성이 풍부하다고 한다(예 고무, 압연강 등).
- 취 성(脆性 ; brittleness) : 작은 변형에도 파괴되는 성질을 말하며 취성재료는 충격강도와 밀접한 관련이 있고 구조물이 취성을 가지면 갑자기 파괴될 위험이 있다.
- 인 성(靭性 ; toughness) : 재료가 하중을 받아 파괴될 때까지의 에너지 흡수능력으로 나타내며, 높은 응력에 견디며 아울러 큰 변형을 나타내는 성질을 말한다.
- 전 성(展性 ; malleability) : 재료를 두들길 때 엷게 펴지는 성질을 전성이라 한다(예 금, 납 등)
- 경 도(硬度 ; hardness) : 재료의 긁기, 절단, 마모 등에 대한 저항성을 말한다.

취성, 인성, 연성을 가진 재료의 응력-변형률 곡선의 특성을 나타낸 것이 그림 1.5이다.

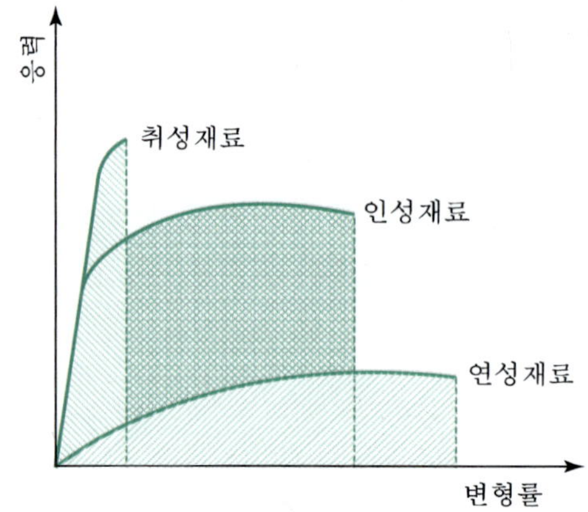

그림 1.5 취성, 인성, 연성을 가진 재료의 응력-변형률 곡선

1.4.2 물리적 성질

1 중량에 관한 성질

(1) 비중(比重 ; specific gravity)

재료의 중량을 동일 체적의 4℃ 때의 물의 중량으로 나눈 값을 말하며 재료내의 공극이나 수분을 제외한 실질적인 비중을 진비중(眞比重), 공극과 수분을 제외하지 않는 비중을 겉보기 비중이라 한다. 단위는 무차원이다.

(2) 단위질량

단위용적당의 중량으로 단위는 kg/cm^3, kg/l 등이 사용된다.

(3) 함수율(含水率 ; water content)

재료 중에 함유되어 있는 물의 중량을 그 재료의 건조시 중량으로 나눈 값을 말하며 완전히 건조된 재료는 함수율이 0이다.

2 열에 관한 성질

(1) 비열(比熱 ; specific heat)

중량 1g의 재료의 온도를 1℃ 높이는데 필요한 열량을 그 재료의 비열이라 한다. 물의 비열은 1cal/g · ℃ 이다.

(2) 열전도율(熱傳導率 ; thermal conductivity)

단위두께를 가진 재료의 상대하는 두 면에 단위 온도차를 줄 때 단위시간에 전해지는 열량을 말한다. 단위는 cal/cm・sec・℃ 또는 kcal/m・h・℃이며, 열전도율의 역수를 열전도비저항(m・h・℃/kcal)이라 하여 재료의 단열성을 나타낸다.

(3) 열팽창계수(熱膨脹係數 ; coefficient of thermal expansion)

재료가 온도의 변화에 따라 팽창 및 수축하는 비율을 말한다. 두 점 사이의 거리의 경우를 선팽창계수, 물체의 체적의 경우 체적팽창계수라 한다. 일반적으로 체적팽창계수는 선팽창계수의 3배로 생각하며 단위는 l/℃로 나타낸다.

(4) 연화점(軟化點 ; softening point)과 인화점(引火點 ; flash point)

아스팔트와 같은 재료에 열을 가하면 점차 물러지기 시작하며 액체로 된다. 이때의 온도를 연화점이라 하고 계속하여 열을 가하면 증발가스가 발생하며 불이 붙는 온도를 인화점이라고 한다.

3 전기에 대한 성질

(1) 비저항(比抵抗 ; specific resistance)

단위길이와 단위 단면적을 가진 재료의 전기저항을 비저항이라 하며 단위는 Ω・m로 나타낸다. 비저항은 물질이 얼마나 전류를 잘 흐르게 하는 가에 대한 양이며 비저항의 역수는 비전도도 또는 전기전도율(electric conductivity)이라 한다.

(2) 비전도도(比電導度)

물체들의 단위부피에 대한 전기전도도이다.

4 음에 대한 성질

(1) 흡음율(吸音率 ; sound absorbing coefficient)

벽체에 강도 e의 음을 투사하면 음은 벽체를 통과한 다음, 공간에 확산한다. 이 때 벽면에서의 반사량 e_1, 흡수량 e_2, 벽면에 전달되어 다른 부분에 방산된 양을 e_3, 벽체를 통과한 양을 e_4라 할 때 e_1/e를 반사율, e_4/e를 투과율(transmission factor)이라 한다. 이들은 벽체의 음향적 성질을 나타내는 지표이며 e_4는 벽체재료보다 오히려 벽체구조에 좌우된다. 또 흡음율 α는 다음 식으로 나타낸다.

$$\alpha = 1 - \frac{e_1}{e} \tag{1.7}$$

(2) **차음율(遮音率 ; sound insulating coefficient)**

투과율의 역수를 차음율이라 한다. 차음율 R는 다음 식으로 나타내며 단위 dB(decibel)로 나타낸다.

$$R = 10\log_e \frac{e}{e_4} \tag{1.8}$$

5 빛에 대한 성질

(1) **투과율(透過率 ; transmission factor)**

광선이 채광재료를 얼마나 투과하느냐의 정도, 즉 투과율은 입사하는 광속에너지에 대해 투과하는 광속에너지의 비율의 백분율로 표시한다. 투과율은 재료 표면의 평활도, 두께, 가시광선, 적외선, 자외선 등의 파장에 따라 달라진다.

(2) **반사율(反射率 ; reflection factor)**

재료에 대한 빛의 반사는 난반사와 정반사로 구분하여 생각할 수 있는데 난반사는 재료의 색깔을 표현하고 정반사는 재료의 광택을 나타낸다. 반사율은 재료에 입사하는 광속에너지에 대해 반사하는 광속에너지의 비율의 백분율로 표시한다.

1.4.3 화학적 성질과 내구성

재료의 화학적 성질에는 재료의 화학성분이나 화학적 조직, 화학반응, 재료의 화학약품에 대한 저항성 등 중요한 성질이 포함되어 있다. 재료가 건습(乾濕) 및 동결융해의 반복, 마모 및 기계적 작용이나 화학적 작용에 저항하는 성질을 내구성(耐久性)이라 한다.

(1) **내후성(耐候性)**

동결융해, 건습, 온도변화 등 풍화작용에 대해 저항하는 성질

(2) **내마모성(耐磨耗性)**

유수, 유사, 기계적 작용 등의 마모작용에 대해 저항하는 성질

(3) 내식성(耐蝕性)

철강의 녹, 목재의 부식 등의 작용에 대해 저항하는 성질

(4) 내화학약품성(耐化學藥品性)

산, 알칼리, 염류, 기름 등의 작용에 대해 저항하는 성질

(5) 내생물성(耐生物性)

충류(蟲類), 균류(菌類) 등의 작용에 대해 저항하는 성질

1.5 산업표준화 및 규격

1 산업표준화

산업표준화란 생산, 유통, 소비면의 능률 증진 및 경제성을 높이며 자원난 및 에너지고갈의 타개책으로 표준화 사업이 매우 중요시되고 있다. 산업표준화함으로써 발생되는 효과를 살펴보면 다음과 같다.

1) 생산능률의 증진과 생산비 절감
2) 품질개선
3) 자료의 절약
4) 교환성의 확보
5) 소비사용의 합리화
6) 기술향상

2 규격

토목재료를 위시한 공산품에 대한 일정한 규격을 정하여 동일 종류의 품질, 모양, 크기, 시험방법 등을 나라별 또는 국제적으로 통일함으로써 생산자와 수요자에게 경제적 설계 및 시공에 이익과 편의를 가져오며 아울러 불량품의 도태와 제품의 질적 향상에 큰 공헌을 하게 된다. 토목재료의 규격도 각국마다 얼마간의 차이는 있으나 그 제정목적은 같다고 할 수 있다. 1947년 국제표준화기구(ISO : International Organization for Standardization)가 설립되어 세계 각국의 산업규격을 통일시키고자 노력하고 있다. 한국산업규격(KS : Korean Industrial Standards)도 1962년 제정되었으며, 한국산업규격은 공업기술 발달에 대처하기 위하여 산업표준화법 제11조에 의하여 제정 후 매 5년마다 산업표준심의회에서 확인을 거치게 되며 필요할 때는 개정 또는 폐지할 수 있도록 되어 있다. 그리고

KS에 의한 제품품질 및 가공기술을 보증함으로써 소비자에게 제품에 대한 신뢰성을 부여하고 생산자에게도 표준화와 품질관리를 통한 품질향상, 원가절감, 생산성을 도모하여 국민복지 향상에 이바지하는 제도이다.

현재 한국산업규격은 표 1.1과 같이 기본부문(A)부터 정보산업부문(X)까지 21개 부문으로 구성되며 크게 다음 세 가지 국면으로 분류할 수 있다.

① 제품표준 : 제품의 형상·치수·품질 등을 규정한 것
② 방법표준 : 시험·분석·검사 및 측정방법, 작업표준 등을 규정한 것
③ 전달표준 : 용어·기술·단위·수열 등을 규정한 것

표 1.1 한국산업규격의 분류체계

분류기호	대분류	중분류
A	기본	기본 일반/포장 일반/공장 관리/방사선(능) 관계/기타
B	기계	기계 기본/기계 요소/공구/공작 기계/측정 계산용 기계 기구 물리기계/ 일반 기계 /산업 기계/농업 기계/열사용 및 가스기기
C	전기전자	전기전자 일반/측정 및 시험용 기계 기구/전기 재료/전선, 케이블 및 전로용품/전기 기계 기구/통신 전자기기 및 부품/진공관 및 전구/조명 배선 전기 기구/전기 응용 기계 기구
D	금속	금속 일반/분석/원재료/분석/강재/주강 및 주철/신동품/주물/신재/2차 제품/가공 방법/기타
E	광산	일반 정의 및 기호/채광/채광 및 광산물/보안/선광 및 선탄/운반포장
F	건설	일반 구조/시험 검사 측정/재료 및 부재/시공
G	일용품	문방구 및 사무용품/잡품 가정용품/가구 및 실내 장식품/운동용구/특수 공예품
H	식품	농산물가공/축산물가공/수산물가공/첨가물
I	환경	환경일반/환경평가/대기/수질/토양/폐기물/소음진동/악취/해양환경/기타
J	생물	생물일반/생물공정/생물화학 · 생물연료/산업미생물/생물검정 · 정보/기타
K	섬유	일반 시험 및 검사/면직/마제품/편직물/피복/직물 편물 제조기
L	요업	도자기/유리/내화물/점토제품/시멘트 석면제품/연마재 특수요업제품/요업용 특수기기/기타
M	화학	일반/공업약품/유지 광유/플라스틱 사진재료/염료 폭약/안료 도료 잉크/고무 피혁/종이 펄프/시약
P	의료	일반/일반의료기기/치과재료/의료용설비 및 기기/의료용구
Q	품질경영	품질경영 일반/공장관리/관능검사/시스템인증/적합성평가/통계적기법 응용/기타
R	수송기계	자동차일반/시험 검사 방법/공통부문/기관/차체/전기 장치 계기/수리 조정 시험/수리 기구/자전거/철도용품
S	서비스	서비스일반/산업서비스/소비자서비스/기타

표 1.1 한국산업규격의 분류체계(계속)

분류기호	대분류	중분류
T	물류	물류일반/포장/보관・하역/운송/물류정보/기타
V	조선	일반/선체/기관/전기기/항해용 기기 계기
W	항공우주	일반/전용재료/표준 부품/기체(장비 포함)/발동기/계기
X	정보	정보기술용어 일반/문자세트 보안 부호화/정보기술용 언어 소프트웨어공학 컴퓨터그래픽스/데이터통신망/정보기기 데이터 저장매체/IT응용

외국의 규격으로써 건설재료와 관계있는 규격 또는 규격제정기관은 표 1.2와 같다.

표 1.2 외국의 규격 및 제정기관

국명	약자	제정기관명
국제	ISO	International Organization for Standardization
미국	ASTM	American Society for Testing and Materials
영국	BS	British Standards
독일	DIN	Deutsche Industrie Norm
프랑스	NF	Norm Francaise
일본	JIS	Japanese Industrial Standards

이외에도 국제재료시험협회(International Association for Testing Materials ; IATM), 미국주도로기술자협회(American Association of States Highway and Transportation Officials ; AASHTO), 미국콘크리트학회(American Concrete Institute ; ACI) 등 수많은 규격협회가 있다.

연습문제

1.1 토목재료가 차지하는 역할에 대하여 논하라.

1.2 실제의 설계 시공에 앞서 검토하고 파악해야 할 토목재료의 제성질에 대하여 설명하라.

1.3 재료의 응력-변형률 곡선의 특성을 비교하여 설명하라.

1.4 토목재료에 일반적으로 요구되는 물리적 성질에 대하여 설명하라.

1.5 산업표준화의 중요성과 산업규격의 필요성에 대하여 설명하라.

1.6 지름 10mm의 강봉에 20kN의 하중이 작용할 때 이 강봉의 응력과 변형률을 구하라. 단, 강봉의 탄성계수는 2.0×10^5MPa이다.

1.7 지름 15mm의 원형봉에 50kN의 하중이 작용할 때 응력을 구하라.

1.8 지름 120mm, 길이 240mm의 콘크리트 공시체에 500kN의 압축하중이 작용한다면 이 공시체는 얼마나 줄어들겠는가? 단, 콘크리트의 탄성계수는 2.1×10^4MPa이다.

제 2 장

시멘트

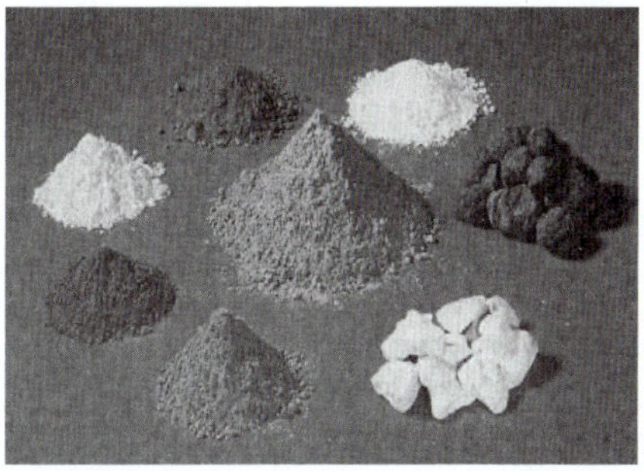

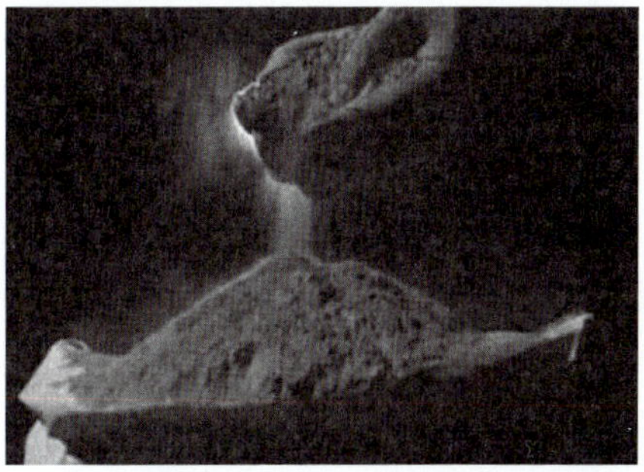

제 2 장 시멘트

2.1 개설

시멘트(cement)란 넓은 의미에서 물질과 물질을 접합시키는 성질을 가진 모든 재료를 말하며 좁은 의미에서는 무기질 결합재(inorganic cementing materials)를 말한다.

시멘트의 어원(語源)은 라틴어의 부순물(caeder)이라는 의미의 caementum이 cement로 바뀌었다고 하며 독일어의 Zement, 프랑스의 ciment, 일본에서는 세멘토(セメント)로 불린다.

시멘트는 크게 수경성(水硬性)시멘트와 기경성(氣硬性)시멘트로 분류하며, 수경성시멘트는 포틀랜드시멘트, 혼합시멘트 및 특수시멘트로 분류한다.

2.1.1 시멘트의 역사

무기질 결합재료로서 시멘트 중에서 가장 오래된 것은 소석고(燒石膏)로서 약 5000년 전에 건설된 이집트의 피라미드에서는 소석고와 모래를 섞은 모르타르를 석재의 줄눈에 사용하였다. 석회석을 구워서 만든 소석회(燒石灰)가 사용되기 시작한 것은 고대 그리스 시대부터이며, 1756년 영국의 John Seaton이 점토분을 함유하는 석회석을 구우면 수경성의 석회가 되는 것을 발견하여 수경성석회(hydraulic lime)로 시멘트의 시초를 열었다.

1796년 영국의 James Parker는 천연 시멘트의 일종으로 Seaton과 비슷한 방법으로 점토를 함유한 석회석을 불에 구워 파커시멘트(Parker's cement)라 불리는 수경성의 분말을 제조하여 특허를 얻어 이를 로만시멘트(Roman cement)라 하며 한때 널리 사용되었다.

1818년 L. J. Vicat가 석회석과 점토질 석회를 구워 만든 천연시멘트(natural cement)를 발명, 이것이 오늘날 포틀랜드시멘트(portland cement)의 시작이라고 볼 수 있다.

오늘날 사용되고 있는 시멘트는 1824년 영국의 벽돌공 Joseph Aspdin(1779~1855)이 석회석을 분쇄한 후 구워서 생석회를 만들고 여기에 일정비율의 점토를 혼합하여 물을 가한 후 다시 미분쇄하여 건조시킨 것을 석회요(石灰窯)와 같은 가마에 넣어 소성(燒成)하고 이것을 다시 미분쇄시키는 방법으로 특허를 얻었는데, 이것은 경화 후 외관이 당시 포틀랜드 섬에서 생산되는 석회석과 비슷하여 포틀랜드 시멘트라 불리게 되었다.

그 후 프랑스(1848년), 독일(1850년), 미국(1871년), 일본(1875년)에서도 시멘트의 제조가 시작되었으며, 1887년 독일의 Konen 및 Wayss에 의하여 철근콘크리트의 기초적 원리가 확인됨에 따라 구조물의 종류, 용도 및 시공 등에 점차 다양해지고, 이에 따른 새로운 요구에 부응하여 여러 종류의 시멘트의 개발이 진행되어 왔다.

한편, 우리나라의 시멘트 산업을 살펴보면 1919년 평양 근교에 연간 생산량 30만 톤의 건식공장을 건설한 것이 최초이고, 1945년 해방당시 6개 공장의 총 생산능력은 약 170만톤 정도였으나, 그 후 1962년부터 이루어진 경제개발 5개년계획에 발맞춰 급속한 성장을 하여 1975년에는 1,000만톤의 규모로 되었다. 그동안 우리 시멘트 업계는 꾸준히 공장의 증설을 계속해 왔을 뿐만 아니라 경영의 합리화 및 다각적인 신제품 개발에 힘써온 결과, 1988년에는 연간 총 생산 능력 3,150만톤의 규모의 생산 시설을 갖추게 되었고, 1992년에는 10개에 달하는 시멘트 업체의 총생산 능력이 연 4,800만톤에 달하는 규모로 성장하였다. 시멘트 공급량은 내수출하량 기준으로 2003년에 5,530만톤으로 고점(高點)을 형성한 이후에 2004~2005년에 걸쳐 감소하다 2006년도에 전년대비 7% 증가하여 2007년 현재 5,078만톤에 달하고 있다.

2.1.2 시멘트의 종류

시멘트는 그 종류가 많기 때문에 분류 방법도 여러 가지 제안되고 있으나 M. Spendel의 분류 방법이 가장 일반적이다.

시멘트를 크게 분류하면 공기중에서 경화하는 기경성시멘트(non-hydraulic cement)와 수분에 의해서 경화하는 수경성시멘트(hydraulic cement)로 분류하고 있다. 그러나 시멘트는 조성화합물의 결합상태와 함유량에 따라 경화상태가 달라지고 그 성질과 용도에 따라 종류가 다양하다. 또한 최근에도 새로운 계통의 시멘트가 출현하고 있으나, 국내에서 생산되는 시멘트는 보통포틀랜드시멘트가 대부분이며 단순히 시멘트라 함은 보통포틀랜드시멘트를 의미한다고 생각해도 무방하다. 현재 토목건축용으로 사용되는 시멘트는 우리나라 산업규격에 다음과 같은 종류가 있다.

(1) 포틀랜드시멘트(portland cement)

1) 1종 : 보통포틀랜드시멘트(ordinary portland cement, KS L 5201)
2) 2종 : 중용열포틀랜드시멘트(moderate heat portland cement, KS L 5201)
3) 3종 : 조강포틀랜드시멘트(early strength portland cement, KS L 5201)
4) 4종 : 저열포틀랜드시멘트(low heat portland cement, KS L 5201)
5) 5종 : 내황산염포틀랜드시멘트(sulfate resisting portland cement, KS L 5201)
6) 백색포틀랜드시멘트(white portland cement, KS L 5204)

(2) 혼합시멘트(blended cement)

1) 고로슬래그 시멘트(blast-furnace slag cement, KS L 5210)
2) 플라이애시시멘트(fly-ash cement, KS L 5211)
3) 포틀랜드 포졸란시멘트(portland pozzolan cement, KS L 5401)

(3) 특수시멘트(special cement)

1) 내화물용 알루미나 시멘트(KS L 5205)
2) 박리 팽창 질석을 사용한 단열시멘트(KS L 5216)
3) 팽창성 수경 시멘트(KS L 5217)
4) 메이슨리 시멘트(KS L 5219)

이 밖에도 KS에는 규정되어 있지 않으나 특수시멘트로서 초분말시멘트, 초속경시멘트, 유정(oilwell)시멘트, 초조강시멘트, 알루미나시멘트, 컬러(color)시멘트 등이 개발되어 있다.

2.2 시멘트의 제조

2.2.1 시멘트의 원료

포틀랜드시멘트의 제조에 필요한 주원료는 표 2.1과 같이 석회석, 점토, 규석, 슬래그 및 석고로서 석회질 원료와 점토질 원료를 4:1의 비율로 섞어 원료 약 1.5톤에 중유 100l, 전력 120kWh로 소성하면 탄산가스, 수분, 유기물 등이 분해되어 없어지고 약 1톤의 시멘트가 얻어진다.

표 2.1 포틀랜드시멘트의 주원료

원료	시멘트 1ton을 생산하는데 필요한 양	비고
석회석	약 1,130kg	일반적으로 $CaCO_3$로서 95% 이상의 양질의 것이 사용됨.
점토	약 240kg	점토, 혈암, 이암, 점판암 등
규석	약 50kg	점토 중의 SiO_2가 부족할 때 보충하기 위해 첨가. 연질규석, 가용성 백토 등
슬래그	약 35kg	점토 중의 Fe_2O_3를 보충하기 위해 구리에서 얻음. 펄라이트 신더(pearlite sinder) 등
석고	약 33kg	응결시간을 조절할 목적으로 첨가하는 것. 화학석고, 천연석고 등

2.2.2 시멘트의 제조방법

시멘트의 제조방법에는 건식법, 습식법, 반습식법의 3가지가 있다.

(1) 건식법(dry process)

석회석, 점토, 슬래그 등의 원료를 건조한 후 적당한 비율로 조합하여 원료 분쇄기에서 미분쇄하여 회전로(rotary kiln)에 투입하여 소성하는 방법이다(그림 2.1). 석회석과 점토원료를 따로 분쇄조합하여 소성하는 방법이므로 효율이 좋고 품질도 좋다. 습식법에 비하여 원료를 미분말화 하기가 쉽지 않고 또 먼지가 많이 난다.

그림 2.1 로터리킬른(kiln)

(2) 습식법(wet process)

원료를 건조시키지 않고 적당한 비율로 조합하여 원료분쇄기에 약 40%의 물을 가한 후 반죽상태로 만들어 분쇄기내에서 분쇄, 혼합, 균질화하여 회전로에 넣어 소성하는 방법이다. 원료를 미분말화 하기가 쉽고 먼지가 적게 나는 반면 많은 물을 포함한 원료를 소성하므로 열량의 손실이 많다.

(3) 반습식법(semi wet process)

반죽의 수분을 여과장치에서 약 절반으로 줄여서 회전로에 넣어 소성하는 방법으로 습식법의 단점을 보완하여 열량의 손실이 적다.

회전로에서의 소성반응을 살펴보면 회전로는 약 5%의 경사로 되어 있어 로의 회전에 따라 서서히 이동하여 소성대에 도달하여 클링커가 된다. 소성로에서의 소성반응은 그림 2.2와 같다.

소성된 클링커는 공기로 냉각시키거나 냉각기 등에 의하여 급냉한 후 마지막으로 분쇄기에서 석고와 함께 미분쇄되어 포틀랜드시멘트가 된다.

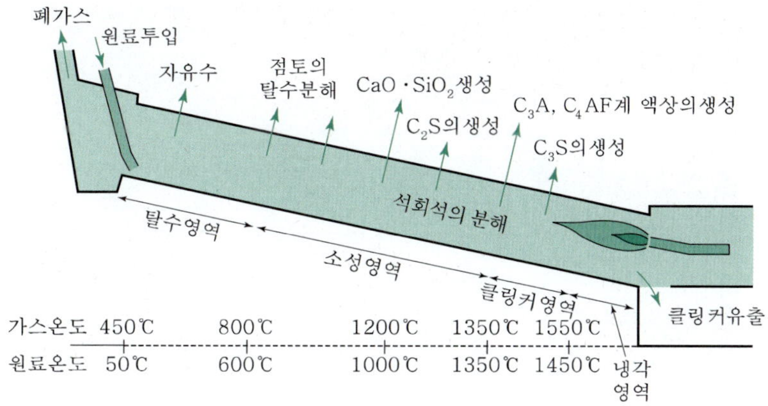

그림 2.2 클링커의 소성반응

2.3 시멘트의 화학성분 및 조성

2.3.1 시멘트의 화학성분

포틀랜드시멘트의 화학성분은 점토에 포함되어 있는 실리카(SiO_2), 알루미나(Al_2O_3)와 석회석의 석회(CaO)의 3가지 주요 성분 이외에 소량의 산화철(Fe_2O_3), 마그네시아(MgO), 아황산(SO_3), 알칼리(K_2O, Na_2O), 탄산가스(CO_2) 및 물 등의 원소의 산화물을 포함하고 있다. 화학분석에 의하면 시멘트 종류뿐만 아니라 제조공장에 따라 화학 성분이 다소 다르며 일반적으로는 표 2.2와 같다.

표 2.2 포틀랜드시멘트의 화학성분(KS L 5201)

항목 \ 종류		1종	2종	3종	4종	5종
산화마그네슘(MgO)	%	5.0 이하	5.0 이하	5.0 이하	5.0 이하	5.0 이하
삼산화황(SO_3)	%	3.5 이하	3.0 이하	4.5 이하	3.5 이하	3.0 이하
강열 감량	%	5.0 이하	5.0 이하	5.0 이하	5.0 이하	5.0 이하
C_3S	%	–	50 이하	–	–	–
C_2S	%	–	–	–	40 이하	–
C_3A	%	–	8 이하	–	6.0 이하	4.0 이하

비고 1. 화학 성분을 기호로 표시할 때 $C = CaO$, $S = SiO_2$, $A = Al_2O_3$, $F = Fe_2O_3$로 한다.
예를 들면 $C_3A = 3CaO \cdot Al_2O_3$

2. Al_2O_3와 Fe_2O_3의 함량비 [$Al_2O_3(\%)$ $Fe_2O_3(\%)$]가 0.64 이상일 경우에 규산삼석회(C_3S), 규산이석회(C_2S) 및 알루미산삼석회(C_3A)는 화학 분석 결과에서 다음 식에 따라 계산한다.

$$C_3S = [4.071 \times CaO(\%)] - [7.600 \times SiO_2(\%)] - [6.718 \times Al_2O_3(\%)] - [1.430 \times Fe_2O_3(\%)] - [2.852 \times SO_3(\%)]$$

$$C_2S = [2.867 \times SiO_2(\%)] - [0.7544 \times C_3S(\%)]$$

$$C_3A = [2.650 \times Al_2O_3(\%)] - [1.692 \times Fe_2O_3(\%)]$$

그림 2.3 여러 가지 시멘트질 재료

표 2.3 포틀랜드 시멘트의 물리 성능(KS L 5201)

항목 \ 종류			1종	2종	3종	4종	5종
분말도	비표면적(blaine) cm^2/g		2,800 이상	2,800 이상	3,300 이상	2,800 이상	2,800 이상
안정도	오토클레이브 팽창도 %		0.8 이하	0.8 이하	0.8 이하	0.8 이하	0.8 이하
	르샤틀리에(Lechatelier) mm		10 이하	10 이하	10 이하	10 이하	10 이하
응결시간	비카트 시험	초결 분	60 이상	60 이상	45 이상	60 이상	60 이상
		종결 시간	10 이하	10 이하	10 이하	10 이하	10 이하
수화열 J/g	7일		–	290 이하	–	250 이하	–
	28일			340 이하		290 이하	
압축 강도 MPa(N/mm^2)	1일		–	–	10.0 이상	–	–
	3일		12.5 이상	7.5 이상	20.0 이상	–	10.0 이상
	7일		22.5 이상	15.0 이상	32.5 이상	7.5 이상	20.0 이상
	28일		42.5 이상	32.5 이상	47.5 이상	22.5 이상	40.0 이상
	91일		–	–	–	42.5 이상	–

비고 1. 안정도 시험 방법은 수요자의 요구에 따라 오토클레이브 시험과 르샤틀리에 시험 중 택일하여 실시한다.
2. 중용열 시멘트의 28일 수화열은 수요자의 요구가 있을 때만 적용한다.
3. 3일 강도는 1일 강도보다, 7일 강도는 3일 강도보다, 28일 강도는 7일 강도보다 커야 한다.
4. 압축 강도 중 포장 시멘트의 28일 강도, 비포장 시멘트의 7일, 28일 강도는 수요자가 요구하지 않을 때는 생략할 수 있다.

(1) 강열감량(ignition loss ; ig. loss)

시멘트를 950~1,050℃에서 강열하였을 때의 중량감소량을 말하며, 주로 시멘트 속에 포함된 물(H_2O)과 탄산가스(CO_2)의 양으로서 신선한 시멘트의 강열감량(强熱減量)은 보통 0.6~0.8% 정도이다. 이것은 클링커에 첨가된 석고의 결정수량과 거의 같으며 시멘트의 풍화의 정도를 판단하기 위하여 많이 사용된다. 일반적으로 시멘트가 풍화되면 강열감량은 증가한다.

(2) 불용해잔분(insoluble residue ; insol.)

불용해잔분(不溶解殘分)은 시멘트를 염산 및 탄산나트륨용액에 넣었을 때 녹지 않고 남는 부분을 말한다. 보통포틀랜드시멘트의 경우 불용해잔분은 일반적으로 점토성분의 미소성에 의하여 발생되며 약 0.1~0.6% 정도이다.

시멘트원료 중 점토분은 거의 전량이 산(酸)에는 불용성분(不溶成分)이다. 이들은 소성에 의하여 석회와 반응하여 처음으로 산에 용해되는 클링커 화합물이 된다. 따라서 불용에 의하여 석회와 반응하여 처음으로 산에 용해되는 클링커 화합물이 된다. 따라서 불용해잔분의 양은 소성반응의 완전여부를 알아내는 척도가 된다.

(3) 수경률(hydraulic modulus)

시멘트 원료의 조합비를 정하는 데는 여러 가지 성분비율이나 계수가 사용되지만 가장 일반적인 것은 수경률(水硬率)이다.

$$\text{수경률(H.M)} = \frac{CaO - 0.7 \times SO_3}{SiO_2 + Al_2O_3 + Fe_2O_3}$$

보통포틀랜드시멘트는 2.05~2.15, 조강포틀랜드시멘트는 2.20~2.27, 초조강포틀랜드시멘트는 2.27~2.40, 중용열포틀랜드시멘트는 1.95~2.00 정도이다. 이 밖에도 규산율(slica modulus), 철율(iron modulus), 활동계수(activity index), 석회포화도(lime saturated degree) 등이 있다.

규산율이 커지면 원료 배합물의 소성에 높은 온도를 필요로 하게 되며 소성로의 내화물을 침식시켜 운전에 지장을 초래할 수 있다. 또한 완성된 클링커는 규산 2석회($2CaO \cdot SiO_2$)를 많이 함유하고 있기 때문에 장기 강도형의 시멘트가 된다. 만일 규산율이 낮으면 원료배합율의 소성은 용이하지만 알민산 3석회($3CaO \cdot Al_2O_3$)가 많이 생성되어 초기강도형의 시멘트가 된다. 한편 철율이 크면 클링커 중의 알민산 3석회의 생성량이 많아져서 초기강도는 높지만 수화열이 크고 화학저항성이 낮은 시멘트가 된다.

$$\text{규산율(S.M.)} = \frac{SiO_2}{Al_2O_3 + Fe_2O_3} \quad : 1.8\sim3.2$$

$$\text{철율(I.M.)} = \frac{Al_2O_3}{Fe_2O_3} \quad : 0.7\sim2.0$$

$$\text{활동계수(A.I.)} = \frac{SiO_2}{Al_2O_3}$$

$$\text{석회 포화도(L.S.D.)} = \frac{CaO - 0.7 \times SO_3}{2.8 \times SiO_2 + 1.2 \times Al_2O_3 + 0.65 \times Fe_2O_3}$$

2.3.2 시멘트 클링커의 조성광물

시멘트는 소성에 의하여 화합물을 형성하며 1882년 프랑스의 Le Chatlier의 현미경적 연구에 의하면 그 중요 화합물은 4종류의 광물로 되어 있다고 발표하고 있으며, 이 후 1897년 스웨덴의 A. E. Törnebohm이 이 광물들을 규산3석회, 규산2석회, 알민산철4석회, 알민산3석회라 명명하였으며 표 2.4와 같다.

이들 클링커 화합물의 특성은 표 2.5와 같으며, 이들 클링커 화합물의 재령에 따른 강도특성을 살펴보면 그림 2.4와 같다.

표 2.4 시멘트의 화합물 조성

화학명	광물명	화학식	약호
규산 3석회(Tricalcium Silicate)	Alite	$3CaO \cdot SiO_2$	C_3S
규산 2석회(Dicalcium Silicate)	Belite	$2CaO \cdot SiO_2$	C_2S
알민산 3석회(Tricalcium Aluminate)	Aluminate	$3CaO \cdot Al_2O_3$	C_3A
알민산철 4석회(Tetra Calcium Aluminoferrite)	Ferrite	$4CaO \cdot Al_2O_3 \cdot Fe_2O_3$	C_4AF

표 2.5 조성광물의 특성 및 함유비율

중요 화합물	광물의 특성					화합물의 함유비율(%)		
	조기강도	장기강도	수화열	화학저항성	건조수축	보통	조강	중용열
C_3S	대	중	중	중	중	45~55	59~69	41~49
C_2S	소	대	소	대	소	26~27	7~17	29~37
C_4AF	소	소	소	대	소	7~11	7~9	12~14
C_3A	대	소	대	소	대	8~10	8~9	3~6

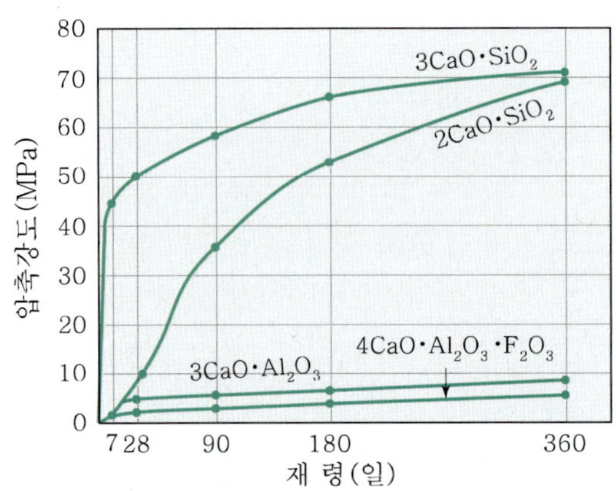

그림 2.4 클링커 화합물의 재령과 압축강도와의 관계

2.4 시멘트의 일반적 성질

2.4.1 시멘트의 수화(hydration)

시멘트는 물과 접하면 시멘트 중의 수경성 화합물이 물과 화학반응을 일으키는데, 이것을 수화반응 또는 수화(水和)라 한다. 수화반응에 의하여 수화물(hydrate)이 생성된다.

$2(3CaO \cdot SiO_2)$	$+\ 11H_2O$		$=\ 3CaO \cdot 2SiO_2 \cdot 8H_2O$	$+\ 3(CaO \cdot H_2O)$
Tricalcium silicate	Water		Calcium silicate hydrate (C-S-H)	Calcium hydroxide
$2(2CaO \cdot SiO_2)$	$+\ 9H_2O$		$=\ 3CaO \cdot 2SiO_2 \cdot 8H_2O$	$+\ CaO \cdot H_2O$
Dicalcium silicate	Water		Calcium silicate hydrate (C-S-H)	Calcium hydroxide
$3CaO \cdot Al_2O_3$	$+\ 3(CaO \cdot SO_3 \cdot 2H_2O)$	$+\ 26H_2O$	$=\ 6CaO \cdot Al_2O_3 \cdot 3SO_3 \cdot 32H_2O$	
Tricalcium aluminate	Gypsum	Water	Ettringite	
$2(3CaO \cdot Al_2O_3)$	$+\ 6CaO \cdot Al_2O_3 \cdot 3SO_3 \cdot 32H_2O$	$+\ 4H_2O$	$=\ 3(4CaO \cdot Al_2O_3 \cdot SO_3 \cdot 12H_2O)$	
Tricalcium aluminate	Ettringite	Water	Calcium monosulphoaluminate	
$3CaO \cdot Al_2O_3$	$+\ CaO \cdot H_2O$	$+\ 12H_2O$	$=\ 4CaO \cdot Al_2O_3 \cdot 13H_2O$	
Tricalcium aluminate	Calcium hydroxide	Water	Tetracalcium aluminate hydrate	
$4CaO \cdot Al_2O_3 \cdot Fe_2O_3$	$+\ 10H_2O$	$+\ 2(CaO \cdot H_2O)$	$=\ 6CaO \cdot Al_2O_3 \cdot Fe_2O_3 \cdot 12H_2O$	
Tetracalcium aluminoferrite	Water	Calcium hydroxide	Calcium aluminoferrite hydrate	

그림 2.5 포틀랜드시멘트의 수화기구

수화반응은 시멘트의 분말도, 수량, 온도, 혼화재료의 사용유무 등 많은 요인들의 영향을 받으며, 그 반응과정이 복잡하여 현재까지 분명히 밝혀지지 않고 있으나, 대략 그림 2.5와 같은 수화기구(水和機構)로 설명하기도 한다.

규산 3석회($3CaO \cdot SiO_2$)는 가수분해를 일으켜 토버모라이트 겔(tobermorite gel)이 수산화칼슘($Ca(OH)_2$)이 되고, 토버모라이트 겔은 클링커 입자의 표면을 엷은 층으로 싸고 있다. 수산화칼슘(portlandite)은 액상으로 녹아 몇 분 사이에 포화상태가 된다. 알민산 3석회($3CaO \cdot Al_2O_3$)는 매우 급속히 수화하여 석고($CaSO_4 \cdot 2H_2O$)가 용액 중에 존재하기 때문에 이것이 알민산 3석회와 반응하여 불용해성의 칼슘설포알루미네이트(calcium sulphoaluminate)가 되어 침전하는 등 많은 종류의 수화물이 된다.

2.4.2 응결(setting)과 경화(hardening)

시멘트풀이 시간이 경과함에 따라 수화에 의하여 유동성과 점성을 상실하고 고화하는 현상을 응결

(凝結)이라 하며, 우리나라의 산업규격에서는 응결의 시작(초결, initial set)과 응결의 끝(종결, final set)을 각각 1시간 이후와 10시간 이내로 규정하고 있다(표 2.3 참조). 응결은 시멘트의 화학성분, 분말도, 석고의 첨가량, 풍화의 정도와 물-결합재비, 온도, 습도 등에 따라 다르지만, 일반적으로 다음과 같은 경향이 있다.

1) 분말도가 크면 응결은 빨라진다.
2) C_3A 가 많을수록 응결은 빨라진다.
3) 온도가 높을수록 응결은 빨라진다.
4) 습도가 낮으면 응결은 빨라진다.
5) 석고의 첨가량이 많을수록 응결은 지연된다.
6) 물-결합재비가 많을수록 응결은 지연된다.
7) 풍화된 시멘트는 일반적으로 응결이 지연된다.

응결이 끝난 시멘트의 경화체는 시간이 경과할수록 겔(gel)의 생성이 증대하여 시멘트 입자 사이가 치밀하게 채워지면서 경화(硬化)가 진행된다.

그림 2.6은 시멘트의 응결과 경화의 과정을 사진으로 나타낸 것이다. 한편, 시멘트를 물로 비빈 직후 급속 응고를 일으키는 경우가 있다. 이러한 현상을 일반적으로 이상응결이라 하며, 이러한 시멘트를 사용한 모르타르나 콘크리트의 경우에도 종종 위응결(false setting)이라 불리는 순결현상(瞬結現想)이 생기며 또한 수화의 초기에 시멘트풀이 약간 굳어지는 현상을 나타낸다. 그러나 비비기를 계속하면 이러한 현상은 없어지고 정상적인 응결현상이 나타난다. 이상응결로 인하여 조기균열발생, 이상분리, 이상레이턴스 등의 장애가 생기기 쉽다.

이것의 주원인으로는 시멘트 중에 첨가된 석고의 탈수에 의한 불안정한 황산칼슘의 생성, 습한 공기중의 풍화에 의한 알칼리의 탄산화(炭酸化)에 원인이 있는 것으로 여겨진다.

그림 2.6 경화한 시멘트풀의 SEM 사진(왼쪽 X500, 오른쪽 X1000)

2.4.3 수화열(heat of hydration)

시멘트를 물과 혼합하면 수화하여 열이 발생한다. 이 수화에 의하여 발생하는 열을 수화열(水和熱)이라 한다. 수화열은 시멘트가 응결, 경화하는 과정에서 발열하며, 이 발열량은 시멘트의 종류, 화학조성, 분말도, 물-결합재비 등에 의하여 달라진다. 시멘트가 물과 완전히 반응하면 125cal/g 정도의 열을 발생한다. 이 수화열은 콘크리트의 내부온도를 상승시키므로 한중콘크리트 공사에는 유효하지만 댐과 같이 단면이 큰 콘크리트에서는 온도가 크게 상승하여 초기경화가 끝난 후 냉각하게 되면 내외의 온도차에 의하여 균열발생의 원인이 된다. 그림 2.7은 시멘트의 수화과정을 시간경과에 따라서 나타낸 것이며 각종 시멘트의 수화열을 나타낸 것이 표 2.6이다. 또한 시멘트 조성 화합물의 발열량을 재령 2일에서 1년 동안 재령별로 나타낸 것이 표 2.7이다.

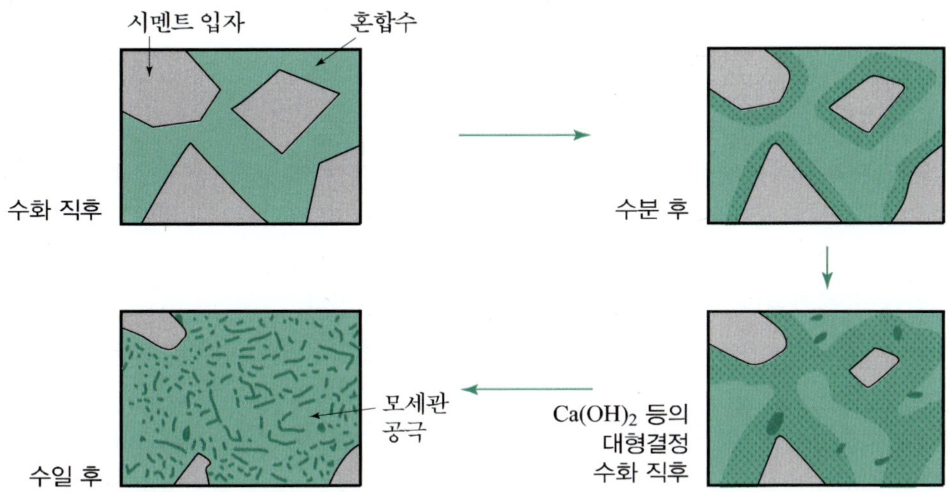

그림 2.7 시멘트의 수화과정

표 2.6 각종 시멘트의 수화열(cal/g)

재령 / 시멘트의 종별	7일	28일	91일
보통포틀랜드시멘트	70~80	80~90	90~100
조강포틀랜드시멘트	75~85	90~100	95~105
중용열포틀랜드시멘트	55~65	70~80	75~85
고로시멘트(B종)	55~70	75~85	80~90
플라이애시시멘트(B종)	55~65	70~60	75~85

표 2.7 시멘트 조성화합물의 발열량(cal/g)

조성화합물	2일	7일	28일	90일	180일	360일
C_3S	98	110	114	122	121	136
C_2S	19	18	44	55	53	62
C_3A	170	188	202	188	218	200
C_4AF	29	43	48	47	73	30

2.4.4 시멘트의 풍화(aeration)

시멘트는 저장 중에 공기와 접촉하면 공기 중의 수분 및 이산화탄소를 흡수하여 가벼운 수화반응을 일으키게 되는데, 이것을 풍화(風化)라 한다. 시멘트가 풍화되면 입상(粒狀), 괴상(怪狀)으로 굳어지고 이상응결을 일으키는 원인이 된다. 풍화과정은 시멘트 입자가 공기 중의 수분과 반응하여 $Ca(OH)_2$가 되며 이것이 공기 중의 이산화탄소와 반응하여

$$Ca(OH)_2 + CO_2 \rightarrow CaCO_3 + H_2O \text{ (탄산화)}$$

가 되어 물을 분해한다. 이 물은 다시 내부에서 가수분해(加水分解)되어 풍화가 진행된다.
일반적으로 풍화한 시멘트는 다음과 같은 성질이 있다.

1) 강열감량이 증가된다.
2) 비중이 떨어진다.
3) 응결이 지연된다.
4) 강도의 발현이 저하된다.

풍화는 고온다습한 경우에는 급속히 진행되므로 시멘트 저장에는 방습 및 공기의 유통 방지가 필요하고 장기간 저장한 시멘트는 사용 전에 반드시 시험을 하여 그 품질을 확인해야 한다. 풍화의 정도를 나타내는 척도는 강열감량으로서 강열감량이 4%에 달한 시멘트의 강도는 신선한 시멘트 강도의 약 60%에 불과하므로 포틀랜드시멘트에서는 이 값을 3% 이하로 규정하고 있다. 참고로 풍화된 시멘트와 풍화되지 않은 신선한 시멘트의 강도 비교예가 표 2.8과 같다.

표 2.8 풍화한 시멘트와 미풍화한 시멘트의 강도 비교

시멘트 상태	강열감량 (%)	재령 3일		재령 7일		재령 28일	
		휨강도비	압축강도비	휨강도비	압축강도비	휨강도비	압축강도비
미풍화 시멘트	1.16	100	100	100	100	100	100
풍화 시멘트A	1.41	83	98	98	92	93	97
풍화 시멘트B	2.16	80	90	83	80	89	88
풍화 시멘트C	3.16	68	68	70	70	72	65
풍화 시멘트D	4.16	61	58	61	58	67	61

2.4.5 수축(shrinkage)

경화한 시멘트풀은 건조시키면 시멘트겔의 주위에 있는 미세한 모세관 속의 수분이 증발하며 모세관수의 표면장력이 커지게 되어 수축한다. 반대로 습도가 커지면 모세관이 물을 흡수하여 표면장력이 작아지며 팽창한다. 경화한 시멘트풀의 수축에는 수화에 따른 화학적 수축, 건조에 의한 수축, 탄산화에 의한 수축 등이 있다. 이 중에서도 가장 중요한 것이 물의 증발에 의한 건조수축으로서 경화체에 균열을 발생시키는 원인이 된다. 일반적으로 시멘트 경화체의 건조수축량은 시멘트의 조성, 분말도, 석고의 첨가량, 혼화재료의 유무, 물-결합재비 및 양생조건에 따라 다르다. 표 2.9에서는 시멘트 조성광물의 수축률을 나타내었다.

표 2.9 시멘트 조성광물의 수축률

조성광물	수축률($\times 10^{-5}$)	조성광물	수축률($\times 10^{-5}$)
C_3S	79	C_4AF	49
C_2S	79	C_3A	234

2.4.6 시멘트의 비중(specific gravity)

포틀랜드시멘트의 비중은 한국산업규격에 3.05 이상으로 규정하고 있으며 포틀랜드시멘트의 종류에 따른 비중은 일반적으로 표 2.10과 같다.

시멘트의 비중은 시멘트의 품질이 나빠질 경우 작아지는데 일반적으로 다음과 같은 이유로 작아진다.

1) 클링커의 소성이 불충분할 때
2) 혼합물이 섞여 있을 때
3) 시멘트가 풍화되었을 때
4) 저장기간이 길었을 때

일반적으로 SiO_2, Fe_2O_3가 많으면 비중이 크고, CaO, Al_2O_3가 많으면 비중이 작다. 그러므로 비중은 이들 성질을 판정하는데 큰 역할을 하며, 콘크리트의 배합 및 단위질량 계산 등에 필요하다.

표 2.10 포틀랜드시멘트의 비중

시멘트의 종류	범위	평균	규정값
보통포틀랜드시멘트	3.10~3.18	3.15	3.05 이상
조강포틀랜드시멘트	3.10~3.15	3.12	〃
중용열포틀랜드시멘트	3.18~3.23	3.20	〃

2.4.7 시멘트의 분말도(fineness)

시멘트 입자의 크기 정도를 분말도(粉末度) 또는 비표면적(比表面積)으로 나타내며 시멘트의 입자가 미세할수록 분말도가 크다고 말한다.

시멘트의 성분이 일정할 경우 미세한 분말 즉 분말도가 큰 시멘트는 다음과 같은 성질이 있다.

1) 물과 혼합시 접촉 표면적이 커서 수화작용이 빠르다.
2) 초기강도 크게 되며 강도 증진율이 높다.
3) 블리딩이 적고 워커블한 콘크리트가 얻어진다.
4) 색이 밝게 되며 비중도 가벼워진다.
5) 풍화하기 쉽고 건조수축이 커져서 균열이 발생하기 쉽다.

시멘트의 분말도는 Blaine's 공기투과장치(air-permeability apparatus)에 의하여 시멘트 1g이 가지는 비표면적(specific surface area)이나 표준체 44μm에 의하여 잔류되는 비율로 나타낸다.

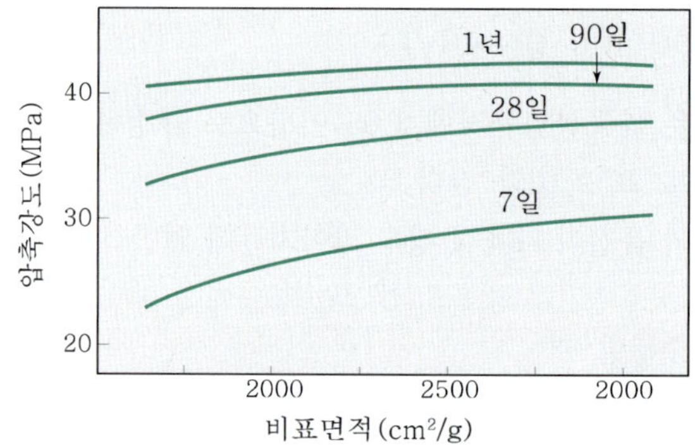

그림 2.8 시멘트의 분말도와 강도와의 관계

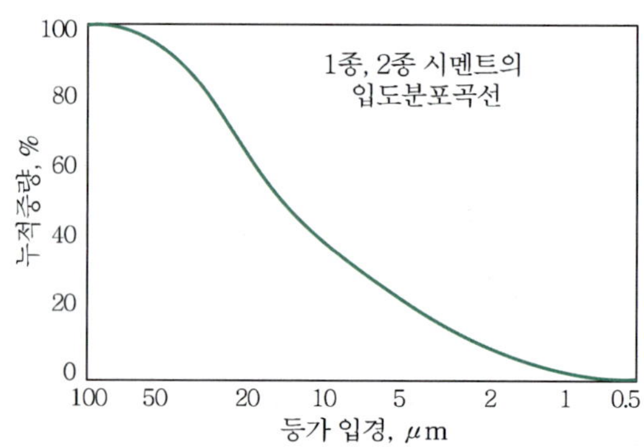

그림 2.9 시멘트 분말의 SEM 사진(좌) 및 입자크기분포곡선(우)

표 2.11 포틀랜드시멘트의 분말도(cm^2/g)

시멘트의 종류	범위	평균	규정값
보통포틀랜드시멘트	2,990~3,620	3,290	2,800 이상
중용열포틀랜드시멘트	3,070~3,290	3,160	2,800 이상
조강포틀랜드시멘트	4,080~4,580	4,330	3,300 이상

2.4.8 시멘트의 안정성(soundness)

안정성(安定性)이란 시멘트가 경화중에 체적이 팽창하여 팽창균열이나 휨 등이 생기는 정도를 말한다. 이상팽창의 원인으로서는 시멘트 클링커의 소성 불충분에 의하여 유리석회(遊離石灰)에 의한 시멘트바실러스(bacillus, $3CaO \cdot Al_2O_3 \cdot 3CaSO_4 \cdot 32H_3O$)의 생성 등을 들 수 있다. 그러나 최근의 시멘트는 제조기술의 진보에 따라 안정성이 불량한 경우는 거의 드물며 마그네슘의 함유량을 5% 이하로 제한하고 있다. 우리나라 산업규격에 시멘트의 안정성 시험은 KS L 5107 (시멘트의 오토클레이브(autoclave) 팽창도 시험방법)에 의하며 각종 시멘트의 안정성의 규격은 표 2.12와 같다.

표 2.12 시멘트의 안정도

종류		오토클레이브 팽창도(%) 또는 수축도(%)
포틀랜드시멘트	보통	0.80 이하
	중용열	
	조강	
백색포틀랜드시멘트		0.80 이하
포틀랜드포졸란시멘트		0.50 이하
혼화재로 사용하는 플라이애시		0.50 이하

2.4.9 시멘트의 강도

시멘트를 결합재로 사용했을 때 결합력 발현의 정도를 알면 그 시멘트를 사용한 콘크리트 강도의 정도를 추정할 수가 있다. 시멘트의 강도는 시멘트의 조성, 물-시멘트 비, 재령 및 양생조건 등에 따라 다르다. 그림 2.10은 각종 시멘트의 압축강도와 재령과의 관계를 나타낸 것이다. 시멘트의 강도를 알기 위해서는 시멘트풀의 강도가 아닌 시멘트 모르타르의 강도로써 나타낸다. 이 때 KS L ISO 679에 준하여 모래는 ISO 표준사를 사용하고 물은 증류수 또는 탈이온수를 사용하는 것이 좋으나 식수도 사용할 수 있다. 모르타르 제작은 시멘트와 ISO 표준사 비율을 1:3으로 하며 물-시멘트비는 0.5로 한다.

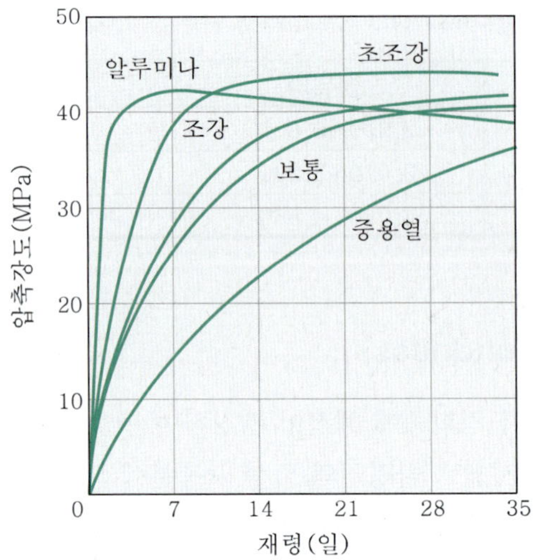

그림 2.10 각종 시멘트의 강도 발현 곡선

우리나라 시멘트의 압축강도 규정값은 표 2.13과 같다.

표 2.13 시멘트의 압축강도에 관한 규정값(MPa)

시멘트의 종류	압축강도(MPa)			
	1일	3일	7일	28일
보통포틀랜드시멘트	–	13.0 이상	20.0 이상	29.0 이상
중용열포틀랜드시멘트	–	11.0 이상	18.0 이상	28.5 이상
조강포틀랜드시멘트	13.0 이상	25.0 이상	28.0 이상	31.0 이상
저열포틀랜드시멘트	–	–	7.5 이상	18.0 이상
내황산염포틀랜드시멘트	–	9.0 이상	16.0 이상	21.0 이상
백색포틀랜드시멘트	–	13.0 이상	20.0 이상	29.0 이상

2.5 포틀랜드시멘트

포틀랜드시멘트는 보통, 중용열, 조강, 저열 및 내황산염포틀랜드시멘트로 구분하며 그 외에도 백색포틀랜드시멘트 등이 있다.

2.5.1 보통포틀랜드시멘트

중용열포틀랜드시멘트와 조강포틀랜드시멘트의 거의 중간적인 성질을 가진 것으로서 가장 많이 쓰이는 보편화된 시멘트이다. 우리나라 전체 시멘트 생산량의 거의 90%가 보통포틀랜드시멘트이며 토목구조물, 콘크리트 제품 등 다양하게 사용되고 있는 시멘트이다. 일반적으로 시멘트 또는 포틀랜드 시멘트라고 말할 때는 이 보통포틀랜드시멘트를 가리키는 것이다.

보통포틀랜드시멘트가 다른 시멘트보다 우위를 차지하게 된 원인은 석회석과 점토와 같은 원료를 구하기 쉽고 제조공정이 간단하며, 그 성질이 대단히 우수하기 때문이다.

2.5.2 중용열포틀랜드시멘트

수화열을 낮추기 위하여 화학조성 중 C_3S의 양을 적게하고 그 대신 장기강도를 발현하기 위하여 C_2S 량을 많게 한 시멘트이다. 또한 수화열도 7일에 290J/g 이하, 28일에 340J/g 이하로 규정하고 있다(표 2.3 참조).

이 시멘트의 특성과 용도는 다음과 같다.

1) 수화열이 보통시멘트보다 적으므로 댐이나 방사선차폐용, 매시브한 콘크리트 등 단면이 큰 콘크리트용으로 적합하다.
2) 조기강도는 보통시멘트에 비해 작으나 장기강도는 보통시멘트와 같거나 약간 크다.
3) 건조수축은 포틀랜드시멘트 중에서 가장 작다.
4) 화학저항성이 크고 내산성이 우수하다.

2.5.3 조강포틀랜드시멘트

조강포틀랜드시멘트란 조기에 강도를 발현시키는 시멘트로써 보통포틀랜드시멘트가 재령 28일에 나타내는 강도를 재령 7일 정도에서 나타내지만, 장기강도는 보통포틀랜드시멘트와 큰 차이가 없다. 화학성분은 보통포틀랜드시멘트와 거의 차이가 없으나, 실리카(SiO_2), 알루미나(Al_2O_3), 산화철(Fe_2O_3)의 비율에 대한 석회(CaO)의 비율이 2.20~2.27 정도로 비교적 크다. 한편 조기강도를 발현하기 위하여 원료의 엄선과 배합에 유의하며 분말도를 크게 한 시멘트이다. 조강포틀랜드시멘트의 특성과 용도는 다음과 같다.

1) 초기 재령에서 고강도를 발현하고 장기에 걸쳐 강도가 증진하며 보통포틀랜드시멘트와 비교해서 1일 강도는 약 3배, 3일 강도가 약 2배 정도이므로 거푸집 회전율이 좋아 양생 기간 및 공사기간의 단축이 가능하다.
2) 수화속도가 빠르고 수화열이 커서 저온시에도 강도발현이 크므로 동절기공사(冬節期工事)에 유리하다.
3) 수화열이 크므로 단면이 큰 콘크리트 구조물에는 부적당하다. 주로 긴급공사, 시멘트 2차제품, 프리스트레스트 콘크리트 등에 사용된다.

2.5.4 저열포틀랜드시멘트

시멘트의 수화에 의해서 발생하는 열 때문에 매스콘크리트의 경우 내부에서의 온도상승이 심각하여 균열을 일으킬 수 있다. 이러한 이유로 댐과 같은 매스콘크리트 구조물에 사용되는 시멘트의 수화열 발생을 적절하게 분산시키고, 온도를 낮게 할 목적으로 개발되었다. 저열포틀랜드시멘트는 중용열포틀랜드시멘트보다도 수화열을 5~10% 정도 적게 한 것으로서 C_3S와 C_3A는 수화열이 높기 때문에 보통포틀랜드시멘트보다 적게하고, C_2S는 수화열을 적게 발생시키기 때문에 양을 많이 한 시멘트이다. 대략 C_3S 최대 35%, C_3A는 최대 7%가 한계이고, C_2S는 최소 40%가 요구되고 있다.

2.5.5 내황산염포틀랜드시멘트

토양 중의 황산염이나 해수 및 공장폐수 중의 황산염에 대한 화학적 저항성을 높이기 위해 C_3A의 함유량을 줄이고 C_4AF의 함유량을 증가시켜 만든 시멘트이다. 황산염은 시멘트 수화물과 반응하여 시멘트경화체 내부에 팽창성 물질을 생성하여 콘크리트의 표면부분에서부터 서서히 균열, 박리, 붕괴 등의 현상을 일으켜 결국에는 전체적으로 열화하게 된다. 이 시멘트는 화학적 작용을 받는 콘크리트 구조물 등의 축조에 적합하다.

2.5.6 백색포틀랜드시멘트

원료로서 철분, 마그네시아가 적은 백색점토와 석회석을 원료로 하고 소성연료는 석탄 대신 중유를 사용해서 만든다. 보통포틀랜드시멘트의 Fe_2O_3가 3% 정도인데 비하여 이 시멘트는 0.3% 이하가 되도록 극히 소량화함으로서 특유의 회록색을 가진 순백의 시멘트를 만들게 된다. 또 소량의 안료를 가하면 원하는 색채를 얻을 수도 있으며, 시멘트의 성질은 보통보틀랜드시멘트와 거의 같고 주로 건축물의 미장, 장식용, 채광용, 표식용, 인조대리석 제조용 등에 쓰이며 경우에 따라서는 구조용으로 쓰인다.

2.6 혼합시멘트(Blended Cement)

혼합시멘트는 포틀랜드시멘트 클링커에 적당한 포졸란 재료를 조합하여 분쇄한 것으로서 포틀랜드시멘트의 결점을 보강하여 특유의 성질을 부여한 것이며, 고로시멘트, 실리카시멘트, 플라이애시시멘트 등이 있다.

2.6.1 고로슬래그시멘트(KS L 5210, Portland blast-furnace slag cement)

고로슬래그시멘트는 포틀랜드시멘트 클링커에 급냉한 고로슬래그를 적당히 혼합하고 다시 석고를 가하여 미분쇄한 시멘트이다. 고로슬래그는 자신이 경화하지 않으나 포틀랜드시멘트의 수화에 의하여 생성되는 수산화칼슘 또는 석고 등의 화학작용에 의하여 수화하며 경화하는 성질, 즉 잠재수경성(潛在水硬性)을 가지고 있다.

고로슬래그시멘트에 이용되는 고로슬래그는 수재(水滓)이고, 그 화학성분으로서 염기도[鹽基度, $(CaO+MgO+Al_2O_3)/SiO_2$]가 크고 유리질량이 많을수록 잠재수경성이 우수하다. 이 때 고로슬래그의 염기도는 1.6 이상이어야 한다.

고로슬래그의 혼합율에 따라 표 2.14와 같이 3종류로 분류한다.

표 2.14 고로시멘트의 종류

종별	고로슬래그의 혼합물(%)
A종	5~30
B종	30~60
C종	60~70

고로시멘트의 특성은 다음과 같다.

1) 초기강도는 약간 낮으나 장기강도는 보통시멘트와 거의 비슷하거나 약간 크다(그림 2.11 참조).
2) 내화학약품성이 좋으므로 해수, 공장폐수, 하수 등에 접하는 콘크리트에 적당하다.
3) 수화열이 비교적 적다.
4) 내열성이 크고 수밀성이 좋다.
5) 건조수축은 약간 크다.
6) 콘크리트의 블리딩이 적어진다.

이 시멘트는 주로 댐, 하천, 항만 등의 토목공사에 사용된다.

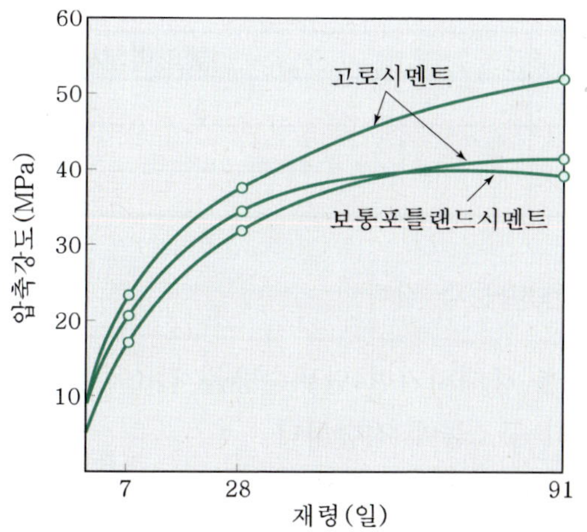

그림 2.11 고로시멘트 콘크리트의 재령과 압축강도와의 관계

2.6.2 실리카시멘트

천연산이나 인공 실리카질 혼화재료를 총칭하여 포졸란(pozzolan)이라하며, 포졸란을 포틀랜드시멘트 클링커에 조합하여 적당량의 석고를 가해 만든 시멘트를 실리카시멘트(silica cement)라 한다. 실리카시멘트의 가용성 SiO_2 등은 수화시 생기는 $Ca(OH)_2$와 결합하여 불용성규산칼슘 수화물 등을 생기게 한다. 이 작용을 포졸란반응(pozzolanic reaction)이라 하며 이로 인하여 시멘트의 성질이 개선되고 수밀성이 증가하여 장기강도가 증진된다. 실리카시멘트의 특성은 다음과 같다.

1) 콘크리트의 워커빌리티를 증가시키고 블리딩을 감소시킨다.
2) 초기강도는 약간 작으나 장기강도는 약간 크다.
3) 수밀성이 좋고 내구성이 풍부하다.
4) 보통포틀랜드시멘트보다 화학저항성이 크다.

이 시멘트는 토목 건축공사의 구조용 시멘트 또는 도장모르타르용 등으로 사용된다.

2.6.3 플라이애시시멘트(KS L 5211, Portland fly-ash cement)

플라이애시란 석탄을 원료로 하는 화력발전소에서 미분탄을 약 1400~1500℃의 고온으로 연소시킬 때 탄분이 용융되어 고온의 연소가스와 함께 굴뚝에 이르는 도중에 급격히 냉각되어 표면장력에 의해 구형(球刑)으로 생성되는 1~150μm 정도의 미세한 분말이며, 집진장치를 사용하여 포집한 것이다. 플라이애시를 포틀랜드시멘트 클링커에 혼합하여 분쇄한 것을 플라이애시시멘트라 한다.

플라이애시나 실리카의 혼합률에 따라 표 2.15와 같이 3종류로 분류한다.

표 2.15 플라이애시 시멘트의 종류

종별	플라이애시의 함유량(%)
1종	5~10
2종	10~20
3종	20~30

플라이애시시멘트의 특성은 다음과 같다.

1) 콘크리트의 워커빌리티를 증대시키며 단위수량을 감소시킬 수 있다.
2) 수밀성이 좋으므로 수리 구조물에 적합하다.
3) 수화열이 적고 건조수축도 적다.
4) 해수에 대한 내화학성이 크다.

이 시멘트는 댐공사를 위시하여 일반 토목 건축공사에 널리 사용된다.

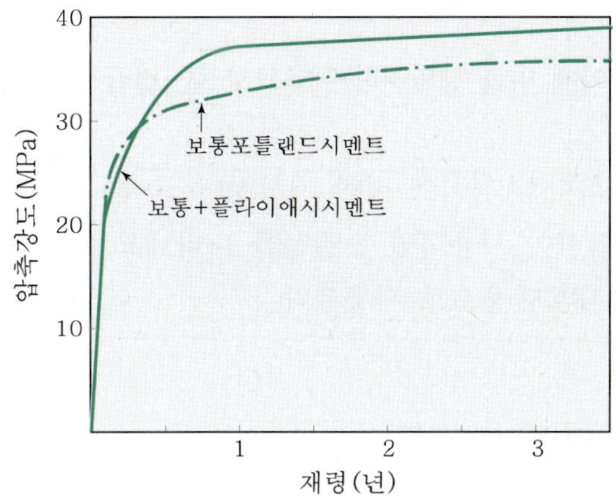

그림 2.12 보통포틀랜드시멘트와 보통+플라이애시시멘트의 압축강도의 비교

2.7 특수시멘트

시멘트의 제조방법이나 화학조성 등이 포틀랜드시멘트와는 매우 다르며 특수한 목적을 위하여 사용되는 시멘트를 말한다.

2.7.1 알루미나시멘트(aluminous cement)

알루미나시멘트는 보오크사이트(bauxite)와 석회석을 원료로 분쇄, 조합하여 전기로 또는 반사로에서 용융, 냉각하여 미분쇄하는 용융법과 회전로에서 소성하여 제조하는 방법, 즉 소성방법이 있다. 포틀랜드시멘트는 칼슘실리케이트(calcium silicate, $CaO \cdot SiO_2$)를 주성분으로 하는데 비하여 알루미나시멘트는 칼슘알루미네이트(calcium aluminate, $CaO \cdot Al_2O_3$)를 주성분으로 한다.

알루미나시멘트에 물을 주입하여 혼합하면 급속히 반응을 시작하여 수시간 내에 경화하며 물을 가한 후 6~12시간 정도에서 보통포틀랜드시멘트의 재령 28일 강도에 해당되는 강도를 발현한다. 단, 알루미나 시멘트는 온도가 높으면 경화시간이 지연되고 수화물의 전이(conversion)에 의하여 장기강도가 저하될 가능성이 있으며, 알칼리성이 낮은 점 등에 주의할 필요가 있다.

이 시멘트의 특성은 다음과 같다.

1) 초조강성을 가지므로 1일에 40~50 MPa 정도의 압축강도를 얻을 수 있다.

2) 발열량이 크기 때문에 긴급을 요하는 공사나 한중공사시의 시공에 적합하다.
3) 응결, 경화속도는 20℃ 이상의 온도에서 매우 지연된다. 고온에서 양생한 경우 강도 저하가 현저하다.
4) 물-결합재비가 크면 전이에 의한 강도저하가 크므로 물-결합재비를 40% 이하로 하는 것이 바람직하다.
5) 산, 염류, 해수 등의 화학적 침식에 대한 저항성이 크다.
6) 포틀랜드시멘트와 혼합하여 사용하면 순결성을 나타내므로 주의를 요한다.
7) 내화성이 우수하므로 내화물용으로 사용된다.

2.7.2 초속경시멘트(jet set cement)

미국에서 개발된 시멘트로 응결, 경화시간을 임의로 바꿀 수 있는 시멘트를 말하며, 일명 제트시멘트(jet cement)라고도 불린다. 이 시멘트는 강도발현이 매우 빠르기 때문에 물을 가한 후 2~3시간에 압축강도가 약 10~20 MPa에 달하므로 거푸집을 빨리 제거할 수 있다. 재령 1일에 40 MPa의 강도를 발현하며 이후에도 장기에 걸쳐 종래의 조강, 초조강시멘트와 같이 안정된 강도 증진을 나타내므로 긴급을 요구하는 공사, 동절기공사, 시멘트 2차제품, 숏크리트(shotcrete), 그라우트용으로 사용된다.

이 시멘트의 특성은 다음과 같다.

1) 응결시간이 짧고 경화시 발열이 크다.
2) 2~3시간에 큰 강도를 발휘한다.
3) 알루미나시멘트와 같은 전이 현상이 없다.
4) 포틀랜드시멘트와 혼합하여 사용하지 않도록 주의할 필요가 있다.

2.7.3 팽창시멘트(expansive cement)

일반 포틀랜드시멘트를 사용한 콘크리트는 경화건조에 의해 수축하고 이것이 균열의 원인이 된다. 이 수축성을 개선할 목적으로 개발된 것이 팽창시멘트이다. 팽창시멘트는 초기재령에서 팽창하여 그 후의 건조수축을 제거하고 균열발생을 방지하는 수축보상용(收縮補償用)과 크게 팽창을 일으켜 프리스트레스트 콘크리트로 이용하는 화학적 프리스트레스(chemical prestress) 도입용으로 구분된다.

팽창시멘트의 팽창기구는 종래 시멘트 경화체에 함유되어 이상팽창을 일으키고, 붕괴의 원인이 되었던 시멘트바실러스(cement bacillus ; $3CaO \cdot Al_2O_3 \cdot 3CaSO_4 \cdot 32H_2O$)의 침상결정(針狀結晶)을 다량으로 생성시켜 그때의 팽창을 이용한 것이다.

수화시간(hr) \ 종류	A	B
0.5		
1	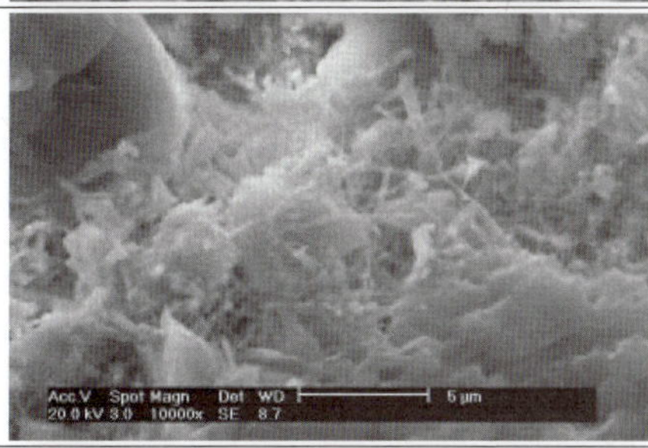	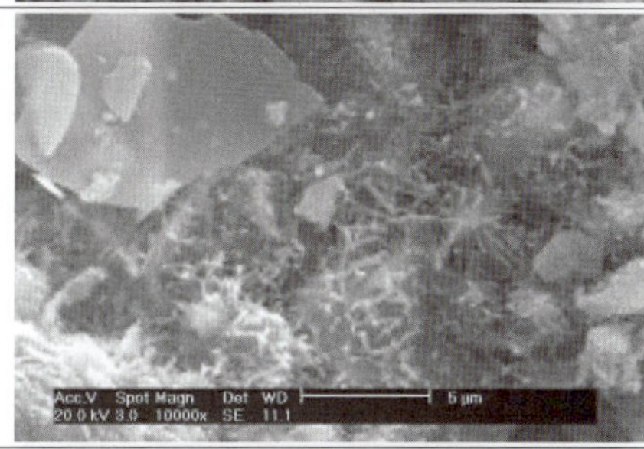
3		
6		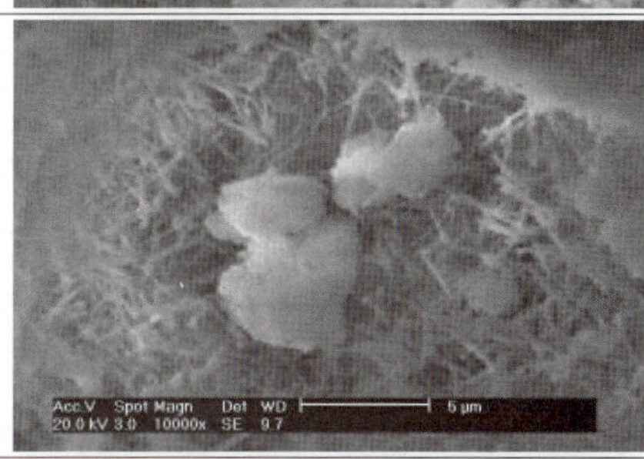
24		

그림 2.13 초속경시멘트의 수화시간별 SEM촬영결과

팽창시멘트를 사용한 팽창성 콘크리트의 특성은 다음과 같다.

1) 응결, 블리딩 및 워커빌리티는 보통콘크리트와 비슷하다.
2) 팽창성콘크리트나 보통콘크리트의 자유팽창, 수축특성곡선은 그림 2.14와 같다. 단, 팽창성콘크리트의 수축률은 보통콘크리트에 비하여 20~30% 작다.
3) 팽창성콘크리트에서 양생은 매우 중요하며 또 믹싱시간이 길어지면 팽창률이 감소하므로 주의할 필요가 있다.

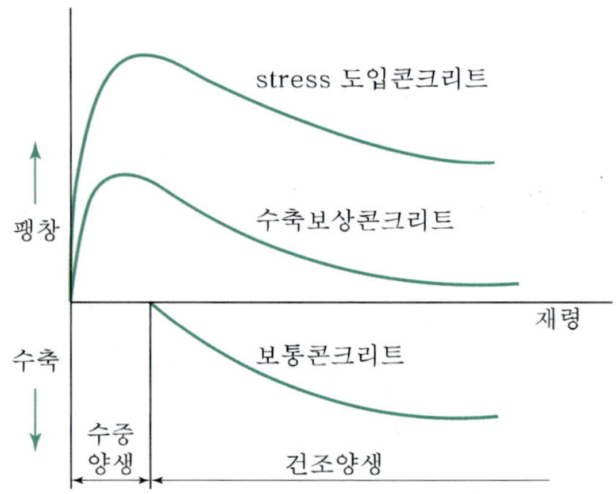

그림 2.14 팽창성 시멘트 콘크리트의 팽창특성

2.8 시멘트의 저장 및 수송

시멘트는 저장 중에 공기에 접하면 공기 중의 수분을 흡수하여 가벼운 수화작용을 일으키며 동시에 공기중의 탄산가스를 흡수함으로써 시멘트가 풍화하므로 시멘트의 저장시에는 다음과 같은 주의를 요한다.

1) 시멘트는 방습적인 구조로 된 사일로 또는 창고에 품종별로 구분하여 입하된 순서대로 저장해야 한다.
2) 시멘트는 저장하는 사일로는 바닥에 쌓여서 나오지 않는 부분이 생기지 않도록 해야 하며, 포대 시멘트의 경우에는 지상 0.3m 이상 되는 마루에 쌓아 올려서 검사나 반출에 편리하도록 저장하여야 한다. 이 때 13포 이상 쌓아 올려서는 안 된다.
3) 저장 중에 약간이라도 굳은 시멘트는 공사에 사용해서는 안 된다. 잠깐 저장한 시멘트는 사용하기에 앞서 시험을 통하여 그 품질을 확인해야 한다.

4) 시멘트의 온도가 너무 높을 때는 그 온도를 낮추어서 사용해야 한다. 예를 들어 댐용 시멘트의 경우 공장에서 출하할 때의 50℃ 이하로 또는 현장에서 인도할 때의 온도를 40~50℃ 이하로 규제하는 예가 많다.

시멘트의 수송시에는 포대 시멘트나 가루 시멘트(bulk cement)로 수송한다. 포대 시멘트는 종이로 한 포대당 40kg의 중량으로 포장되고 있으나 파손되기 쉽고 포장비용이 많이 드는 결점이 있으나 수요가 적은 곳 등에 주로 사용된다. 한편 가루 시멘트는 주로 대량으로 계속적으로 수송할 때 이용되며, 공장에서 시멘트 수송선, 기차 및 트럭에 의하여 큰 공사 현장이나 시멘트 2차 제품공장 등으로 수송된다.

(a) 실내저장 (b) 실외저장

그림 2.15 시멘트의 저장

연습문제

2.1 포틀랜드시멘트의 중요 조성광물을 4가지 열거하고, 각각의 특성에 대하여 설명하라.

2.2 포틀랜드시멘트의 종류를 열거하고, 각각 그 특성과 용도에 대하여 설명하라.

2.3 시멘트의 풍화기구에 대하여 설명하라.

2.4 시멘트의 수화기구에 대하여 설명하라.

2.5 혼합시멘트의 종류를 열거하고 각각 그 특성과 용도에 대하여 설명하라.

2.6 특수시멘트에 대하여 아는 바를 예를 들어 설명하라.

2.7 시멘트의 분말도가 콘크리트의 성질에 미치는 영향에 대하여 아는 바를 쓰라.

2.8 시멘트 강도시험용으로 표준사를 사용하는 이유에 대하여 설명하라.

2.9 시멘트의 비중시험을 한 결과 표준규격 값보다 훨씬 작았다. 그 원인이 무엇인지 설명하라.

2.10 시멘트 저장에 관한 주의사항에 대하여 설명하라.

제3장

혼화재료

제 3 장 혼화재료

3.1 개설

혼화재료(admixture, additive)란 콘크리트를 만들 때 시멘트, 물, 골재 이외의 재료를 적당량 첨가하여 콘크리트의 제성질을 개선, 향상시킬 목적으로 사용되는 재료를 말한다.

혼화재료의 역사는 고대 로마시대까지 거슬러 올라가며, 이때는 화산재, 무기질 재료를 위시한 소변, 짐승의 피, 우유, 돼지기름, 광유 등과 같은 유기질 재료까지도 혼화재로서 사용되었다고 한다. 그러나 혼화재료가 본격적으로 콘크리트 공사에 사용되기 시작한 것은 제2차 세계대전 이후부터이며, 1930년대에 미국에서 AE제, 감수제가 발명된 것을 시작으로 하여, 그 후 다용도의 여러 특수성능을 부여하기 위한 혼화제의 개발이 촉진되어 왔다. 한편 혼화재는 1870년경 W. Michaelis가 제철용 용광로의 부산물인 고로슬래그 및 화산재 등의 포졸란 재료를 포틀랜드시멘트와 혼합하면 그 성능이 현저히 개선된다고 밝힌 것을 시작으로 하여, 그 후 인공 포졸란으로서 화력발전소용 미분탄의 분진으로서 얻어지는 플라이애시 및 팽창재 등의 연구개발이 실시되어 실용화되고 있다.

(a) 광물질혼화재

(b) 화학혼화제

그림 3.1 혼화재료

혼화재료의 일반적인 사용목적은 다음과 같다.

1) 콘크리트의 워커빌리티를 개선한다.

2) 강도의 증진 및 내구성을 증진시킨다.
3) 응결, 경화시간을 조절한다.
4) 발열량을 저감시킨다.
5) 수밀성의 증진 및 철근의 부식방지 등을 들 수 있으며 기타 콘크리트에 여러 특수한 성능을 부여하는 것이다.

3.2 혼화재료의 분류

혼화재료의 분류 방법으로는 혼화재료의 작용, 효과 또는 사용목적에 의한 방법, 재료의 조성, 화학적 작용 또는 물리화학적 작용에 의한 방법이 있다. 그러나 편의상 혼화재료의 사용량이 많고 적은 정도를 따라 혼화재와 혼화제로 분류한다.

혼화재는 그 자체의 용적이 콘크리트와 모르타르 혼합시의 용적이 포함되는 것이며 혼화제는 그 용적이 포함되지 않는 것으로 정의한다.

1 혼화재(混和材)

혼화재료 중에서 사용량이 비교적 많아서 그 자체의 부피가 콘크리트의 배합계산에 관계되는 것으로, 일반적으로 시멘트 중량의 5% 정도 이상 사용되는 것이다.

혼화재의 중요한 특징과 종류는 다음과 같다.

(1) 포졸란 작용이 있는 것 : 플라이애시, 규조토, 화산재, 규산백토
(2) 주로 잠재수경성이 있는 것 : 고로슬래그 미분말
(3) 경화과정에서 팽창을 일으키는 것 : 팽창재
(4) 오토클레이브 양생으로 고강도를 내는 것 : 규산질 미분말, 실리카흄
(5) 착색시키는 것 : 착색재
(6) 기타 : 고강도용 혼화재, 폴리머, 증량재 등

2 혼화제(混和劑)

혼화재료 중에서 사용량이 비교적 적어 그 자체의 부피가 콘크리트의 배합계산에서 무시되며, 일반적으로 시멘트 중량의 1% 정도 이하로 사용되는 것이다.

혼화제의 중요한 특징과 종류는 다음과 같다.

(1) 워커빌리티와 동결융해에 대한 내구성을 개선하는 것 : AE제, 감수제, AE감수제

(2) 응결, 경화시간을 조절하는 것 : 지연제, 촉진제, 급결제, 초지연제
(3) 방수효과를 나타내는 것 : 방수제
(4) 기포의 작용에 따라 충전성 개선 또는 중량을 경감시키는 것 : 기포제, 발포제
(5) 유동성을 좋게 하는 것 : 유동화제
(6) 기타 : 증점제(增粘劑), 보수제(保水劑), 방청제(防錆劑), 수화열저감제 등

3.3 혼화재(混和材)

3.3.1 포졸란(pozzolan)

포졸란은 실리카질물질(SiO_2)을 주성분으로 하며 그 자체는 수경성이 없으나 시멘트의 수화에 의해 생기는 수산화칼슘($Ca(OH)_2$)과 상온에서 서서히 반응하여 불용성의 화합물을 만드는, 즉 포졸란반응을 하는 광물질 미분말의 재료로써 혼화재의 일종이다. 포졸란은 이탈리아의 화산재 산지인 지명 Pozzoli에서 유래되어 붙여진 이름이다. 천연산으로서는 화산재, 규조토, 규산백토 등이 있고 인공재료는 고로슬래그, 소성점토, 혈암, 플라이애시 등이 있다.

양질의 포졸란을 사용한 콘크리트는 일반적으로 다음과 같은 특징이 있다.

1) 워커빌리티가 좋아진다.
2) 블리딩이 감소한다.
3) 초기강도는 작으나 장기강도, 수밀성 및 화학저항성이 크다.
4) 발열량이 적어지므로 단면이 큰 콘크리트에 적합하다.
5) 입자, 모양 및 표면 상태가 좋지 않거나 조립(組粒)이 많은 것 등은 단위수량을 증가시키므로 건조수축이 크다.

3.3.2 플라이애시(KS L 5405, fly ash)

플라이애시는 석탄을 연료로 하는 화력발전소에서 미분탄을 약 1,400~1,500℃의 고온으로 연소시켰을 때 회분이 용융되어 고온의 연소가스와 더불어 굴뚝에 이르는 도중에 급격히 냉각되어 표면장력에 의해 구형으로 생성되는 미세한 분말로서 전기식 또는 기계식 집진장치를 사용하여 모은 것이다.

플라이애시를 포틀랜드시멘트 클링커와 혼합하여 분쇄하거나, 포틀랜드시멘트에 혼합하는 데에 따라 플라이애시 시멘트로서도 제조되고 있다. 플라이애시는 최초에는 단순한 산업폐기물로만 생각되었으나 콘크리트 기술자들의 연구성과에 의하여 플라이애시가 혼화재료로서 우수한 복합 효과를 가진 것이 인정되면서 콘크리트의 성질을 개선하는 하나의 수단으로 유효하게 이용되었다.

표 3.1 플라이애시의 화학성분 및 물리적 성질의 한 예

화학성분(%)							비중	비표면적 (m^2/kg)
SiO_2	Al_2O_3	Fe_2O_3	CaO	MgO	SO_3	lg · loss		
66.65	22.98	1.92	1.61	0.87	–	5.35	2.15	426

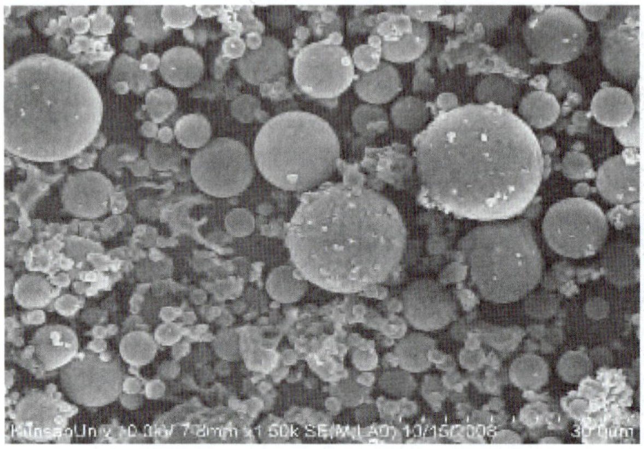

그림 3.2 플라이애시의 입자모양

다른 포졸란과 비교할 때 플라이애시의 좋은 점과 보통포틀랜드시멘트와 혼합하여 콘크리트에 사용함으로써 유리한 점은 다음과 같다.

1) 표면이 매끄러운 구형입자로 되어 있다. 따라서 콘크리트의 워커빌리티를 좋게 하고 사용 수량을 감소시켜 준다(그림 3.2, 3.3 참조).
2) 초기재령에서의 강도는 그림 3.4에서와 같이 다소 작으나 장기재령의 강도는 상당히 증가한다.
3) 시멘트 수화열에 의한 콘크리트의 온도가 감소된다. 따라서 단면이 큰 콘크리트 구조물의 경우 콘크리트 내부온도 상승에 의한 균열 발생 등을 억제하는데 유효하다.
4) 콘크리트의 수밀성을 크게 개선한다.
5) 양질의 플라이애시를 적절히 사용함으로써 건조, 습윤에 따른 체적 변화와 동결융해에 대한 저항성을 향상시켜 준다.

한편 플라이애시 사용상의 주의사항은 다음과 같다.

1) 플라이애시는 보존 중에 입자가 응집하여 고결하는 경우가 생기므로 저장에 유의해야 한다.
2) 플라이애시는 함유탄소분의 일부가 AE제를 흡착하는 성질을 가지고 있어 소요의 공기량을 얻기 위해서는 AE제 양이 상당히 많이 요구되는 경우가 있으므로 주의를 요한다.

3) 플라이애시는 부산물이기 때문에 제조공장, 시기 등에 따라 품질상의 변동이 생기기 쉬우므로 사용시 유의하여 확인해야 한다.

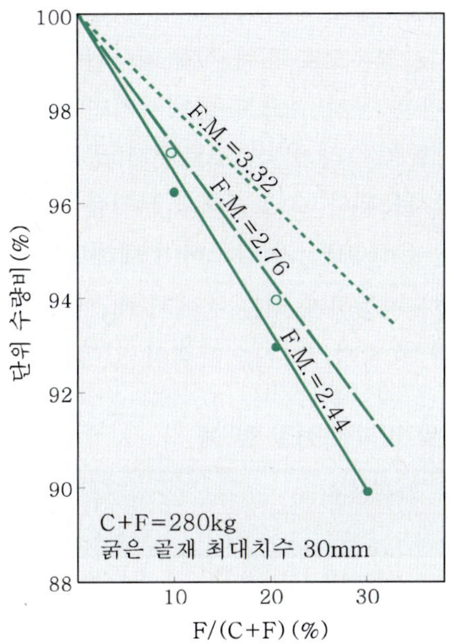

그림 3.3 플라이애시 사용량에 따른 콘크리트의 단위수량비의 관계

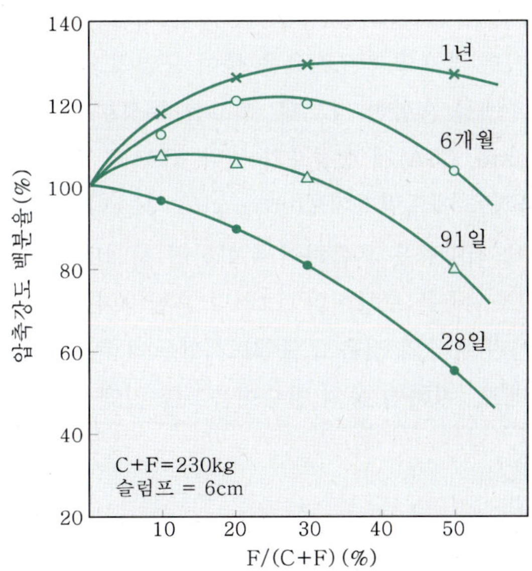

그림 3.4 플라이애시 사용량과 재령에 따른 콘크리트의 강도비와의 관계

3.3.3 고로슬래그(blast furnace slag)

제철공장의 고로작업시 철광석, 석회석, 코크스를 원료로 하여 적당한 비율로 조합하고 고온에서 용해하여 환원시키면 원료 중의 철분은 철로 분리되고 비중이 크기 때문에 고로의 밑 부분에 가라앉게 되며, 고로의 윗부분에는 철광석의 불순물이 섞인 SiO_2, Al_2O_3 등을 주성분으로 하는 암석이 석회석으로부터의 CaO 성분과 화합하고 고온으로 용해된 채 떠다닌다. 이것이 바로 고로슬래그이며, 이것을 고로에서 배출할 때 냉수나 차가운 공기 등으로 급냉시키면 작은 모래알 형태로 변하는데, 이것은 유리질을 나타내며 고로수재(高爐水滓)라 한다. 고로수재(高爐水滓)는 잠재수경성(潛在水硬性)을 가지고 있고 고로시멘트의 원료로 사용된다. 고로슬래그 분말을 혼합한 콘크리트의 큰 특징은 포틀랜드시멘트의 수화반응에서 생성되는 $Ca(OH)_2$가 감소하여 내해수성, 내화학성이 향상되며, 또 수화열에 의한 온도상승의 대폭적인 억제가 가능하게 되는 점에서 매스(mass) 콘크리트 공사에 적합하다. 또한 알칼리 골재반응의 억제에 대한 효과가 크다는 이점이 있다.

표 3.2 고로슬래그의 화학성분 및 물리적 성질 한 예

화학성분(%)							비중	비표면적 (m^2/kg)
SiO_2	Al_2O_3	Fe_2O_3	CaO	MgO	SO_3	lg · loss		
31.12	14.24	0.51	41.40	6.14	4.36	0.63	2.80	488

3.3.4 팽창재(expansive producing admixtures)

팽창재(膨脹材)는 철분의 발청, 침상결정의 생성, 석회의 팽창작용 등을 일으켜 모르타르나 콘크리트를 경화과정에서 팽창시키므로 교량의 지승(支承)을 설치할 때나 기계를 앉힐 때 기초부위 등의 그라우트에 사용하며, 콘크리트 부재의 건조수축을 줄여 균열의 발생을 방지할 목적 등으로 사용된다. 팽창재에는 산화조제(酸化助劑)를 혼합한 철분제, 석고를 주성분으로 하는 석고계 및 칼슘설포알미늄산염(calcium sulfo-aluminate, CSA)계 팽창재가 있다. CSA계 팽창재는 생석회와 석고 및 알루미나를 조합 소성한 것으로 광물명을 에트링가이트(ettringite, $3CaO \cdot Al_2O_3 \cdot 3CaSO_4 \cdot 32H_2O$)라 한다. 이것을 포틀랜드시멘트에 적당량을 혼합하여 수화하면 시멘트 바실러스(cement bacillus)를 다량 생성하며 팽창하여 그 후 건조수축을 보상한다. 그러나 혼합량이 지나치게 많으면 팽창균열을 일으키게 되므로 주의를 요한다. 이런 종류의 것을 포틀랜드시멘트에 혼합하여 팽창시멘트로 사용한다. 사용용도로서는 물탱크, 지붕슬래브, 지하벽 등의 방수이음부를 없앤 콘크리트 포장, 흄관 등에 널리 이용한다.

3.3.5 실리카흄(silica fume)

실리카흄은 각종 실리콘이나 훼로 실리콘(ferro silicon) 등의 규소합금을 전기아크식 노에서 제조할

때 배출되는 가스에 부유하여 발생하는 미세한 분말이다. 실리카흄은 실리카(SiO_2)가 80~95%를 차지하고 입경이 1μm 이하로서 평균입경은 0.1μm 정도이며, 비표면적이 약 20,000m^2/kg로서 보통포틀랜드시멘트의 50~60배이다. 비중이 약 2.1~2.2 정도이고 단위용적 중량은 250~300kg/m^3정도이며, 모양은 90% 이상이 구형의 초미립자 분말이다. 실리카흄을 시멘트 중량의 5~15%정도 치환하면 콘크리트가 치밀한 구조로 되어 콘크리트가 고강도화 된다. 또한 재료분리 저항성, 수밀성, 내화학약품성이 향상되며 알칼리 골재반응의 억제효과 및 강도증진 등을 기대할 수 있다.

한편 단위수량의 증가, 건조수축의 증대 등의 결점이 있어 물-결합재비가 30% 이하로 유지되어야 하는 것이 많은 연구보고결과 알려져 있고, 또 물-결합재비를 낮추기 위해 고성능감수제의 사용은 필수적이라 할 수 있으며, 고성능 감수제는 시멘트와 실리카흄의 적절한 분산 및 수화반응을 촉진시킴으로써 보다 균질한 콘크리트의 형성에 도움이 된다. 실리카흄의 화학성분 및 물리적 성질의 한 예를 표 3.3에 나타내었다.

표 3.3 실리카흄의 화학성분 및 물리적 성질의 한 예

화학성분(%)							비중	비표면적 (m^2/kg)
SiO_2	Al_2O_3	Fe_2O_3	CaO	MgO	SO_3	lg · loss		
90.0	1.5	3.0	2.0	0.3	–	3.0	2.33	20,470

3.4 혼화제(混和劑)

3.4.1 AE제(air-entraining agent)

AE제는 콘크리트용 계면활성제(surface active agent)의 일종으로 콘크리트 내부에 독립된 미세기포를 발생시켜 콘크리트의 워커빌리티 개선과 동결융해에 대한 저항성을 갖도록 하기 위해 사용하는 혼화제이다. 1930년대 미국에서 콘크리트 포장도로의 동결융해 작용에 의한 피해발생으로 연구가 시작되었으며, 인위적으로 콘크리트 속에 미세공기를 연행시키기 위해서 개발되었다. 일반적으로 콘크리트에는 혼화제를 첨가하지 않아도 1% 전후의 공기가 포함되어 있으며 비교적 기포가 크고 불규칙하게 분포된 갇힌공기(entrapped air)가 존재한다. 이에 반해 AE제에 의한 미소하고 독립된 공기를 연행공기(entrained air)라 하며, AE공기를 연행한 콘크리트를 AE콘크리트라 한다. 연행공기는 지름이 10~100μm 정도의 구형으로서 균등하게 분포되어 있다. AE제는 일반적으로 음이온계(anion active agent) 또는 비이온계이며, 화학적인 주성분은 수지산염계, 황산에스테르계, 알킬벤젠설폰산염계 등으로 암갈색의 액체 또는 분말로 된 것이 많다. 콘크리트의 내구성을 고려한 공기량의 표준은 표 3.4와 같다.

표 3.4 콘크리트 내구성을 고려한 AE 공기량 표준

콘크리트의 종류	굵은 골재의 최대치수(mm)	적절한 공기량(%)
무근 콘크리트	16	7.0
	20	6.0
	25	5.0
	40	4.5
	50	4.0
	80	3.5
철근 콘크리트	20~40	2.0~6.0
포장 콘크리트	40 이하	4.0~5.0
댐 콘크리트	40	3.0~5.0
	80	2.5~4.5
	150	2.0~4.0

콘크리트에 AE제가 미치는 영향과 효과는 다음과 같다.

1) 연행공기는 시멘트, 골재입자 주위에서 볼베어링(ball bearing)과 같은 작용을 함으로써 콘크리트의 워커빌리티를 개선한다. 공기량이 1.0% 증가함에 따라 슬럼프가 약 25mm 증가한다.
2) 기포가 시멘트 및 골재의 미립자를 떠오르게 하거나 물의 이동을 도움으로써 블리딩을 감소시킨다.
3) 콘크리트 공극중의 물의 동결에 의한 팽창응력을 기포가 흡수함으로써 콘크리트의 동결융해에 대한 내구성을 크게 증가시킨다(그림 3.5 참조).

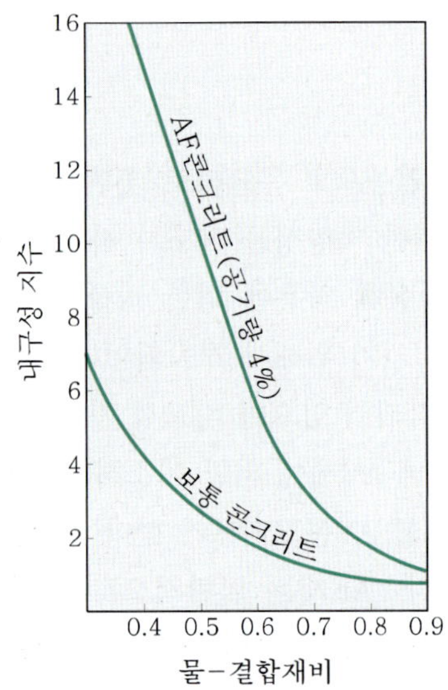

그림 3.5 콘크리트의 물-결합재비와 동결융해에 대한 저항성

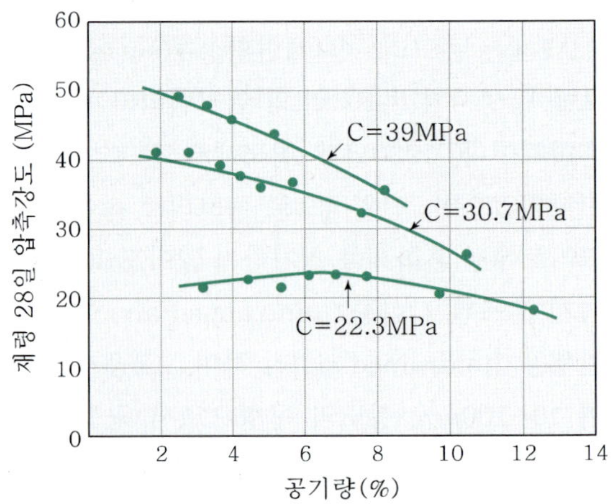

그림 3.6 공기량과 콘크리트 압축강도와의 관계

4) AE제를 사용한 콘크리트의 강도는 물-결합재비가 일정할 경우 공기량만을 증가시켜주면 공기량이 1% 증가함에 따라 압축강도는 약 4~6%, 휨강도는 약 2~3%, 탄성계수는 약 7~8×10^2MPa 정도 각각 감소한다고 한다(그림 3.6 참조).

한편 AE제를 사용한 콘크리트는 AE제의 종류, 사용량 및 시공방법에 따라 공기량에 영향을 미치므로 다음과 같은 시공에 주의해야 한다.

1) AE제는 한국산업규격(KS F 2560)에 적합한 것을 사용한다.
2) AE제의 사용량은 소량이므로 계량에 주의하고, 깨끗한 물에 희석하여 충분히 교반시키고, 계량 오차는 3% 이하이어야 한다.
3) 공기량이 지나치게 많아지면 콘크리트의 작업성은 좋아지나 강도가 저하되므로 AE제 사용량에 주의한다.
4) 운반 및 진동다짐에 의해 공기량이 감소하므로 비비기를 할 때 소요 공기량보다 1/4~1/6 정도 많게 한다.
5) 콘크리트 내구성은 소요 공기량 외에 골재의 품질, 배합 등의 영향을 받으므로 사전에 충분한 시험을 실시하는 것이 좋다.
6) 연행공기량의 변동을 적게 하기 위해서는 잔골재입도를 일정하게 하는 것이 중요하며 조립률의 변동은 ±0.1 이하로 억제하는 것이 바람직하다.
7) 비빔시간 및 온도는 공기량에 영향을 미치므로 주의해야 한다.

3.4.2 감수제, AE감수제(water-reducing agent)

감수제(減水劑)는 시멘트 입자를 분산시킴으로써 콘크리트의 소요의 워커빌리티를 얻는데 필요한 단위수량을 감소시킬 목적으로 사용되는 혼화제이며, 콘크리트 중에 미세기포를 연행시키면서 작업성을 향상시키는 한편 분산효과에 의해 단위 수량을 감소시킬 수 있는 혼화제를 AE 감수제라 한다.

시멘트 입자는 보통 믹싱하여도 약 10%~30%가 응집된 상태라 한다. 이것은 시멘트 입자의 응집작용이 시멘트 입자에 대한 물의 습윤작용보다 크기 때문이다. 그래서 분산작용을 가진 감수제를 사용하면 시멘트 입자는 정전기적으로 활성화하여 그 결과 시멘트 입자가 서로 반발함으로써 따로따로 분산한다. 시멘트 입자가 분산하면 입자간에 물이 침투하여 시멘트풀의 반죽이 묽어지고 또 시멘트 입자가 물과 접촉하기 쉬워지므로 수화반응이 촉진되며 강도발현이 좋아진다고 한다. 감수제의 감수작용 대부분이 시멘트 입자의 분산효과에 의하기 때문에 시멘트분산제(cement dispersing agent)라고도 불린다.

한편 이들 감수제는 AE제에서는 기대할 수 없는 콘크리트의 응결시간을 조절하는 작용을 함께 하기 때문에 응결특성이 변화가 없는 것을 표준형, 지연되는 것을 지연형, 촉진되는 것을 촉진형이라 한다.

감수제, AE감수제를 사용함으로써 다음과 같은 효과를 얻을 수 있다.

1) 소요의 워커빌리티를 얻기 위하여 필요한 단위수량을 10%~16% 정도 감소시킬 수 있다.
2) 동일 워커빌리티 및 강도의 콘크리트를 얻기 위하여 필요한 단위시멘트량을 감소시킨다.
3) 동결융해에 대한 저항성이 증대된다.
4) 수밀성이 향상되고 투수성이 감소된다.
5) 내약품성이 커진다.
6) 건조수축을 감소시킨다.

콘크리트용 계면활성제의 주요 효과는 표 3.5와 같다.

표 3.5 계면활성제의 주요 효과

계면활성제의 주요 효과		AE제	감수제			AE 감수제		
			표준형	지연형	촉진형	표준형	지연형	촉진형
굳지 않은 콘크리트	단위수량 감소	○	△	△	△	◎	◎	◎
	단위시멘트량 감소	–	◎	◎	◎	◎	◎	◎
	공기연행성	◎	–	–	–	◎	◎	◎
	워커빌리티 개선	◎	○	○	○	◎	◎	◎
	블리딩 감소	◎	△	△	△	◎	◎	◎
	콘크리트의 응결지연	–	–	×	△	–	×	△
	콘크리트의 응결촉진	–	–	×	△	–	×	△
	펌퍼빌리티개선	○	◎	◎	◎	○	○	○
	피니셔빌리티개선	○	○	○	○	○	○	○
	슬럼프 저하방지	–	○	◎	–	○	◎	–
경화한 콘크리트	초기강도 증대	–	○	–	◎	○	–	◎
	수화열 감소	–	○	◎	×	○	◎	×
	수밀성 증대	○	○	○	○	◎	◎	◎
	탄산화에 대한 저항성 증대	○	○	○	○	◎	◎	◎
	동결융해작용에 대한 저항성 증대	◎	–	–	–	◎	◎	◎
	화학침식작용에 대한 저항성 증대	○	○	○	○	◎	◎	◎
	마찰, 마모에 대한 저항성 증대	–	○	○	○	○	○	○

(주) ◎ 효과큼, ○ 효과있음, △ 효과적음, × 사용불가, – 관계없음

3.4.3 고성능감수제, 유동화제(superplasticizer)

고성능감수제, 유동화제는 1960년대 초 독일과 일본에서 처음 개발된 감수제의 일종으로서, 시멘트의 응결지연성 및 공기연행성이 없기 때문에 다량첨가가 가능하고 단위수량의 대폭감소 및 대단히

우수한 시멘트 입자의 분산능력을 갖고 있다.

고성능감수제는 그 사용방법에 따라 고강도 콘크리트용 감수제와 유동화제로 나누어지지만 기본적인 성능은 동일하다. 즉, 고성능감수제의 뛰어난 감수작용을 이용하여 보통콘크리트와 같은 작업성능을 가지면서 물-결합재비 저감을 주목적으로 사용하는 경우는 고성능감수제, 또 고성능감수제로 감수시키지 않고 동일한 물-결합재비로서 작업성능이 뛰어난 콘크리트 제조를 목적으로 하는 경우에는 일반적으로 유동화제로 불린다. 고성능감수제, 유동화제는 폴리알킬아릴 설폰산염계, 멜라민 포르말린수지 설폰산염계 및 방향족 다환축합물 설폰산염계 등과 같은 것이 있으며 고성능감수제의 첨가량에 따라 단위수량이 현저하게 감소됨을 그림 3.7에서 알 수 있다. 방향족계 감수제를 사용하면 슬럼프 100mm 정도의 반죽으로 압축강도 80~100MPa정도의 고강도 콘크리트를 얻을 수 있다(표 3.6 참고).

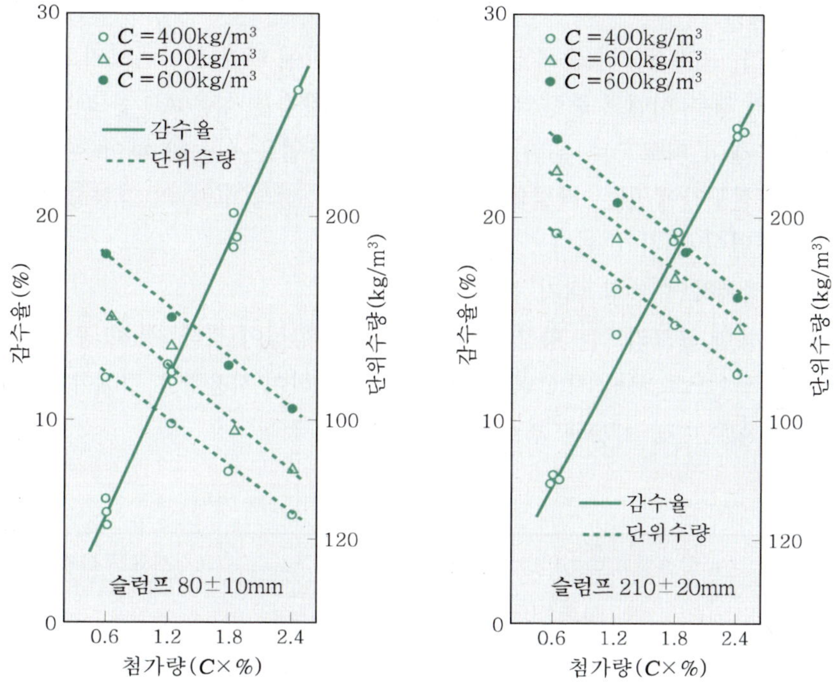

그림 3.7 고성능감수제의 첨가량과 감수율과의 관계

표 3.6 고성능감수제를 사용한 콘크리트의 강도 예

혼화제		W/C (%)	S/a (%)	슬럼프 (cm)	공기량 (%)	단위량 (kg/m³)		압축강도 (MPa)		인장강도 (MPa)	
종류	사용량 (C×%)					C	W	7일	28일	7일	28일
NL-4000	0.80	28.6	25	10.5	1.7	700	200	80.7	99.7	4.86	5.75
MT-150	1.5	28.6	26	10.5	1.8	700	200	77.6	95.6	4.57	5.53

3.4.4 촉진제(accelerator)

촉진제(促進劑)는 시멘트의 수화작용을 촉진하는 혼화제로서, 보통 염화칼슘 또는 염화칼슘을 포함한 감수제가 사용된다. 염화칼슘의 알맞은 사용량은 온도에 따라 다르지만, 일반적으로 시멘트 중량에 대해서 2% 이하를 사용한다.

염화칼슘을 혼합한 조강 및 보통포틀랜드시멘트 콘크리트의 압축강도를 나타낸 것이 그림 3.8이며, 염화칼슘은 5~10℃의 저온에서 강도증진 효과가 좋은 것을 알 수 있다.

촉진제의 효과와 사용상의 주의 사항을 열거하면 다음과 같다.

1) 조기강도를 증대시켜 주지만 2% 이상 사용하면 큰 효과가 없으며 오히려 순결(瞬結), 강도저하를 나타낼 수가 있다.
2) 조기발열의 증가, 조기강도의 증대 및 동결온도의 저하에 따라 한중콘크리트에 유효하다. 그래서 한중콘크리트의 경우 시멘트 중량의 1% 정도의 염화칼슘을 섞은 AE 콘크리트를 추천하고 있다.
3) 콘크리트의 응결이 빠르므로 운반, 타설, 다지기 작업을 신속히 해야 한다.
4) 지하철이나 전철구간에 있는 터널의 철근콘크리트는 전식(電蝕)의 영향으로 철근은 녹이 슬고 콘크리트는 균열이 생기기 쉽다.
5) PSC 강재에 접촉하면 부식 내지 녹이 슬기 쉽다.
6) 염화칼슘을 사용한 콘크리트는 황산염에 대한 화학저항성이 적다. 특히 공업용 염화칼슘의 순도는 80~95% 정도이므로, 사용시 $CaCl_2$의 순량을 규준하여 사용량을 정해야 한다. 또 조해성(潮解性)을 가지고 있으므로 저장에 주의를 요한다.

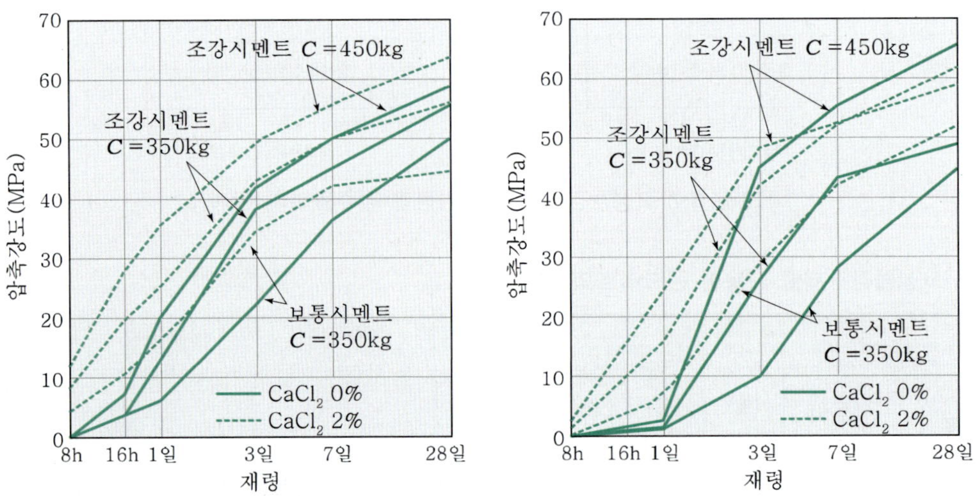

그림 3.8 염화칼슘을 혼합한 포틀랜드시멘트의 압축강도

3.4.5 지연제(retarder)

지연제(遲延劑)는 시멘트의 수화반응을 늦추어 응결시간을 길게 할 목적으로 사용하는 혼화제이다. 지연제에는 리그닌설폰산계, 옥시카본산계 및 인산염 등의 무기화합물 등이 있다. 유기질의 지연제는 분자가 매우 크고, 이것이 시멘트 입자표면에 흡착하여 시멘트와 물과의 접촉을 일시적으로 차단하여 초기수화반응을 지연시킨다.

지연제의 응결지연 작용은 온도, 사용 시멘트의 종류에 따라 영향을 받으며 무첨가에 대해 60~210분 정도 지연되도록 하고 있으나 과다 첨가시에는 과다한 공기 연행에 의한 강도감소 현상이 발생할 수 있으므로 일반적으로 60~120분 정도 지연되도록 하는 첨가량을 사용하고 있다. 지연제의 사용량에 따른 응결지연상태를 프록터(proctor)의 관입저항으로 나타낸 것이 그림 3.9이다. 한편, 첨가량을 사용 목적에 따라 다르게 적절히 조정하여 콘크리트의 응결시간을 수시간에서 수일간 임의로 조정할 수 있는 초지연제(超遲延劑)가 개발되어 시판되고 있다. 초지연제는 일반적인 지연제의 사용목적과 달리 지연특성을 적극적으로 활용하여 각종 건설공법에서 야간작업을 하지 않고 연속작업을 가능케 하는 등 콘크리트 시공성의 개선 등을 목적으로 사용한다.

지연제의 용도는 다음과 같다.

1) 서중콘크리트의 시공시 워커빌리티의 저하 및 레디믹스트 콘크리트의 운반거리가 멀어져 운반시간이 장시간 소요되는 경우에 유효하다.
2) 수조, 사일로 및 대형 구조물 등 연속타설을 필요로 하는 콘크리트 구조에서 작업이음(cold and construction joint)의 발생 등의 방지에 유효하다.

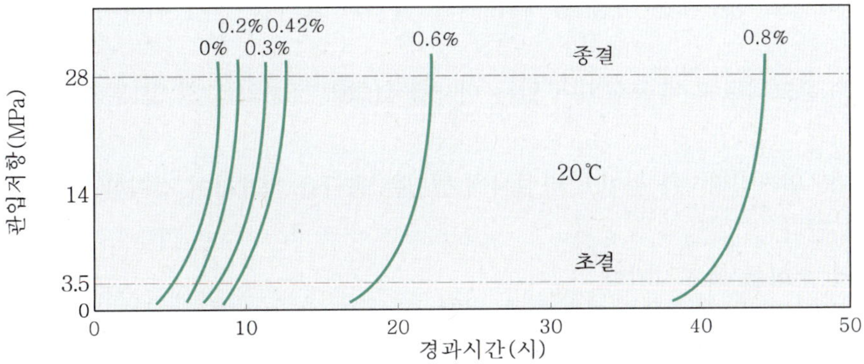

그림 3.9 지연제의 첨가량과 응결시간과의 관계

3.4.6 급결제(quick-setting agent)

급결제(急結劑)는 시멘트의 응결시간을 매우 빨리 하기 위하여 사용되는 혼화제로서 모르타르, 콘크

리트의 뿜어붙이기 공법, 그라우트에 의한 지수공법 등에 사용된다. 급결제는 탄산소오다(Na_2CO_3), 염화제2철($FeCl_3$), 염화알루미늄($AlCl_3$), 알루민산소오다($NaAlO_2$), 규산소오다(Na_2SiO_3) 등을 주성분으로 한 것이다. 급결제를 사용한 콘크리트는 재령 1~2일까지 강도증진은 매우 크나, 장기강도는 일반적으로 느린 경우가 많다. 표 3.7은 현재 시판되고 있는 급결제의 분류와 특징을 나타낸 것이다.

표 3.7 시판 콘크리트 급결제의 분류와 특징

type	주성분	비중		분말도 (m^2/kg)	표준첨가량	사용범위	특징
		겉보기비중	진비중		시멘트에 대한 중량비(%)		
A	무기염계	0.7~0.9	2.4	100~240	3	3~5	고알칼리형
B	무기염계	0.7~0.9	2.4	100~420	5	4~6	저알칼리형
C	시멘트계	0.8	2.6	420	5	4~10	용수에 강함
D	무기염계	액상	1.3	–	5	4~6	습식주입용
E	C-A-S계	1.0	1.9	540	10	10~30	저알칼리형, 안정형
F	천연광물	0.8~1.0	2.4	750	5	4~7	강도저하가 낮음

3.4.7 방수제(water-proofing agent)

방수제(防水劑)는 모르타르, 콘크리트의 흡수성과 투수성을 줄일 목적으로 사용되는 혼화제이다. 방수제를 화학조성에 의하여 분류해 보면 염화칼슘계, 규산소오다계, 지방산계, 파라핀계, 고분자에멀젼계, 감수제, AE제계 등 많은 종류가 시판되고 있다. 콘크리트의 투수 및 흡수를 줄이기 위해서는 공극생성의 방지 또는 공극의 분산세분화로써 방지할 수 있다. 그러나 콘크리트 속의 공극생성의 원인은 매우 복잡하므로 방수제는 다음 중에서 어느 일부의 효과를 얻기 위하여 사용된다.

1) 굳지 않은 콘크리트 속에 포함되어 있는 미세공극(微細空隙)의 충전 및 분산세분화(分散細分化)시킨다.
2) 콘크리트의 워커빌리티를 높이고 타설시에 생기는 공극을 적게하며 경화한 후에 공극이 될 혼합수를 적게 한다.
3) 시멘트의 수화를 촉진시킨다.
4) 시멘트의 수화반응에 의하여 생기는 가용물질(加用物質)의 용출을 방지하고 불용성 또는 발수성 염류를 형성하게 한다.
5) 콘크리트 내부에 불투수층 또는 투수성막을 형성하게 한다.

그런데 시판되는 방수제 중에는 방수효과는 있으나 콘크리트의 다른 성질을 해치는 경우가 있으므로 사용시에는 충분한 검토를 요한다.

3.4.8 발포제(gas-forming agent)

알루미늄 또는 아연 등의 분말을 혼합하면 시멘트의 응결과정에 있어서 수산화물과 반응하여 수소가스를 발생하며, 모르타르 및 콘크리트 속에 미세한 기포를 생기게 한다. 이러한 종류의 혼화제를 발포제(發泡劑) 또는 가스발생제라 한다. 발포제로서는 일반적으로 알루미늄 분말을 사용하여 이것을 프리팩트콘크리트용 그라우트나, PSC용 그라우트에 사용하면 발포작용에 의하여 모르타르나 시멘트풀을 팽창시켜 굵은골재의 간극이나 PSC 강재의 주위에 충분히 잘 채워지도록 함으로써 부착을 좋게 한다. 한편 건축분야에서는 부재의 경량화 또는 단열성을 높이기 위한 목적으로 사용된다.

3.4.9 방청제(corrosion-inhibiting agent)

철근 콘크리트용 방청제(防錆劑)는 해사를 잔골재로 사용하는 경우, 염화칼슘을 섞는 경우, 염분이 포함된 흙에 접촉하는 경우 등의 철근콘크리트에 방청을 목적으로 사용되는 혼화제이다. 콘크리트는 pH가 12.6 정도의 강알칼리성이어서 그 속에 매입되어 있는 철근의 표면에는 얇은 부동태피막이 생성되어 있기 때문에 일반적으로 콘크리트 중에 있는 철근은 부식되지 않는다고 한다. 그러나 콘크리트가 알칼리성을 상실하고 중성화가 되거나 외부에서부터 부식성 물질, 특히 염분이 침투하면 철근은 부식하게 되고 부식 생성물인 녹은 그 체적이 본래의 2.5배로 팽창하여 그 팽창압에 의해 덮개콘크리트에 균열이 생긴다. 일단 균열이 발생하면 산소와 물의 공급이 용이하여 철근의 부식이 촉진되고 심하면 덮개 콘크리트가 떨어지는 등 구조물의 성능이 저하된다.

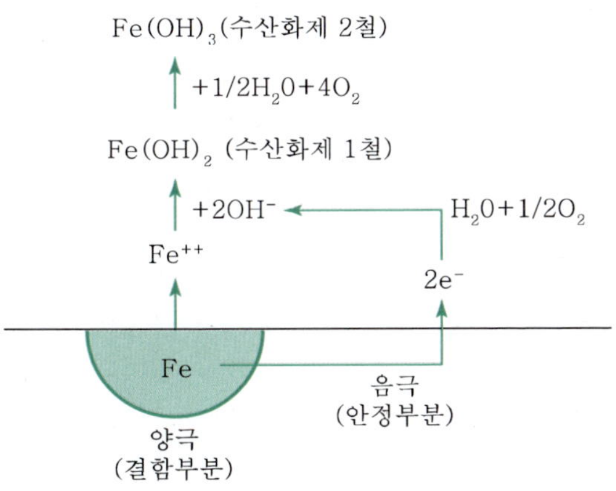

그림 3.10 철근부식의 반응기구

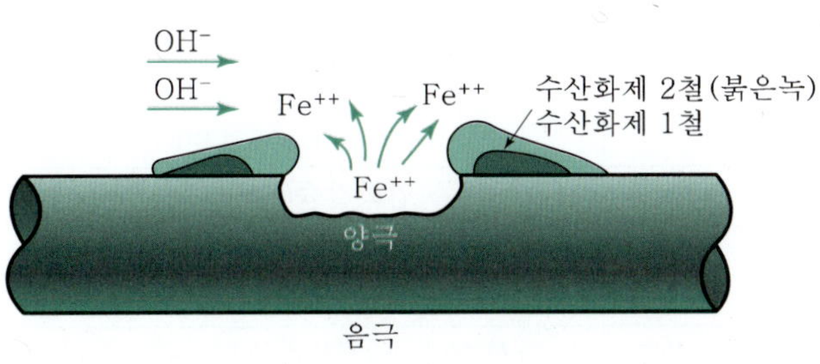

그림 3.11 철근의 발청

방청제의 주성분으로는 아황산소오다, 인산염, 염화제1주석, 리그닌설폰염화칼슘염 등이 있다. 방청제의 작용은 철근 표면의 부동태피막을 보강하는 것, 산소를 소비하거나 염소이온을 결합하여 고정하는 것 및 콘크리트의 내부를 치밀하게 하여 부식성 물질의 침투를 막는 것 등이다. 물이 있는 상태에 있어서 철의 부식은 전기화학반응에 의한 것이다. 철의 표면에는 안정한 산화피막이 존재하지만 이 피막이 파괴되면 그 부분에 있어서 국부전지를 형성하여 녹의 발생은 촉진한다. 이것을 그림으로 나타내면 그림 3.10과 같고 또한 철근의 녹발생 상황을 그림으로 나타내면 그림 3.11과 같다.

3.4.10 수중불분리성혼화제

콘크리트에 수용성 고분자를 첨가, 점조성(粘稠性)을 부여하여 수중 자유낙하에 의한 물의 세척작용을 받아도 시멘트와 골재의 분리를 막아 수중콘크리트의 용이한 시공을 가능케 하는 혼화제를 말하며, 이 수용성 고분자를 콘크리트용 수중불분리성혼화제(non-dispersible underwater concrete agent)라고 한다. 수중불분리성혼화제의 주성분은 수용성 고분자로 되어 있는 셀룰로오스계와 아크릴계의 두 종류가 있으나, 주로 셀룰로오스계가 사용되고 있다.

그 밖의 혼화제에는 방동내한제(防凍耐寒劑), 즉시탈형 콘크리트용 혼화제, 역방향타설 콘크리트용 팽창성혼화제, 수화열억제제 등이 있다. 한편, 혼화제의 사용량은 그 종류 및 용도 그리고 제조회사 등에 따라 다소 차이가 있으나, 일반적으로 사용되는 혼화제의 대략적인 사용량은 표 3.8과 같다.

표 3.8 혼화제의 사용량 예

<table>
<tr><th colspan="2">혼화제</th><th>사용량(시멘트 중량에 대한 백분율, %)</th></tr>
<tr><td rowspan="3">AE제</td><td>빈졸레진(분말)</td><td>0.004~0.012</td></tr>
<tr><td>빈졸 NVX</td><td>0.02~0.08</td></tr>
<tr><td>다렉스(원액)</td><td>0.02~0.08</td></tr>
<tr><td rowspan="7">감수제</td><td>포졸리스 No.5 (일반용)</td><td>0.5</td></tr>
<tr><td>포졸리스 No.8 (댐용)</td><td>0.25</td></tr>
<tr><td>포졸리스 No.10 (조강용)</td><td>1</td></tr>
<tr><td>포졸리스 No.100 (포장용)</td><td>0.2</td></tr>
<tr><td>Mighty 150 (유동화용)</td><td>0.6~2.4</td></tr>
<tr><td>Sanflo FBF (유동화용)</td><td>0.3~1.5</td></tr>
<tr><td>NP 10 (유동화용)</td><td>0.24~1.2</td></tr>
<tr><td>촉진제</td><td>염화칼슘($CaCl_2$)</td><td>1~2</td></tr>
<tr><td>지연제</td><td>포졸리스 No.8
리타드</td><td rowspan="2">응결, 경화시간, 온도에 따라서 조절한다.</td></tr>
<tr><td>급결제</td><td>탄산소다, 알루민산소다, 규산소다</td></tr>
<tr><td>발포제</td><td>알루미늄 분말</td><td>0.005~0.02</td></tr>
</table>

연습문제

3.1 콘크리트용으로 사용되는 혼화재료를 분류하고 그 용도와 효과에 대하여 간단히 설명하라.

3.2 건조하기 쉬운 구조물에 플라이애시를 사용했을 때 그 효과에 대하여 설명하라.

3.3 AE제에 대하여 아는 바와 그 작용에 대하여 설명하라.

3.4 감수제의 감수작용에 대하여 설명하라.

3.5 한중콘크리트에 염화칼슘을 사용하는 이유에 대하여 설명하라.

3.6 지연제의 응결지연작용에 대하여 설명하라.

3.7 AE제의 발포작용과 알루미늄 분말의 발포작용효과를 비교하여 설명하라.

3.8 팽창재의 팽창기구와 그 용도에 대하여 설명하라.

3.9 방수제의 방수작용에 대하여 설명하라.

3.10 고로슬래그의 제조과정과 그 용도에 대하여 설명하라.

제4장

골재 및 물

제 4 장 골재 및 물

4.1 개설

골재(aggregate)란 모르타르 또는 콘크리트를 만들기 위하여 시멘트 및 물과 함께 믹싱할 때 주로 보강과 증량을 목적으로 사용되는 모래, 자갈, 부순돌, 슬래그, 기타 이와 비슷한 재료를 말한다. 골재가 콘크리트 속에서 차지하는 용적 비율은 그림 4.1에서와 같이 65~80% 정도로서, 용적의 대부분을 차지하는 재료이기 때문에 골재의 종류나 성질에 따라 콘크리트의 성질이 크게 좌우된다. 그런데 인공골재를 제외하고는 대부분이 천연산이기 때문에 골재의 품질은 산지, 산출상태, 기상조건, 취급방법에 따라 달라지므로 항상 균일한 골재를 얻기는 어렵다. 골재의 모암(母巖)인 원석을 성인(成因)에 의하여 화성암, 수성암, 변성암으로 나누며, 양질의 골재용으로는 현무암, 안산암, 경질사암, 석회암, 화강암 등을 들 수 있다. 콘크리트용 골재 (KS F 2527)는 일반적으로 다음과 같이 분류한다.

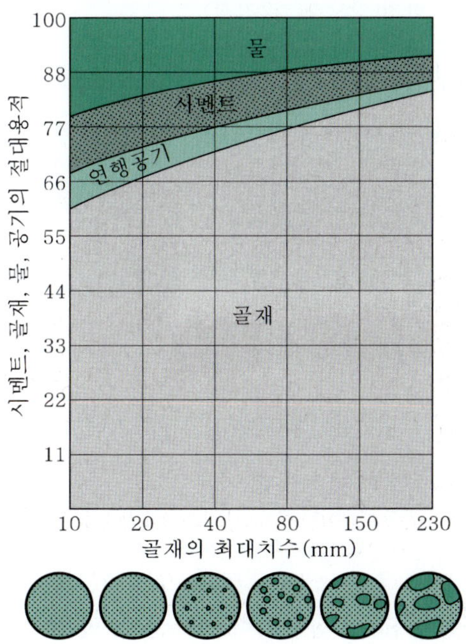

그림 4.1 골재가 콘크리트 속에 차지하는 용적 비율

(a) 모래 (b) 자갈

그림 4.2 콘크리트용 골재

(1) 입경의 크기에 의한 분류

- 잔골재(fine aggregate) : 콘크리트 표준시방서에 의하면 10mm 체를 통과하고 5mm 체에 거의 다 통과하며, 0.08mm 체에 거의 다 남는 골재 또는 5mm 체를 통과하고 0.08mm 체에 남는 골재로 정의하고 있다.
- 굵은골재(coarse aggregate) : 5mm 체에 거의 다 남는 골재 또는 5mm 체에 남는 골재로 정의한다.

(2) 산지 또는 제조방법에 의한 분류

- 골재
  - 천연골재
    - 하천(강모래, 강자갈)
    - 바다(바다모래, 바다자갈)
    - 산(산모래, 산자갈, 천연경량골재)
  - 인공골재
    - 부순모래, 부순돌
    - 인공경량골재(ALA)
    - 자철강, 철편
    - 슬래그

(3) 비중에 의한 분류

- 경량골재(輕量骨材) : 비중이 2.50 이하인 골재
- 보통골재(普通骨材) : 비중이 2.50~2.65인 골재
- 중량골재(重量骨材) : 비중이 2.70 이상인 골재

(4) 용도에 의한 분류

모르타르용 골재, 콘크리트용 골재, 포장콘크리트용 골재, 경량 콘크리트용 골재, 철도선로용 골재 등이 있다.

4.2 골재의 일반적 성질

골재는 깨끗하고, 강하고 내구적이고, 알맞은 입도를 가지며, 얇은 석편, 먼지, 흙, 유기불순물, 염분 등의 유해물을 함유해서는 안 된다. 특히 내화성을 요하는 경우에는 내화적인 굵은골재를 사용해야 한다.

일반적으로 골재로서 필요한 성질은 다음과 같다.

1) 깨끗하고 유해물을 포함하지 않을 것
2) 물리, 화학적으로 안정하고 내구성이 클 것
3) 견경(堅硬), 강고(强固)할 것
4) 모양이 입방체 또는 구형에 가깝고 시멘트풀과의 부착력이 큰 표면조직을 가질 것
5) 크고 작은 알맹이의 혼합의 정도 즉 입도(粒度)가 적당할 것
6) 소요의 중량을 가질 것
7) 특히 내화적(耐火的)인 콘크리트를 제조할 때는 그에 적합한 성질을 가질 것
8) 마모에 대한 저항이 클 것

골재 고유의 성질 중에서 골재의 비중, 흡수량 및 강도는 골재원석의 석질, 풍화의 정도 등에 따라 정해지는 성질로서 이들 사이에는 서로 상호관계가 있다.

4.2.1 비중

골재의 비중에는 다음 3가지가 있으나 골재의 비중은 표면건조포화상태의 비중을 기준으로 한다. 표면건조포화상태의 잔골재의 비중은 보통 2.50~2.65, 굵은 골재는 2.55~2.70 범위에 있다.

- 골재의 비중
  - 진(眞)비중 : 공극을 포함하지 않은 원석만의 비중
  - 겉보기비중
    - 절대건조상태의 비중 : 절대건조상태의 골재의 중량을 공극을 포함한 겉보기 용적으로 나눈 것
    - 표면건조포화상태의 비중 : 표면건조포화상태의 골재의 중량을 공극을 포함한 겉보기 용적으로 나눈 것

골재의 비중은 콘크리트의 배합설계, 실적률, 공극률 등의 계산에서 사용되며, 일반적으로 비중이 클수록 치밀하고 흡수량이 적으며, 내구성이 크다. 따라서 골재의 비중과 흡수량을 골재의 성질을 평가하는 한 수단으로 사용한다(표 4.1 참조).

천연골재의 비중과 흡수율도 모암에 따라 다르지만 비중과 흡수율과의 관계는 그림 4.3에 나타난 것과 같은 상관관계가 있고 모암의 풍화가 진행되면 내부에 미세한 균열이 생겨 비중의 저하와 흡수율의 증대를 초래한다. 이와 같이 풍화한 골재를 사용하면 콘크리트의 강도와 탄성계수가 저하하고 건조수축이 증대되며 콘크리트의 탄산화 및 동결융해에 대한 내구성이 저하되는 등의 경향을 보인다.

골재의 비중 및 흡수량을 구하는 방법은 KS F 2503(굵은골재의 밀도 및 흡수율 시험방법)과 KS F 2504(잔골재의 밀도 및 흡수율 시험방법)의 규정에 따라서 행한다.

표 4.1 골재 품질평가의 한 예

분류 / 골재의 종류	등급	비중	흡수량(%)
잔골재	A	2.65 이상	1.5 이하
	B	2.65~2.50	1.5~3.6
	C	2.50 이하	3.5 이상
굵은골재	A	2.68 이상	1.0 이하
	B	2.68~2.56	1.0~2.0
	C	2.56 이하	2.0 이상

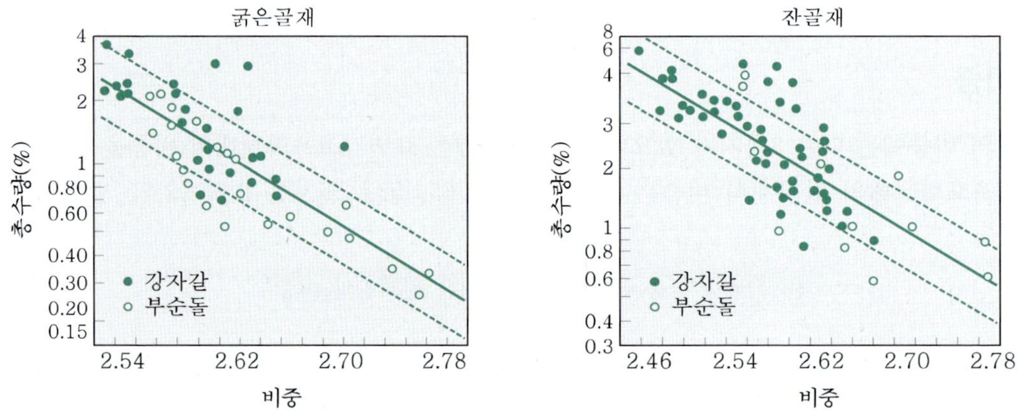

그림 4.3 비중과 흡수량과의 관계

4.2.2 함수량(water content)

골재의 함수상태는 그림 4.4와 같이 4가지로 분류된다.

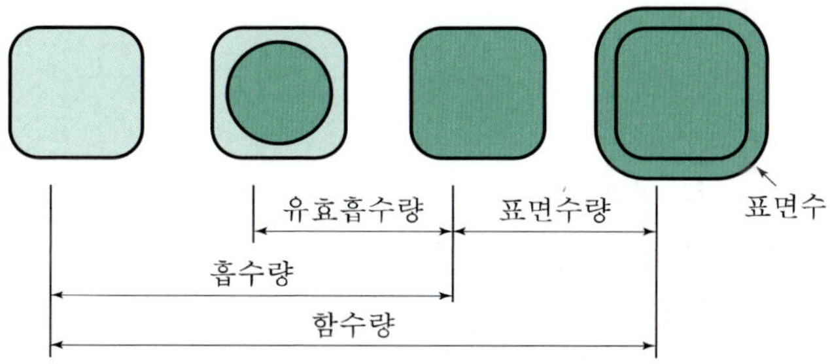

그림 4.4 골재의 함수상태

(1) 절대건조상태(absolute dry condition) 또는 로건조상태(oven dry condition)

110℃ 정도의 온도에서 24시간 이상 골재를 건조시킨 상태로서 절건상태라고도 한다.

(2) 공기중 건조상태(room dry condition)

실내에 방치한 경우 골재입자의 표면과 내부의 일부가 건조된 상태로서 기건상태라고도 한다.

(3) 표면건조포화상태(saturated surface dry condition)

골재입자의 표면에 물은 없으나 내부의 공극에는 물이 꽉 차있는 상태로서 표건상태 또는 S.S.D 상태라고도 한다.

(4) 습윤상태(wet condition)

골재입자의 내부에 물이 채워져 있고, 표면에도 물이 부착되어 있는 상태. 한편 함수량이란 골재입자에 포함된 전 수량을 말하며, 흡수량과 표면수량으로 나눌 수 있다.

(5) 흡수량(absorption)

절대건조상태에서 표면건조포화상태가 될 때까지 흡수되는 수량으로 보통 24시간 침수에 의하여 절대건조상태에 대한 골재 중량의 백분율로 나타낸다. 다시 말해서 골재알의 내부공극의 양을 나타내는 것으로서 골재 품질의 양 부를 나타낸다. 또한 공기중 건조상태로부터 표면건조포화상태로 되는데 필요한 수량을 유효흡수량(effective absorption)이라 한다. 각종 골재의 흡수량은 표 4.2와 같다.

$$\text{흡수량} = \frac{C-A}{A} \times 100(\%) \tag{4.1}$$

$$\text{유효흡수량} = \frac{C-B}{A} \times 100(\%) \tag{4.2}$$

여기서, A : 노건조상태중량
B : 공기중 건조상태중량
C : 표면건조포화상태중량

표 4.2 각종 골재의 흡수량(%)

골재의 종별		잔골재	굵은골재
보통골재		1~6	0.4~0.5
인공경량골재	조립형	4~11	2~9
	비조립형	7~14	6~11
천연경량골재		7~35	15~50

(6) **표면수량**(surface moisture)

골재알의 표면에 묻어 있는 수량으로서 일반적으로 표면건조포화상태에 대한 시료중량의 백분율로 나타낸다. 골재의 상태에 따라 표면수량의 대략값은 표 4.3과 같다.

$$\text{표면수량} = \frac{D-C}{C} \times 100(\%) \tag{4.3}$$

여기서, C : 표면건조포화상태 중량
D : 습윤상태 중량

표 4.3 골재 표면수량의 근사값

골재상태	표면수량(%)
습한(젖은)자갈 또는 부순돌	1.5~2.0
많이 젖은 모래(손에 쥐면 손이 축축해진다)	5.0~8.0
보통 젖은 모래(손에 쥐면 그 형상이 보존되나 손에 물이 약간 묻는다)	2.0~4.0
습한 모래(손에 쥐어도 형상을 이루지 않고 손바닥에 습기가 약간 남는다)	0.5~2.0

(주) 같은 정도의 표면수량으로 보여도 거친 모래일수록 표면수가 작다.

4.2.3 단위질량

골재의 단위질량이란 $1m^3$의 골재의 중량을 말한다. 골재의 비중, 모양, 입도, 함수량 및 계량용기의 모양과 크기, 그리고 용기에 다져넣는 방법 등에 의하여 상당히 달라진다. 보통 골재의 단위질량의 표준값은 표 4.4와 같다.

한편 인공경량골재의 단위질량은 굵은골재 700~800kg/m^3, 잔골재 1,000~1,200kg/m^3 정도이다.

표 4.4 골재의 단위질량의 한 예

골재의 종류		상태	단위질량(kg/m^3)	
			가볍게 다짐	충분히 잘 다짐
잔골재		건조상태	1,450~1,600	1,520~1,850
		습한상태	1,360~1,520	–
굵은골재	5~2mm	건조, 습한상태	1,450~1,550	1,570~1,680
	10~20mm	건조, 습한상태	1,450~1,510	1,480~1,600
잔, 굵은골재의 혼합골재 최대치수 40mm		건조상태	–	1,760~2,000
		습한상태	1,600~1,850	–

(1) 공극률(percentage of voids)

골재의 단위용적중의 공극의 비율을 백분율로 나타낸 것을 공극률이라 한다. 즉,

$$\text{공극률}(v) = \left(1 - \frac{\text{단위질량}(w)}{\text{비중}(\rho)}\right) \times 100(\%) \tag{4.4}$$

골재의 공극률이 작으면 시멘트풀의 양이 적게 들고 경제적으로 원하는 강도의 콘크리트를 만들 수가 있고 콘크리트의 밀도, 마모저항, 수밀성, 내구성이 증대된다. 또한 콘크리트의 건조수축이 적어지므로 균열발생의 위험이 줄어들며, 단위시멘트량을 적게할 수 있기 때문에 온도에 의한 균열이 생길 염려가 적다.

(2) 실적률(percentage of solids)

골재를 어떤 용기속에 채워 넣었을 때 골재의 실제 부분의 비율을 백분율로 나타낸 것을 실적률이라 한다. 즉

$$\text{실적률}(d) = \frac{\text{단위질량}(w)}{\text{비중}(\rho)} \times 100(\%) \tag{4.5}$$

실적률이 클수록 골재의 모양이 좋고 입도분포가 적당하여 시멘트풀의 양이 적게 든다. 또한 건조수축, 수화열을 줄일 수 있어 경제적으로 소요의 강도를 얻을 수 있으며, 콘크리트의 밀도, 수밀성, 내구성, 마모저항 등이 증대한다.

4.2.4 굵은골재의 최대치수(maximum size of coarse aggregate)

굵은골재의 최대치수란 중량으로 90% 이상 통과시키는 체중에서 최소치수의 체눈을 공칭치수로 나타낸 굵은골재의 치수를 말한다. 굵은골재의 최대치수가 클수록 소요의 품질의 콘크리트를 얻기 위한 단위수량 및 시멘트량이 일반적으로 감소하여 경제적이라 한다.

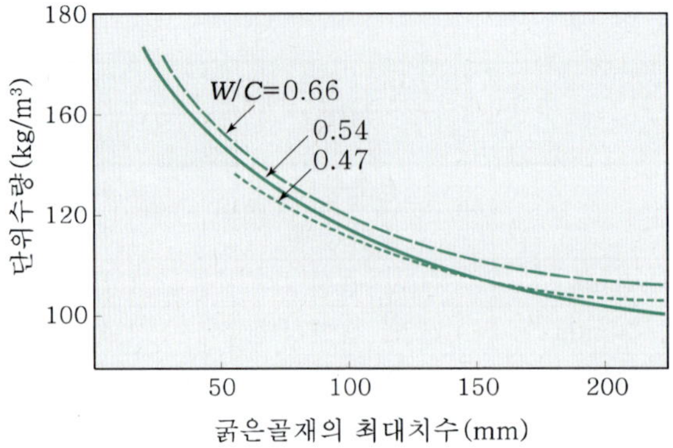

그림 4.5 굵은 골재의 최대치수와 단위수량과의 관계

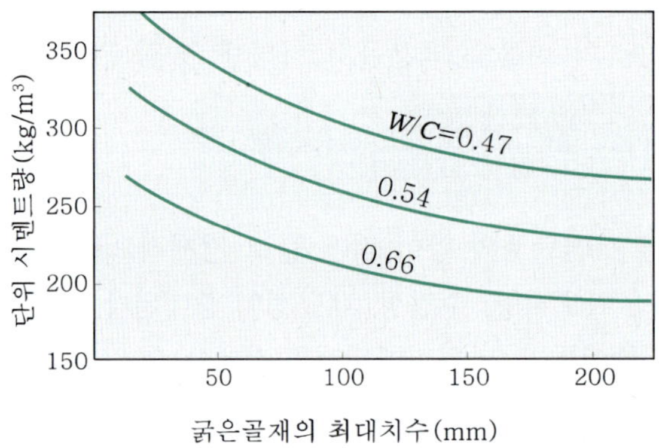

그림 4.6 굵은골재의 최대치수와 단위시멘트량과의 관계

그러나 압축강도가 40MPa 정도로 비교적 클 경우에는 최대치수를 크게 할수록 시멘트량이 증대되며, 또 시공면에서는 최대치수가 클수록 믹싱 및 취급이 곤란하며, 재료분리가 생기기 쉽다. 그래서 적당한 최대치수는 구조물의 종류, 철근의 간격, 시공기계 등을 고려하여 정하는 것이 좋다(표 4.5 참조).

표 4.5 굵은골재의 최대치수의 표준값

구조물의 종류		최대치수(mm)
무근 콘크리트	단면이 큰 콘크리트(큰 기초, 큰 교각 등)	80~100
	보통 단면이 큰 콘크리트(기초, 교각, 두꺼운 벽 등)	50~80
철근 콘크리트	두꺼운판	40~50
	판, 보, 벽, 기둥	25
	확대 기초	40
	지하벽, 케이슨	50
포장 콘크리트		50 이하
댐 콘크리트		80~150

4.2.5 모양(shape of aggregate particles)

골재알의 모양(粒形)은 둥글고 구형에 가까운 것이 좋으며 가늘고 길거나, 편평하거나 얇으면 부스러지기 쉽고 불안정하며, 공극률이 크게 된다. 또 모가 많은 것도 공극률이 크게 되며, 골재알 사이의 마찰이 증가하므로 워커블한 콘크리트를 만들기 위해서는 모래가 많은 배합으로 하지 않으면 안 된다. 그 결과 시멘트 및 물의 사용량이 증대한다. 철근 콘크리트 부재에 있어서는 편평한 골재나 가늘고 긴 골재가 철근과 철근 사이에 걸려, 그 밑의 콘크리트는 수극(水隙)과 공극(空隙)을 만들 위험이 있다. 이러한 이유 때문에 굵은 골재는 얇은 석편이나 가늘고 긴 석편의 유해량을 포함해서는 안 된다. 골재의 입형을 분류하면 표 4.6과 같다.

표 4.6 골재의 입형의 분류

분류	입형	모양그림	
둥그렇게 된 것	물 또는 기타의 마모작용에 의하여 완전히 또는 충분히 모가 둥그렇게 된 것		강자갈, 바다자갈 사막의 모래 해안의 모래
불규칙한 것	전체가 불규칙한 것으로 일부 마모에 따라 둥그렇게 된 것		산 자갈
모난것	거의 평면을 이룬 면으로 형성되면서 모를 가진 것	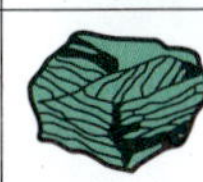	부순돌, 슬래그 부순 것
편평(扁平)한 것	보통 모진 형태로 되어서, 두께가 폭이나 길이에 비하여 적은 것		납작한 암석조각

4.2.6 입도(grading)

골재의 입도(粒度)란 골재의 작고 큰 입자가 혼합된 정도를 말한다. 그림 4.7에서와 같이 작은 입자와 굵은 입자가 적당히 혼합되어 있을 때는 입자의 크기가 균일한 경우나 작은 입자가 많은 경우와 비교하여 워커빌리티, 강도, 내구성, 수밀성 등이 소요의 품질의 콘크리트를 비교적 적은 단위시멘트량으로 경제적으로 만들 수 있다. 골재의 입도는 KS F 2502의 체가름시험(sieve analysis test)에 의하여 구한다.

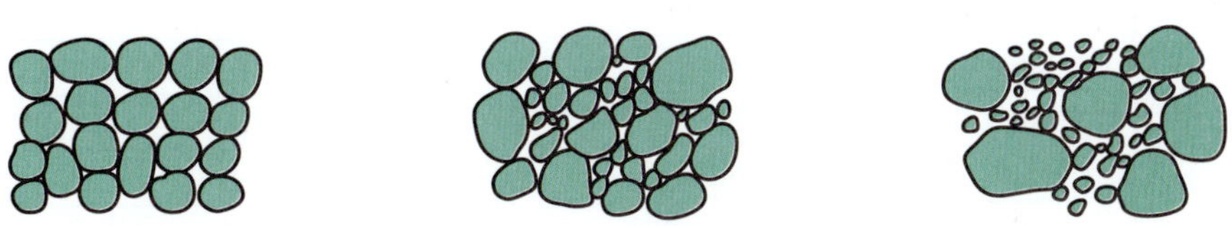

(a) 균일한 크기의 골재입도　(b) 입도가 좋은 골재　(c) 잔입도와 굵은입도가 혼합된 골재

그림 4.7 골재의 입도분포

적당한 입도를 가진 골재를 사용한 콘크리트는 다음과 같은 장점이 있다.

1) 콘크리트의 워커빌리티가 증대된다.
2) 소요의 품질의 콘크리트를 만들기 위하여 단위수량 및 단위시멘트량이 적어진다.
3) 재료분리 현상을 감소시킨다.
4) 건조수축이 적어지며 내구성도 증대된다.

이 시험에 의하여 구한 결과를 정리한 것이 입도곡선(grading curve)이며, 일반적으로 그림 4.8과 같이 나타낸다.

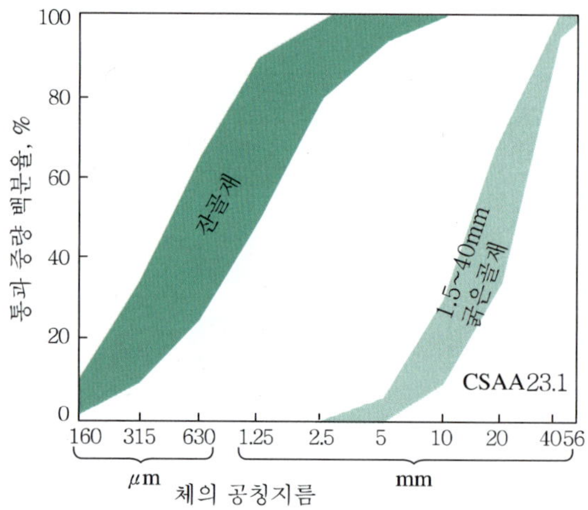

그림 4.8 골재 입도 곡선의 한 예

그림 4.9 굵은골재 체분석 실험

그리고 잔골재의 입도의 표준을 나타낸 것이 표 4.7이며, 댐 콘크리트 용의 잔골재의 표준입도는 표 4.8과 같다.

표 4.7 잔골재의 표준입도

체의 호칭치수 (mm)	체를 통과한 양의 중량백분율(%)	
	천연잔골재	부순잔골재
10	100	100
5	95~100	95~100
2.5	80~100	80~100
1.2	50~85	50~90
0.6	25~60	25~65
0.3	10~30	10~35
0.15	2~10	2~15

표 4.8 댐 콘크리트용 잔골재의 표준입도

체의 치수 (mm)	입경별 백분율 (%)
10~5	0~8
5~2.5	5~20
2.5~1.2	10~25
1.2~0.6	10~30
0.6~0.3	15~30
0.3~0.15	12~20
0.15 이하	2~15

표 4.9 굵은골재 입도의 표준

골재 번호	골재의 크기(mm) \ 체의 호칭	각 체를 통과하는 것의 중량 백분율(%)												
		100	90	80	65	50	40	25	20	13	10	5	2.5	1.2
1	90~40	100	90~100		25~60		0~15		0~5					
2	65~40			100	90~100	35~70	0~15		0~5					
3	50~25				100	90~100	35~70	0~15		0~5				
357	50~5				100	90~100		35~70		10~30		0~5		
4	40~20					100	90~100	20~55	0~15		0~5			
467	40~5					100	90~100		35~70		10~30	0~5		
57	25~5						100	95~100		25~60		0~10	0~5	
67	20~5							100	90~100		20~55	0~15	0~5	
7	13~5								100	90~100	40~70	0~15	0~5	
8	10~2.5									100	85~100	10~80	0~10	0~5

표 4.10 포장 콘크리트용 굵은골재의 표준입도

골재의 크기(mm) \ 체의 호칭	각 체를 통과하는 것의 중량백분율(%)								
	50	40	30	25	20	13	10	5	2.5
40~5	100	95~100	–	–	35~70	–	10~30	0~5	–
30~5		100	95~100	–	40~75	–	10~30	0~10	0~5
25~5	–	100	–	95~100	–	25~60	–	0~10	0~5
20~5	–	–	–	100	90~100	–	20~55	0~10	0~5
13~5	–	–	–	–	100	90~100	40~70	0~15	0~5

표 4.11 댐 콘크리트용 굵은골재의 표준입도

굵은골재 최대치수(mm) \ 체의 크기(mm)	입경별 백분율(%)					
	150~80	120~80	80~40	40~20	20~10	10~5
150	35~20	–	35~20	30~20	20~12	15~8
120	–	25~10	35~20	35~20	25~15	15~10
80	–	–	40~20	40~20	25~15	15~10
40	–	–	55~40	55~40	35~30	25~15

한편 굵은골재의 경우도 잔골재와 마찬가지로 콘크리트 표준시방서에 굵은골재의 입도의 표준을 정하고 있다(표 4.9참조).

조립률(組粒率 ; fineness modulus 또는 F.M.이라 약함) : 골재의 입도를 수량적으로 나타내는 방법으로서 75, 40, 20, 10, 5, 2.5, 1.2, 0.6, 0.3 및 0.15mm의 10개 체를 1조로 하는 체가름시험을 하였을 때, 각 체에 남아 있는 전체량의 전 시료에 대한 중량백분율의 합계를 100으로 나눈 값으로 정의한다. 일반적으로 잔골재의 조립률은 2.3~3.1 사이가 좋다고 하며, 굵은골재에 대해서는 6~8이 적당하다. 조립률이 이 범위를 벗어난 잔골재를 사용할 경우에는 2종 이상의 잔골재를 혼입하여 입도 조정을 해서 사용하는 것이 좋다. 잔골재의 조립률이 콘크리트 배합을 정할 때 가정한 잔골재의 조립률에 비하여 0.20 이상의 변화를 나타내었을 때는 배합을 변경해야 한다고 규정하고 있다. 골재의 조립률을 구하는 계산 식은 다음 식 (4.6)과 같으며 계산 예를 표 4.12에 나타내었다.

$$\text{조립률(F.M)} = \frac{\Sigma(\text{각 체에 잔류한 중량백분율(\%)})}{100} \tag{4.6}$$

표 4.12 골재의 조립률 계산

체의 크기(mm)	각 체에 잔류한 것의 중량백분율(%)		
	굵은골재	잔골재	혼합골재
75	0	0	0
40	5	0	0
20	65	0	12
10	90	0	41
5	98	4	60
2.5	100	15	71
1.2	100	37	80
0.6	100	62	90
0.3	100	84	98
0.15	100	98	99
합계	758	300	551
조립률	7.58	3.00	5.51

또한, 조립률이 각각 Ms, Mg인 잔골재, 굵은 골재 중량비 $m:n$의 비율로 혼합한 혼합 골재의 조립률 F는 다음 식으로 구하여 진다.

$$F = \frac{m}{m+n} Ms + \frac{n}{m+n} Mg \tag{4.7}$$

4.3 골재중의 유해물 및 알칼리 골재반응

4.3.1 골재중의 유해물(deterious substance)

골재에 함유되어 있는 유해물이란 먼지, 점토덩어리(clay lumps), 침니(沈泥, silt), 운모질의 미세입자, 이탄질(泥炭質), 부식토 등의 유기물 및 화학염류 등으로서 콘크리트의 강도, 내구성, 안전성 등을 해치는 물질을 말한다. 콘크리트표준시방서의 잔골재와 굵은 골재의 유해물 함유량의 한도는 각각 표 4.13과 표 4.14와 같이 규정하고 있다.

(1) 점토(clay), 침니(silt), 운모(mica)

골재의 표면에 밀착되어 있지 않고 균등하게 분포되어 있으면 시멘트 사용량이 적은 빈배합(貧配合) 시 반드시 유해하지만은 않다. 오히려 10% 정도의 미세물질이 들어간 것이 유리한 경우가 있다. 그러나 골재의 표면에 밀착되어 있으면 시멘트풀과의 부착을 해쳐 강도를 저하시키게 되므로 유해하며, 덩어리로 되어 있으면 건습 또는 동결융해 등에 의하여 덩어리가 파괴되거나 콘크리트의 표면에 손상을 주기 때문에 유해하다.

(2) 석탄, 갈탄

석탄(coal), 갈탄(lignite) 등은 가볍고 강도가 낮다. 이 양이 많으면 콘크리트의 강도가 낮아지며 외관을 해친다. 그리고 석탄, 갈탄중의 황성분은 물, 공기와 반응하여 황산을 만들며 다시 황산은 석회분과 반응을 일으켜 팽창성 물질을 만들고 철근을 부식시킨다.

(3) 연한 석편(soft fragments)

연한 석편을 많이 함유하고 있는 골재를 사용한 콘크리트는 강도가 저하된다. 또 이들 골재는 일반적으로 온도, 습도의 변화와 동결 융해작용에 의하여 큰 체적변화를 일으키며 콘크리트에 균열, 박리, 붕괴 등의 손상을 주는 경우가 있다.

표 4.13 잔골재의 유해물 함유량의 한도(중량백분율)

종류		최대치
점토덩어리		1.0
0.08mm체 통과량	콘크리트 표면이 마모작용을 받는 경우	3.0
	기타의 경우	5.0
석탄, 갈탄 등으로 밀도 2.0g/cm³의 액체에 뜨는 것	콘크리트의 외관이 중요한 경우	0.5
	기타의 경우	1.0
염화물(NaCl 환산량)		0.04

표 4.14 굵은골재의 유해물 함유량의 한도(중량백분율)

종류		최대치
점토덩어리		0.25
연한석편		5.0
0.08mm체 통과량		1.0
석탄 갈탄 등으로 밀도 2.0g/cm³의 액체에 뜨는 것	콘크리트의 외관이 중요한 경우	0.5
	기타의 경우	1.0

(4) 유기불순물(organic impurities)

부식토, 이탄(泥炭) 등의 속에 후민산(humin acid)을 포함하고 있어 이것이 시멘트 속의 석회와 화합하여 석회후민산 비누를 생성하며, 시멘트 수화반응을 저해한다. 표 4.15에서와 같이 심한 경우에는 경화가 일어나지 않는다.

모래속의 유기불순물의 유해량을 판정하기 위해서는 KS F 2510에 의한 비색시험법에 의하며, 이때 모래 위에 있는 용액의 색깔은 표준색보다 엷어야 한다.

표 4.15 후민산이 모르타르 압축강도에 미치는 영향

후민산	W/C (%)	응결시험		압축강도(MPa)			
		초결(시,분)	종결(시,분)	1일	3일	7일	28일
사용않음	25	2:10	3:10	3.8(100)	12.0(100)	22.5(100)	41.5(100)
시멘트중량×1%	27.8	응결않음	응결않음	0(0)	4.1(34)	12.6(56)	37.0(89)

(5) 염분(salt contamination)

바다모래(海砂) 등과 같은 염화물을 함유하고 있는 모래를 철근콘크리트용으로 사용하면 철근과 반응하여 철근부식을 유발시켜, 콘크리트의 장기 내구성에 나쁜 영향을 주게 된다. 철근의 부식은 해수중의 염화물 중에서도 주로 NaCl, $MgCl_2$가 주요인이 된다.

4.3.2 알칼리 골재반응(alkali-aggregate reaction)

알칼리 골재반응은 시멘트 중의 알칼리 성분(Na_2O, K_2O)이 시멘트풀의 모세관 공극 중의 수산화칼슘을 함유한 고알칼리성의 공극용액과 골재중의 함유된 반응성 실리카질 광물에 의해서 일어나는 화학반응으로써, 반응 생성물의 형성과 알칼리 실리카겔의 흡수에 따라 콘크리트 내부에서 국부적인 체적팽창이 생기므로 콘크리트 균열 및 박리현상 등이 유발되어 이것과 다른 성능저하 요인이 상승적으로 작용하면 콘크리트의 내구성이 현저하게 저하된다. 알칼리 골재반응이 처음으로 제기된 것은 1930년대 후반 미국에서 발생한 콘크리트 균열에 의한 피해를 시멘트 중의 알칼리와 골재와의 반응이라고 Stanaton이 보고한 후, 최근에 중동, 영국 및 일본 등에서 피해가 보고되고 있다. 그러나 우리나라에는 아직 알칼리 골재반응에 의한 피해보고는 없으나 일부지역에서 잠재 반응성을 가진 골재의 존재만이 보고되고 있는 실정이다.

(1) 알칼리 골재반응의 메커니즘

알칼리 골재반응에는 알칼리-실리케이트 반응, 알칼리-실리카 반응과 알칼리-탄산염 반응의 3종류가 알려져 있고, 대부분은 알칼리-실리카 반응으로 알려져 있다.

알칼리-실리카 반응에 의한 콘크리트의 성능저하는 그림 4.10에 나타낸 바와 같이 골재 중에 함유된 유해한 반응성 광물, 시멘트 및 기타재료에서 공급되는 일정량 이상의 알칼리량 및 반응을 촉진하는 수분의 3가지 조건이 모두 갖추어졌을 때 발생한다.

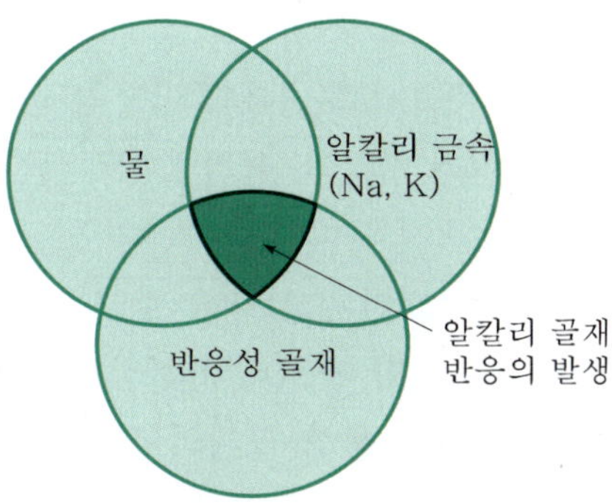

그림 4.10 알칼리 골재반응의 3대 주요인

알칼리-실리카 반응을 일으키면, 콘크리트 내부의 골재주변이 까맣게 테두리가 쳐지는 반응환을 육안으로도 관찰할 수 있으며(그림 4.11), 반응이 계속 진행하면 콘크리트 표면에서 반응으로 생성한 알칼리-실리카겔이 표면에 얼룩져 나오게 된다. 또 겔은 탄산화 반응에 의해서 백색물질로 변화하는 경우가 많으며, 콘크리트 구조물 표면에 나타난 균열은 불규칙적인 그물상(그림 4.12) 균열이 많이 나타나는 3가지 특징이 있다.

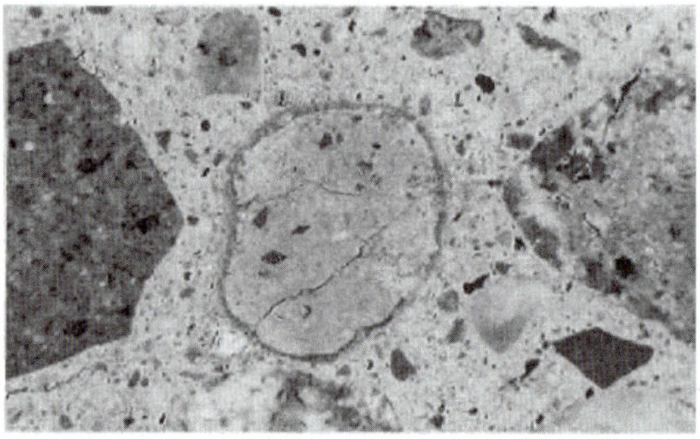

그림 4.11 알칼리 골재반응에 의한 반응환

그림 4.12 알칼리 골재반응을 받은 콘크리트 구조물

(2) 알칼리-실리카 반응에 영향을 미치는 요인

알칼리-실리카 반응에 의해 생성된 콘크리트 내부의 알칼리-실리케이트 겔은 콘크리트 내부에서 팽창을 한다. 여기서 콘크리트 내부에 있는 알칼리-실리케이트 겔의 팽창압력으로 인한 균열이 발생한다. 본래 알칼리-실리카 반응은 고체와 액체 사이의 화학반응으로서 알칼리-실리카 반응에 의해 발생된 콘크리트의 팽창량에 영향을 미치는 요인은 상당히 많다.

시멘트의 알칼리량은 반응성골재를 함유한 모르타르와 함께 콘크리트의 팽창량에 미치는 영향은 시멘트 중의 Na_2O량과 K_2O량의 비 및 반응성 골재의 특성에 의해 달라진다.

시멘트의 등가 알칼리량은 0.6% 이하의 경우 팽창이 발생되지 않는다는 것이 발견되어 알칼리-실리카 반응을 방지하는 방법으로서 등가 알칼리량이 0.6% 이하의 저알칼리 시멘트를 사용할 것을 규정하고 있다.

물-결합재비가 알칼리-실리카 팽창량에 미치는 영향은 물-결합재비가 커짐에 따라 알칼리-실리카 반응은 조장되고, 이 반응에 의한 팽창이 저하된다.

습도는 콘크리트 중 세공용액의 알칼리-실리카 반응의 제2단계인 흡수팽창 과정에 있어서 공급되는 수량에 영향 미친다. 습도가 낮은 환경조건하에서는 세공용액의 알칼리농도가 상승하기 때문에 알칼리

–실리카의 화학 반응과정을 보다 활발하게 한다.

알칼리–실리카 반응에 의한 팽창은 반응성골재의 입경 및 전체골재 중에 반응성 골재가 혼입되어 있는 비율에 따라 변동한다. 모르타르 내부에서 알칼리–실리카 반응에 의하여 팽창성의 알칼리–실리케이트 겔이 생성되어도 공극량이 많은 모르타르에서는 공극이 겔의 흡수팽창압력을 완화하는 구실을 함으로 팽창이 생기지 않으며, 이것은 반응성골재가 공극을 가질 때에도 마찬가지의 결과를 기대할 수 있다.

(3) 알칼리 골재반응에 대한 평가 방법

알칼리 골재반응 여부를 판정하기 위한 평가방법은 일반적으로 암종 판정, 알칼리 함유량분석, 팽창량 시험 및 실리카겔 확인 등의 4가지 시험을 실시하는 것을 원칙으로 하며, 각 시험항목 및 시험방법을 표 4.16에 나타내었다.

표 4.16 알칼리 골재반응 관련시험

시험항목		시험방법
암종 판정	육안 관찰	코어로부터 채취한 골재 또는 코어 박편시료를 이용하여 광물학적 지식이 풍부한 경험자가 육안관찰에 의하여 골재의 암종을 판정한다.
	편광 현미경 관찰	광물학적 지식이 풍부한 경험자가 코어 중의 굵은 골재를 대상으로 박편시료를 제작하여 편광현미경으로 관찰하여 알칼리 골재반응성 광물 등의 유해광물의 유무를 판정한다.
	분말 X선 회절	코어 중에서 굵은 골재를 추출하여 분말 X선법에 의해 암종의 구성광물을 확인하여 알칼리 골재반응에 유해한 광물의 유무를 판정한다. 코어를 굵은 골재와 모르타르로 분리하여 각각에 대하여 분말 X선 회절분석을 실시하여 알칼리 골재반응성 광물 등 콘크리트 품질에 유해영향을 미치는 물질의 유무를 판정하는 경우도 있다.
알칼리 함유량 분석		알칼리 골재반응은 콘크리트 중의 알칼리 반응성 골재의 작용에 의하여 발생한다. 그러므로 콘크리트 중의 알칼리량을 측정함으로서 알칼리 골재반응의 가능성 유무를 파악할 수 있다.
팽창량 시험		콘크리트 구조물 중에서 알칼리 골재반응이 생기면 콘크리트에 팽창이 발생하여 성능저하가 진행된다. 따라서 채취코어의 촉진팽창시험을 실시하므로써 현재까지의 손상도 추정 및 앞으로 진행될 팽창의 정도를 판단할 수 있다. 팽창시험은 채취된 코어에 콘택트게이지용 포인트를 접착시킨 스테인레스 스틸제 밴드를 붙이고 포인트 사이의 거리를 콘택트게이지로 측정하는 방법도 있다.
실리카겔 확인		콘크리트에 발생한 석출물(백색 석출물)이 백화인가 또는 알칼리 골재반응에 의한 생성물인 실리카겔인가를 확인하기 위하여 실시한다. 백화를 확인하는 방법은 화학분석을 이용하는 것도 있지만 보통은 분말 X선 회절법에 의하여 결정성 성분을 확인하는 방법이 많이 이용된다.

(4) 알칼리 골재반응에 대한 대책

알칼리 골재반응은 다음과 같은 3가지 조건을 동시에 만족하는 경우에만 콘크리트에 피해를 주게 된다. 즉, 골재에 반응성 실리카를 한계값 이상 함유할 것, 충분한 알칼리량이 존재할 것, 충분한 습도를 보유하고 있을 것이며, 알칼리 골재반응은 이 3가지 조건이 만족되면 반드시 발생하지만, 이것의 발생이 콘크리트에 미치는 영향은 복잡하다. 반응이 일어나더라도 팽창은 반드시 일어나는 것은 아니며, 한정된 조건하에서 일어난다. 많은 양의 알칼리가 존재한다고 해서 반드시 팽창량이 최대가 되는 것은 아니다. 반응성 골재의 함유량이나 입도에 따라 팽창량이 최대가 되는 조건이 다르다.

알칼리량에 대해서는 시멘트 중의 알칼리량이 0.6% 이하에서는 알칼리 골재반응은 일어나지 않는다고 한다. 즉, 저알칼리형 시멘트를 사용하거나 또는 혼합시멘트를 사용하는 것이 좋다. 혼합시멘트는 고로슬래그의 경우 혼입율이 50% 이상이어야 하며, 플라이애시의 경우는 억제 효과가 없는 경우도 있다. 또한, 알칼리 골재반응에 의한 피해를 억제하기 위해서는 콘크리트 표면에 방수성이 있는 피복을 두어 수분의 침투나 이동을 방지해야 한다. 그러나 이 방법은 콘크리트 내부에 포함되어 있는 수분까지는 제거할 수가 없기 때문에 알칼리 골재반응 방지법으로서는 한계가 있다.

4.4 경량골재 및 중량골재

4.4.1 경량골재(light weight aggregate)

콘크리트 구조물이 대형화, 장대화됨에 따라 콘크리트의 자중을 감소시킬 필요가 있다. 콘크리트의 자중을 경감시키는 효과적인 방법으로 콘크리트 중에서 대부분을 점유하고 있는 골재의 경량화에 달려 있다. 콘크리트의 중량을 경감시킬 목적으로 기건비중 2.0 이하의 콘크리트를 경량콘크리트라 하며 이에 필요한 골재를 경량골재(輕量骨材)라 한다.

경량골재에는 천연경량골재와 인공경량골재가 있으며, 천연산에는 경석, 화산석, 응회암, 용암 등이 있으며, 인공경량골재에는 팽창성 혈암, 팽창성 점토, 플라이애시 등을 주원료로 하여 소성한 인공경량골재와 팽창슬래그, 석탄찌꺼기 등과 같은 산업부산물 경량골재 및 그 가공품이 있다. 그런데 천연경량골재는 원래 약하고 모양도 나쁘므로 고강도를 요구하는 콘크리트 구조물에는 부적당하다. 그래서 토목구조물용 경량골재로서는 가볍고 강한 구조용 인공경량골재를 대상으로 한다. 이 인공경량골재는 공장에서 제조되기 때문에 일반적으로 청결, 강경하고 적당한 입도를 가지며, 품질의 변화가 적은 것이 특징이다. 그러나 공장의 제조방법이나 품질관리가 적당하지 않을 경우에는 이와 같은 양호한 품질의 경량골재를 얻을 수 없으며, 이것을 사용한 경량골재 콘크리트는 소요의 품질을 얻을 수 없으므로 경량골재 사용시에는 양질의 제품을 선정해야 한다. 골재에 대한 모든 내용은 KS F 2527(콘크리트용 골재)로 통합 경량골재의 종류 및 호칭에 대하여 다음 표 4.17에서 표 4.20에 표시한 분류 및 구분에 따른다.

표 4.17 경량골재의 절건비중에 의한 분류

종류	절건비중	
	잔골재	굵은골재
L	1.3 미만	1.0 미만
M	1.3~1.8	1.0~1.5
H	1.8~2.3	1.5~2.0

표 4.18 경량골재의 실적률에 의한 분류

종류	모르타르 중의 잔골재 실적률	굵은골재의 실적률
A	50.0 이상	60.0 이상
B	45.0~50.0	50.0~60.0

표 4.19 경량골재의 압축강도에 의한 분류

종류	압축강도(MPa)
400	40.0 이상
300	30.0~40.0
200	20.0~30.0
100	10.0~20.0

표 4.20 콘크리트의 단위용적에 의한 경량골재 분류

종류	단위질량(t/m^3)
15	1.6 미만
17	1.6~1.8
19	1.8~2.0
21	2.0 이상

1 종류 및 제조방법

인공경량골재를 구조용과 비구조용으로 크게 분류하면 다음 그림 4.13과 같다.

인공경량골재의 제조방법은 보통 회전로에서 최고온도 1,000~1,200℃ 정도로 소성하여, 이때 혈암 중의 기화물질(주로 Fe_2O_3)이 반응에 의하여 기포를 발생하며 골재표면은 녹고 내부는 독립된 많은 기공이 생기며 표면에 딱딱한 껍질을 가진 골재가 된다.

- 구조용 인공경량골재
  - 팽창혈암
    - 비조립형 : 혈암원석을 그대로 소성한 것. 모양은 강자갈, 강모래와 유사함
    - 조립형 : 혈암원석을 미분쇄하여 조립한 후 소성한 것
    - 파쇄형 : 혈암원석을 중괴 정도로 파쇄하여 소성한 후 파쇄한 것
  - 팽창점토-조립형 : 점토를 조립하여 소성한 것
  - 팽창점토판-파쇄형 : 점판암의 파편을 소성한 후 파쇄한 것
  - 소성플라이애시-조립형 : 플라이애시에 점토 또는 혈암을 가하여 조립 소성한 것
- 비구조용 인공경량골재
  - 소성규조토 : 규조토를 조립소성한 것
  - 팽창진주암 : 진주암을 소성팽창시킨 것
  - 팽창흑요석 : 흑요석을 소성팽창시킨 것

그림 4.13 인공경량골재의 분류

2 비중, 흡수율 및 단위질량

(1) 비중 및 흡수량

인공경량골재의 비중으로 품질을 나타낼 때 절대건조상태의 비중을 사용하는데, 이 비중은 입경에 따라 다르며, 입경이 클수록 작다. 콘크리트 배합시에는 표면건조포화상태의 비중을 사용하며 흡수시간에 따라 변화하기 때문에 24시간 흡수상태를 표준으로 한다. 인공경량골재는 순간흡수량이 비교적 크기 때문에 건조상태로 사용하면 콘크리트의 혼합, 운반중에 흡수되므로 콘크리트의 컨시스텐시(consistency)를 저하시키므로 골재를 사용전에 흡수시키는 작업, 즉 프리웨팅(pre-wetting)을 하는 것이 좋다.

(2) 단위질량

인공경량골재의 단위질량은 비중, 입도, 모양 등에 의하여 달라지므로 골재의 균등성을 판단하는 유력한 자료가 된다. 또 콘크리트의 단위질량에도 큰 영향을 미친다. 경량골재의 단위질량 시험은 KS F 2505의 규정에 의하여 절대건조상태의 단위질량을 잔골재와 굵은골재를 각각 1.12t/m^3 이상, 0.88t/m^3 이상, 잔골재와 굵은골재가 혼합된 경우 1.04t/m^3 이상으로 정하고 있다. 또한 경량골재의 단위질량을 허용값에서 10% 이상 틀려서는 안 된다.

표 4.21 인공경량골재의 비중, 흡수량 및 단위질량의 대략값

항목 / 골재의 종류 / 원료	절건비중		24시간 흡수량(%)		단위질량(kg/m³)	
	잔골재	굵은골재	잔골재	굵은골재	잔골재	굵은골재
팽창혈암	1.5~1.8	1.2~1.5	8~12	6~10	800~1200	650~900

3 입도

인공경량골재는 입자의 크기에 따라 비중, 흡수량, 강도가 상이하므로 경량골재의 입도 및 균등성은 보통골재의 경우보다 엄격히 규제할 필요가 있다. 콘크리트표준시방서에 의하면 경량골재의 입도는 표 4.22의 범위를 표준으로 규정하고 있다.

표 4.22 경량골재의 입도의 범위

구분	각 체를 통과하는 중량백분율								
	25mm	19mm	13mm	10mm	5mm	2.5mm	1.2mm	0.3mm	0.15mm
잔골재									
5mm~0	−	−	−	100	85~100	−	40~80	10~35	5~25
굵은골재									
25mm~13mm	95~100	−	0~10	−	−	−	−	−	−
25mm~5mm	95~100	−	25~60	−	0~10	−	−	−	−
19mm~5mm	100	90~100	−	10~50	0~15	−	−	−	−
13mm~5mm	−	100	90~100	40~80	0~20	0~10	−	−	−
10mm~2.5mm	−	−	100	80~100	5~40	0~20	0~10	−	−
잔골재, 굵은 골재의 혼합물									
13mm~0	−	100	95~100	−	50~80	−	−	5~20	2~15
10mm~0	−	−	100	90~100	65~90	35~65	−	10~25	5~15

4 내구성

황산나트륨 시험에 의한 경량골재 손실중량은 1~5% 정도로서 비교적 작으나 동결융해시험의 결과로 판단한다면 경량골재의 내구성은 보통골재와 비교해서 상당히 약한 편이다. 그래서 기온이 매우 낮은 한냉지에서 경량골재를 사용하는 경우에는 반드시 AE콘크리트로 해야 한다. 경량골재 콘크리트의 동결융해시험은 KS F 2456에 따른다.

5 부립률(float ratio)

부립률(浮粒率)이란 굵은골재 중에서 물에 뜨는 정도의 가벼운 입자의 함유율을 말하며, 또 묽은 반죽 콘크리트의 경우에는 시공중 떠올라 분리하기 쉽다. 이러한 입자는 굳지 않은 콘크리트에서 보통 골재와는 반대로 콘크리트 중에서 떠오르는 분리현상을 일으키는 경향이 있으며 콘크리트의 압축강도에도 영향을 미친다. 골재의 부립률이 10%이면 콘크리트의 압축강도가 약 10% 저하된다고 알려져 있다. 부립률시험은 KS F 2531(경량 굵은골재의 부립률 시험방법)에 따르며 부립률이 콘크리트 강도에 미치는 영향은 표 4.23과 같다.

표 4.23 부립률이 콘크리트 강도에 미치는 영향

굵은골재중의 부립률(%)	28일 강도(MPa)	
	압축강도	인장강도
0	41.7(100)	2.99(100)
5	40.0(96)	2.73(91)
10	37.7(90)	2.69(90)
20	33.8(81)	2.43(81)
50	32.3(77)	2.43(81)

(주) $W/C=38\%$, $C=450\text{kg}$, $W=171\text{kg}$, $S/a=38.5\%$, 슬럼프 ≒ 50mm 잔골재는 강모래 사용

4.4.2 중량골재(heavy weight aggregate)

중량골재(重量骨材)란 방사선에 대해서 차폐효과를 높이기 위하여 사용되는 갈철광, 자철광, 중정석, 철편 등의 비중이 큰 골재를 말한다. 방사선에는 α선, β선, γ선, 중성자선 등의 종류가 있으나, 각각 성질이 다르며, 차폐(遮蔽)를 대상으로 하는 방사선의 종류에 따라 콘크리트의 성질도 얼마간 달라진다. 중량골재가 주로 원자로 등과 같은 방사선차폐용 콘크리트에 사용되는 이유는 콘크리트의 밀도가 클수록 γ선이나 중성자선에 대한 차폐성이 좋기 때문이다. 차폐용 콘크리트는 고밀도, 즉 비중이 큰 골재로서 실적률이 크고, 크고 작은 입자가 적당히 섞여 있는 것이 좋다. 즉 최대밀도가 되는 입도가 가장 이상적이며, 실적률이 60% 이하인 중량골재는 가능한 피하는 것이 좋다. 밀도가 큰 중량골재를 사용한 콘크리트가 γ선이나 중성자에 대한 차폐성이 크기 때문에 차폐용 콘크리트에 중량 골재가 일반적으로 사용된다. 중량골재와 중량 콘크리트의 비중의 한 예를 표 4.24에 나타내었다.

표 4.24 중량골재 및 중량 콘크리트의 비중의 한 예

종류 \ 비중	중정석	갈철광	자철광
골재의 비중	4.2~4.7	2.8~3.8	4.5~5.2
콘크리트의 비중	3.3~3.6	2.6~2.7	3.5~3.8

중량골재의 주성분과 특성을 나타낸 것이 표 4.25이다.

표 4.25 중량골재의 주성분과 일반적인 성질

종류 \ 항목	주성분	비중	재질	모양	기타
철 (iron, steel)	Fe	7~8	견경	일정하지 않음	기름, 그리스가 부착된 것은 부적당. 녹이 슨 경우에는 콘크리트가 파괴하는 결점이 있다.
자철광 (magnetite ore)	$FeO \cdot Fe_2O_3$	4.5~5.2	대체로 견경	정팔면체에 벽개(cleavage) 되는 성질이 있음. 덩어리 입상도 있음	자성이 있는 것은 결점
사철	자철광, 갈철광, 적철광 등	4~5	대체로 견경	비교적 양호	콘크리트의 워커빌리티의 개선 역할을 함
갈철광 (limonite ore)	$Fe(OH)_3 \cdot nH_2O$ $HFe_{O2} \cdot nH_2O$ $Fe_2O_3 \cdot nH_2O$	2.7~4	일정하지 않음	비교적 치밀, 균질한 것에서부터 취약한 것까지 있으며 분상도 있음.	결정수가 많아 중성자선의 차폐에 이용되는 경우가 있음. 고착수의 양은 8~12%
적철광 (hematite ore)	Fe_2O_5	4~5.3	대체로 견경	팔면체, 기둥모양, 입상 및 토상 등도 있음	미분이 고착되어 충분히 물로 씻지 않으면 사용하기 곤란함.
중정석 (baryte)	$BaSO_4$	4~4.7	약간연한편	사방정계의 벽개성이 현저함. 모양은 대체로 양호.	분쇄하기 쉽고 모양이 비교적 양호하여 사용하기 쉽다.

4.5 기타 골재

4.5.1 부순돌(crushed stone)

부순돌(碎石)은 호박돌이나 폭파에 의해 채굴한 암석을 파쇄기로 파쇄하여 체로 쳐서 분류한 골재를 말한다. 부순돌이 강자갈과 다른 점은 각이 진 모양이 거친 표면조직과 풍화암이 섞여 있기 쉬운 점이며, 부순돌을 사용한 콘크리트는 동일한 워커빌리티의 보통 콘크리트보다 단위수량이 일반적으로 약 10% 정도 많이 요구된다. 그러나 시멘트 부착이 좋기 때문에 강자갈을 사용한 콘크리트와 거의 동등 이상의 강도를 발현하지만 수밀성, 내구성 등은 강도와 달리 오히려 약간 저하한다. 그래서 이를 개선하기 위해서는 AE제, 감수제 등을 적당량 사용함이 바람직하다. 콘크리트용 굵은 골재로 부순돌을 사용할 때는 KS F 2527에 적합해야 하며 낱알의 형상 판정에 실적률을 사용하도록 규정하고 있다.

콘크리트용 부순돌은 보통 다음과 같은 품질을 가진 것을 사용한다.

1) 부순돌은 청정, 견경, 내구성이 있고 먼지, 진흙, 유기불순물 등의 유해량을 포함하지 않아야 한다.
2) 표 4.26의 규정에 합격한 것이어야 한다.

표 4.26 부순돌의 품질규정

비중	흡수량	안정성	마모감량
2.5 이상	3% 이하	12% 이하	40% 이하

3) 부순돌의 입도는 대, 소립이 적당하게 혼합된 것이어야 한다.
4) 부순돌의 씻음 실험에서 유실되는 것의 함유량은 1.0% 이하이어야 한다.
5) 부순돌은 너무 얇고 긴 석편의 유해량이 포함되어서는 안 된다.

4.5.2 해사(sea-shore sand)

해사(海砂)란 해안가에서 채취한 염화물을 함유한 바다모래를 말하며, 해사를 철근콘크리트나 프리스트레스트 콘크리트 구조물에 사용할 경우 염화물을 충분히 제거하지 않으면 해사중의 염화물이 화학작용으로 콘크리트 속의 강재를 부식시켜 구조물의 내하력(耐荷力)을 저하시킬 수가 있다. 그래서 콘크리트표준시방서에서는 염화물의 허용 함유량을 염소이온량(Cl^-)으로서 0.3kg/m^3 이하로 규정하고 있다.

해사를 콘크리트용 골재로 사용할 경우에는 염분량을 물로 씻어 제거해야 하며, 시공시 콘크리트 덮개를 보통골재를 사용하는 경우보다 크게 해 주어야 하고 방청제 등을 사용하는 것이 바람직하다. 그러나 전식(電蝕)의 염려가 있는 철근콘크리트 구조물에 사용할 해사에 포함되는 염화물의 허용한도는 규정값 이하로 해야 한다. 한편 해사 사용에 따른 문제점은 조개껍질 등이 섞여 있을 경우 강도면에서 유해하며, 오토클레이브양생(autoclaved curing)시에도 부적당하고, 특히 화재를 당했을 때 조개껍질 등의 혼입은 해롭다고 한다. 조개껍질의 혼입에 대해서는 트롬멜(trommel)과 같은 장치로 큰 조개껍질 등은 제거하고 사용함이 바람직하다.

4.5.3 고로슬래그 골재(blast-furnace slag aggregate)

고로슬래그는 철을 생산하는 과정에서 용광로에서 생기는 광재(鑛滓)를 냉각시킨 것으로 냉각시키는 방법에 따라 성질이 다르다. 물을 가하여 급냉시킨 것을 수쇄(水碎)슬래그, 냉풍으로 급냉시킨 것을 풍쇄(風碎)슬래그, 공기중에서 서서히 냉각시킨 것을 공냉(空冷)슬래그라 한다.

수쇄슬래그는 강도에 따라 연질(軟質)과 경질(硬質)수쇄슬래그로 구분되며, 연질수쇄슬래그는 시멘트, 규산질비료 등에 이용되고, 경질수쇄슬래그는 콘크리트용 잔골재로 이용되며, 공냉슬래그는 크러

셔(crusher)로 파쇄하여 콘크리트용 굵은골재로 이용된다.

한편, 고로슬래그는 냉각속도의 차이 등에 따라 골재로서 부적당한 것도 있으며 냉각속도가 빠르면 다공질의 가벼운 것과 유리질의 것이 되며, 가벼운 슬래그는 일반적으로 강도는 약하므로 좋지 않다.

콘크리트용 고로슬래그 골재는 KS F 2527에 제정되어있다. 표 4.27에 고로슬래그 굵은골재를 N 및 H로 분류하고 있지만 H에 속하는 것을 사용하는 것을 원칙으로 하며 N에 속하는 것은 내구성이 중요하지 않고 설계기준강도가 21MPa 미만인 콘크리트에 한하여 사용하는 것으로 한다.

알루미나시멘트와 고로슬래그 굵은골재를 병용하면 급결성을 나타내므로 특수한 경우 이외에는 사용을 피하는 것이 좋다. 고로슬래그 잔골재는 우리나라에서 아직 단독으로 잔골재로 사용된 예가 없지만, 외국에서는 잔골재로서 단독으로 쓰여지는 경우도 있다. 실제의 사용 예에서는 입도조정이나 염화물을 함유량의 저감 등의 목적으로 바다모래나 산모래 등의 20~60%를 고로슬래그 잔골재로 치환하여 사용하는 경우가 많다. 또 전로(轉爐)슬래그나 전기로(電氣爐)슬래그 등의 제강슬래그로 만든 굵은골재는 고로슬래그 굵은골재와 달라서 불안정하므로 콘크리트용 골재로 사용해서는 안 된다.

표 4.27 고로슬래그 굵은골재의 분류

항목 / 분류	절건비중	흡수율(%)	단위중량(*kg/l*)
N	2.2 이상	6 이하	1.25 이상
H	2.4 이상	4 이하	1.35 이상

(주) 시험방법은 KS F 2527의 6.2 「절건비중 및 흡수율시험」 및 6.15 「단위질량시험」에 따른다.

4.5.4 순환골재

재생골재 또는 순환골재는 폐콘크리트의 파쇄·처리를 거쳐 생산된 순환골재 중에서 국토해양부장관이 정한 콘크리트용 품질기준을 만족하는 골재를 말한다. 그림 4.14는 콘크리트용으로 사용되는 순환골재의 예를 나타낸 것이며, 파쇄공정에 따른 순환골재의 생산과정을 도식화 한 것이 그림 4.15이다.

순환골재는 일반골재에 비하여 부착모르타르의 다공성 때문에 흡수율이 높고, 비중이 낮다. 따라서, 콘크리트 배합시 상대적으로 많은 양의 배합수를 흡수하기 때문에 순환골재 사용 콘크리트가 일반골재 사용 콘크리트와 동등한 수준의 워커빌리티를 확보하기 위해서 더 큰 단위수량이 요구된다는 점에서 배합설계시 주의가 요구된다.

건설폐기물의 약 3분의 1이 폐콘크리트가 차지하는 것으로 추산되며 폐콘크리트는 주로 노후된 구조물의 재건축이나 도시의 재개발을 위하여 기존 콘크리트 구조물을 해체할 때 발생하는 것으로 대부분 매립하거나 도로 노반재나 뒷채움재 등으로 사용하여왔다.

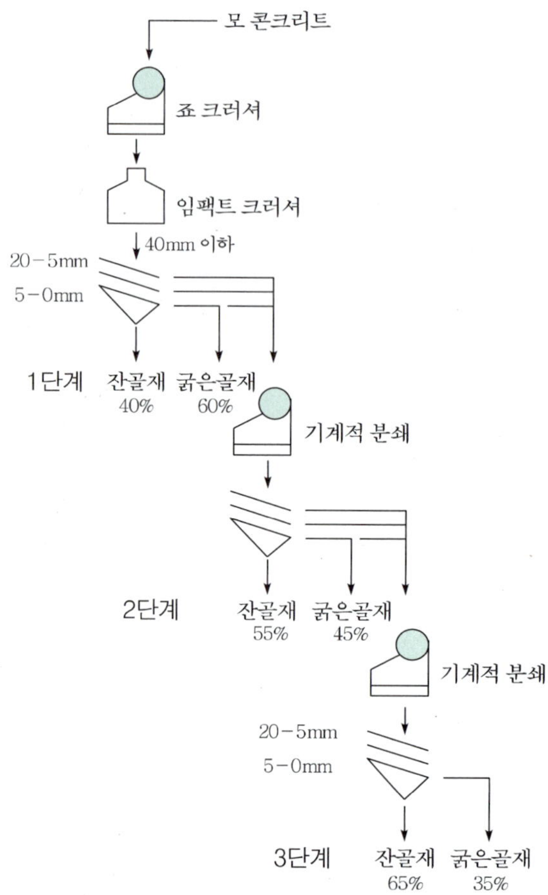

그림 4.14 파쇄공정에 따른 순환골재의 생산

그림 4.15 콘크리트용 순환골재

폐콘크리트는 재활용의 가능성이 높은 것으로서 위의 용도 이외에 콘크리트용 순환골재로 이용하는 것이 환경문제를 해결할 뿐만 아니라 부족한 골재문제를 해결할 수 있는 좋은 방안이 될 수 있다. 순환골재를 콘크리트용 골재로서 이용하는 방안의 연구로서는 처음에 콘크리트 덩어리를 파쇄하여 단순히 체로 체가름하여 사용하는 것이 검토되었으나 최근에는 이것을 전량 사용한 콘크리트의 품질이 크게 저하되므로 순환골재와 일반골재를 어떤 비율로 사용하는 방안이 검토되고 있다.

또한 순환 굵은골재에 붙어 있는 모르타르를 최소한으로 제거한 소위 고도처리한 골재로 이용하는 방안도 연구되어 왔으며 일정 품질 이상의 골재는 순환골재라고 하여 일반골재와 동일하게 취급하고 있다.

우리나라의 건설폐기물의 연도별 발생량은 1998년에 약 1,700만톤이었으며 2000년에는 약 3,000만톤, 2002년 4,300만톤, 2004년 5,400만톤으로 지속적으로 증가하고 있다. 전체 폐기물 가운데 건설폐기물 발생량이 큰 폭으로 증가하고 있는 가운데 정부가 건설폐기물의 재활용을 적극 독려하기 위하여 건설폐기물의 재활용촉진에 따라 「순환골재 등 의무사용건설공사의 순환골재 및 순환골재 재활용제품 사용용도 및 의무사용량에 관한 고시」를 환경부에서 2017년에 고시하였다. 고시에 의하면 의무사용건설공사에서 사용용도별로 각각 골재소요량의 40% 이상을 사용하도록 의무화하고 있다.

순환골재를 사용한 콘크리트의 성질에 대하여 특별히 고려해야 할 점을 기술하면 다음과 같다.

1) 콘크리트의 단위수량이 크게 되는 경향이 있기 때문에 적절한 AE감수제를 사용한다.
2) 순환 굵은골재를 30% 정도 대체하고 잔골재로서 천연모래를 사용한 콘크리트는 보통 굵은골재와 천연모래만을 사용한 콘크리트와 큰 차이가 없다.
3) 순환 잔골재 또는 순환 굵은골재를 단독으로 사용한 콘크리트는 일반적으로 단위수량이 크며 같은 물-결합재비의 보통 콘크리트에 비하여 강도와 탄성계수가 작고, 수축이 크며, 동결융해저항성도 작기 때문에 버림 콘크리트로 사용하는 등 사용장소를 신중히 선정해야 한다.
4) 고도 처리한 순환 굵은·잔골재를 사용한 콘크리트는 일반적으로 같은 물-결합재비에서도 강도가 일반골재를 사용한 콘크리트와 큰 차이가 없다.

4.6 골재의 저장과 취급

골재의 저장과 취급시 다음과 같은 사항을 주의해야 한다.

1) 잔골재, 굵은골재 및 종류와 입도가 다른 골재는 각각 구분하여 따로따로 저장해야한다. 굵은골재의 최대치수가 65mm 이상인 경우에는 적당한 체로 2종 이상으로 체가름하여 따로따로 저장해야 한다.
2) 골재의 받아들이기, 저장 및 취급에 있어서는 다소의 골재가 분리하지 않도록, 먼지, 잡물 등이

혼입하지 않도록 주의해야 하며 또 굵은 골재의 경우에는 골재알이 부서지지 않도록 설비를 정비하고 취급작업에 주의해야 한다.

3) 골재의 저장설비에는 그 용량에 알맞게 적당한 배수시설을 설치하고, 표면수가 균일한 골재를 사용할 수 있도록 하며 또 받아들여진 골재를 시험한 후에 사용할 수 있도록 되어 있어야 한다.
4) 겨울에는 빙설의 혼입 또는 동결을 방지하기 위하여 적당한 시설을 갖추고 이를 저장해야 한다.
5) 여름에는 골재의 건조나 온도의 상승을 방지하기 위하여 일광의 직사를 피할 수 있는 적당한 시설을 갖추고 이를 저장해야 한다.

4.7 물

콘크리트 제조시의 혼합용수는 시멘트와의 수화작용으로 응결, 경화하고 강도를 증진시키므로 물이 콘크리트의 강도와 내구성에 미치는 영향은 매우 크다. 따라서 물은 기름, 산, 염류, 유기물 등의 콘크리트 품질에 영향을 주는 물질의 유해량을 함유하지 않는 깨끗한 물이라야 한다. 해수(海水)는 철근 또는 PSC 강선을 부식시킬 염려가 있으므로 철근콘크리트의 혼합수로 사용해서는 안 된다.

콘크리트의 혼합수로서는 수돗물, 하천수, 호소수(湖沼水) 등을 이용할 수 있으나 만약 공장폐수 등으로 오염된 하천수, 호소수, 저장수 등을 이용하게 되면 황산염, 유화물, 붕산염, 탄산염, 아연, 구리, 주석, 망간 등의 화합물이나 알칼리 등의 무기물 및 당류(糖類), 펄프폐액, 부식물질 등의 유기물이 함유되어 있는 수가 있으므로 적은 양이라도 이와 같은 물질을 함유하는 물을 혼합수로 사용하면 콘크리트의 경화, 강도의 발현, 체적변화, 백화(efflorescence), 워커빌리티 등에 나쁜 영향을 미치는 수가 있다.

따라서 이와 같은 오염의 염려가 있는 물을 사용하고자 할 경우에는 물을 화학적으로 분석하여 유해물의 함유량을 조사하고 지금까지의 실험결과와 비교하여 사용여부를 판정해야 하며 또한 오염된 수질은 응결을 지연시킬 수 있으므로 응결시험도 해야 한다. 한편, 설탕, 아미니유, 탄닌, 글리세린 등을 포함한 물은 콘크리트 강도 발현에 크게 영향을 미치므로 주의가 요망된다(표 4.29 참조).

표 4.29 혼합수 속의 불순물이 콘크리트의 강도에 미치는 영향

불순물 / 함유량(%) / 강도비(%)		한천(寒天)		탄닌		글리세린		아미니유	설탕
		0.14	1.00	0.14	1.00	0.14	1.00	0.14	1.00
압축강도	7일	70	0	51	0	118	18	0	0
	28일	70	0	77	0	150	75	0	0

연습문제

4.1 구조용 콘크리트에 사용하는 골재에 요구되는 성질에 관하여 설명하라.

4.2 골재의 함수상태에 관하여 도식으로 설명하라.

4.3 골재의 성질 중에서 콘크리트의 워커빌리티에 영향을 미치는 요인들을 열거하고 설명하라.

4.4 골재의 조립률(F.M.)은 어떤 의미가 있는지 설명하라.

4.5 구조용 인공경량골재를 분류하고 설명하라.

4.6 골재의 단위질량과 공극률 또는 실적률과의 관계에 대하여 설명하라.

4.7 골재 저장시의 주의 사항에 대하여 자세히 설명하라.

4.8 습윤상태의 모래 1,000g을 절대건조상태로 만들었더니 940g이 되었다. 이 모래의 표면건조포화상태의 중량이 960g이라 한다면, 이 모래의 표면수량과 흡수량은 얼마인가?

4.9 해사, 부순돌, 고로슬래그 골재에 대하여 아는 바를 써라.

4.10 콘크리트용 혼합수로서 사용이 가능한지 여부를 판정하는 방법에 대하여 설명하라.

제 5 장

콘크리트

제 5 장 콘크리트

5.1 개설

콘크리트(concrete)란 시멘트, 물, 잔골재, 굵은골재 및 필요에 따라 혼화재료를 혼합하여 만든 것을 말한다. 콘크리트에 골재를 사용하지 않고 시멘트와 물을 혼합한 것을 시멘트풀(cement paste)이라 하고 콘크리트에 굵은골재를 사용하지 않은 것, 즉 시멘트풀에 잔골재를 혼합한 것을 모르타르(mortar)라 한다.

일반적으로 사용되는 콘크리트의 재료 구성 비율은 그림 5.1과 같으며, 용적으로 약 70%가 골재이고, 나머지는 약 30%가 결합재(結合材)이다. 결합재는 골재사이의 간극(間隙)을 채우고 굳지 않은 콘크리트(fresh concrete)에서 유동성을 갖게 하며, 수화한 후에는 골재와 결합하여 강도를 발휘한다. 경화한 콘크리트(hardened concrete)의 성질은 시멘트풀의 품질에 의하여 지배되지만 콘크리트 용적의 대부분을 차지하는 골재의 성질에 의하여 크게 영향을 받는다. 균질의 좋은 콘크리트를 제조하기 위한 조건으로서는 그림 5.2와 같이 강도, 내구성 및 시공성의 3가지 조건을 동시에 만족시켜야 한다. 이와 같은 균질의 좋은 콘크리트를 만들기 위해서는 재료, 배합을 적절히 선정하고, 혼합, 운반, 타설, 다지기, 양생 등의 시공을 알맞게 실시함으로써 전공정이 잘 마무리될 수 있도록 세심한 주의가 필요하다.

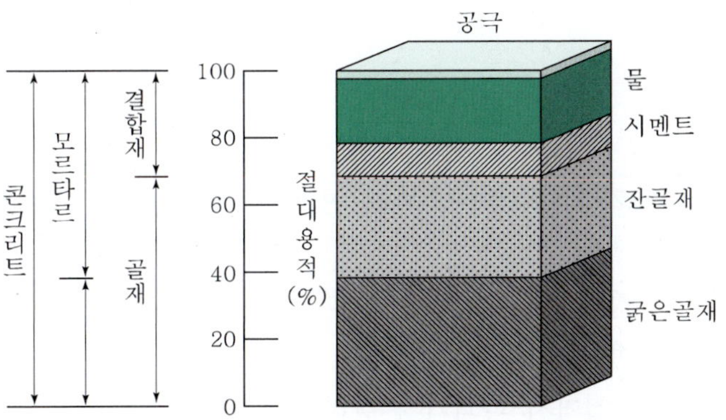

그림 5.1 콘크리트 재료의 용적 비율

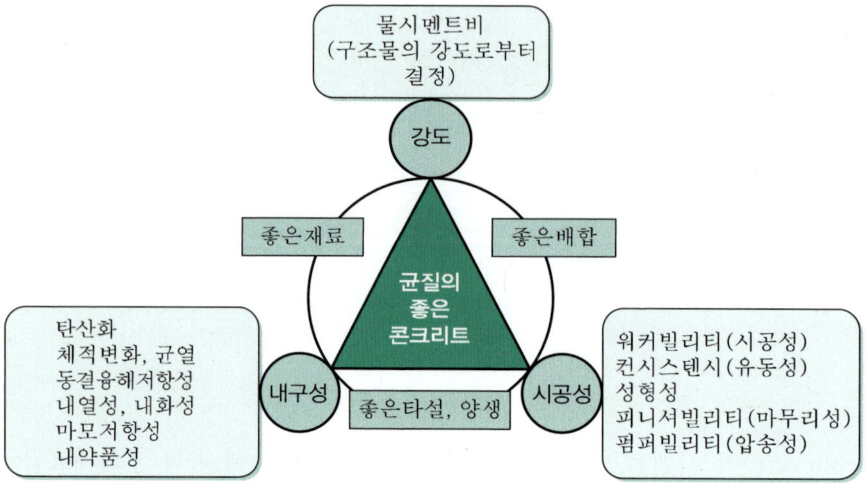

그림 5.2 좋은 콘크리트를 제조하기 위한 조건

콘크리트는 토목용 재료로서 다음과 같은 장·단점을 가지고 있다.

(1) 장점

1) 크기, 모양에 제한을 받지 않고 부재나 구조물을 만들 수 있다.
2) 재료의 확보, 운반이 용이하다.
3) 내구성(耐久性), 내화성(耐火性), 내진성(耐震性)이 좋다.
4) 필요로 하는 임의의 강도를 자유롭게 얻을 수 있다.
5) 시공시에 특별한 숙련공이 필요 없다.
6) 유지비가 거의 들지 않으며 경제적이다.
7) 역학적인 결점은 다른 재료를 사용하여 보충할 수 있다.

(2) 단점

1) 자중이 큰 데 비해 강도가 작다. 단, 중력댐, 콘크리트 침목 등과 같은 곳에 이용할 때는 오히려 장점이 된다.
2) 압축강도에 비하여 인장강도와 휨강도가 작다.
3) 건조, 수축 등에 의하여 균열이 생기기 쉽다.
4) 구조물의 개수(改修)나 철거시 파괴가 곤란하고 재사용이 어렵다.
5) 경화하는데 시간이 걸리기 때문에 시공일수가 길다.

5.2 굳지 않은 콘크리트의 성질

콘크리트는 믹싱한 직후부터 시간이 경과함에 따라 유동성을 상실하며, 응결과정을 거쳐 어느 정도의 강도를 나타낼 때까지의 콘크리트를 굳지 않은 콘크리트(fresh concrete)라 한다.

굳지 않은 콘크리트에 요구되는 성질은 다음과 같다.

1) 거푸집 구석구석까지 또는 철근 사이에 충분히 잘 채워질 수 있도록 묽은 반죽질기로서 운반, 다지기 및 마무리하기가 용이할 것
2) 시공시 및 그 전후에 있어서 재료 분리가 적을 것
3) 거푸집에 부어 넣은 후 많은 블리딩이 생기지 않을 것

굳지 않은 콘크리트의 성질을 나타내는 다음과 같은 용어들이 사용된다. 반죽질기(consistency), 워커빌리티(workability), 성형성(plasticity), 피니셔빌리티(finishability), 유동성(fluidity), 점성(viscosity), 다짐성(compactibility), 펌퍼빌리티(pumpability) 등이 있다.

(1) 반죽질기(consistency)

주로 단위 수량의 다소에 의한 굳지 않은 콘크리트의 유동성을 말한다.

(2) 워커빌리티(workability)

반죽질기 여하에 따르는 작업의 난이도 및 재료분리에 저항하는 정도를 나타내는 굳지 않은 콘크리트의 성질을 말한다.

(3) 성형성(plasticity)

거푸집에 쉽게 다져 넣을 수 있고, 거푸집을 제거하면 천천히 형상이 변하기는 하지만 허물어지거나 재료가 분리하거나 하는 일이 없는 굳지 않은 콘크리트의 성질을 말한다.

(4) 피니셔빌리티(finishability)

굵은골재의 최대치수, 잔골재율, 잔골재의 입도, 반죽질기 등에 의하여 마무리하기 쉬운 정도를 나타내는 굳지 않은 콘크리트의 성질을 말한다.

5.2.1 워커빌리티에 영향을 미치는 요인

콘크리트의 워커빌리티에 영향을 미치는 요인은 상당히 많으나, 그 중에서 주된 요인이라고 생각되

는 것은 시멘트의 성질과 양, 골재의 입도와 모양, 혼화재료의 종류와 양, 물-시멘트 비, 공기량, 배합비율, 콘크리트의 온도 등을 들 수 있다.

1 시멘트

단위시멘트량, 시멘트의 종류, 분말도, 풍화의 정도 등에 따라 워커빌리티가 달라진다. 단위시멘트량이 큰 콘크리트일수록 성형성이 좋고, 혼합시멘트는 일반적으로 보통포틀랜드시멘트와 비교해서 워커빌리티를 좋게 하고, 비표면적 280m^2/kg 이하의 시멘트를 사용하면 워커빌리티가 나빠지고 블리딩도 커진다. 시멘트량의 많고 적음에 따라 워커빌리티에 크게 영향을 미치며, 일반적으로 시멘트량이 많을수록 콘크리트는 워커블하게 되며, 또 시멘트량이 적으면 재료분리의 경향이 생긴다.

2 단위수량

단위수량이 클수록 콘크리트는 묽게 된다. 다시 말해서 반죽질기가 크게 되나, 단위수량이 너무 많아지면 재료분리가 발생하여 콘크리트의 시공이 어렵게 된다. 반대로 단위수량이 너무 적으면 콘크리트는 된반죽이 되며, 또한 유동성이 감소하여 시공성이 떨어진다.

3 잔골재

잔골재의 입도는 콘크리트의 워커빌리티에 큰 영향을 미친다. 특히 0.3mm 이하의 미립분은 성형성에 매우 큰 영향을 미친다. 입도분포는 연속입도가 바람직하며, AE 콘크리트의 경우 AE제의 공기연행성은 잔골재의 입경의 크기에 따라 달라진다. 잔골재의 모양은 둥근 모양의 자연모래가 모가진 것이나 편평한 것이 많은 부순모래에 비하여 워커블한 콘크리트를 얻기 쉽다. 잔골재량을 증가시키면 동일 워커빌리티를 얻기 위해 단위수량을 늘릴 필요가 있다.

4 굵은골재

굵은골재는 모양의 영향이 매우 크며, 일반적으로 모가 진 골재를 사용하면 콘크리트의 워커빌리티는 나빠진다. 모양 이외에 입자의 표면적이나 입도 분포도 워커빌리티에 큰 영향을 미친다. 그리고 굵은 골재의 최대치수는 시공조건과 관련한 콘크리트의 워커빌리티에 영향을 미친다.

5 혼화재료

AE제, 감수제, 플라이애시 등을 사용함으로써 단위수량의 감소, 공기의 연행 등에 따라 콘크리트의 워커빌리티는 크게 개선된다. 한편 응결경화 시간의 연장은 콘크리트를 워커블한 상태로 장시간 유지할 수 있도록 한다. 또 포졸란 재료는 세립(細粒)이 부족한 잔골재를 사용한 콘크리트의 워커빌리티 개선에 유효하다.

6 배합

콘크리트를 구성하는 재료의 사용량이나 물-결합재비, 잔골재율, 잔-굵은골재비 등 재료의 구성 비율은 콘크리트의 워커빌리티에 큰 영향을 미친다.

7 온도

온도가 높을수록 슬럼프가 감소되고, 또 수송에 의한 슬럼프의 감소도 현저하다(그림 5.3 참조).

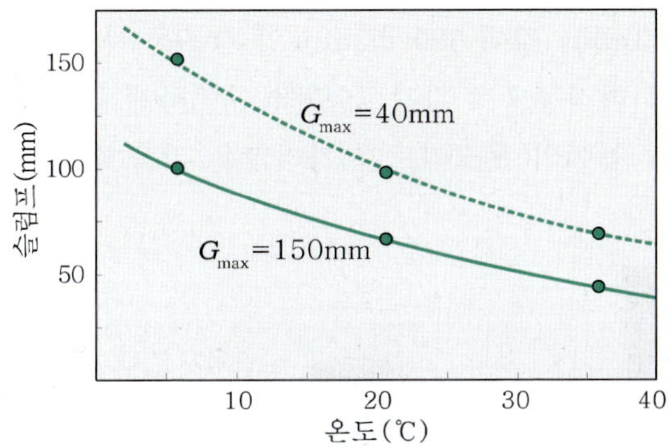

그림 5.3 콘크리트의 온도와 슬럼프와의 관계

5.2.2 워커빌리티의 측정방법

워커빌리티 측정방법은 과거부터 여러 가지 방법이 제안되어 있으나 워커빌리티의 성질을 정량적으로 평가하지 못하는 경우가 많았다. 아직까지도 워커빌리티를 정확하게 측정하는 방법은 확립되지 않고 있다. 지금까지 제안된 측정방법은 여러 가지 외력의 작용하에서 콘크리트의 제성질을 측정하는 것으로, 워커빌리티와 관련된 성질을 나타낸다고 생각한다. 일반적으로 워커빌리티를 구하는 시험방법은 다음과 같은 조건을 만족시켜야 한다.

1) 변형에 대한 저항, 즉 전단저항 또는 유동을 시작할 때의 힘, 유동이 시작된 후의 유동속도
2) 응집성(凝集性) 또는 재료분리에 대한 저항성

위의 두 가지 조건을 동시에 신속하고도 정확하게 측정할 수 있는 시험방법은 현재까지는 없다. 콘크리트의 워커빌리티는 반죽질기에 좌우되는 경우가 많으므로 일반적으로 반죽질기를 측정하여 그 결과에 따라 워커빌리티의 정도를 판단한다. 몇 가지 중요 시험방법의 개요는 다음과 같다.

1 슬럼프 시험(slump test)

콘크리트의 반죽질기를 간단히 측정할 수 있는 방법으로 오래 전부터 미국, 영국, 일본 등 세계

각국에서 널리 이용되고 있다. 슬럼프 시험은 콘크리트가 자중에 의하여 변형을 일으키려는 힘과 변형에 저항하는 힘이 평형이 되었을 때를 말하며, 콘크리트가 무너지거나 일정하게 침하하지 않는 경우에는 슬럼프시험의 적용은 의미가 없다. 또한 굵은 골재의 최대치수가 40mm를 넘는 경우에는 체로 쳐서 이를 제거한 다음에 시험을 실시해야 한다. 그리고 슬럼프 시험에 의하여 콘크리트의 반죽질기를 측정한 후 콘크리트를 가볍게 두드려서(tapping) 변형의 상태를 관찰함으로써 성형성을 정확하게 판정할 수 있다. 슬럼프가 30~180mm 정도의 범위 밖의 콘크리트에 대해서는 다른 시험방법에 의하여 워커빌리티를 측정하는 것이 좋다. 이 시험은 KS F 2402(포틀랜드시멘트 콘크리트의 슬럼프시험 방법)에 의하며 슬럼프 몰드는 그림 5.4의 밑지름 200mm, 윗면의 지름 100mm, 높이가 300mm이고, 다짐봉(temping bar)은 지름 16±1mm, 길이 600±5mm인 강봉을 사용한다. 몰드 속에 콘크리트를 용적으로 3회로 나누어 쳐 넣고 다짐봉으로 각각 25회씩 균일하게 다진 다음 몰드를 조용히 수직으로 들어올린다. 이 때 300mm 높이의 콘크리트가 가라앉은 값을 슬럼프 값(slump value)이라 한다.

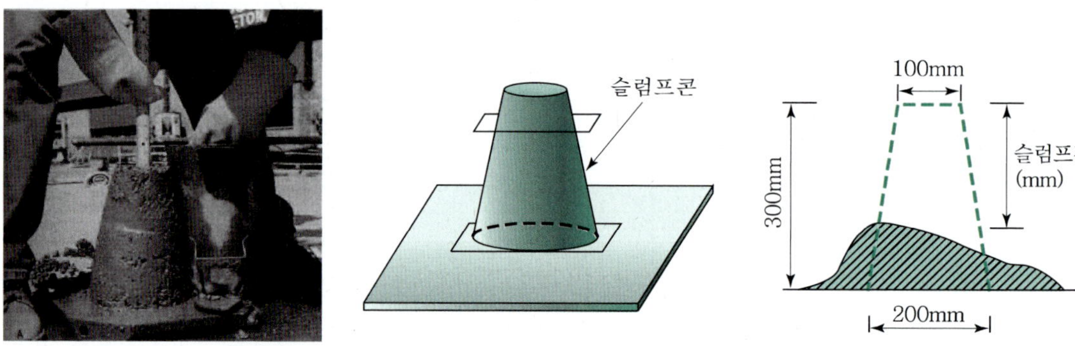

그림 5.4 슬럼프 시험기 및 시험방법

2 흐름시험(flow test)

콘크리트에 상하운동을 주어 콘크리트가 흘러 퍼지는 데에 따라 변형저항을 측정한다. 이 시험에 의하면 일정한 배합의 콘크리트의 경우 단위수량과 측정값과의 사이에는 직선 관계가 된다. 또 골재의 분리를 눈으로 관찰할 수 있다. 이 시험은 그림 5.5와 같은 흐름 시험판(flow table) 위에 밑지름 254mm, 윗지름 171mm, 높이 127mm의 몰드를 놓고 콘크리트를 2층으로 투입하여 각각 25회씩 다진 다음 수직으로 들어 올리고 흐름시험판을 15초 동안에 25회 속도로 낙하시켜 콘크리트가 흘러 퍼진 지름을 6방향에서 측정한다. 그 평균값(D)을 원래의 지름에 대한 백분율로 나타낸 것이 흐름값(flow value)이다.

$$\text{흐름값}(\%) = \frac{\text{시험후의 지름} - \text{콘의 밑지름}(254\text{mm})}{\text{콘의 밑지름}(254\text{mm})} \times 100 \tag{5.1}$$

흐름시험은 일부러 충격을 주어서 재료를 분리시켜 콘크리트의 유동성을 측정하는 것으로 좋은 방법이 아니다.

3 구관입시험(ball penetration test)

Kelly ball 관입시험이라고도 하며 전중량이 약 13.6kg 반구(半球)를 굳지 않은 콘크리트 표면에 놓았을 때 구가 자중에 의하여 콘크리트 속으로 가라앉는 관입깊이를 측정하여 콘크리트의 반죽질기를 알아보는 시험방법이다. 특히 포장콘크리트와 같이 평면으로 타설된 콘크리트의 반죽질기를 측정하는 데 편리하며, 관입값의 1.5~2배가 슬럼프값과 거의 비슷하다고 한다.

4 비비시험(Vee-Bee test)

V.B.horner에 의하여 제안된 비비시험은 그림 5.5와 같이 진동대 위에 원통용기를 고정시켜 놓고 그 속에 슬럼프시험과 같은 조작으로 슬럼프시험을 실시한 후, 투명한 플라스틱 원판(圓板)을 콘크리트 면 위에 놓고 진동을 주어 원판의 전면에 콘크리트가 완전히 접할 때까지의 시간을 초(sec)로 측정하는 시험으로 측정값을 VB값(Vee-Bee degree) 또는 침하도(沈下度)라고 한다. 이 시험방법은 슬럼프 시험으로 측정하기 어려운 비교적 된 비빔 콘크리트에 적용하기가 좋다.

그림 5.5 비비 시험기

슬럼프값과 VB 값을 대비해 보면 표 5.1과 같다.

표 5.1 슬럼프값과 VB 값의 관계

슬럼프(mm)	0	1	2	3	4	5	6	7	8	10	12	14
VB 값	10	6.5	5	4	3.2	2.8	2.3	2.0	1.8	1.4	1.1	0.9

5 리몰딩 시험(remolding test)

T. C. Powers가 고안한 방법으로 시험방법은 슬럼프 몰드속에 콘크리트를 채우고 원판을 콘크리트 면에 얹어 놓고 흐름시험판에 약 6mm의 상하운동을 주어 콘크리트가 유동하여 내외의 간격을 통하여 내륜(內輪)의 외측으로 상승한다. 콘크리트의 표면의 내외가 동일한 높이가 될 때까지 반복하여 낙하횟수(jig)로써 반죽질기를 나타낸다.

6 다짐계수(compacting factor test)

영국 BS 1881에 규정된 방법으로, 조작은 용기 A, B 및 C에 차례로 콘크리트를 낙하시켜 용기 C에 채워진 콘크리트의 중량(w)을 측정하고, 한편 동일한 용기에 콘크리트를 충분히 채워 다진 후 중량(W)를 측정하여 w/W의 비를 구하여 워커빌리티의 척도로 하고자 하는 방법으로써, 슬럼프가 매우 작고 진동다짐을 실시하는 콘크리트에 유효한 시험방법이다.

5.2.3 재료의 분리

콘크리트는 비중과 입자의 크기 등이 다른 여러 종류의 재료로써 구성되므로 믹싱, 운반, 다지기 등의 시공중에 재료분리(segregation)를 일으키기 쉽다. 재료분리를 일으키면 콘크리트는 불균질(不均質)하게 되어 강도, 수밀성, 내구성 등에 나쁜 영향을 미친다. 따라서 경화한 콘크리트를 균등질로 만들기 위해서는 굳지 않은 콘크리트의 재료분리가 가능한 적도록 해야 한다.

1 작업중에 생기는 재료 분리

매우 묽은 반죽의 콘크리트를 어느 높이에서 낙하시킬 경우에 재료의 분리는 일어나기 쉽다. 믹싱시 믹싱시간이 부족하거나 지나치게 오래 걸릴 경우 일반적으로 재료 분리의 경향이 생기기 쉬우며, 재료 분리의 원인을 열거해 보면 다음과 같다.

1) 굵은 골재의 최대치수가 지나치게 큰 경우
2) 입자가 거친 잔골재를 사용한 경우
3) 단위골재량이 너무 많은 경우
4) 단위수량이 너무 많은 경우
5) 배합이 적절하지 않은 경우

따라서 재료분리현상을 줄이기 위해서는 다음과 같은 사항에 유의 하여야 한다.

1) 콘크리트의 성형성(plasticity)을 증가시킨다.

2) 잔골재율을 크게 한다.
3) 물-결합재비를 작게 한다.
4) 잔골재중의 0.15~0.3mm 정도의 세립분(細粒粉)을 많게 한다.
5) AE제, 플라이애시 등의 혼화재료를 적절히 사용한다.

일반적으로 부배합(rich mix) 콘크리트, 슬럼프 50~100mm 정도의 콘크리트 및 AE 콘크리트 등은 비교적 재료분리가 작다.

2 콘크리트 타설작업 후의 재료분리

(1) 블리딩(bleeding)

콘크리트 타설후 시멘트, 골재입자 등이 침하함으로써 물이 분리 상승되어 콘크리트 표면에 떠오르는 현상을 말한다. 블리딩은 일종의 재료분리이므로 블리딩이 크면 상부 콘크리트가 다공질이 되며 강도, 수밀성 및 내구성이 감소되고, 골재입자나 수평철근의 밑부분에 수막(水膜)을 만들고 시멘트풀과의 부착을 저해하며 수밀성을 감소시킨다. 블리딩을 적게하기 위해서는 단위수량을 적게 하고, 골재입도가 적당해야 한다. 특히 0.15~ 0.3mm 정도의 세립부분의 영향이 크다.

(2) 레이턴스(laitance)

블리딩에 의하여 콘크리트 표면에 떠올라 침전한 미세한 물질을 말한다. 레이턴스는 시멘트나 모래속의 미립자의 혼합물로서 굳어져도 강도가 거의 없으며, 콘크리트의 작업이음시 제거하지 않고 콘크리트를 타설하면 이 이음부는 약점의 원인이 된다.

5.2.4 초기균열

초기균열(初期龜裂)에는 콘크리트의 부등침하에 의하여 생기는 침하수축균열과 표면의 급속건조(急速乾燥)에 의하여 생기는 플라스틱 수축균열이 있다.

1 침하수축균열

침하수축균열(沈下收縮龜裂)은 콘크리트 타설 후 콘크리트의 표면 가까이에 있는 철근, 매설물 또는 입자가 큰 골재 등이 콘크리트의 침하를 국부적으로 방해하기 때문에 일어난다. 균열이 발생하여 커지는 정도는 블리딩이 큰 콘크리트일수록 높아진다.

균열은 콘크리트 타설 후 1시간 정도 경과한 후 일어나기 쉬운데, 콘크리트 타설 후 거푸집 이동 또는 시멘트의 이상응결 등의 원인에 의하여 콘크리트 표면에 균열이 발생했을 경우에는 침하가 종료한 단계에서 새로 다시 표면의 마무리를 하여 메워주는 것이 좋다.

2 소성수축균열

소성수축균열은 콘크리트 표면수의 증발속도가 블리딩 속도보다 빠른 경우와 같이 급속한 수분 증발이 일어나는 경우에 콘크리트 마무리 면에 생기는 가늘고 얇은 균열을 말한다.

이 소성수축균열을 방지하기 위해서는 수분의 증발을 방지하고 마무리를 지나치게 하거나 콘크리트 표면에 급격한 온도 변화가 일어나지 않도록 하여야 한다.

5.3 경화한 콘크리트의 성질

5.3.1 중량

콘크리트의 중량은 사용하는 골재의 종류에 따라 변화하지만, 굵은골재의 최대치수, 콘크리트의 배합, 건습(乾濕)의 정도에 따라서도 달라진다. 콘크리트의 중량은 단위질량(kg/m^3), 또는 기건비중(氣乾比重)으로 나타낸다. 각종 골재를 사용한 콘크리트의 비중을 표 5.2에 나타내었다.

표 5.2 각종 콘크리트의 중량

콘크리트의 종류	잔골재	굵은골재	기건비중
중량콘크리트	중정석	중정석	3.40~3.62
	적철광	적철광	3.03~3.86
	자철광	자철광	3.40~4.04
	자철광	철편	3.80~5.12
보통콘크리트	하천모래	하천자갈	2.20~2.40
경량콘크리트	하천모래	팽창혈암	1.70~2.00
	팽창혈암	팽창혈암	1.40~1.70
	화산암	화산암	1.20~1.60
기포콘크리트	–	–	0.55~1.20

5.3.2 압축강도

일반적으로 콘크리트의 강도라 하면 보통 압축강도(compressive strength)를 말한다. 이것은 압축강도가 다른 강도에 비하여 현저하게 크기 때문이다. 특히, 철근콘크리트 부재의 설계에서도 압축강도만을 활용하는 경우가 많기 때문이며 또한 압축강도로부터 다른 강도와 콘크리트의 품질도 추정할 수 있기 때문이다. 콘크리트의 강도는 일반적으로 표준양생한 재령 28일의 압축강도를 기준으로 한다. 단, 댐콘크리트에서는 재령 91일의 압축강도를, 포장 콘크리트에서는 재령 28일의 휨강도를 기준으로 한다.

콘크리트 강도에 영향을 미치는 주된 요인은 다음과 같다.

1 재료품질의 영향

(1) 시멘트

콘크리트 강도는 사용재료의 품질에 따라 크게 달라진다. 골재가 강경(强硬)하고, 물-결합재비, 양생 기타 관련요인이 일정하다면 콘크리트의 압축강도는 시멘트의 종류와 시멘트의 강도에 의해 좌우된다.

시멘트의 강도와 콘크리트의 압축강도 사이에는 다음과 같은 관계가 성립한다.

$$f_c = K(AX+B) \tag{5.2}$$

여기서, f_c : 콘크리트의 압축강도

X : 시멘트-물비

A, B : 상수

K : 시멘트의 강도

그림 5.6 현장압축강도 측정용 공시체 성형

(2) 골재

골재의 강도는 시멘트풀의 강도보다 큰 것이 보통이므로 일반적으로 골재 강도의 변화는 콘크리트 강도에 거의 영향을 미치지 않는다. 그러나 천연경량골재나 약한 석편을 많이 포함한 경우에는 콘크리트의 강도가 저하한다. 콘크리트의 강도가 고강도가 될수록 골재의 영향이 매우 커진다.

그림 5.7은 인공경량골재를 사용한 경우의 압축강도의 경향을 나타낸 것으로서 콘크리트의 압축강도가 80~100MPa 정도에서는 보통 천연골재를 사용한 콘크리트에서도 이러한 영향이 커진다.

골재의 표면이 거칠수록 골재와 시멘트풀과의 부착이 좋기 때문에 일반적으로 부순돌을 사용한 콘크리트의 강도는 강자갈을 사용한 콘크리트보다 크다(표 5.3참조).

또한 물-결합재비가 일정하더라도 굵은골재의 최대치수가 클수록 콘크리트의 강도는 작아지며, 이러한 경향은 그림 5.8에서와 같이 부배합일수록 더욱 커진다.

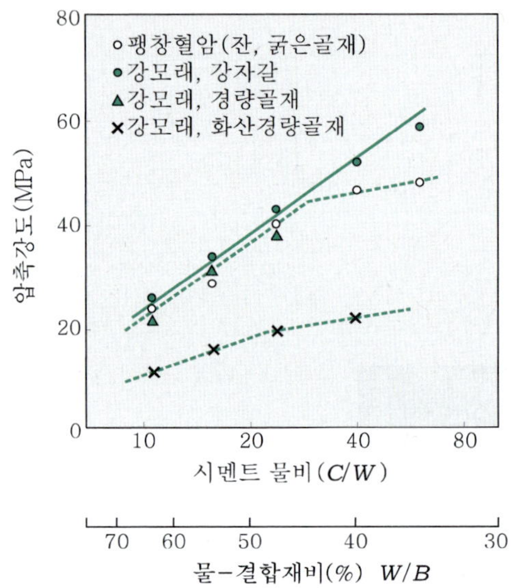

그림 5.7 압축강도와 시멘트-물비와의 관계

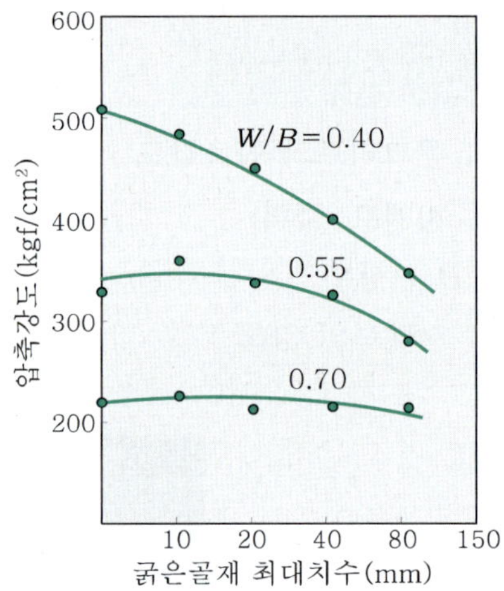

그림 5.8 굵은골재의 최대치수와 압축강도와의 관계

표 5.3 보통골재와 부순돌을 사용한 콘크리트의 강도 비교

강도비 \ 강도 \ 항목	물-결합재비, 슬럼프 일정			시멘트량, 슬럼프 일정		
	압축	인장	휨	압축	인장	휨
부순돌 콘크리트 / 강자갈 콘크리트	1.20~1.35	1.05~1.32	1.14~1.25	0.95~1.10	1.03~1.11	1.03~1.09

(3) 혼합수

물은 콘크리트의 다른 재료에 비하여 영향을 적게 받는 재료이나 수질은 콘크리트 강도, 시공시의 응결시간, 경화후의 콘크리트 제성질에 영향을 미치는 중요한 재료이다(4.7절 참조).

2 배합의 영향

콘크리트 강도에 영향을 미치는 요인중에서 가장 큰 영향을 미치는 것은 물-결합재비이며, 중요한 강도이론에 대하여 약술한다.

(1) 물-결합재비설(water-cement ratio theory)

1919년 D. A. Abrams에 의하여 제창된 이론으로서, 깨끗하고 강경한 골재를 사용한 콘크리트가 워커블하고 플라스틱하다면 콘크리트의 강도는 시멘트풀의 물-결합재비에 의하여 결정된다.

그 관계는 다음 식으로 나타낸다.

$$f_c = \frac{A}{B^x} \tag{5.3}$$

여기서, f_c : 콘크리트의 압축강도

x : 물-결합재비

A, B : 시멘트 품질 등에 의하여 정해지는 상수

그림 5.9는 압축강도와 물-결합재비와의 관계를 나타낸 그림이다.

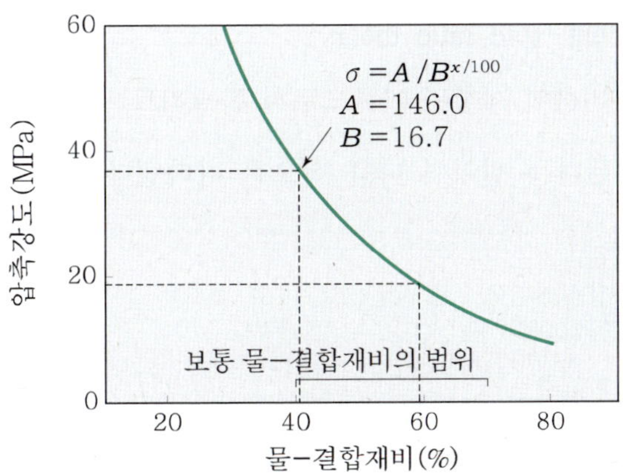

그림 5.9 압축강도와 물-결합재비와의 관계

(2) 시멘트-물비설(cement-water ratio theory)

1925년 경 I. Lyse에 의하여 제창된 이론으로서, 압축강도와 시멘트-물비와의 사이에는 직선관계가 성립한다(그림 5.10 참조).

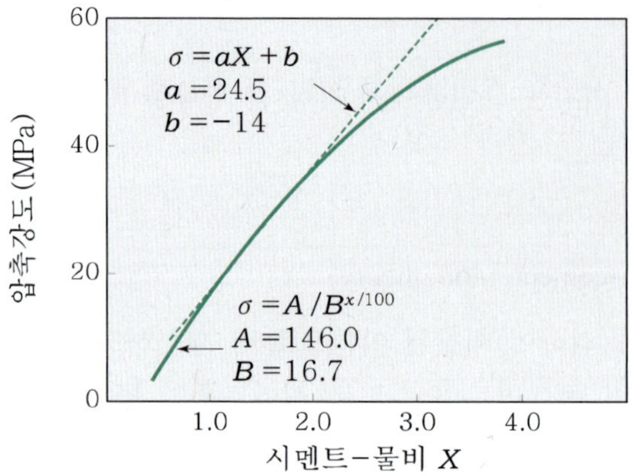

그림 5.10 압축강도와 시멘트−물비와의 관계

$$f_c = A + B\left(\frac{C}{W}\right) = ax + b \qquad (5.4)$$

여기서, A, B : 실험상수

이 식은 실용상 편리하므로 보통 콘크리트의 배합설계 등에 유효하게 이용된다.

(3) 시멘트−공극비설(cement−void ratio theory)

1921년 A. N. Talbot에 의하여 제창된 이론으로서 콘크리트 강도는 공극−시멘트비(void−cement ratio, $\frac{v}{c}$)에 의하여 지배된다는 설이며 다음 식으로 나타낸다.

$$f_c = A + B\left(\frac{c}{v}\right) \qquad (5.5)$$

여기서, c : 시멘트의 절대용적
v : 공극의 용적(공기 등)
A, B : 상수

위의 이론은 매우 된반죽의 콘크리트에 공극이 남는 경우, AE 콘크리트 등의 경우에 잘 적용된다. 또는 시멘트−공간비(cement−space ratio) $\frac{c}{(v+c)}$와 콘크리트의 강도와의 관계를 나타낸 것이 그림 5.11이다.

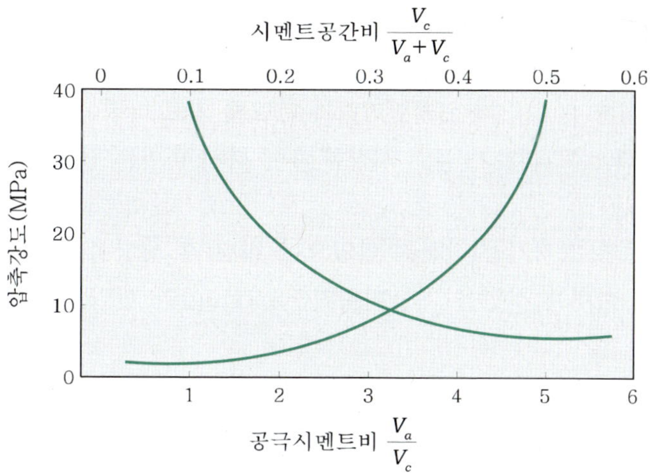

그림 5.11 공극-시멘트비, 시멘트-공간비와 콘크리트의 강도와의 관계

3 공기량의 영향

물-결합재비가 일정한 콘크리트에서 공기량이 1% 증가하는데 따라 압축강도는 4~6% 감소한다(그림 5.12 참조). 그러나 AE콘크리트 경우, 소요되는 워커빌리티를 얻기 위해 단위수량이 적게 되기 때문에 단위시멘트량과 슬럼프를 일정하게 할 경우 AE제를 사용하지 않은 콘크리트와 압축강도가 거의 비슷하다.

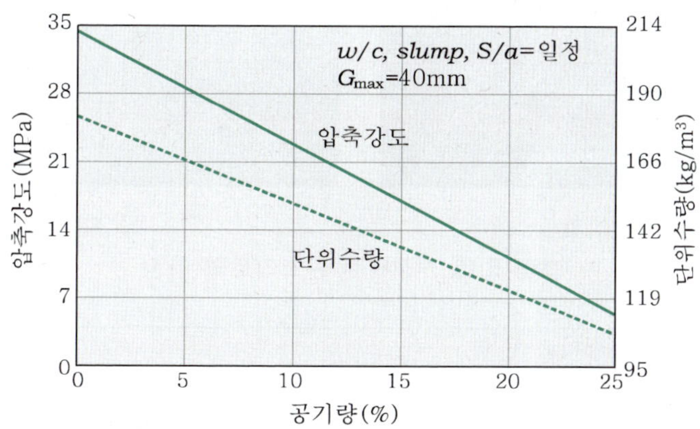

그림 5.12 공기량과 압축강도와 단위수량과의 관계

4 시공방법의 영향

(1) 혼합방법

혼합시간이 길수록 시멘트와 물과의 접촉이 좋게 되기 때문에 일반적으로 강도는 증대한다. 이러한 경향은 빈배합(貧配合)일수록, 굵은골재 최대치수가 작을수록, 된반죽일수록 효과가 크다. 충분히

혼합을 하는데 필요한 시간은 믹서의 형식과 용량에 따라 다르므로 시험에 의하여 정해야 한다.

한편 콘크리트를 혼합한 후 방치한 것은 물을 가하지 않고 다시 충분히 균일하게 되도록 다시 비비면 일반적으로 강도는 증대한다. 그러나 워커빌리티가 나쁘게 되고 다짐이 곤란하게 되므로 오히려 강도가 저하하는 경우도 있다. 콘크리트가 굳기 시작한 후에 다시 비비는 작업을 되비비기(retempering)라 한다.

콘크리트나 모르타르가 엉기기 시작하지 않았으나 비빈 후 상당한 시간이 지났거나 또는 재료가 분리하는 경우에 다시 비비는 작업을 거듭비비기(remixing)라 한다.

(2) 진동다짐

진동기(vibrator)를 사용하여 다짐을 할 경우 된반죽의 콘크리트는 강도가 크게 되지만 묽은 반죽은 그 효과가 적다. 이것은 진동에 의하여 콘크리트 속의 기포가 작아지며, 치밀한 콘크리트가 되기 때문이다. 압축강도에 미치는 다짐의 영향을 나타낸 것이 그림 5.14이다. 묽은 반죽의 경우에는 진동시간이 너무 길어지면 재료가 분리되어 오히려 강도는 저하한다. 또한 응결 도중 적당한 시기(0.5~2시간)에 재진동(再振動)을 하게 되면 강도가 오히려 증대하는 경우도 있다.

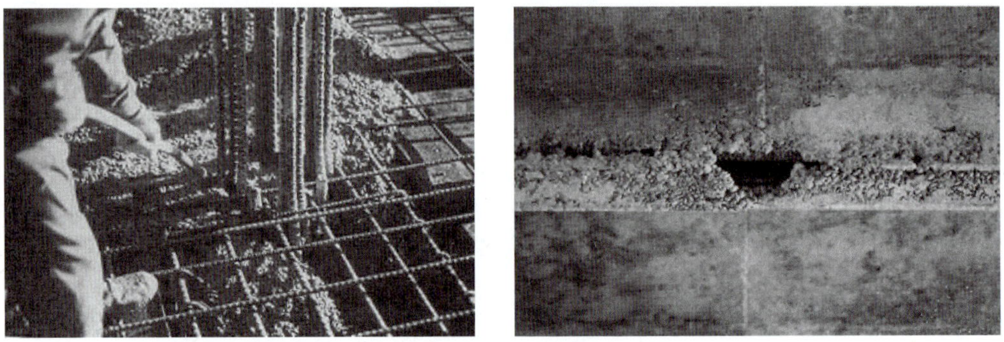

(a) 다짐방법 (b) 다짐불량

그림 5.13 현장타설 콘크리트의 다짐

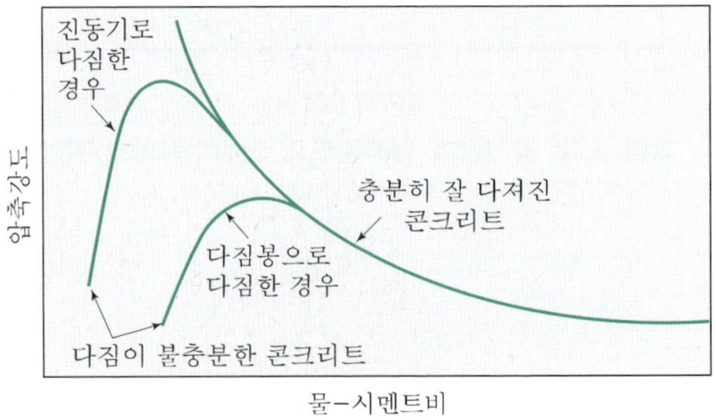

그림 5.14 압축강도에 미치는 다짐의 영향

(3) 성형압력

콘크리트는 성형(成形)시에 가압하여 경화시키면 일반적으로 강도는 크게 된다. 이것은 가압에 의하여 기포나 잉여수분이 배출됨으로써 강도가 증대한다. 특히 묽은 반죽 콘크리트의 경우에 효과가 크다.

5 양생방법 및 재령의 영향

콘크리트에 충분한 습도와 적당한 온도 및 재령을 주며 유해한 응력을 가하지 않는 것을 양생(curing)이라 한다.

양생방법에는 여러 가지가 있으나 보통은 습윤상태로 유지하여 콘크리트 중의 수분이 급격히 증발하지 않도록 하는 것을 습윤양생(濕潤養生)이라 한다. 습윤상태로 하는 방법은 수중, 습사(習射), 분무, 살수, 피막 등이 있다. 시멘트의 수화 반응을 촉진시키기 위한 고온양생에는 증기, 온수 특히 한중콘크리트에 대해서는 전기, 전열양생 등이 있다.

(1) 건습(乾濕)

콘크리트의 압축강도는 건습, 양생온도 및 재령 등에 따라 영향을 받는다. 건습에 따른 콘크리트의 압축강도 실험 예를 그림 5.15에 나타내었다.

콘크리트의 건습에 따른 압축강도의 변화를 요약하면 다음과 같다.

1) 습윤양생후 공기중에 건조시키면 강도가 20~40% 증가한다.
2) 이 강도는 일시적이며 그대로 건조상태를 유지하면 증가하지 않는다.
3) 건조상태의 공시체를 다시 습윤상태에 두면 강도가 다시 증가한다.

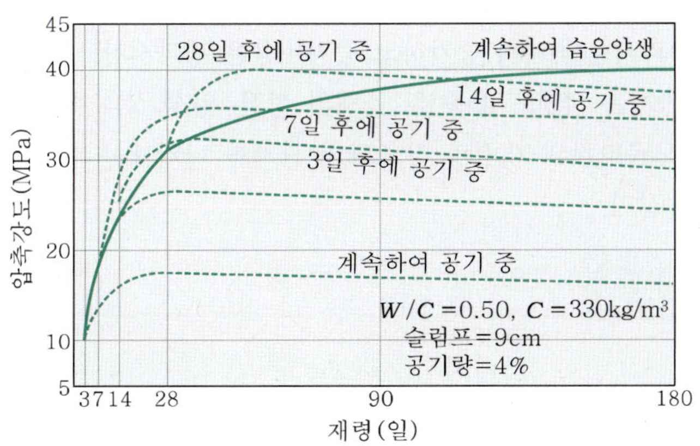

그림 5.15 습윤양생 후 건조한 콘크리트의 압축강도

(2) 양생온도

양생온도가 강도에 미치는 영향은 시멘트의 품질, 배합 등에 의하여 달라지나 일반적으로는 양생온도가 4~40℃의 범위에 있어서는 온도가 높을수록 재령 28일까지의 강도는 커진다. 그러나 너무 지나치게 온도가 높으면 오히려 강도발현에 나쁜 영향을 미친다(그림 5.16 참조).

한편 양생온도가 −0.5~−2.0℃ 이하로 되면 콘크리트 속의 수분이 동결하므로 특히 초기 재령에서 심한 동해를 받는다(그림 5.17 참조).

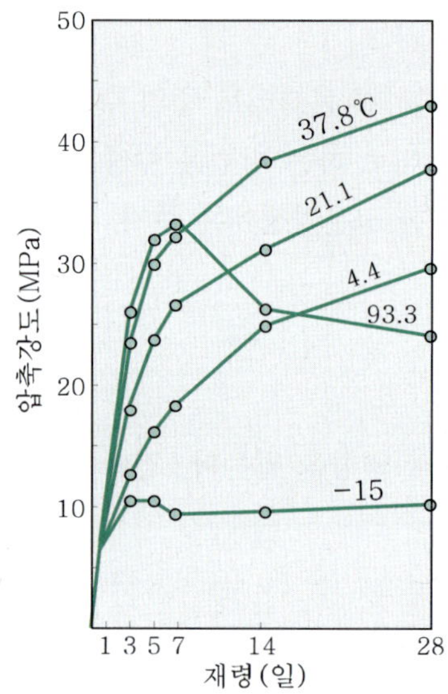

그림 5.16 양생온도와 압축강도와의 관계

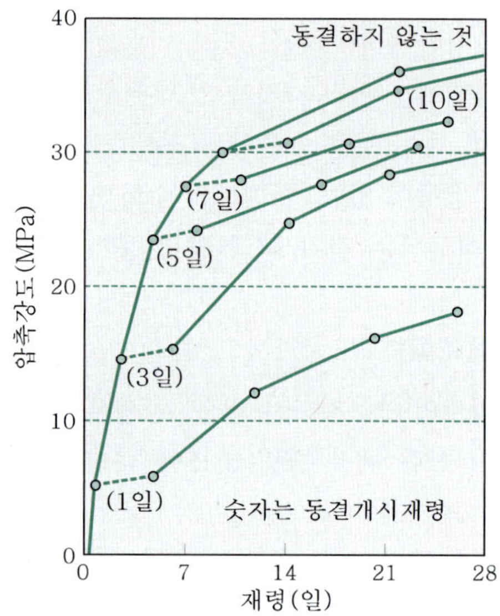

그림 5.17 압축강도에 미치는 동결의 온도에 대한 영향

(3) 재령

콘크리트의 강도는 경과시간에 따라 증가하고 증가비율은 경과시간, 즉 재령이 짧을수록 현저하다. 강도의 증진과 재령의 관계는 시멘트의 종류, 골재의 성질, 양생 상태에 따라 현저하게 다르다. 습윤양생한 콘크리트 또는 모르타르의 재령과 강도와의 관계를 나타내는 실험식은 D. A. Abrams나 C. Bach에 의하면 다음과 같다.

$$f_c = A \log t + B \tag{5.6}$$

여기서, A, B : 상수

t : 재령(일)

콘크리트의 강도는 양생온도에도 영향을 받기 때문에 양생온도를 고려하여, 온도와 재령과의 성숙도

(成熟度, maturity) M 또는 DD(degree-day)를 Plowman은 다음 관계식으로 나타냈다.

$$f_c = \alpha \log_{10} M + \beta \tag{5.7}$$

여기서, α, β : 실험상수

M : $\Sigma(10+T)(℃)\times t$(일)

그림 5.18은 압축강도와 성숙도와의 관계를 나타낸 것이다.

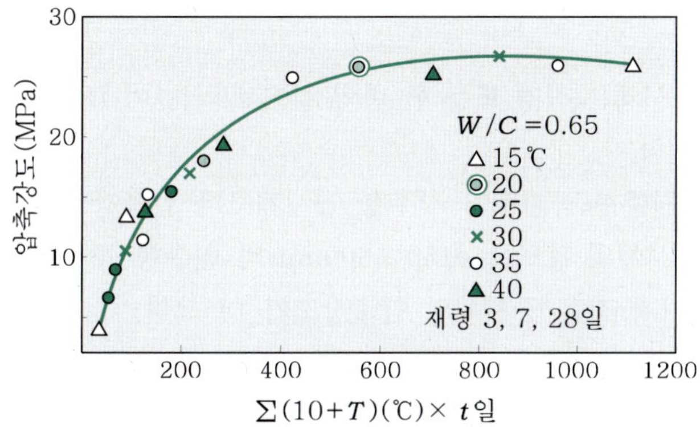

그림 5.18 압축강도와 성숙도와의 관계

콘크리트의 강도는 보통 재령 28일을 표준으로 하지만, 경우에 따라 초기강도로써 28일 강도를 추정할 수 있게 있는데, 표 5.4는 7일 강도 f_7과 28일 강도 f_{28}과의 관계식(일본 건축학회)을 표시한 것이다.

표 5.4 콘크리트의 7일 압축강도에서 28일 압축강도 추정식

양생방법	콘크리트의 타설부터 4주까지의 예상 평균기온(℃)	보통포틀랜드시멘트, 고로시멘트, 플라이애시시멘트, 실리카시멘트 A종(MPa)	조강포틀랜드시멘트 (MPa)
21±3℃의 수중양생	15 이상	$f_{28} = 1.35f_7 + 3.0$	$f_{28} = f_7 + 8.0$
	10~15	$= 1.35f_7 + 1.0$	$= f_7 + 6.5$
	5~10	$= 1.35f_7 - 1.0$	$= f_7 + 5.0$
	2~5	$= 1.35f_7 - 2.0$	$= f_7 + 4.0$
	0~2	$= 1.35f_7 - 3.5$	$= f_7 + 2.0$
공사현장의 실외에서의 수중양생	15 이상	$f_{28} = 1.35f_7 + 3.0$	$f_{28} = f_7 + 8.0$
	10~15	$= 1.35f_7 + 5.0$	$= f_7 + 9.0$
	5~10	$= 1.35f_7 + 7.0$	$= f_7 + 9.5$
	2~5	$= 1.35f_7 + 8.0$	$= f_7 + 10.0$
	0~2	$= 1.35f_7 + 10.0$	$= f_7 + 11.0$

6 시험방법의 영향

동일한 콘크리트일지라도 공시체(供試體 ; specimen)의 모양, 크기 및 재하방법 등에 의하여 강도가 상당히 다르다. 그래서 각국에서는 압축강도시험에 사용되는 표준공시체의 모양, 크기 및 재하속도를 각각 규정하고 있다.

(1) 공시체의 모양과 크기

공시체의 모양과 크기는 콘크리트의 강도에 매우 큰 영향을 미치며 다음과 같은 관계를 갖는다.

1) 원주형과 각주형 공시체는 직경 또는 한 변의 길이 D와 높이 H와의 비 H/D의 값이 작을수록 압축강도가 크게 된다.
2) H/D가 동일하면 원주형 공시체가 각주형 공시체보다 압축강도가 크다.
3) 150mm 입방체 공시체의 강도는 $\phi150\times300$mm의 원주형 공시체 강도의 1.16배 정도 된다.
4) 모양이 다르면 크기가 작은 공시체의 압축강도가 더 크다.

KS F 2405에 의하면 콘크리트 압축강도 시험은 공시체의 높이가 지름의 2배인 원주형 공시체를 사용하는 것을 표준으로 하며, 표준공시체로서는 $\phi150\times300$mm를 채용하고 있다. 다만 굵은골재의 최대치수가 25mm 이하일 때는 $\phi100\times200$mm를 사용해도 좋다.

그런데 콘크리트 구조물에서 채취한 코어(core) 높이의 지름에 대한 비가 2배가 되는 시험편을 얻기가 어려운 경우 또는 원주형 공시체가 아닌 각주공시체(prism specimen)나 입방체 공시체(cube specimen)를 사용하여 압축강도시험을 실시할 경우 이들 강도 시험값을 표준공시체의 강도로 환산하는 수단으로 표 5.5와 표 5.6을 이용해도 좋다.

표 5.5 표준공시체에 대한 강도환산표

높이와 지름의 비	2.00	1.75	1.50	1.25	1.10	1.00	0.75	0.50
계수	1.00	0.98	0.96	0.94	0.90	0.85	0.70	0.50

표 5.6 원주, 입방체 및 각주 공시체의 상호관계

재령	원주공시체(in)			입방체(in)		각주체(in)	
	6×6	6×12	8×16	6	8	6×12	8×16
7일	0.67	0.51	0.48	0.72	0.66	0.48	0.48
28일	1.12	1.00	0.95	1.16	1.15	0.93	0.92
3개월	1.47	1.49	1.27	1.15	1.42	1.27	1.27
1년	1.95	1.70	1.78	1.90	1.74	1.68	1.60

(2) 공시체표면의 모양

공시체의 가압면은 평면으로써 공시체의 축에 직각이라야 한다. 이것은 가압면이 평면이 아니면 공시체에 편심하중 또는 집중하중이 작용하여 실제의 강도보다 작은 응력에서 파괴하기 때문이다. H. F. Gonnerman의 연구에 의하면 공시체의 가압면이 0.05in(약 1.3mm) 정도 오목할 때 최대 5%의 강도가 감소되며, 0.05in 볼록할 때 최대 30%의 강도가 감소된다고 한다. 그래서 공시체 표면이 울퉁불퉁한 경우, 캡핑(capping)으로 공시체 표면을 평면이 되도록 하여 압축강도시험을 실시한다. 캡핑의 재료나 두께도 강도에 영향을 미치며, 캡핑의 두께는 가능한 얇은 것이 좋으나 2~3mm 정도가 적당하며 6mm를 넘으면 강도의 저하가 커진다고 한다. 캡핑의 재료로서는 시멘트풀, 유황과 플라이애시와 같은 미분말 재료와의 혼합물 등을 많이 사용하고 있다.

(3) 재하속도

압축강도시험의 재하속도(loading speed)는 콘크리트의 강도에 영향을 미치며, 일반적으로 재하속도가 빠를수록 강도가 크게 나타난다. 이 경향은 10MPa/sec를 넘으면 급격히 증대한다. 그래서 압축강도 측정시 재하속도를 0.2~0.3MPa/sec로 규정하고 있으며, 인장이나 휨강도시험시의 재하속도는 각각 달리 규정하고 있다.

5.3.3 기타강도

1 인장강도(tensile strength)

콘크리트의 인장강도(引張强度)는 압축강도와 비교해서 매우 작아 약 1/10~1/13 정도이다. 콘크리트의 인장강도 비 $\frac{f_c}{f_t}$인 취도계수(coefficient of brittleness)의 값은 압축강도가 클수록 크다(표 5.7 참조). 또 인장강도는 콘크리트를 건조시키면 습윤한 콘크리트보다 저하된다. 이러한 경향은 흡수량이 큰 인공경량골재 콘크리트에 있어서 더욱 현저하다.

표 5.7 콘크리트의 압축, 인장 및 휨강도와 강도비

강도(MPa)			강도비		
압축 f_c	휨 f_b	인장 f_t	$\frac{f_c}{f_t}$	$\frac{f_b}{f_t}$	$\frac{f_c}{f_b}$
10.0	2.05	1.04	9.6	1.97	4.9
20.0	3.29	1.85	10.8	1.78	6.1
30.0	4.26	2.50	12.0	1.70	7.0
40.0	5.18	3.10	12.9	1.67	7.7
50.0	6.07	3.70	13.5	1.64	8.2
60.0	6.84	4.20	14.1	1.60	8.8

일반적으로 철근콘크리트 부재의 설계시 인장강도는 무시하나, 보의 사인장응력, 슬래브 및 수조의 설계시 등에서는 콘크리트의 인장강도는 중요하며 직접 영향을 미친다.

콘크리트의 인장강도 시험방법은 KS F 2423의 할렬시험(splitting tensile test)이 일반적으로 사용된다. 이 방법은 원주형 공시체를 그림 5.19에서와 같이 옆으로 놓고 상하방향에서 가압하여 공시체를 할렬시켜 그 때의 파괴하중 P로부터 다음 식을 사용하여 인장강도를 구한다.

$$f_t = \frac{2P}{\pi dl} \tag{5.8}$$

여기서, f_t : 인장강도(MPa)

d : 공시체의 지름(mm)

P : 시험기에 나타난 최대하중(N)

l : 공시체의 길이(mm)

할렬에 의한 인장강도는 순인장강도(純引張强度)와 거의 비슷한 값을 나타낸다.

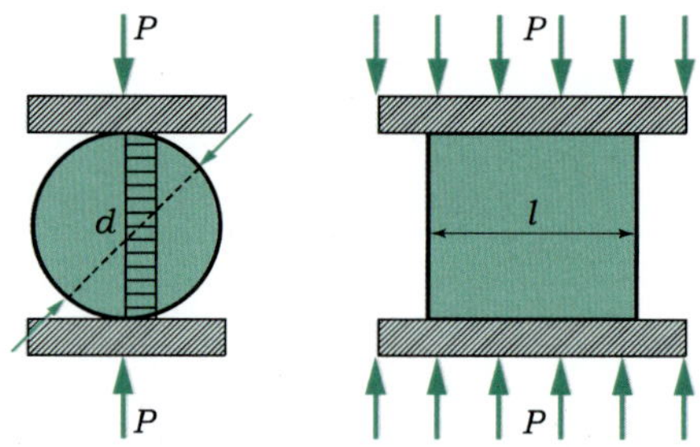

그림 5.19 할렬인장강도 시험방법

2 휨강도(flexural strength, modulus of rupture)

콘크리트의 휨강도는 압축강도의 1/5~1/8 정도로서 장방형 보를 그림 5.20과 같이 중앙집중재하(center point loading, KS F 2407) 또는 3등분점재하(three point loading, KS F 2408)에 의하여 각각 식 5.9(a) 및 식 5.9(b)로 구한다.

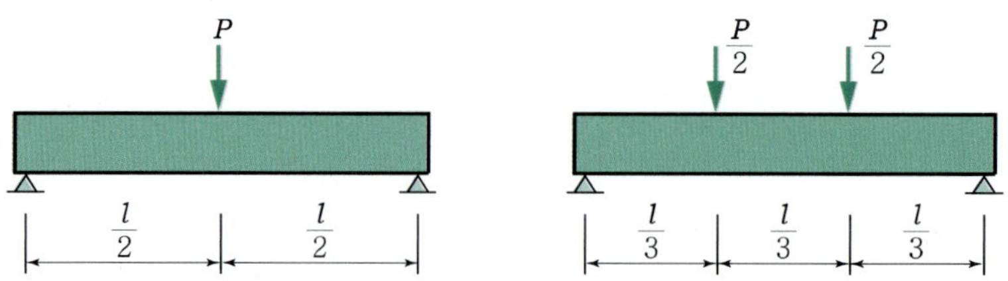

(a) 중앙집중 재하 (b) 3등분점 재하

그림 5.20 콘크리트의 휨강도 시험

$$f_b = \frac{3Pl}{2bh^2} \tag{5.9(a)}$$

$$f_b = \frac{Pl}{bh^2} \tag{5.9(b)}$$

여기서, f_b : 휨강도(MPa) b : 파괴단면의 폭(mm)
h : 파괴단면의 높이(mm) P : 최대 하중(N)
l : 지간(mm)

콘크리트의 휨 강도는 인장강도의 1.6~2.0배 정도로서, 파괴하중 부근의 응력 상태는 소성성질을 나타내므로 응력이 직선분포로 나타나지 않는다.

콘크리트의 휨강도는 도로, 공항 등의 콘크리트 포장의 설계기준강도, 이들 콘크리트의 품질결정 및 관리 등에 사용된다.

3 전단강도(shear strength)

콘크리트, 석재, 주철과 같은 취성재료는 인장강도가 매우 작기 때문에 탄성체의 경우와 같이 비틀림 시험에 의하여 진(眞)의 전단응력을 구하기 어렵다. 그래서 콘크리트의 전단응력은 그림 5.21에서와 같은 직접전단시험에 의하여 구한다. 최대하중 P를 측정하여 전단응력이 휨(세로)방향에 일정하게 분포한다고 가정하고 다음 식으로 구한다.

$$\tau = \frac{P}{A} \tag{5.10}$$

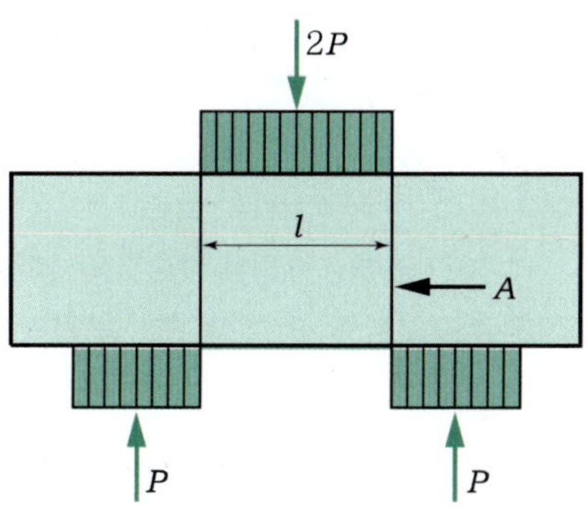

그림 5.21 직접전단시험

이와 같이 구한 직접전단강도(shear strength)는 압축강도의 1/6~1/4, 인장강도의 1.5~2.3배 정도이다.

일반적으로 높이 또는 폭이 클수록, 또 지간 l이 커질수록 직접전단강도는 작아진다.

진(眞)의 전단강도는 3축시험을 실시하여 Mohr의 응력원을 그려 파괴포락선(破壞包絡線)이 횡축과 교차하는 점의 횡좌표에서 구할 수 있다.

4 부착강도(bond strength)

철근콘크리트 구조가 성립하기 위해서는 철근과 콘크리트가 항상 일체가 되어 하중에 저항하지 않으면 안 된다. 그러기위해서 양자 사이에는 부착(bond)이 필요하며, 부착의 정도를 부착강도(附着强度)라 한다. 부착강도는 철근과 시멘트풀과의 순부착력, 철근과 콘크리트 사이의 마찰력 및 철근표면의 요철(凹凸)에 의한 기계적 저항력 등에 의한다.

부착강도는 철근의 종류 및 지름, 콘크리트 속의 철근의 위치 및 방향, 묻힌 길이, 콘크리트의 덮개 및 콘크리트의 품질 등에 따라 달라진다. 그림 5.22는 콘크리트의 압축강도와 원형철근 및 이형철근의 부착강도와의 관계를 나타낸 것으로써, 압축강도가 증가하는데 따라 부착강도가 증가하여 이형철근의 부착강도가 원형철근의 약 2배임을 알 수 있다.

또한 수평철근의 부착강도는 연직철근의 1/2~1/4 정도이며, 수평철근 아래쪽의 콘크리트 두께가 클수록 부착강도는 저하한다. 그 이유는 콘크리트 속의 고체입자의 침하, 블리딩 등에 의해 철근 밑에 공극, 수막이 생겨 부착을 약하게 만들기 때문이다.

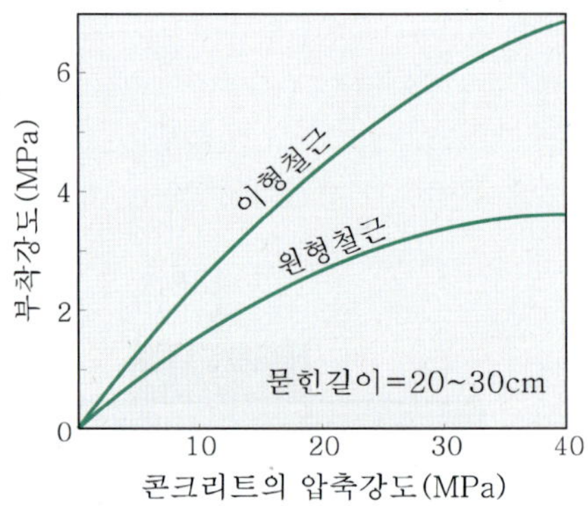

그림 5.22 콘크리트의 압축강도와 부착강도와의 관계

부착강도 시험방법은 그림 5.23과 같은 각종 시험방법이 제안되고 있다. 인발시험(pull out test), 밀어빼기시험, 인장시험 및 보의 휨시험에 의한 방법이 있다.

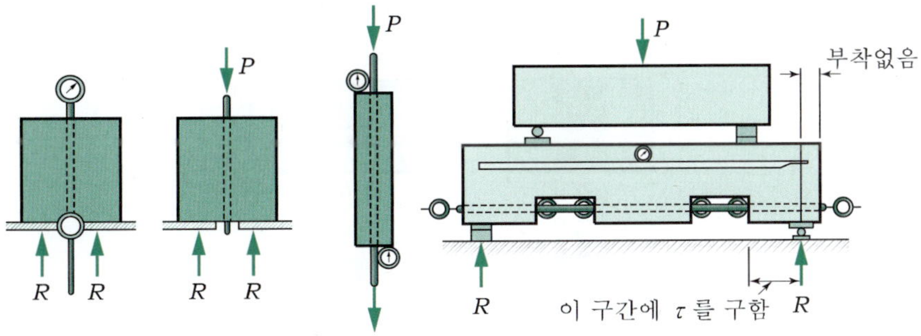

(a) 인발 시험 (b) 밀어빼기 실험 (c) 인장시험 (d) 휨시험

그림 5.23 각종 부착시험방법

일반적으로 인발시험이 많이 사용되고 있으며, 이 방법은 콘크리트속에 묻어둔 철근에 인장력을 가하여 콘크리트에 대한 철근의 미끄러지는 양을 측정하여, 인장력과 미끄러지기 시작할 때의 하중과 어느 미끄러진 양에 대한 하중 또는 최대하중을 취하며, 부착응력은 철근의 표면에 일정하게 분포한다고 가정하여 다음 식으로 계산한다.

$$\tau_0 = \frac{P}{\pi d l} \tag{5.11}$$

여기서, τ_0 : 부착강도(MPa)

l : 묻힌길이(mm)

P : 최대하중(N)

d : 철근의 지름(mm)

5 지압강도(bearing strength)

교각의 지지부나 프리스트레스트콘크리트의 긴장재 정착부 등에서 부재의 일부분만이 국부적인 하중을 받는 경우의 콘크리트의 압축강도를 지압강도(支壓强度)라고 한다. 지압강도는 그림 5.24와 같이 국부응력에 의한 최대압축하중 P를 국부지압면적(支壓面積) A'로 나눈 값으로 구한다.

$$f_c' = \frac{P}{A'} \tag{5.12}$$

여기서, f_c' : 지압강도(MPa)

A' : 지압면적(mm^2)

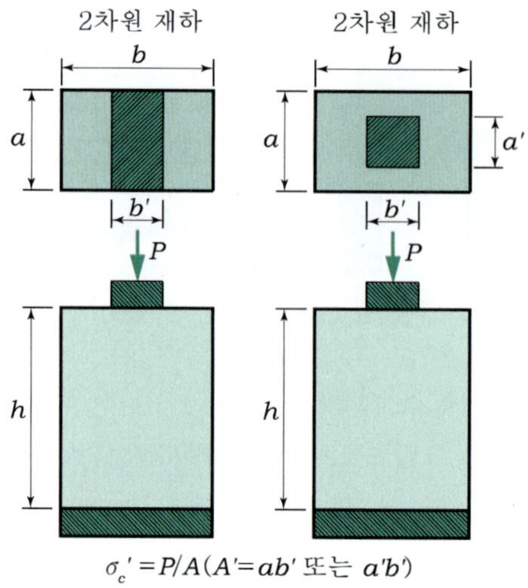

그림 5.24 지압강도시험

6 피로강도(fatigue strength)

콘크리트도 다른 재료와 마찬가지로 반복하중을 받거나, 일정한 하중을 지속적으로 받게 되면 피로(疲勞) 때문에 정적파괴하중보다 작은 하중으로 파괴된다. 전자를 피로파괴(fatigue fracture)라 하며, 후자를 크리프파괴(creep fracture)라 한다. 피로에 의한 파괴강도는 주로 작용하는 응력의 상한치와 하한치의 범위와 반복횟수에 의하여 변화한다. 보통 무한대의 반복횟수에 견딜 수 있는 응력의 최대를 내구한계(endurance limit) 또는 보통 피로한계(fatigue limit)라 한다. 또 소정의 반복횟수에 견디는 응력의 한도를 피로강도(疲勞强度)라 하며, 반복횟수와 함께 나타난다.

콘크리트의 200만회 피로강도는 정적 파괴강도의 50~60% 정도라 한다. 피로에 의한 강도 저하의 원인 중에서 중요한 것은 콘크리트 속의 미세한 균열(micro crack)의 발생이라고 한다. 이 미세한 균열인 콘크리트의 응력이 $0.5f_c$ 정도일 때 발생하기 시작하여 반복재하에 의하여 발달하여 파괴한다고 한다.

한편 콘크리트의 크리프한계는 콘크리트의 정적 강도의 70~80% 정도라 한다.

5.3.4 탄성과 소성

1 응력-변형률 곡선

콘크리트는 완전한 탄성체가 아니므로 응력과 변형률과의 관계는 강재와 달리 그림 5.25와 같이 하중재하의 초기단계에서부터 곡선을 나타내며 엄밀히 직선부분은 존재하지 않는다. 콘크리트의 응력-변형률곡선의 형태는 콘크리트의 강도, 품질 등에 따라 다르지만 일반적으로 고강도 콘크리트쪽의 곡선의 기울기가 강도가 낮은 콘크리트 쪽의 기울기보다 급하다. 그리고 그림에서 알 수 있듯이 하중이 작은 초기에는 거의 직선에 가까우나 하중의 증가와 더불어 점차 곡선으로 나타나고 있어 콘크리트는 후크의 법칙(Hooke's Law)이 성립하지 않는 재료, 즉 다시 말해서 비선형재료에 속함을 알 수 있다. 그러나 철근콘크리트 부재를 허용응력설계법으로 설계할 때는 콘크리트를 탄성체로 가정한다.

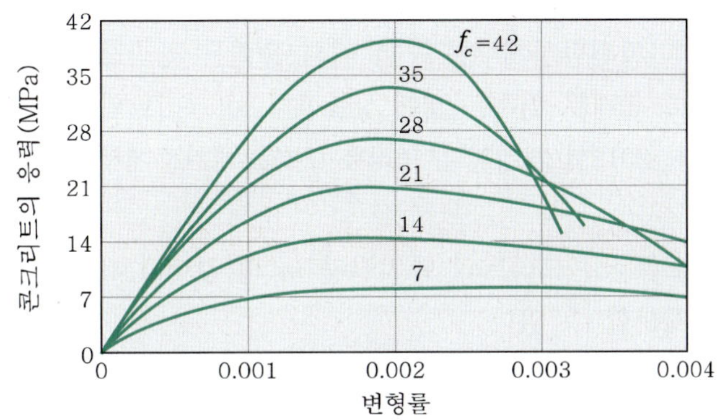

그림 5.25 콘크리트의 응력-변형률 곡선

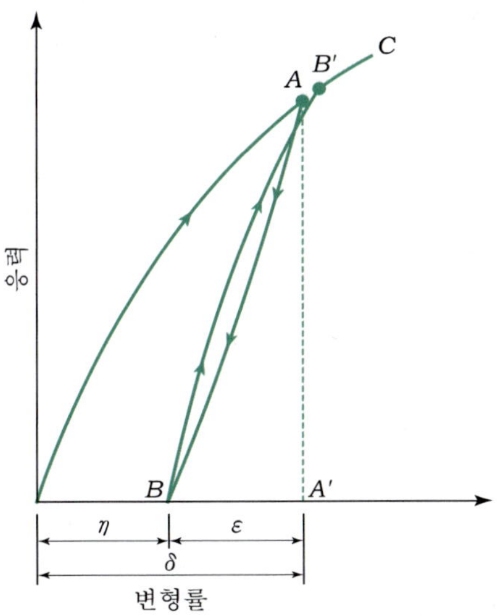

그림 5.26 콘크리트의 응력과 변형률과의 관계

그림 5.26의 응력-변형률곡선에서 비교적 작은 하중을 가하더라도 잔류변형률(η)이 생긴다. 이것을 소성변형률이라고도 한다. 그리고 전 변형률(δ)에서 잔류변형률을 뺀 것을 탄성변형률(ϵ)라 하며, 탄성변형률은 하중을 제거하면 회복하는 변형률이다.

보통 콘크리트에서 잔류변형률에 대한 전 변형률의 비는 응력이 클수록 크고, 파괴강도의 50%정도의 응력에서 약 10% 정도이다.

2 정탄성계수(static modulus of elasticity)

정적하중에 의하여 얻어진 응력-변형률 곡선에서 구한 탄성계수를 정탄성계수라 하며, 동탄성계수와 구별된다.

콘크리트의 정탄성계수는 초기탄성계수, 할선탄성계수 및 접선탄성계수로 구하나 일반적으로는 할선탄성계수로 나타내며, 할선탄성계수를 구할 때의 응력은 파괴강도의 25~35%로 한다. 이 값은 허용응력을 파괴강도의 25~35%로 취하는 것에 상당한다. 콘크리트의 탄성계수는 일반적으로 압축강도 및 밀도가 클수록 크다. 2012년 개정된 콘크리트 구조설계기준에서 콘크리트의 탄성계수를 다음과 같이 계산하고 있다.

콘크리트의 할선탄성계수는 콘크리트의 단위질량 m_c의 값이 1,450~2,500kg/m^{3}인 콘크리트의 경우 식 (5.13)에 따라 계산할 수 있다.

$$E_c = 0.077 m_c^{1.5} \times \sqrt[3]{f_{cu}}\,(\text{MPa}) \tag{5.13}$$

여기서, E_c : 콘크리트의 탄성계수(MPa)

m_c : 콘크리트의 단위질량(kg/m^3)

f_{cu} : 콘크리트의 평균압축강도(MPa)

다만, 보통중량골재를 사용한 콘크리트($m_c = 2{,}300\,\text{kg/m}^3$)의 경우는 식 (5.14)를 이용할 수 있다.

$$E_c = 8{,}500\sqrt[3]{f_{cu}}\ \ (\text{MPa}) \tag{5.14}$$

여기서, f_{cu}는 다음과 같다.

$$f_{cu} = f_{ck} + \Delta f$$

여기서, Δf는 f_{ck}가 40MPa 이하면 4MPa, 60MPa 이상이면 6MPa이며, 그 사이는 직선보간으로 구한다.

$f_{ck} \le 40\,(\text{MPa})$이며, $f_{cu} = f_{ck} + 4\ (\text{MPa})$

$40 < f_{ck} < 60\,(\text{MPa})$이며, $f_{cu} = 1.1 \times f_{ck}\,(\text{MPa})$

$f_{ck} \ge 60\,(\text{MPa})$이며, $f_{cu} = f_{ck} + 6\ (\text{MPa})$

크리프 계산에 사용되는 콘크리트의 초기접선탄성계수와 할선탄성계수와의 관계는 식 (5.15)와 같다.

$$E_{ci} = 1.18E_c \tag{5.15}$$

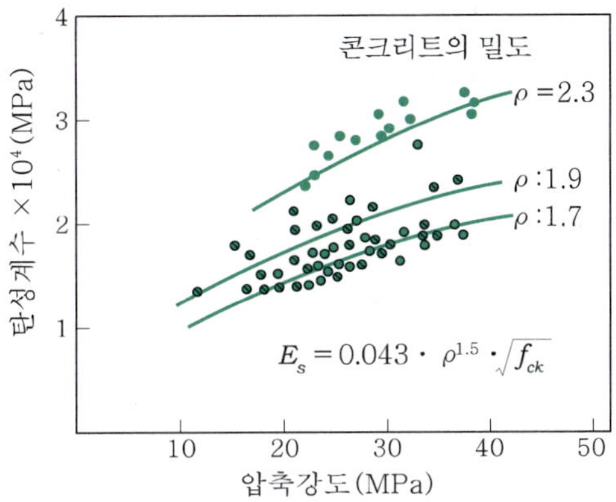

그림 5.27 콘크리트의 할선탄성계수와 압축강도와의 관계

표 5.8 콘크리트의 탄성계수(×10⁴MPa)

설계기준강도(MPa) / 골재의 종류	18	21	30	40	50
보통골재	2.00	2.17	2.60	3.00	3.35
경량골재	1.15	1.25	1.49	1.72	1.92
골재의 일부를 경량골재 사용	1.38~1.60	1.78~1.74	1.78~2.08	2.06~2.40	2.30~2.68

3 포와송비(Poisson's Ratio)

콘크리트 공시체에 단순 압축력 또는 단순 인장력을 가할 때 공시체의 축방향 변형률(ϵ_l)과 축과 직각방향 변형률(ϵ_t)과의 비 $\nu = \dfrac{\epsilon_t}{\epsilon_l}$를 포와송비라 한다. 포와송비의 역수 $m = \dfrac{1}{\nu}$을 포와송수(Poisson's number)라 한다.

포와송비는 탄성계수와 마찬가지로 사용재료, 강도 등에 따라 다르지만 일반적으로 허용응력 부근에서는 1/5~1/7, 파괴응력 부근에서는 1/2~1/4 정도이다.

한편 경량콘크리트의 포와송비는 보통콘크리트와 거의 같거나 약간 크다.

4 전단탄성계수(shear modulus, modulus of rigidity)

후크의 법칙이 성립하는 재료의 전단탄성계수 G는

$$G = \frac{\tau}{\gamma} \tag{5.16}$$

여기서, τ : 전단응력(MPa)

γ : 전단변형률

그러나 콘크리트의 경우, 영계수와 마찬가지로 전단탄성계수를 구하기가 쉽지 않으므로 탄성계수 E_c와 포와송수 m을 사용하여 다음 식으로 산출하는 경우가 많다.

$$G = \frac{E}{2} \cdot \frac{m}{m+1} \tag{5.17}$$

여기서, $m = 5 \sim 7$ 정도이므로

$$G \fallingdotseq (0.42 \sim 0.44) \cdot E \tag{5.18}$$

이 된다.

5 동탄성계수(dynamic modulus of elasticity)

콘크리트의 동탄성계수(動彈性係數)는 공명진동수나 초음파와 같은 파장이 짧은 펄스(pulse)의 전달속도를 구하여 산출한다. 콘크리트의 동탄성계수(E_d)는 정탄성계수(E_s)와 반드시 일치하지는 않는다. 이들 탄성계수의 관계 $\frac{E_d}{E_s} = 1.04 \sim 1.37$ 정도로서 압축강도가 클수록, 장기재령일수록 이 비는 작아진다. 콘크리트의 압축강도와 동탄성계수 사이에는 다음 관계식이 있다.

$$E_d = 0.83 \cdot \sqrt{f_c} \times 10^4 \text{ (MPa)} \tag{5.19}$$

$$E_d = 0.70 \cdot \sqrt{f_c} \times 10^4 \text{ (MPa)} \tag{5.20}$$

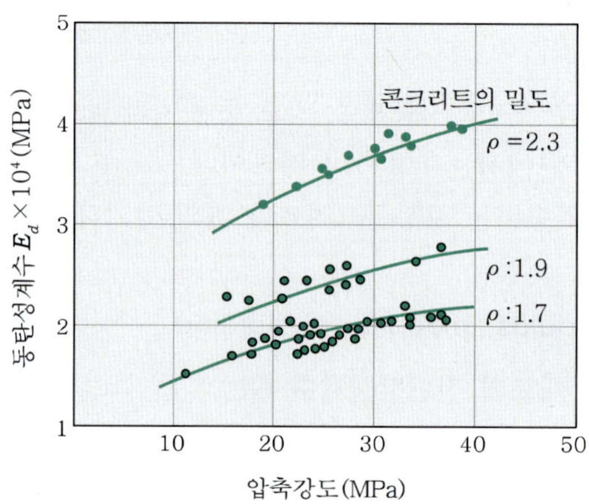

그림 5.28 동탄성계수와 압축강도와의 관계

동탄성계수도 정탄성계수와 마찬가지로 콘크리트의 강도에 의해서만 정해지는 것이 아니고 사용재료의 종류, 배합, 건습의 정도 등에도 관계가 있다.

그리고 동탄성계수는 동결융해작용 등에 의한 콘크리트의 열화의 정도를 파악하는 좋은 척도로 사용된다.

콘크리트의 동탄성계수와 압축강도와의 관계를 나타낸 것이 그림 5.28이다.

5.3.5 체적변화(volume change)

콘크리트가 경화하는 동안에 콘크리트내의 수분함유량의 변화, 물과 시멘트의 화학반응 및 온도의 변화에 따라 체적의 변화가 일어난다. 즉, 건조한 환경에 노출되어 증발에 의하여 수분을 잃게 되면 콘크리트는 수축하게 되며 반대로 습윤환경에 노출되어 있는 경우 체적은 팽창하는 성질을 가지고 있다. 이러한 콘크리트의 체적변화는 콘크리트 구조물에 여러 가지 악영향을 미친다. 예를 들면 구속된 콘크리트에 수축이 생기면 인장강도가 부족하게 되고 균열이 발생한다.

1 건조수축(drying shrinkage)

콘크리트는 습윤상태에서 팽창하고 건조하면 수축한다. 콘크리트를 수중에서 양생하면 $10 \sim 20 \times 10^{-5}$ 정도의 팽창을 나타내고 물로 포화된 콘크리트 공시체를 완전히 건조시키면 $60 \sim 90 \times 10^{-5}$정도 수축한다. 다음은 콘크리트의 건조수축에 영향을 미치는 요인에 대하여 정리하였다.

- 물-결합재비가 클수록 건조수축이 커진다.
- 시멘트의 분말도가 클수록 습윤상태에서 팽창이 커진다.
- 골재의 입자가 작을수록 건조수축이 커지며 골재의 함량이 많을수록 작다.
- 습윤상태에서는 팽창변화, 공기중 건조시 콘크리트는 수축한다.
- 온도가 높은 경우 건조수축은 증가한다.
- 물의 양을 증가시키는 혼화재료의 사용은 건조수축을 증가시킨다.
- 이 외에 콘크리트 시편의 크기와 형태 및 철근의 양과 분포에 따라 달라진다.

콘크리트표준시방서에서 부정정 구조물 설계계산에 사용되는 건조수축계수는 표 5.9의 값을 표준으로 한다.

콘크리트의 건조수축에 영향을 미치는 요인은 단위수량, 시멘트량과 품질, 골재량과 품질, 공기량, 양생방법 및 부재의 모양과 크기 등을 들 수 있다. 건조수축은 분말도가 낮은 시멘트일수록, 흡수량이 많은 골재일수록, 온도가 높을수록, 습도가 낮을수록, 그리고 단면치수가 작을수록 크다.

표 5.9 설계계산에 사용되는 콘크리트의 건조수축계수

구조물의 종류		건조수축계수
라아멘		0.00015
아치*	철근량 0.5% 이상	0.00015
	철근량 0.1~0.5%	0.00020

* 여기서 아치라 함은 아치의 축방향 철근단면적이 아치 폭 1m에 대하여 800mm² 이상이고, 아치 단면의 0.1% 이상인 것으로 한다.

그림 5.29은 단위수량과 건조수축률과의 관계를 나타낸 것이다.

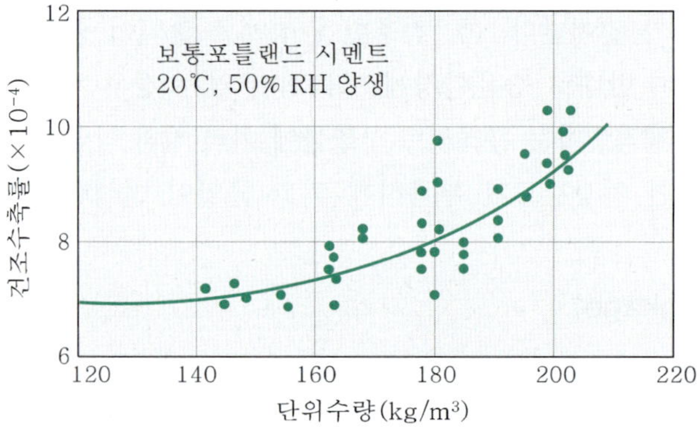

그림 5.29 단위수량과 건조수축률과의 관계

2 온도변화에 따른 체적변화

콘크리트의 온도변화에 의한 체적변화는 물-결합재비나 시멘트풀량 등의 영향은 비교적 적고, 사용골재의 암질에 지배되는 경우가 많다. 체적변화는 사용골재의 암질이 석영질인 경우가 최대이고 사암, 화강암, 현무암, 석회암의 순으로 작아진다.

콘크리트의 열팽창계수는 재료, 배합 등에 따라 다르나 보통 온도변화의 범위에서는 1℃에 대하여 $0.7 \sim 1.3 \times 10^{-5}$ 정도이고 경량콘크리트는 보통 콘크리트의 70~80% 정도이다. 일반적으로 설계계산 시에는 콘크리트의 열팽창계수를 1℃당 1.0×10^{-5}의 값을 이용한다.

5.3.6 크리프(creep)

콘크리트에 일정한 하중을 지속적으로 재하하면 응력의 변화가 없어도 변형은 시간에 따라 증가한다. 이와 같이 일정한 하중하에서 시간에 따라 증가하는 변형을 크리프라 한다(그림 5.30 참조).

콘크리트 크리프의 발생기구에 대해서는 아직까지 충분한 해명이 없지만, 일반적으로 시멘트풀의

점탄성적 성질과 시멘트풀과 골재사이의 소성 성질의 복합작용에 기인한다고 한다. 크리프에 영향을 미치는 요인은 시멘트의 성질, 골재의 광물적 성질 및 입도, 배합 중에서 물-결합재비와 골재량, 재하시의 재령, 재하기간중의 온도와 습도, 재하응력의 크기와 하중의 종류 및 공시체의 크기 등을 들 수 있다. 크리프에 관하여 지금까지 알려진 것은 다음과 같다.

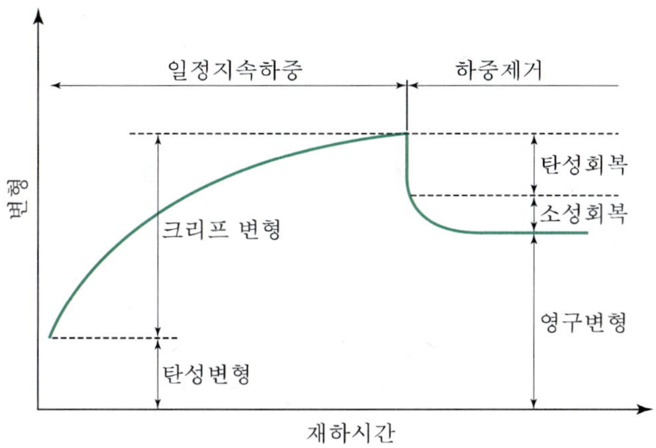

그림 5.30 콘크리트의 크리프 곡선

1) 재하기간 중의 대기온도가 높을수록 크리프는 크다.
2) 부재치수가 작을수록 크리프는 크다.
3) 배합시 시멘트량이 많을수록 또한 물-결합재비가 클수록 크리프는 크다.
4) 조직이 밀실하지 않은 골재를 사용하거나 입도가 부적당하며 공극이 많은 콘크리트는 크리프가 크다.
5) 조강시멘트는 보통시멘트보다 크리프가 작다.
6) 재하응력이 클수록 크리프는 크다.
7) 재하시 재령이 작을수록 크리프는 크다.

그림 5.31은 콘크리트의 크리프에 대한 물-결합재비 및 지속응력의 크기와 관계를 나타낸 것이다. 소정의 하중에 의한 크리프 변형도와 탄성 변형도의 비를 크리프계수(creep coefficient)라고 하며, 이를 식으로 표시하면 다음과 같다.

$$\varphi_t = \varepsilon_c / \varepsilon_e \qquad (5.21)$$

여기서, φ_t : 크리프 계수

ε_c : 크리프 변형도

ε_e : 탄성변형도(순간적으로 생기는 변형도)

콘크리트의 크리프계수는 보통의 대기중에 있는 부정정구조물로서 순간적으로 하중을 작용시키지 않을 때 일반적으로 실내의 경우 3.0, 실외의 경우 보통콘크리트에 대해 2.0, 경량콘크리트에 대해 1.5를 표준으로 한다. 인공경량골재 콘크리트의 크리프 변형률은 일반적으로 보통 콘크리트보다 크고 탄성변형률도 크기 때문에 크리프계수는 작다.

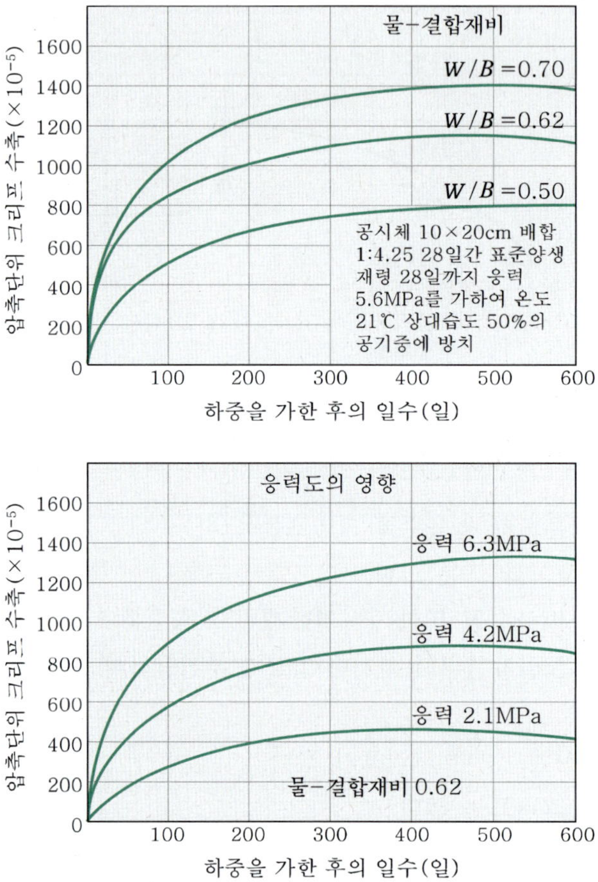

그림 5.31 크리프에 대한 물-결합재비 및 지속응력의 크기와의 관계

5.3.7 내구성(durability)

콘크리트의 내구성(耐久性)에는 기상작용, 화학약품, 해수 및 전류의 작용 등에 대한 내구성을 들 수 있다.

1 기상작용에 대한 내구성

기상작용에 의한 콘크리트의 성능저하는 동결융해작용, 탄산가스의 작용, 건습의 반복 작용, 온도변화, 유수(流水)의 작용 등이 있다. 일반적으로 체적변화가 작고 수밀성이 큰 콘크리트일수록 내구성이 크다고 한다.

(1) 동결융해 작용에 대한 내구성

동결융해에 의한 콘크리트의 열화 기구는 모세관수의 동결에 의한 체적팽창이 직접적인 원인이 아니고 이로 인하여 동결되지 않은 물의 압력이 높아져서 콘크리트속의 미세균열이 생기기 때문이다.

AE 콘크리트는 수압이 공기포로 완화되기 때문에 동결융해작용에 대한 저항성이 증가하며 물-결합재비가 작은 콘크리트는 동결 가능한 물 및 수압을 생기게 하는 물이 적기 때문에 동결융해에 대한 저항성을 증가시키며, 이러한 이유 때문에 건조한 공시체는 포수상태(飽水狀態)의 공시체보다 내구적이다(그림 5.32 참조).

한편 골재의 성질도 콘크리트의 동결융해에 대한 저항성에 큰 영향을 미친다. 인공경량골재를 사용한 콘크리트의 동결융해작용에 대한 내구성은 보통콘크리트보다 못하지만, 적당한 공기량을 가진 콘크리트의 경우 충분히 내구적인 경량골재 콘크리트 구조물을 만들 수 있다.

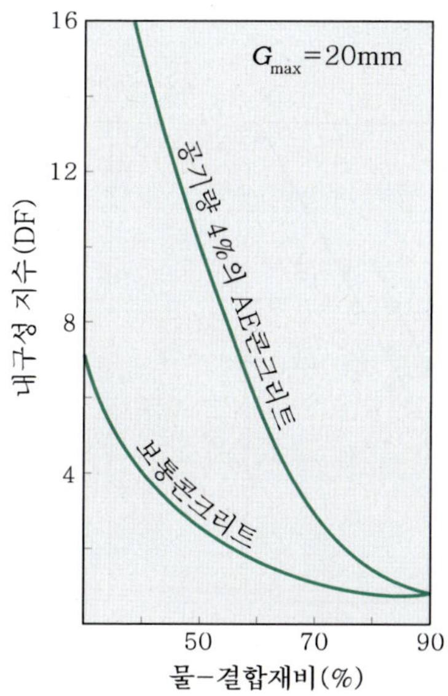

그림 5.32 물-결합재비와 내구성지수와의 관계

(2) 건습의 반복작용에 대한 내구성

콘크리트가 급격하게 건조하게 되면 내부는 습윤상태이지만 표면이 건조하여 수축하기 때문에 표면에 수축균열이 발생한다. 이 균열은 건습의 반복에 의하여 진행된다. 건습반복작용과 동결융해작용이 중복하여 작용할 때는 매우 가혹한 조건이 된다.

(3) 탄산화에 대한 내구성

경화한 콘크리트는 표면에서 공기중의 탄산가스의 작용을 받아 서서히 수산화칼슘이 탄산칼슘으로 바뀐다.

$$Ca(OH)_2 + CO_2 \rightarrow CaCO_3 + H_2O \tag{5.22}$$

이 반응은 콘크리트에 수축과 균열 발생의 위험성을 가져오며, 동시에 콘크리트의 탄산화(carbonation) 즉 알칼리성의 상실을 촉진시킨다.

콘크리트속의 철근이 녹이 생기지 않는 것은 콘크리트가 알칼리성이기 때문이며, 탄산화가 철근의 위치까지 도달하면 수분과 탄산가스에 의해 철근은 부식된다. 철근에 녹이 발생하면 체적이 팽창하며, 철근의 부식에 따른 균열이 발생하여 피복두께가 탈락되고 파괴하게 된다. 콘크리트의 탄산화에 미치는 요인 중에서 중요한 것은 물-결합재비와 환경조건으로서 혼합시멘트, AE제, 감수제를 사용한 콘크리트 일지라도 그 탄산화의 깊이는 순시멘트량과 물량과의 비로 정리하면 거의 일직선상에 놓인다(그림 5.33 참조).

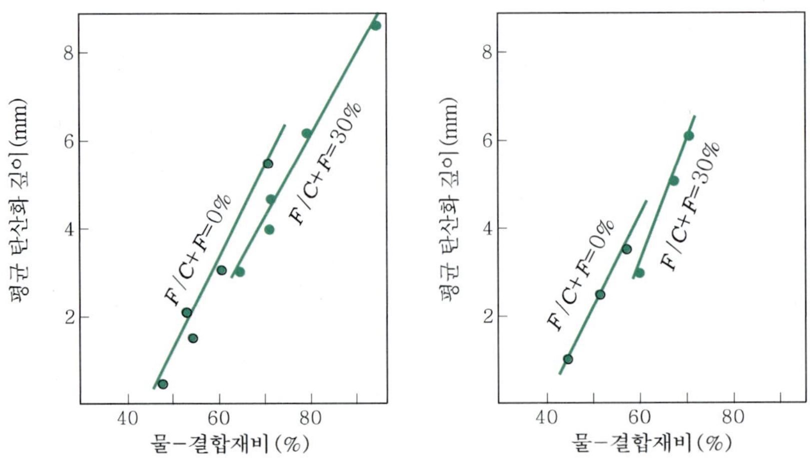

그림 5.33 콘크리트의 물-결합재비와 재령 2년의 탄산화 깊이와의 관계

콘크리트의 탄산화는 공기중의 탄산가스의 농도가 높을수록 또 온도가 높을수록 탄산화 속도는 빨라진다.

그림 5.34 콘크리트의 탄산화 측정

2 화학약품에 대한 내구성

콘크리트가 산, 알칼리, 염류, 동식물성 기름, 유기산, 당류 등의 화학적 물질의 영향을 받으면 시멘트 수화물과 반응하여 팽창균열을 일으키거나 반응물질이 용출되어 다공화되므로서 콘크리트의 성능을 저하시킨다. 이러한 화학적 침식은 공장폐수, 온천지대, 산성하천유역 및 하수도처리 시설 등에 콘크리트 구조물을 축조할 경우 발생하며 열화상황은 화학약품의 종류와 원인에 따라 각각 다르다.

(1) 황산염에 의한 열화

황산염은 각종 공업원료 및 비료로서 널리 사용되고 있고 온천 및 하천수에도 함유되어 있으며 해수중에도 포함되어 있어 콘크리트를 열화시킨다. 특히 물에 녹는 황산염은 다음 화학반응식에 나타낸 바와 같이 시멘트 수화물인 수산화칼슘과 반응하여 석고($CaSO_4 \cdot 2H_2O$)를 생성하여 체적을 증대시킨다. 더욱이 이 석고는 시멘트중의 칼슘알루미네이트 수화물과 반응하여 팽창성의 에트링가이트(ettringite, $3CaO \cdot Al_2O \cdot 3CaSO_4 \cdot 32H_2O$)를 생성하여 큰 팽창압을 일으키기 때문에 콘크리트에 팽창균열 및 조직붕괴를 유발한다.

$$Ca(OH)_2 + Na_2SO_4 \rightarrow CaSO_4 \cdot 2H_2O + 2NaOH \tag{5.23}$$

$$3CaO \cdot Al_2O_3 \cdot 6H_2O + CaSO_4 + H_2O \rightarrow 3CaO \cdot Al_2O_3 \cdot 3CaSO_4 \cdot 32H_2O \tag{5.24}$$

(2) 산에 의한 열화

황산, 염산 등 강한 무기산은 시멘트 수화물중의 석회, 규산, 알루미나 등을 용해하므로 콘크리트가 심하게 침식되어 붕괴한다. 초산 및 기타 유기산의 작용은 무기산에 비하여 약하나 상당한 피해를 준다(그림 5.35 참조).

열화의 진행에는 산의 종류, 농도 외에 기온, 건습반복의 유무, 충격, 마모작용의 유무 등의 환경조건도 작용한다. 산에 의한 열화는 화학공장 및 도금공장 등에서 사용되는 고농도의 유기산뿐만 아니라, 온천 및 산성하천 등의 비교적 저농도의 산까지 광범위하다. 산에 의한 열화는 콘크리트 표면이 연화되어 우선 표층의 시멘트 부분이 용해되며, 계속 진행되면 골재의 박락이 일어나고 다음에는 더욱 손상이 심해져 단면이 감소된다.

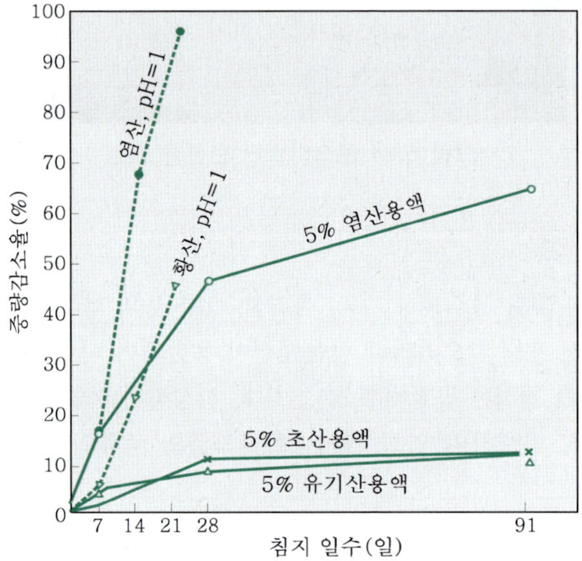

그림 5.35 각종 산용액에 침지한 콘크리트의 중량변화

(3) 유류, 당류 및 부식성 가스 등에 의한 열화

유류에 의하여 콘크리트가 열화하는 것은 잘 알려져 있지 않지만 각종 동·식물유에 의해 콘크리트가 침식된다. 동·식물유의 주성분은 고급 지방산과 글리세린의 에스테르에서 소량의 유리지방산을 함유한다. 유리지방산은 산으로서 직접 콘크리트를 침식한다. 지방산, 글리세린 에스테르는 가수분해하여 시멘트 경화체 중의 수산화칼슘과 반응하여 지방산칼슘을 생성하며, 이때 팽창을 수반하기 때문에 콘크리트에 균열이 발생하고 열화가 계속 진행되면 붕괴를 초래하게 된다.

설탕, 과당, 당밀 등의 당류의 수용액도 콘크리트를 침식한다. 당은 시멘트 경화체 중의 수산화칼슘과 반응하여 가용성의 당산칼슘염을 생성하여 용출에 의하여 조직을 다공화시킨다.

한편, 각종 부식성 가스에 의해서도 콘크리트가 열화하는데 콘크리트를 침식하는 부식성 가스에는 황화수소, 이산화황, 불화수소, 염화수소 및 질소산화물 등이 있다. 황화수소는 햇빛 및 박테리아 등에 의하여 산화되어 황산으로 변화하여 강한 산으로서 콘크리트를 침식하기도 하고, 또는 직접 시멘트 경화체 중의 수산화칼슘과 반응하여 수용성의 염을 생성해 조직을 다공화시킨다. 황화수소는 화학

공장 및 제철공장 등에서 발생되는 것뿐만이 아니라 온천지대, 하수도, 하수처리시설의 열화원인으로서 문제가 되고 있다.

3 해수의 작용에 대한 내구성

철근 콘크리트 구조물이 해양 환경하에 장기간 노출하게 되면 해수의 화학적 작용에 의하여 콘크리트가 침식되고 콘크리트중의 철근이 부식하게 된다. 특히 한냉지에 있어서 동결융해와의 상승작용, 파도와 같은 물리적 작용과 감조구역(感潮區域)에서 건조, 습윤의 반복 등의 영향을 받을 경우 콘크리트 구조물의 내구성이 크게 저하되며 심한 경우에는 구조물은 파괴에 이른다.

(1) 해수 중의 염류에 의한 콘크리트의 열화

해수 중에는 염소이온, 황산염이온, 마그네슘이온, 나트륨이온 등 많은 종류의 염류가 다량으로 함유되어 있으며, 이 염류들은 콘크리트 구조물에 나쁜 영향을 미치며 콘크리트를 열화, 침식시킨다. 그중에서도 황산염이온과 염소이온이 가장 큰 영향을 미친다. 해수중의 황산염이온은 시멘트 수화물과 반응하여 팽창성 물질을 생성하므로써 콘크리트를 팽창붕괴시키며, 염소이온은 시멘트중의 수산화칼슘과 반응하여 생성된 가용성의 $CaCl_2$을 생성 및 용출에 따른 콘크리트의 다공화 현상으로 콘크리트가 열화한다.

(2) 염화물에 의한 철근의 부식

건전한 콘크리트 중의 철근은 일반적으로 부식하지 않는다. 그 이유는 콘크리트중의 수분은 강한 알칼리성 환경을 가지고 있기 때문에 철근의 표면에 부동태 피막이라고 하는 얇은 산화피막을 형성하고 부동태화되어 있기 때문에 철근은 부식작용으로부터 보호되고 있다. 그러나 알칼리 성분의 용출과 중성화에 의해서 콘크리트 중의 알칼리성이 저하되고 콘크리트중의 각종 유해성분이 혼입되면 철근은 활성태로 되어 부식하기 쉽게 된다. 그 중에서도 염화물 이온이 가장 강하다. 콘크리트가 해양환경하에 노출되면 콘크리트 내부에 염분이 축적되어 철근표면의 부동태피막에 결손이 생겨 공식(孔蝕)이 발생하면 공식내부의 전류밀도가 낮아지며 공식군이 연결되어 복합적으로 부식이 발전된다.

4 전류의 작용에 대한 내구성

철근콘크리트에 고압의 전류가 철근에서 콘크리트를 향하여 흐르면 철근이 양극이 되어 산화되어 녹슬고, 체적이 팽창하여 콘크리트에 균열이 발생하며, 콘크리트가 염화칼슘 등의 염류를 함유할 때 그 피해가 크다. 반대로 콘크리트로부터 철근으로 전류가 흐르면 철근은 음극이 되어 철근에 가까운 콘크리트가 연화되어 부착강도가 저하한다. 콘크리트가 건조하여 있을 때는 전류는 극히 통하기 어렵고, 전류에 의한 피해도 적다. 그러나 전류가 교류이면 이런 손상은 생기지 않으며, 무근 콘크리트에서는 직류라도 피해가 없다.

5 침식에 대한 내구성

콘크리트가 경화 후 그 표층이 침해되어 손상되는 것을 침식(erosion)이라 한다. 침식의 원인은 흐르는 물속의 모래 등에 의한 마모, 교통하중에 의한 마찰, 공동현상(cavitation)에 의한 침식 등이 있으며, 넓은 의미에서는 동결융해 및 화학적 침식도 포함된다.

고속으로 흐르는 물에 노출된 수리구조물의 표면에 요철(凹凸)이나 굴곡이 있는 경우, 물의 흐름이 도약하여 표면에서 이탈하며 내부는 심한 부압(負壓)이 되고 공동부가 생긴다. 이러한 현상을 공동현상(空洞現像)이라 한다. 이 공동부는 물의 흐름 때문에 없어지지만 이때는 반대로 부압, 고압이 생겨 고압의 충격작용이 반복되어 콘크리트는 매우 심하게 침식된다.

침식에 대한 저항성은 콘크리트의 압축강도와 밀접한 관계가 있으며 침식에 대한 저항성이 큰 콘크리트로 하기 위해서는 물-결합재비를 적게 하고, 강경하고 미분이 적은 골재를 사용하여 충분한 습윤양생을 하여 고강도, 고밀도로 하는 것이 중요하며 공동현상이 생기지 않도록 대책을 세우는 것도 중요하다.

5.3.8 수밀성(watertightness)

콘크리트는 물에 접하면 흡수하고 압력수(壓力水)가 작용하면 콘크리트 내부까지 침투한다. 수리구조물은 말할 것도 없이 대개의 구조물은 흡수와 투수에 대한 저항성, 즉 수밀성(水密性)은 매우 중요한 성질이다. 콘크리트는 본질적으로 다공질(多孔質)이기 때문에 흡수 및 투수가 가능한 요소들을 가지고 있다. 즉 시멘트의 수화에 필요한 수량 이외의 물을 사용하여 콘크리트를 만들기 때문에 내부에 생기는 모세관수극(毛細管水隙), 시멘트의 수화에 의한 경화수축에 의하여 생기는 공극, 블리딩에 의해 물이 상승한 흔적과 골재 또는 철근 바로 아래의 수극(水隙) 등이 있다.

그러나 실용적인 배합으로 잘 시공된 콘크리트의 투수량은 매우 적으며 투수계수로써 비교하면 10^{-8}~10^{-10}cm/sec 정도이다. 콘크리트의 수밀성을 지배하는 것은 오히려 시공불량에 의하여 생긴 벌집 모양의 결함부(honey comb)의 존재, 불완전 이음부 등의 결함부분을 들 수 있다.

콘크리트의 수밀성은 물-결합재비가 적을수록, 굵은 골재일수록, 습윤양생이 충분할수록 크다. 충분히 양생한 콘크리트라도 건조시키면 건조수축의 영향에 의하여 공극이 서로 연결되어 투수가 용이하게 된다. 그래서 수밀콘크리트는 초기양생 뿐만 아니라 계속해서 습윤상태에서 양생하는 것이 좋다.

5.3.9 내화성

콘크리트 및 철근콘크리트는 현재 사용되고 있는 구조재료 중에서 가장 내화성이 우수한 재료에 속한다. 화재시에 1,000℃ 정도의 고온에 일시적으로나마 노출되는 경우 이에 저항하는 성질을 내화성(耐火性)이라 한다. 한편 공업용으로 또는 원자력 용기(原子力容器) 등과 같이 연속하여 고온에 노출되는 경우 이에 저항하는 성질을 내열성(耐熱性)이라 한다.

콘크리트는 고온을 받으면 강도 및 탄성계수가 저하하며 철근과 콘크리트와의 부착력이 저하된다. 이것은 시멘트풀은 탈수하여 수축하지만 골재는 온도가 상승하는데 따라 팽창함으로써 시멘트풀과 골재의 체적변화의 상이, 시멘트수화물 및 골재의 열분해, 철근과 콘크리트의 온도팽창계수(溫度膨脹係數)의 차이 등에 의한다. 인공경량골재 콘크리트가 고온을 받았을 때 압축강도의 감소는 일반적으로 보통 콘크리트보다 작다. 이것은 경량골재 자신이 그 제조과정에서 보면 열에 안정하며, 골재의 탄성계수가 작기 때문에 시멘트풀과의 부착면에서 마찰에 의하여 생기는 응력이 작기 때문이다.

고온에 계속 노출되거나 가열 반복을 받는 원자로 관련 콘크리트의 실험의 한 예를 나타낸 것이 그림 5.36이다. 60~70℃ 정도의 온도에서는 콘크리트는 악영향을 받지 않으나, 그 이상의 온도에서는 온도상승에 따라 강도는 감소하고, 특히 인장강도나 탄성계수의 감소의 정도는 현저하다.

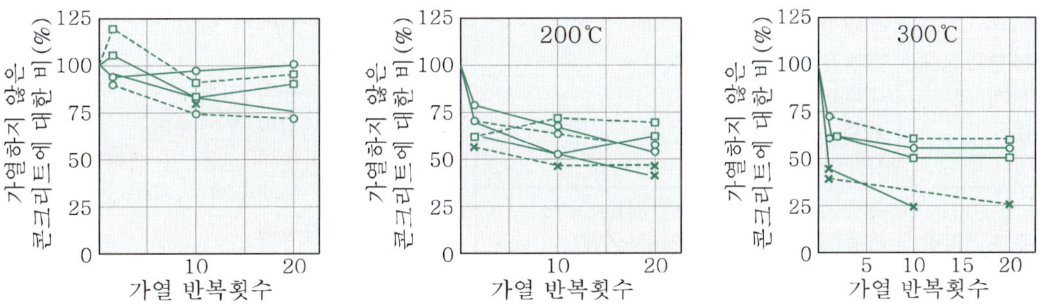

그림 5.36 가열한 콘크리트의 강도 및 탄성계수

철근 콘크리트 구조물을 내화적으로 만들기 위하여 다음과 같은 방법이 취해지고 있다.

1) 내화성이 작은 철근을 충분히 보호하기 위해서는 슬래브는 20~25mm 이상, 기둥 및 보는 40~45 mm 이상의 덮개가 필요하다.
2) 철근의 외측 콘크리트가 벗겨지는 것을 방지하기 위하여 팽창성 금속(expanded metal)을 콘크리트 표층부에 넣는다.
3) 골재는 내화적인 화산암, 슬래그 등이 좋다.
4) 콘크리트 표면을 단열재로 보호한다.

5.3.10 균열(crack)

콘크리트 구조물에 발생한 균열(龜裂)은 구조물의 내력, 내구성, 방수성 및 미관 등에 악영향을 미치기 때문에 균열은 콘크리트 구조물을 건설할 때 가장 중요한 문제이다.

균열의 발생원인은 표 5.10에 나타낸 것처럼 많은 요인이 있고, 주요원인은 시공불량, 건조수축, 온도응력, 화학반응, 이상하중, 설계상의 오류, 설계시 구조세목의 불량 등이다. 여기에서는 응결,

경화과정 중에 발생되는 균열과 경화 후에 발생되는 균열로 나누어서 분류하고, 그 원인과 대책에 관하여 간단히 기술한다.

표 5.10 균열손상의 주요 원인

분류	내용	분류	내용
재료적 성질에 관계 되는 것	시멘트의 이상응결 콘크리트의 침하, 블리딩 시멘트의 수화열 시멘트의 이상팽창 골재에 함유되어 있는 진흙분 반응성 골재 및 풍화암의 사용 콘크리트의 건조수축	시공에 관계 되는 것	혼화재료의 불균일한 분산 장시간의 비빔 펌프압송시 시멘트량과 수량의 증대 타설순서의 차이 급속한 타설속도 불충분한 다짐 배근산란, 피복두께 부족 조인트 처리의 부적합 거푸집에의 타설 누수 지지공의 침하 거푸집의 조기제거 경화전의 진동 및 재하 초기양생중의 급격한 건조 초기동해
사용 환경조건에 관계 되는 것	환경 온도, 습도의 변화 부재양면의 온, 습도 차 동결융해작용의 반복 내부철근의 부식 화재, 표면가열 산, 염류의 화학작용		
구조, 외력 등에 관계 되는 것	하중(설계하중 이내의 것) 하중(설계하중을 초월하는 것) 하중(주로 지진에 의한 것) 단면, 철근량 부족 구조물의 부등침하		

1 경화전의 균열

응결경화과정 중에 비교적 초기에 생기는 균열을 총칭하여 플라스틱 균열(plastic crack)이라 한다. 이러한 종류의 균열은 더 이상 발달하지 않는 것이 보통이며, 미세한 경우 구조상에 유해하지 않지만 외관상 좋지 않을 뿐만 아니라 경화 후의 콘크리트에 나쁜 영향을 미칠 위험이 있다.

Mercer는 플라스틱 균열을 콘크리트의 침강수축과 구조적 이동에 의하여 생기는 침하수축균열, 응결수축에 의하여 생기는 플라스틱 수축균열로 분류했다.

(1) 침하수축균열

콘크리트의 타설후 1~3시간 정도의 사이에 발생하며, 균열폭은 3mm 정도까지, 길이는 2~3m까지, 깊이는 대부분 50mm 이하이지만 얇은 슬래브에서는 두께를 관통하는 것도 있다. 균열의 모양은 슬래브의 경우 주철근 방향으로 많이 발생하며, 침하균열의 발생 기구를 그림 5.37에 나타내었다.

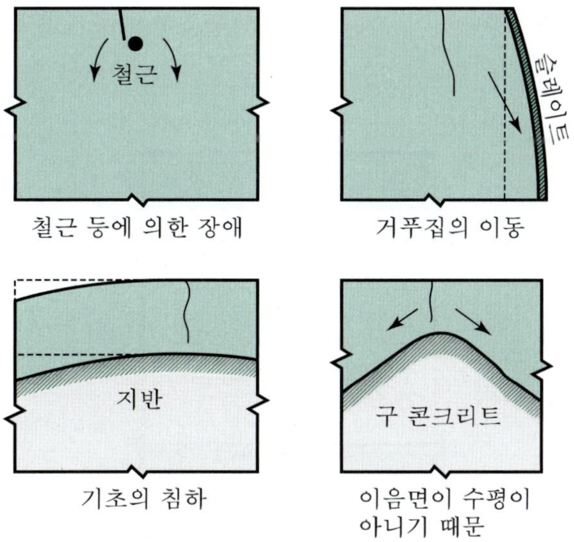

그림 5.37 침하균열의 주요 발생기구

(2) 플라스틱 수축균열

가늘고 얇은 균열이다. 이러한 종류의 균열중에서 가장 많이 발생하는 것은 콘크리트 표면의 수분의 급격한 증발에 의한 것이다. 특히 응결에서 경화로 옮겨가는 시기에는 시멘트의 수화반응이 가장 활발히 진행되는 시기이며, 블리딩수가 콘크리트의 내부에 흡수되어 수축현상이 일어난다. 이러한 수축현상은 건조되지 않은 내부 콘크리트의 구속으로 억제되어 표면에 인장응력이 발생하며 이렇게 발생되는 인장응력은 콘크리트의 초기 인장강도를 초과하게 되므로 그림 5.38과 같은 플라스틱 수축균열이 발생하게 된다. 균열발생의 한계 증발수량은 $1.0 \sim 1.5/m^2 \cdot h$ 정도라고 한다.

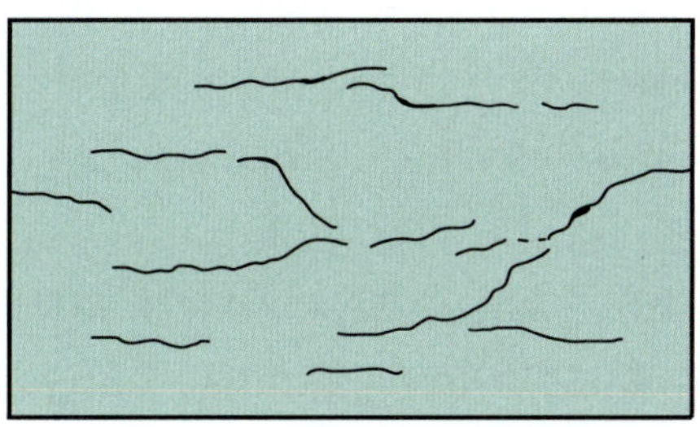

그림 5.38 플라스틱 수축균열

2 수축균열

건조수축은 정도의 차이는 있을지라도 모든 콘크리트에 생기며, 그 수축량이 부재단면의 표면과 내부에서의 차이는 있지만 철근 등에 의하여 구속되거나 또는 구조물의 기타 부분에 의하여 구속을 받는지에 따라 콘크리트에 인장응력이 생긴다. 이 인장응력이 증가하여 어느 시점에서 콘크리트의 인장강도를 추월하게 되면 균열이 발생한다. 콘크리트의 건조수축으로 인한 균열발생과정을 그림 5.39에 나타내었다.

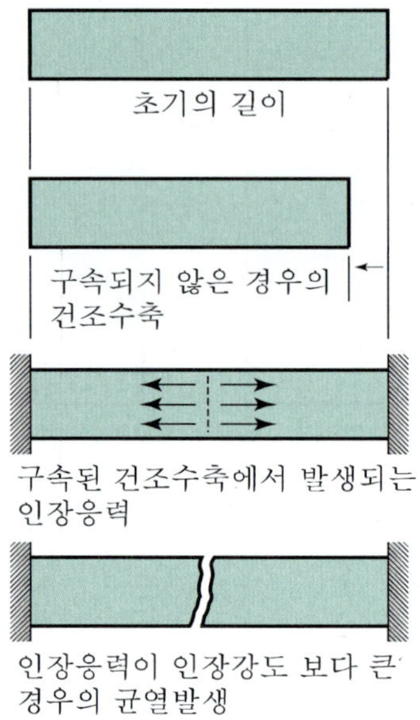

그림 5.39 건조수축으로 인한 균열발생과정

현재까지도 수축균열을 시간함수로써 정량적으로 표현할 단계에 도달하지는 못했지만 다음과 같은 점이 명확하다.

1) 수축곡선이 일정하면 콘크리트의 탄성계수가 작고 작은 재령에서 건조를 개시한 쪽이 균열발생의 유무에 한해서는 유리하다.
2) 수축곡선이 일정하면 조강성(早强性)의 콘크리트는 균열이 발생하기 쉽다.
3) 최종 수축량이 일정해도 수축속도가 빠를수록 균열이 발생하기 쉽다. 따라서 급격한 건조는 피해야 한다. 벽, 슬래브 등의 얇은 부재에서는 건조가 급격하게 일어나기 쉽고, 두꺼운 부재에서는 자연적으로 건조가 늦어져 수축량도 작게 된다.
4) 장기간에 걸쳐 서서히 건조시킬수록 수축응력이 작게 되고 강도발현에도 좋다.
5) 온도에 의한 체적변화에 관해서도 수축과 마찬가지로 수화열이 급격하게 상실되지 않도록 하고, 또 그것이 건조와 마찬가지로 수화열이 급격하게 상실되지 않도록 주의할 필요가 있다.
6) 구속이 구조물의 기타부분에 완전하게 행하여지지 않는 경우 대상 부재에 배치된 철근은 균열발생의 유무에는 상관없으나, 발생한 균열의 분산에는 효과적이다.
7) 수축 또는 팽창이 어느 기간에 완료되고, 그 이후에도 크리프는 진행되는 것으로 보면 수축응력 또는 팽창압은 점차로 감소한다. 이것은 팽창시멘트에 의한 프리스트레스 또는 수축보상(收縮補償)을 목적으로 할 때 중요한 성질이다.

대책으로서는 단위수량이 적은 밀실한 배합, 충분한 양생 외에도 팽창시멘트 또는 무수축성시멘트를 이용하거나 수축균열의 발생은 피할 수 없다는 것이 전제로 되는 경우에는 적당한 간격으로 줄눈을 설치하거나 철근을 조밀하게 배치하여 균열을 분산시키는 방법 등이 권장되고 있다.

(2) 온도균열

온도상승이 원인으로 되어 일어나는 균열을 간단하게 온도균열이라고 한다. 온도균열을 다른 균열과 구별하는 특징으로서는 다음과 같은 것을 들 수 있다.

1) 온도균열을 일으킨 콘크리트에서는 상당히 큰 온도상승이 일어난다.
2) 온도균열은 재령이 적은 시기에 발생한다. 그 시기는 온도상승이 최대에 도달하여 온도강하로 옮겨간 직후와 거의 일치한다.
3) 발생한 온도균열의 방향, 위치 및 폭은 규칙성이 있다.

그림 5.40은 온도균열의 발생 기구를 개념적으로 나타낸 것이다. 온도상승이 최대에 도달하고 난 다음 온도강하로 바뀌면 콘크리트는 수축한다. 이 수축이 방해를 받으면 인장응력이 발생하고 이것이 직접 균열발생의 원인이 된다.

온도균열에 대한 시공상의 대책으로는 다음을 들 수 있다.

1) 단위시멘트량을 적게 할 것
2) 수화열이 낮은 시멘트를 선택할 것
3) 재료를 사용하기 전에 미리 온도를 낮추어(pre-cooling) 사용할 것
4) 양생방법에 주의할 것
5) 1회의 타설 높이를 줄일 것
6) 수축이음부를 설치하고, 파이프를 사용하여 콘크리트 내부온도를 낮추어(pipe-cooling) 사용하는 등 종합적인 대책이 요망된다.

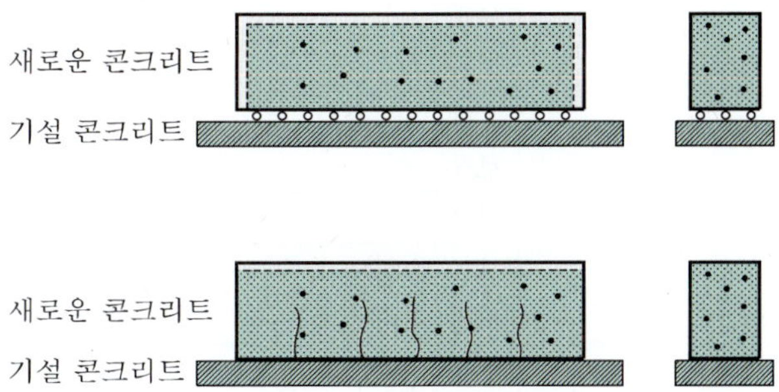

그림 5.40 온도균열의 발생기구

(3) 하중에 의한 휨균열

휨균열에 대해서는 많은 연구가 행하여져 그 성질에 관해서는 설계법에 도입되는 단계까지 발전되어 비교적 많이 해명되었다. 그 성질에 관해서는 다음과 같은 일반적인 경향이 있다는 것이 확인되었다.

1) 균열폭은 철근의 응력에 거의 비례하여 증대한다.
2) 균열폭은 철근의 피복두께에 지배되고, 철근위치의 균열폭은 피복두께에 거의 비례한다.
3) 보의 인장부분에 철근을 많이 배치하는 것이 균열 분산에 효과적이고, 철근비보다도 철근개수를 증대하는 것이 효과적이다.
4) 철근 지름의 영향은 거의 없다.

이와 같은 균열특성을 고려하여 많은 균열식이 제안되어 있으며, ACI에서는 Gergely- Lutz의 연구에 기초하여 다음 식에 의하여 균열억제설계를 하고 있다.

$$Z = f_s \sqrt[3]{d_c A} \tag{5.25}$$

여기서, Z : 허용균열과 1:1로 대응하는 양

f_s : 철근의 응력

d_c : 보의 바닥에서 철근 중심까지의 거리

A : 인장철근과 중심이 일치하는 부분의 콘크리트 면적을 철근갯수로 나눈 값

균열계산식을 이용하여 최대균열폭을 어느 한도내로 제한하고 있으나, 이 허용균열폭은 각종 환경조건에 대하여 표 5.11과 같은 값이 제안되어 있다.

표 5.11 허용균열폭 제안값

제안자	환경조건	최대허용균열폭(mm)
Brice	과혹	0.10
	유해	0.20
	보통	0.30
Rusch	유해(소금물)	0.20
	보통	0.30
Efsen	과혹	0.05~0.15
	보통(옥외)	0.15~0.25
	보통(옥내)	0.25~0.35
ACI 318-71	보통(옥외)	0.24
	보통(옥내)	0.325

제안자	환경조건	최대허용균열폭(mm)	
CEB	유해 및 차수(遮水)	0.10	
	유해	0.20	
	보통	0.30	
US Bureau of Public Roads		DL로 압축	DL로 인장
		LL로 압축	LL로 인장
작용하중하의 철근 수준에서의 최대허용폭	공기 또는 보호층	0.30	0.25
	염기, 공기+물+흙	0.25	0.20
	화학적 수분제거, 습기	0.20	0.15
	해수, 건습반복	0.20	0.15

5.4 콘크리트의 배합

콘크리트의 배합(mixture proportion)이란 콘크리트를 만드는 각 재료의 비율 또는 사용량을 말하며, 배합설계(design of mixture proportion)란 소요의 강도, 내구성, 균일성, 수밀성, 작업에 알맞은 워커빌리티 등을 가진 콘크리트를 가장 경제적으로 얻어지도록 시멘트, 잔골재, 굵은골재 및 혼화재료의 비율을 정하는 것을 말한다.

현재는 주로 중량배합이 이용되고 있고, 콘크리트 $1m^3$을 만드는 데 필요한 재료의 양을 단위량(kg/m^3)이라 하며 단위수량, 단위시멘트량, 단위 잔골재량, 단위굵은골재량 등으로 나타낸다.

배합선정의 방침을 구체적으로 들면 다음과 같다.

1) 균일한 콘크리트를 만들기 위해서는 운반, 타설, 다짐작업이 가능한 범위에서 최소단위 수량, 즉 될 수 있는 대로 슬럼프가 작은 콘크리트이어야 한다.
2) 경제적인 관점 및 설계상 허용되는 한도까지 가능한 최대치수가 큰 굵은골재를 사용한다.
3) 기상작용, 화학작용 등에 의한 파괴, 침식작용에 충분히 저항할 수 있는 내구성을 가져야 한다.
4) 소요의 강도를 가져야 한다.

배합설계방법에는 여러 가지 방법이 있으며, 실내실험에 의해서 배합을 선정할 수 있으나, 최종적으로는 현장에서 시험배합을 실시하여 조정한 다음 결정한다.

5.4.1 배합의 표시법

배합의 종류에는 콘크리트나 모르타르를 제조할 때 사용되는 재료의 사용량을 중량으로 나타내는 중량배합과 절대용적으로 나타내는 용적배합이 있으며, 콘크리트 배합의 표시 방법에는 시방배합과 현장배합이 있다.

(1) 시방 배합

소요의 품질을 갖는 콘크리트가 얻어지도록 된 배합으로서, 시방서 또는 책임기술자에 의해 제시되는 배합기준이며, 시방배합에 사용되는 골재는 표면건조포화상태이며, 잔골재는 5mm 체를 전부 통과하고 굵은 골재는 5mm 체에 전부 잔류한 골재를 사용하는 배합을 말한다.

(2) 현장 배합

현장의 골재를 5mm 체로 쳐서 구분하여 사용하는 것이 매우 어려우므로 실제로 잔골재 중의 5mm 체에 남는 양, 굵은골재 중의 5mm 체를 통과하는 양, 표면수, 흡수량 등을 고려하여 시방배합에 맞도록 현장에서의 재료의 상태와 계량방법에 따라 적합하게 보정한 배합을 말한다.

시방배합을 현장배합으로 고칠 경우에는 골재의 함수상태, 잔골재 중에서 5mm 체에 남는 굵은골재량, 굵은골재 중에서 5mm 체를 통과하는 잔골재량 및 혼화제를 희석시킨 희석수량 등을 고려하여야 한다.

배합의 표시방법은 콘크리트표준시방서[2.4.11절]에서 표 5.12와 같이 나타내고 있다.

표 5.12 배합의 표시법

굵은골재 최대치수 (mm)	슬럼프 범위 (mm)	공기량 범위 (%)	물-결합재비[1) W/B (%)	잔골재율 S/a (%)	단위질량(kg/m^3)						
					물 W	시멘트 C	잔골재 S	굵은골재 G		혼화재료[2)	
								mm ~mm	mm ~mm	혼화재	혼화제

(주) 1) 포졸란반응성 및 잠재수경성을 갖는 혼화재를 사용하지 않을 경우 물-시멘트비로 된다.
2) 같은 종류의 재료를 여러 가지 사용할 경우에는 각각의 난을 나누어 표시한다. 이때 사용량에 대해서는 ml/m^3 또는 g/m^3로 표시하며, 희석시키거나 녹이거나 하지 않은 것으로 나타낸다.

5.4.2 배합설계의 순서

콘크리트의 배합설계에는 계산에 의한 방법, 배합표에 의한 방법, 시험배합에 의한 방법이 있으나, 일반적으로 시험배합에 의한 방법이 가장 실용적이고 합리적인 방법이다.

시험배합에 따르는 일반적인 콘크리트의 배합설계 순서는 다음과 같다.

1) 시멘트 및 골재의 비중, 골재의 입도분석, 흡수량, 단위질량 및 마모율 등 사용재료의 품질시험을 실시한다.

2) 굵은골재의 최대치수와 굳지 않은 콘크리트의 슬럼프 및 공기량을 결정한다.
3) 구조물의 종류와 용도를 고려하여 물-결합재비를 결정한다.
4) 단위수량 및 단위시멘트량, 혼화제량을 결정한다.
5) 잔골재율은 콘크리트가 소요의 워커빌리티를 얻는 범위에서 최소가 되도록 결정한다.
6) 잔골재량 및 굵은골재량을 결정한다.

배합설계에는 구조물의 종류, 기상조건 및 시공방법 등을 고려해야 하며, 배합설계순서를 표 5.13에 나타내었다.

표 5.13 콘크리트 배합설계의 순서

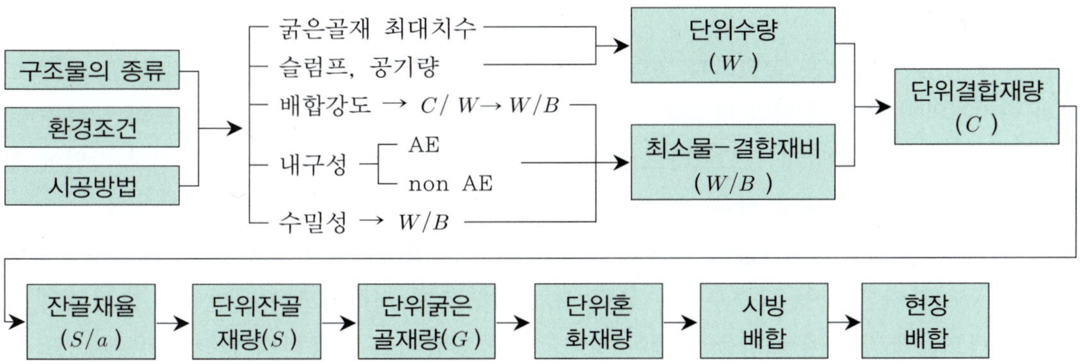

5.4.3 배합설계시 제(諸)요소의 결정방법

1 굵은골재의 최대치수(G_{max})

콘크리트를 경제적으로 제조한다는 점에서 될 수 있는 대로 큰 굵은골재를 사용하는 것이 일반적으로 유리하다. 그러나 최대치수가 지나치게 크면 콘크리트의 취급이 곤란하게 되기도 하고 재료분리가 심하게 일어나기도 하여 동일한 물-결합재비에서는 강도가 저하하는 경향이 있다. 따라서 구조물의 종류, 부재의 최소치수, 철근간격 등을 고려하여 작업에 적합한 워커빌리티가 얻어지고 강도, 내구성, 수밀성 등에 지장이 없는 범위에서 굵은 골재의 최대치수를 선정해야 한다.

1) 철근콘크리트용 굵은골재의 최대치수는 부재 최소치수의 1/5 및 철근피복 및 철근의 최소 순간격의 3/4을 초과해서는 안 된다.
2) 무근콘크리트용 굵은골재는 부재의 최소치수의 1/4을 초과해서는 안 된다.

일반적으로 굵은골재 최대치수는 25mm의 것을 사용하는 경우가 대부분이지만 단면이 얇은 건축공사나 프리스트레스트콘크리트 부재, 펌프압송 등의 사정에 따라 20mm를 사용하는 경우도 있으며, 콘크리트표준시방서에서는 구조물의 종류에 따라 다음 표 5.14와 같이 정하고 있다.

표 5.14 굵은골재 최대치수의 표준

구조물의 종류	굵은골재의 최대치수(mm)
일반적인 경우	20 또는 25
단면이 큰 경우	40
무근 콘크리트	40 부재 최소치수의 1/4을 초과해서는 안됨

2 슬럼프의 범위

콘크리트 작업에 알맞은 슬럼프를 얻을 수 있는 반죽질기는 구조물의 크기 및 모양, 콘크리트의 취급과 다지기의 방법 등에 따라 다르다. 슬럼프가 큰 콘크리트를 사용하면 콘크리트의 작업은 쉽지만, 블리딩이 많아지고 굵은골재가 모르타르로부터 분리하는 경향이 심해진다. 그러므로 작업에 알맞은 범위내에서 될 수 있는 대로 작은 슬럼프의 콘크리트가 바람직하다.

일반적인 콘크리트의 슬럼프값의 표준을 표 5.15와 같이 정하고 있다. 그런데 콘크리트의 운반시간이 길 경우 또는 기온이 높을 경우에는 특히 슬럼프가 크게 저하되므로 운반중의 슬럼프의 저하를 고려한 슬럼프값에 대하여 배합을 정해야 한다. 한편 진동기를 사용하지 않는 경우에는 표 5.15의 슬럼프값보다 얼마간 큰 슬럼프값을 써야 하며 된반죽 콘크리트의 경우에는 슬럼프시험 대신에 진동기를 사용한 반죽질기 시험방법을 채택하는 것이 효과적이다.

표 5.15 슬럼프의 표준값

구조물의 종류		슬럼프(mm)
무근콘크리트	일반적인 경우	50~150
	단면이 큰 경우	50~100
철근콘크리트	일반적인 경우	80~150
	단면이 큰 경우	60~120

3 물-결합재비(water-binder ratio)

콘크리트의 강도와 내구성, 수밀성 및 균열저항성 등에 영향을 미치는 요소는 여러 가지가 있으나 그 중에서 가장 중요한 요소로서 물-결합재비를 들 수 있다. 콘크리트의 물-결합재비는 소요의 강도와 내구성을 고려해서 정하여야 하며, 수밀을 요하는 구조물에서는 특히 콘크리트의 수밀성에 대해서도 고려해야 한다.

(1) 콘크리트의 압축강도를 기준으로 해서 물-결합재비를 정하는 경우

압축강도와 물-결합재비와의 관계는 시험에 의하여 정하는 것을 원칙으로 한다. 이때의 공시체는 재령 28일을 표준으로 한다. 단, 구조물이 소규모이거나 높은 강도를 필요로 하지 않는 공사 등에서는 시험을 하지 않을 경우 혼화제를 쓰지 않고 포틀랜드시멘트로 만드는 콘크리트에 있어서 시멘트-물비와 압축강도와의 관계는 다음 식을 사용해도 좋다.

$$f_{28} = -21.0 + 21.5\frac{C}{W} \tag{5.26}$$

이 식은 품질의 관리가 만족스럽지 못한 곳에서의 시험결과까지를 포함하여 거의 최저선을 나타낸 것이며, 조강포틀랜드시멘트로 만드는 콘크리트에 대해서는 이 식을 사용할 경우에 한하여 재령 28일은 재령 7일의 압축강도를 생각해도 좋다.

배합에 사용할 물-결합재비는 기준 재령의 시멘트-물비와 압축강도와의 관계식에서 배합강도에 해당하는 시멘트-물비 값의 역수로 한다. 혼화재로서 양질의 포졸란을 적당하게 사용할 경우 시멘트-물비의 분자를 시멘트와 포졸란 중량의 합계로 해도 좋다.

(2) 콘크리트의 내구성을 고려하여 물-결합재비를 정하는 경우

AE콘크리트는 기상작용에 대한 내동해성이 대단히 우수하기 때문에 내구성을 향상시키기 위해서는 AE 콘크리트를 이용하는 것을 원칙으로 하고 있다. 일반적으로 콘크리트의 내동해성을 고려하여 물-결합재비를 정하는 경우 그 값은 표 5.16의 값 이하라야 한다.

표 5.16 특수노출상태에 대한 요구사항

노출상태	보통골재 콘크리트 최대 물-결합재비[1]	보통골재 콘크리트와 경량골재 콘크리트의 최소 설계기준압축강도 f_{ck}(MPa)
물에 노출되었을 때 낮은 투수성이 요구되는 콘크리트	0.50	27
습한상태에서 동결융해 또는 제빙화학제에 노출된 콘크리트	0.45	30
제빙화학제, 염, 소금물, 바닷물에 노출되거나 이런 종류들이 살포된 콘크리트의 철근부식방지	0.40	35

주 1) 표 5.16과 표 5.18을 동시에 고려하여야 할 때에는 두 표의 값에서 보다 엄격한 기준을 따라야 한다.

그리고 해양환경하에서 철근콘크리트 및 프리스트레스트콘크리트 부재는 동결융해작용, 해수 중에 포함되어 있는 여러 가지 염류에 의한 화학적 작용을 받을 가능성이 있으며 시간이 경과함에 따라 재료의 열화, 강재의 부식 등을 일으킬 염려가 있다. 이와 같은 열악한 환경하에서는 충분한 내구성을 가지기 위하여 일반콘크리트 보다 적은 물-결합재비를 사용하는 것이 바람직하다. 해양 콘크리트 구조물에서 내구성으로부터 정해지는 물-결합재비의 최대값은 표 5.17의 값 이하라야 한다.

표 5.17 해양콘크리트에서 내구성으로 정하여진 AE콘크리트의 최대 물-결합재비(%)

환경구분 \ 시공조건	일반 현장 시공의 경우	공장제품 또는 재료의 선정 및 시공에서 공장제품과 동등 이상의 질이 보증될 때
(a) 해중	50	50
(b) 해상대기중[1)]	45	50
(c) 물보라[2)]	45	45

주 1) 해상대기중이란 물보라의 위쪽에서 항상 조풍을 받으며 파도의 물보라를 가끔 받는 열악한 환경조건을 말한다.

2) 물보라 지역은 평균 간조면에서 파고의 범위에 있으므로 조석의 간만, 파랑의 물보라에 의한 건습의 반복작용을 받는 내구성 면에서 가장 열악한 환경이기 때문에 콘크리트 속의 강재부식, 동해, 화학적 침식 등의 손상을 받을 가능성이 크다.

3) 실적, 연구성과 등에 의해 확증이 있을 때는 물-결합재비를 위 값에 5~10정도 더한 값으로 해도 좋다.

표 5.18 황산염을 포함한 용액에 노출된 콘크리트의 최대 물-결합재비(%)

황산염 노출 정도	토양내의 수용성 황산염(SO_4) 질량비(%)	물 속의 황산염(SO_4) (ppm)	(혼합)시멘트 종류	최대 물-결합재비	최소 설계기준 압축강도 f_{ck}(MPa)
				보통골재콘크리트[1)]	보통골재 또는 경량골재 콘크리트
무시	0.0~0.1	0~150	-	-	-
보통[2)]	0.1~0.2	150~1,500	보통포틀랜드시멘트(1종) + 포졸란[3)] 플라이 애쉬 시멘트(KS L 5211) 중용열포틀랜드시멘트(2종) (KS L 5201) 고로 슬래그시멘트(KS L 5201)	0.5	27
심함	0.2~2.0	1,500 ~10,000	내황산염 포틀랜드시멘트(5종) (KS L 5201)	0.45	30
매우 심함	2.0 초과	10,000 초과	내황산염 포틀랜드시멘트(5종) (KS L 5201) + 포졸란[4)]	0.45	30

주 1) 동결융해 또는 매입물질의 침식에 대한 보호, 또는 낮은 침투성을 위해서는 보다 낮은 물-결합재비나 높은 강도가 요구된다.
2) 바닷물
3) 1종 시멘트가 포함된 콘크리트에 사용될 때 황산염에 대한 저항을 개선시킨 실적이 있거나 실험에 의해 증명된 포졸란
4) 5종 시멘트가 포함된 콘크리트에 사용될 때 황산염에 대한 저항을 개선시킨 실적이 있거나 또는 실험에 의해 증명된 포졸란

해양구조물 중 AE콘크리트로 된 무근 콘크리트의 최대 물-결합재비를 내구성으로부터 정할 경우 표 5.17의 값에 10정도 더한 값으로 해도 좋으며, 육상구조물이라도 조풍의 작용을 심하게 받는 경우 해상 대기중에 상당하는 물-결합재비를 적용한다.

한편 콘크리트의 황산염에 대한 내구성을 기준으로 하여 물-결합재비를 정하는 경우 그 값은 표 5.18의 값 이하라야 한다.

염화칼슘 등의 제빙화학제를 살포하는 콘크리트에서는 강재 방청에 대한 조치가 필요하며 이와 같은 제빙화학제가 사용되는 콘크리트의 물-결합재비는 45% 이하로 한다. 콘크리트의 탄산화 저항성을 고려하여 물-결합재비를 정할 경우 55% 이하로 한다.

(3) 콘크리트의 수밀성을 고려하여 물-결합재비를 결정하는 경우

일반적으로 콘크리트의 수밀성은 콘크리트의 품질, 부재의 두께, 외부의 압력 등에 영향을 받으며, 다짐 및 양생을 충분히 한 콘크리트에서도 물-결합재비가 55~60% 이상이 되면 콘크리트의 수밀성은 매우 감소된다. 또 일반적으로 물-결합재비가 큰 콘크리트는 재료분리의 경향이 크고, 쳐 넣은 콘크리트에 결점이 생기기 쉽다. 수밀을 요하는 콘크리트의 물-결합재비는 50% 이하를 표준으로 정하고 있다. 그러나 부재의 두께가 큰 경우는 수밀성의 확보가 용이하고 매스콘크리트에 대한 배려도 필요하므로 필요에 따라 물-결합재비를 5% 정도 크게 해도 좋다.

4 단위수량

콘크리트의 단위수량은 소요의 워커빌리티를 갖는 범위내에서 될 수 있는 대로 적게 되도록 시험에 의하여 정한다. 일정한 슬럼프를 얻는데 필요한 단위수량은 굵은골재의 최대치수, 골재의 입도와 입형, 혼화재료의 종류, 콘크리트의 공기량 등에 따라 영향을 받으므로 이들 재료에 대한 시험을 하여 단위수량을 정한다.

표 5.19 콘크리트의 단위굵은 골재용적, 잔골재율 및 단위수량의 표준값

굵은골재 최대치수 (mm)	단위굵은 골재용적 (%)	AE제를 사용하지 않은 콘크리트			AE콘크리트				
		갇힌공기 (%)	잔골재율 S/a (%)	단위수량 W (kg)	공기량 (%)	양질의 AE제를 사용한 경우		양질의 AE 감수제를 사용한 경우	
						잔골재율 (%)	단위수량 (kg)	잔골재율 (%)	단위수량 (kg)
15	58	2.5	49	190	7.0	47	180	48	170
20	62	2.0	45	185	6.0	44	175	45	165
25	67	1.5	41	175	5.0	42	170	43	160
40	72	1.2	36	165	4.5	39	165	40	155

주 1) 이 표의 값은 보통의 입도를 가진 모래(조립률 2.8 정도)와 자갈을 사용한 물-결합재비 55% 정도, 슬럼프 80mm 정도의 콘크리트에 대한 것이다.

2) 사용재료 또는 콘크리트의 품질이 (주 1)의 조건과 다를 경우에는 위의 표의 값을 표 5.20에 따라 보정한다.

한편 AE제, 감수제, AE감수제 등을 적당히 사용하면 단위수량을 상당히 감소시킬 수 있는데, 감소시키는 정도는 공기량, 혼화제의 종류, 콘크리트의 배합 등에 따라 다르나, 일반적으로 양호한 AE제의 경우 6~10%, AE감수제의 표준형 또는 자연형의 경우 10~14%, 촉진형의 경우 8~12% 정도이다. 또 부순돌을 사용할 경우의 단위수량은 입자의 형상에 따라 다르지만, 강자갈을 사용했을 경우에 비하여 10% 정도 증가한다. 콘크리트의 단위수량의 대략의 표준은 표 5.19에 나타내었다.

표 5.20 배합의 보정표

구분	S/a의 보정(%)	W의 보정
모래의 조립률이 0.1만큼 클(작을)때 마다	0.5만큼 크게(작게)한다.	보정하지 않는다.
슬럼프값이 10mm 만큼 클(작을)때마다	보정하지 않는다.	1.2%만큼 크게(작게)한다.
공기량이 1%만큼 클(작을)때마다	0.5~1만큼 작게(크게)한다.	3%만큼 작게(크게)한다.
잔골재율 1%만큼 클(작을)때마다	보정하지 않는다.	1.5kg만큼 크게(작게)한다.
물-결합재비 0.05만큼 클(적을)때마다	1%만큼 크게(작게) 한다.	보정하지 않는다.
자갈을 사용한 경우	3~5만큼 크게 한다.	9~15kg만큼 크게 한다.
부순 모래를 사용할 경우	2~3만큼 크게 한다.	6~9kg만큼 크게 한다.

주) 단위굵은골재용적에 의하는 경우에는 모래의 조립률이 0.1 만큼 커질(작아질) 때마다 단위굵은골재 용적을 1% 만큼 작게(크게) 한다.

5 단위시멘트량

단위시멘트량은 단위수량과 물-결합재비로부터 정한다. 다시 말해서 골재의 품질과 입도가 적당하

면 어느 정도 단위시멘트량을 적게 하여 수밀하고 내구적인 콘크리트를 만들 수 있으나, 골재알을 충분히 부착시킬만한 시멘트풀이 부족할 정도로 단위시멘트량이 적게 되면 강도는 물론 내구성과 수밀성이 큰 콘크리트를 만들 수 없다. 그러므로 단위시멘트량을 어느 정도 이상 적게 하면 소요의 반죽질기에 대하여 시멘트풀이 너무 묽어서 경화 콘크리트의 공극이 커진다. 따라서 단위시멘트량은 소요의 강도, 내구성, 수밀성을 가지는 콘크리트를 얻도록 시험에 의하여 물-결합재비와 단위수량으로부터 정하도록 규정하고 있다.

철근콘크리트에서는 소요의 강도를 얻기 위해서는 상당한 양의 시멘트가 필요할 뿐만 아니라, 철근이 녹스는 것을 방지하고 콘크리트와 철근과의 부착이 충분히 되도록 하기 위해서는 적당한 물-결합재비의 시멘트풀로 철근을 완전히 둘러싸고 콘크리트가 충분히 수밀해야 하는데, 이를 위해서도 상당한 양의 시멘트가 이용되어야 하며, 일반적으로 단위시멘트량을 300kg 이상으로 하는 것이 좋다.

포장콘크리트의 단위시멘트량은 280~350kg을 표준으로 하고 있으며, 댐콘크리트의 경우에는 내부 콘크리트의 단위 시멘트량은 일반적으로 그 최소량이 160kg 정도이나, 외부 콘크리트의 단위시멘트량은 단위수량과 소요의 물-결합재비로부터 정하도록 규정하고 있다.

6 잔골재율(sand percentage)

잔골재율(sand percentage, S/a)은 콘크리트속의 골재 전체용적에 대한 잔골재 전체용적의 중량백분율이다. 즉

$$S/a = \frac{\text{잔골재의 절대용적}}{\text{전체 골재의 절대용적}} \times 100(\%) \quad (5.27)$$

잔골재율은 소요의 워커빌리티를 얻을 수 있는 범위내에서 단위수량이 최소가 되도록 시험에 의하여 정하도록 되어 있다. 공사중에 잔골재의 입도가 변화하여 조립률이 ±0.20 이상 차이가 발생하는 경우에는 소요의 워커빌리티를 가지는 콘크리트를 얻을 수 있도록 잔골재율이나 단위수량을 변경하여야 한다.

일반적으로 잔골재율을 작게 하면 소요의 워커빌리티를 얻기 위하여 필요한 단위수량은 적게 되어 단위시멘트량이 적어지므로 경제적으로 되지만, 너무 작게하면 콘크리트는 거칠어지고 재료분리가 일어나는 경향이 있으며 워커블한 콘크리트를 얻기 어렵다.

7 잔골재율 및 단위수량의 보정

잔골재율, 단위수량 및 단위굵은골재 용적의 대략의 표준을 나타낸 것이 표 5.19이다. 이 배합표에서 잔골재의 조립률, 슬럼프값, 공기량 및 부순돌이나 부순모래를 사용할 경우 표 5.20을 참고로 하여 잔골재율과 단위수량을 보정해야 한다.

기본조건 :	물-결합재비 = 55% 슬럼프 = 80mm 잔골재의 조립률 = 2.8

8 공기량

적당량의 AE공기(entrained air)를 가지고 있는 콘크리트는 기상작용에 대한 내구성이 매우 우수하므로 심한 기상작용을 받는 경우에는 AE콘크리트를 사용하는 것이 좋다. 심한 기상작용을 받을 경우, 적당한 AE공기량은 콘크리트 용적의 4~7% 정도의 값이 일반적인 표준이다. 콘크리트의 공기량은 운반, 진동다지기 등에 의하여 1/4~1/6 정도 감소되는데 주의해야 한다. 따라서 콘크리트를 비빈 후의 공기량은 표 5.19의 값을 참고로 하면 좋다. 또한 AE제, AE감수제 또는 고성능 AE감수제를 사용한 콘크리트의 공기량은 굵은 골재 최대치수와 내동해성을 고려하여 표 5.21과 같이 정한다. AE공기는 콘크리트의 워커빌리티를 크게 개선하므로 AE공기에 의하여 소요의 워커빌리티를 얻는데 필요한 단위수량을 크게 감소시킬 수 있다. 그러나 콘크리트의 강도는 공기량이 증가되면 작아진다. 또 콘크리트의 품질의 균등성은 공기량이 증가할수록 나빠지는 경향이 있다.

표 5.21 AE콘크리트 공기량의 표준값

굵은골재 최대치수(mm)	공기량(%)	
	심한노출[1)]	보통노출[2)]
10.0	7.5	6.0
15.0	7.0	5.5
20.0	6.0	5.0
25.0	6.0	4.5
40.0	5.5	4.5

1) 동절기에 수분과 지속적인 접촉이 이루어져 결빙이 되거나, 제빙제를 사용하는 경우
2) 간혹 수분과 접촉하여 결빙이 되지만 제빙제를 사용하지 않는 경우

9 혼화재료

포졸란, 플라이애시 등과 같이 사용량이 비교적 많은 혼화재와 AE제, 감수제 등과 같이 사용량이 비교적 적은 혼화제는 모두 경제적인 콘크리트를 만들거나 콘크리트의 성질을 개선하기 위하여 사용한다. 일반적인 감수제의 사용량은 시멘트 중량의 0.25~0.5% 정도이며, 단위 AE제량은 소요의 공기량을 얻는데 필요한 단위 AE제량은 시멘트의 분말도, 단위수량, 포졸란의 종류 및 사용량, 골재의 입도 및 입형, 비빔시간, 슬럼프, 콘크리트의 온도 등에 의하여 달라지므로 시험에 의하여 정해야 한다. 같은 재료를 사용하고 동일 배합으로 콘크리트 작업을 진행하는 경우에도 골재의 입도, 기타 조건이

변화하면 AE콘크리트의 공기량이 상당히 변화하는 경우가 있다. 그러므로 콘크리트의 시공에서 공기량의 시험결과에 따라서 소요 공기량의 콘크리트를 만들기 위하여 필요로 하는 단위 AE제량이 매우 많아지거나 공기량이 불균일하게 되는 경우가 있으므로 주의해야 한다. 혼화재료의 효과는 각 혼화재료의 특성이나 배합, 기타 시공조건에 따라 달라지므로 감독관이 재료, 배합, 시공조건 등에 따라 사용목적에 적합하도록 시험을 하거나 경험을 참고로 하여 사용량을 정하도록 한다.

5.4.4 배합강도와 증가계수

콘크리트의 배합설계시 콘크리트 구조물의 안전을 확보하기 위하여 현장에서의 콘크리트의 품질의 변화 및 구조물의 중요도를 고려하여 설계기준강도(f_{ck})에 할증계수를 곱한 것을 배합강도(f_{cr})라 하며 설계기준강도보다 충분히 크게 정해야 한다.

콘크리트의 배합강도는 설계기준 압축강도 35MPa 이하인 경우 식 (5.28) 및 식 (5.29), 35MPa 초과인 경우 식 (5.30) 및 식 (5.31) 각 두식에 의한 값 중에서 큰 값으로 결정한다.

$f_{ck} \leqq 35$MPa인 경우

$$f_{cr} = f_{ck} + 1.34s \text{ (MPa)} \tag{5.28}$$

$$f_{cr} = (f_{ck} - 3.5) + 2.33s \text{ (MPa)} \tag{5.29}$$

$f_{ck} > 35$MPa인 경우

$$f_{cr} = f_{ck} + 1.34s \text{ (MPa)} \tag{5.30}$$

$$f_{cr} = 0.9f_{ck} + 2.33s \text{ (MPa)} \tag{5.31}$$

여기서, s는 표준편차로서 식 (5.32)에 의하여 구한다.

$$s = \left[\frac{\Sigma(X_i - \overline{X})^2}{(n-1)}\right]^{1/2} \tag{5.32}$$

여기서, X_i : 각 강도 시험값

$\overline{X}$: n회의 압축강도 시험값의 평균값

n : 연속적인 압축강도 시험횟수

콘크리트 압축강도의 표준편차는 실제 사용한 콘크리트의 30회 이상의 시험실적으로부터 결정하는 것을 원칙으로 하지만 콘크리트표준시방서에서는 콘크리트를 생산하고자 하는 생산설비에 의하여 유사한 재료와 조건을 이용하여 30회 이상의 연속된 강도시험결과가 얻어졌을 때 그 값을 표준편차로 사용할 수 있도록 하였다.

압축강도 시험횟수가 29회 이하이고 15회 이상인 경우는 그것으로 계산한 표준편차에 표 5.22에 나타낸 보정계수를 곱하여 표준편차로 사용한다.

또한 콘크리트의 압축강도 표준편차를 알지 못하거나 시험횟수가 14회 이하인 경우 콘크리트의 배합강도는 표 5.23과 같이 정한다. ACI에 보고된 콘크리트 강도의 표준편차에 대한 통계값의 예를 소개하면 표 5.24와 같다.

표 5.22 시험횟수가 29회 이하일 때 표준편차의 보정계수

시험횟수	표준편차의 보정계수
15	1.16
20	1.08
25	1.03
30 이상	1.00

표 5.23 시험횟수가 14회 이하인 경우의 배합강도

설계기준강도 f_{ck}(MPa)	배합강도 f_{cr}(MPa)
21 미만	f_{ck} + 7.0
21~35	f_{ck} + 8.5
35 초과	$1.1f_{ck}$ + 5.0

표 5.24 콘크리트강도의 표준편차 값(예)

변동발생위치 및 시험장소		표준편차(MPa)		배치내의 변동계수(%)	
		공사현장	시험실	공사현장	시험실
관리상태	매우 우수	2.8 이하	1.4 이하	3.0 이하	2.0 이하
	우수	2.8~3.5	1.4~1.8	3.0~4.0	2.0~3.0
	양호	3.5~4.2	1.8~2.1	4.0~5.0	3.0~4.0
	보통	4.2~4.9	2.1~2.5	5.0~6.0	4.0~5.0
	불량	4.9 이상	2.5 이상	6.0 이상	5.0 이상

5.4.5 배합설계방법 및 현장배합의 결정

1 배합설계의 방법

콘크리트의 배합설계 방법은 현장의 규모, 구조물의 중요성, 시험배합을 할 수 있고 시간 및 인원 등에 따라 다르며, 일반적으로 간이 배합설계법(기존 배합표에 의한 방법), 계산에 의한 방법, 시험배합에 의한 시적배합설계법 등 세 가지가 있다.

(1) 간이 배합설계법(기존배합표에 의한 방법)

비교적 소규모 공사나 중요하지 않는 구조물의 공사에서 사용재료의 대략적인 성질을 알고 표 5.25와 표 5.26에 소개한 시험배합표를 참고로 하여 배합을 정해도 좋다.

(2) 계산에 의한 방법

표 5.19와 같은 배합의 표준값을 기준으로 하여 단위수량, 공기량 및 잔골재율을 정한 후 기대하는 조건에 맞도록 계산에 의하여 수정하며 배합설계를 하는 것으로 다음과 같은 순서와 계산방법에 의한다.

1) 사용재료의 물성을 실험한다.
   시멘트의 비중 : 3.12~3.16
   골재의 비중 : 2.60~2.65
2) 물-결합재비를 각각의 경우에 대하여 결정한다.
3) 굵은골재의 최대치수 및 슬럼프를 각각 표 5.14 및 표 5.15에 의해 정한다.
4) 정해진 굵은골재의 최대치수에 대하여 표 5.19에서 잔골재율(S/a), 단위수량(W) 및 공기량(%)을 구한다.
5) 정해진 W/C와 단위수량으로부터 단위시멘트량(C)을 계산한다.
6) 단위골재량을 다음 식에 의하여 계산하여 정한다.

$$\begin{aligned}&\text{골재의 절대용적 } a(\mathrm{m}^3) = 1{,}000 - \left(W + \frac{C}{G_c} + Air \times 10\right)\\ &\text{단위잔골재량 } S(\mathrm{kg}) = a \times S/a \times G_s\\ &\text{단위굵은골재량 } G(\mathrm{kg}) = a \times (1 - S/a) \times G_g\end{aligned} \tag{5.33}$$

여기서, G_c : 시멘트의 비중
G_s : 잔골재의 비중
G_g : 굵은골재의 비중
Air : 공기량(%)

표 5.25 AE콘크리트의 시험배합(슬럼프 75~100mm)

물-결합재비	굵은골재 최대치수 (mm)	공기량 (%)	단위수량 (%)	단위 시멘트량 (kg)	잔모래 F.M = 2.50			굵은모래 F.M = 2.90		
					잔골재율 S/a (%)	단위잔골재량 (kg)	단위굵은골재량 (kg)	잔골재율 S/a (%)	단위잔골재량 (kg)	단위굵은골재량 (kg)
40	10	7.5	202	504	50	742	748	54	807	682
	13	7.5	193	484	41	629	902	46	700	830
	20	6	178	445	35	546	1068	39	647	997
	25	6	169	424	32	534	1151	36	599	1086
	40	5	157	395	29	516	1252	33	587	1181
45	10	7.5	202	448	51	789	748	56	854	682
	13	7.5	193	427	43	676	902	47	748	830
	20	6	178	395	37	617	1068	41	688	997
	25	6	169	376	33	575	1151	37	641	1086
	40	5	157	350	31	552	1252	35	623	1181
50	10	7.5	202	403	53	831	748	57	896	682
	13	7.5	193	356	44	712	902	49	783	830
	20	6	178	356	38	653	1068	42	724	997
	25	6	169	338	34	605	1151	38	670	1086
	40	5	157	314	32	581	1252	36	356	1181
55	10	7.5	202	368	54	860	748	58	926	682
	13	7.5	193	350	45	742	902	49	813	830
	20	6	178	323	39	676	1068	43	748	997
	25	6	169	309	34	629	1151	39	694	1086
	40	5	157	285	33	611	1252	37	682	1181
60	10	7.5	202	335	54	884	748	58	949	682
	13	7.5	193	320	46	765	902	50	837	830
	20	6	178	297	40	700	1068	44	771	997
	25	6	169	282	36	653	1151	40	718	1086
	40	5	157	261	33	629	1252	37	700	1181
65	10	7.5	202	311	55	908	748	59	973	682
	13	7.5	193	297	47	789	902	51	860	860
	20	6	178	273	40	718	1068	44	789	997
	25	6	169	261	37	670	1151	40	736	1086
	40	5	157	225	34	659	1252	38	730	1181
70	10	7.5	202	288	55	926	748	59	991	682
	13	7.5	193	276	47	807	902	51	878	830
	20	6	178	255	41	736	1068	45	807	997
	25	6	169	240	37	688	1151	41	753	1086
	40	5	157	225	34	659	1252	38	730	1181

표 5.26 Non AE콘크리트의 시험배합(슬럼프 75~100mm)

물-결합재비	굵은골재 최대치수 (mm)	공기량 (%)	단위수량 (%)	단위 시멘트량 (kg)	잔모래 F.M = 2.50			굵은모래 F.M = 2.90		
					잔골재율 S/a (%)	단위잔골재량 (kg)	단위굵은골재량 (kg)	잔골재율 S/a (%)	단위잔골재량 (kg)	단위굵은골재량 (kg)
40	10	3	228	573	50	736	748	54	801	682
	13	2.5	217	543	42	659	902	47	724	831
	20	2	202	504	35	570	1068	39	641	997
	25	1.5	193	484	32	540	1151	36	605	1086
	40	1	178	455	29	522	1252	33	593	1181
45	10	3	228	507	51	789	748	56	854	682
	13	2.5	217	481	44	700	902	48	771	831
	20	2	202	448	37	617	1068	41	688	997
	25	1.5	193	429	34	587	1151	38	653	1086
	40	1	178	395	31	570	1252	35	641	1181
50	10	3	228	457	54	866	748	58	931	682
	13	2.5	217	435	45	742	902	49	813	831
	20	2	202	403	38	659	1068	42	724	997
	25	1.5	193	386	35	623	1151	39	688	1086
	40	1	178	356	32	599	1252	36	670	1181
55	10	3	228	457	54	866	748	58	931	682
	13	2.5	217	395	46	777	902	51	848	831
	20	2	202	368	39	682	1068	43	753	997
	25	1.5	193	350	36	653	1151	40	718	1086
	40	1	178	323	33	629	1252	37	700	1181
60	10	3	228	380	55	896	748	58	961	682
	13	2.5	217	362	47	801	902	51	872	831
	20	2	202	335	40	712	1068	44	783	997
	25	1.5	193	320	37	676	1151	41	742	1086
	40	1	178	297	34	647	1252	38	718	1181
65	10	3	228	350	55	920	748	59	985	682
	13	2.5	217	332	48	825	902	52	896	831
	20	2	202	311	41	730	1068	45	801	997
	25	1.5	193	297	38	700	1151	41	765	1086
	40	1	178	273	35	670	1252	39	742	1181
70	10	3	228	326	56	943	748	60	1009	682
	13	2.5	217	309	48	848	902	53	920	831
	20	2	202	288	41	753	1068	45	825	997
	25	1.5	193	276	38	718	1151	42	783	1086
	40	1	178	255	35	682	1252	39	753	1181

(3) 시적배합설계법

소요의 워커빌리티를 갖는 단위수량을 시적으로 구한 다음, 가장 알맞은 잔골재율을 구하여 이에 따른 적당한 단위수량을 결정한다.

1) 재료시험 : 시멘트의 비중, 잔골재와 굵은골재의 비중, 입도, 조립률, 표면수량, 흡수량 및 단위질량시험을 행한다.
2) 시험배합설계 : 주어진 조건에 대한 경험 또는 계산에 의한 방법 등에 의하여 시험배합을 설계한다.
3) 시적배치량 및 각 재료의 양 : 시적배치량은 믹서의 용량에 따라 결정되는데, 소형 믹서에서 시멘트량은 굵은골재의 최대수치가 40mm 이하일 때는 5kg, 40~75mm일 때는 10kg 정도를 취한다. 시적배치에서의 각 재료의 양은 시방배합설계에서 정한 배합을 기준으로 계량한다.
4) 단위수량의 시적결정 : 시적배치의 콘크리트에 대한 슬럼프시험을 한다. 슬럼프값이 소정의 값과 다른 경우에는 표 5.20의 수정표에 의해 수정하며, 소요의 워커빌리티가 얻어질 때 까지 반복하여 새로운 시적배치를 만들어 소요의 슬럼프를 얻을 수 있는 단위수량을 결정한다. 단위수량이 얻어지면 이 콘크리트의 공기량 및 단위질량을 측정하고 잔골재율 S/a 및 워커빌리티의 적당 여부를 검토한다.
5) 시험배합계산 : 4)에서 측정한 공기량이 소정의 값이 아닌 경우 AE제의 사용량을 가감하여 소정의 공기량이 되도록 하고, 잔골재율도 공기량의 정도에 따라 수정하여 수정된 잔골재율에 대하여 또다시 단위수량을 결정한다. 이렇게 해서 얻어진 단위수량과 소정의 물-결합재비로부터 단위시멘트량을 계산하고 단위골재량을 계산한다. 이상의 방법으로 정해진 배합의 콘크리트에 대하여 3)의 방법으로 다시 시험배치와 재료를 계량하여 시험비빔을 행하고 슬럼프, 공기량, 단위중량을 측정하여 워커빌리티가 적당한가를 검토한다.
6) 최적 잔골재율의 결정 : 최적의 잔골재율(S/a)은 소요의 물-결합재비, 슬럼프 및 공기량을 갖고 소요의 슬럼프에 대하여 단위수량이 최소가 되도록 한 것이다. 최적의 S/a를 구하려면 5)의 방법으로 설계된 배합에서 단위수량, 단위시멘트량 및 단위골재량의 절대용적은 그대로 두고 S/a만 감소시켜 시적배합을 만들어 소요의 슬럼프와 워커빌리티에 대한 최소의 단위수량을 갖는 배합을 찾아내어 그 잔골재율을 채택한다.
7) 압축강도시험 : 2)의 시험배합에서 정해진 물-결합재비가 실험에 의해 소정의 압축강도를 얻을 수 있도록 구해진 것이면 그대로 적용하고, 물-결합재비가 어떤 가정하에서 정해진 것일 경우에는 소정의 압축강도를 낼 수 있는 물-결합재비를 구하기 위하여 압축강도 시험을 행한다.
8) 시적배합의 수정 : 압축강도시험의 결과로부터 구한 소요의 압축강도에 대한 물-결합재비의 값이 2)에서 사용한 물-결합재비의 값과 다를 경우, 물-결합재비의 변화량에 대해 잔골재율(S/a)을 변화시켜 표 5.20의 방법으로 수정한다. 이상의 방법에 의하여 소요의 물-결합재비, 슬럼프 및 공기량을 갖는 경제적인 콘크리트 배합설계가 된다.

2 현장배합의 결정

(1) 골재의 입도에 의한 수정

시방배합의 단위잔골재량 S

시방배합의 단위굵은골재량 G

모래속에 5mm(No.4)체에 남는 것이 $a\%$

자갈속에 5mm 체를 통과하는 것이 $b\%$

현장배합의 단위잔골재량 Z_S

현장배합의 단위굵은골재량 Z_G

$$Z_S = \frac{100 \cdot S - b(S+G)}{100-(a+b)} \tag{5.34}$$

$$Z_G = \frac{100 \cdot G - a(S+G)}{100-(a+b)} \tag{5.35}$$

$$Z_G = S + G - Z_S \tag{5.36}$$

(2) 골재의 표면수에 대한 보정

현장상태의 모래의 표면수량 $c\%$

현장상태의 자갈의 표면수량 $d\%$

$$Z_C = S + S \times \frac{c}{100} \tag{5.37}$$

$$Z_G = G + G \times \frac{d}{100} \tag{5.38}$$

$$Z_W = W - \left(\frac{S \cdot c + G \cdot d}{100} \right) \tag{5.39}$$

단위시멘트량(C) 및 AE제량 등은 시방배합과 동일하다.

5.4.6 배합설계 예

1 보통콘크리트

예제 5.1

다음의 설계조건과 재료로써 배합설계를 하라.

1. 설계조건

   기상작용을 받는 철근콘크리트 수조물로서 콘크리트의 설계기준강도 $f_{ck}=26\text{MPa}$, 현장에서 예상되는 압축강도의 표준편차 s는 3.03이다. 아래의 재료를 사용하여 AE콘크리트의 배합설계를 하시오.

2. 재료의 성질

   시 멘 트 : 보통포틀랜드시멘트, 비중 = 3.16
   잔 골 재 : 조립률 = 2.70, 표면건조포화상태의 비중 = 2.60
   굵은골재 : 최대치수 = 25mm, 표면건조포화상태의 비중 = 2.65
   AE제 : 표준 사용량으로서 시멘트 중량의 0.03%를 사용

풀이 ▸ ▸ ▸

(1) 배합설계

1) 슬럼프값은 표 5.15를 참고로 하여 100mm로 정한다.

2) 공기량은 표 5.21에 의하면 5.0%이지만 현장의 관리상태를 고려하여 4.5%를 목표로 한다.

3) 물-결합재비의 결정

콘크리트의 물질변동에 따른 압축강도의 표준편차가 3.03이므로

$$f_{cr}=f_{ck}+1.34s=26+1.34\times3.03=30.06\text{MPa}$$

$$f_{cr}=(f_{ck}-3.5)+2.33s=(26-3.5)+2.33\times3.03=29.56\text{MPa}$$

이므로 배합강도는 30.06MPa이다.

3종류의 시멘트-물비에 의한 압축강도 시험결과가 그림 5.41이다. 이 그림에서 배합강도 30.06MPa에 해당하는 시멘트-물비 C/W=2.21이 구해지므로 역수인 물-시멘트비 W/C=45.2%가 된다.

콘크리트의 내구성을 고려한 물-결합재비는 표 5.16에서 기상작용이 심한 경우 얇은 단면일지라도 최대 물-결합재비가 50%이므로 여기서 물-결합재비는 45%로 정한다.

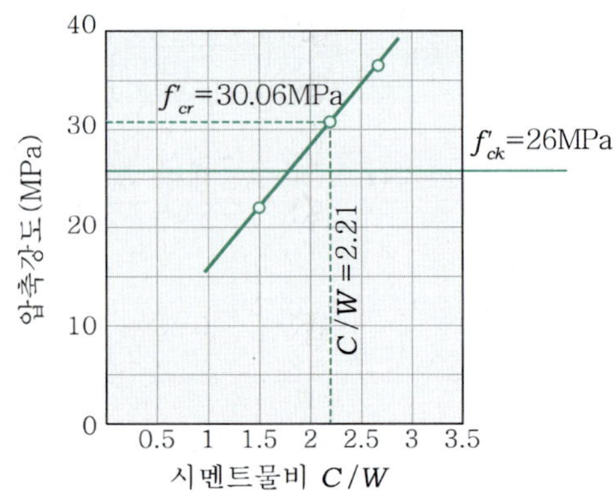

그림 5.41 시험배합시 시멘트-물비와 압축강도와의 관계

4) 잔골재율 및 단위수량의 결정

잔골재율과 단위수량을 표 5.19, 표 5.20을 참고로 하여 제조건에 맞도록 표 5.27과 같이 보정한다.

표 5.27 배합의 보정

조건	보정계산	잔골재율(%)	단위수량(kg)
표 5.20의 값	-	42	170
모래의 조립률 2.70	$42-\frac{2.80-2.70}{0.1}\times 0.5=41.5$	41.5	170
물-결합재비 0.45	$41.5-\frac{0.55-0.45}{0.05}\times 1=39.5$	39.5	170
슬럼프 값 10cm	$170\times\{1+(10-8)\times 0.012\}=174$	39.5	174
공기량 4.5%	$39.5+(5.0-4.5)\times 0.75=39.9$ $174\times\{1+(5.0-4.5)\times 0.03\}=176$	39.9	176

5) 재료의 단위량

단위수량 $W=176\text{kg/m}^3$, 잔골재율 $S/a=39.9\%$가 구해졌으므로 각 재료의 단위량을 계산한다.

단위시멘트량 $C=\frac{176}{0.45}=391\text{kg}$

골재의 절대용적 $a=1{,}000-(\frac{391}{3.16}+176+4.5\times 10)=655l$

단위잔골재량 $S=655\times 0.399\times 2.60=679\text{kg}$

단위굵은골재량 $G=655\times 0.601\times 2.65=1043\text{kg}$

단위 AE제량 $AE=C\times 0.03\%=391\times 0.0003=117\text{g/m}^3$

위의 계산과정을 거쳐 구해진 각 재료의 단위량과 제조건을 정리한 것이 표 5.28이다.

표 5.28 시방배합표

굵은골재의 최대치수(mm)	슬럼프의 범위(mm)	공기량의 범위(%)	물-결합재비(%)	잔골재율(%)	단위량(kg/m^3)				AE제 g/m^3
					물	시멘트	잔골재	굵은골재	
25	100	4.5	45	39.9	176	391	679	1043	117

(2) 시방배합을 현장배합으로 환산

시방배합의 각 재료량을 현장의 골재의 상태에 따라 다음과 같은 수정을 하여 현장 배합으로 만든다.

예제 5.2

현장의 골재상태가 체분석 결과 모래 속에 No.4체에 남는 것이 7%, 자갈속에 No.4체를 통과하는 것이 10%이며, 모래의 표면수 3.2%, 자갈의 표면수가 0.8%이다.

풀이 ▸ ▸ ▸

1) 골재의 입도에 의한 수정

잔골재 $Z_S = \dfrac{100 \times 679 - 10(679 + 1043)}{100 - (7 + 10)} = 611\text{kg/m}^3$

굵은골재 $Z_G = 679 + 1043 - 611 = 1111\text{kg/m}^3$

2) 골재의 표면수에 대한 보정

잔골재 $S = 611 \times \dfrac{3.2}{100} = 19.6\text{kg/m}^3$

굵은골재 $G = 1111 \times \dfrac{0.8}{100} = 8.91\text{kg/m}^3$

이상의 골재의 입도 및 표면수에 의한 보정값으로 현장배합으로 고치면 다음과 같다.

물 $W = 176 - (19.6 + 8.9) = 147.5\text{kg/m}^3$

시멘트 $C =$ 시방배합과 동일 $= 391\text{kg/m}^3$

잔골재 $S = 611 + 19.6 = 630.6\text{kg/m}^3$

굵은골재 $G = 1111 + 8.9 = 1119.9\text{kg/m}^3$

AE제 $AE =$ 시방배합과 동일 $= 117\text{g/m}^3$

(3) 배치(batch)량 계산

실험실의 믹서의 용량이 50l이다. 한 배치를 믹싱하기 위한 각 재료의 양을 계산하여라. 앞의 표 5.28의 시방배합 결과를 50l에 대한 양으로 환산하면

물 $W = 176 \times \dfrac{50}{1000} = 8.8\text{kg}$

시멘트 $C = 391 \times \dfrac{50}{1000} = 19.6\text{kg}$

잔골재 $S = 679 \times \dfrac{50}{1000} = 34.0\text{kg}$

굵은골재 $G = 1043 \times \dfrac{50}{1000} = 52.2\text{kg}$

AE제 $AE = 117 \times \dfrac{50}{1000} = 5.85\text{kg}$

예제 5.3

앞의 예제 5.1의 설계조건과 재료로서 실험을 하지 않고 계산으로 AE제를 사용하지 않은 콘크리트의 배합설계를 하여라.

풀이 ▸ ▸ ▸

배합계산

혼화제를 쓰지 않고 시험을 하지 않을 경우 보통포틀랜드시멘트로 만드는 콘크리트에 있어서 물-시멘트비와 압축강도와의 관계식을 사용하면

$$f_{28} = -21.0 + 21.5\frac{c}{w}$$

표 5.18의 AE제를 사용하지 않은 콘크리트, 굵은골재 최대치수 25mm인 경우에 단위수량=175kg, 공기량 1.5%, 잔골재율=41%이었다. 한편 $f_{28} = 26\text{MPa}$이므로

$26.0 = -21.0 + 21.5 \times \frac{C}{175}$에서 $C = 383\text{kg}$이며, 물-결합재비 $\frac{W}{C} = 45.7\%$이다.

$$\text{단위골재의 절대용적} = \left(1 - \left(\underset{(\text{물})}{\frac{175}{1000}} + \underset{(\text{시멘트})}{\frac{383}{3.16 \times 1000}} + \underset{(\text{공기량})}{\frac{1.5}{100}}\right)\right) = 0.689\text{m}^3$$

단위잔골재량 $= 0.689 \times 0.41 \times 2.60 \times 1000 = 734\text{kg}$

단위굵은골재량 $= 0.689 \times (1 - 0.41) \times 2.65 \times 1000 = 1077\text{kg}$

위의 계산결과를 정리한 것이 다음 표 5.29이다.

표 5.29 시방배합표

굵은골재 최대치수(mm)	슬럼프 (mm)	공기량 (%)	물-결합재 비(%)	잔골재율 (%)	단위량(kg/m³)			
					물	시멘트	잔골재	굵은골재
25	100	1.5	45.7	41	175	383	734	1077

2 부순돌사용 콘크리트

예제 5.4

다음의 설계조건과 재료를 사용하여 부순돌 콘크리트의 배합계산을 하여라.

풀이 ▸ ▸ ▸

1) 설계조건

보통의 기상작용을 받는 철근콘크리트 구조물

부순돌 사용 콘크리트의 배합설계 참고표(표 5.30, 표 5.31 참조)

표 5.30 부순돌사용 콘크리트의 단위수량(굵은골재 최대치수 = 40mm)

굵은골재의 실적율(%)	단위수량(kg/m^3)
60	178
64	166
68	154

표 5.31 부순돌의 단위 굵은골재의 용적값(굵은골재 최대치수 = 40mm)

모래의 조립률	2.4	2.6	2.8	3.0
단위 굵은골재 용적	0.74	0.72	0.70	0.68

2) 재료의 성질

시멘트 : 보통포틀랜드 시멘트 비중 3.14

잔골재 : 조립률 = 2.70, 비중 2.60, 흡수량 1.0%

단위질량 1620kg, 실적률 60%

3) 배합계산

물-결합재비는 내구성을 고려하여 표 5.16에서 60%로 정하고 단위수량은 표 5.30에서 178kg, 단위굵은골재의 중량은 1620kg×0.71 = 1150kg(표 5.30의 조립률 2.70에 대한 값), 단위시멘트량은 $\frac{W}{C} = 0.60$이므로 $C = 297$kg이다.

단위잔골재량

$$= \left\{1 - \left(\underset{(\text{물})}{\frac{178}{1000}} + \underset{(\text{시멘트})}{\frac{297}{3.15 \times 1000}} + \underset{(\text{굵은골재})}{\frac{1150}{2.70 \times 1000}} + \underset{(\text{공기량})}{\frac{1.0}{1000}}\right)\right\} \times 2.60 \times 1000 = 782\text{kg}$$

이상의 계산결과를 정리하면 표 5.32와 같다.

표 5.32 시방배합표

굵은골재 최대치수 (mm)	슬럼프 (mm)	공기량 (%)	물-결합재비(%)	잔골재율 (%)	단위수량 (%)	단위시멘트량(kg)	단위잔골재량 (kg)	단위굵은 골재량 (kg)
40	70	1.0	60	39.7	178	297	782	1150

5.5 콘크리트의 품질관리

품질관리(quality control)라 함은 품질의 목표를 정하고 이것을 달성하기 위해서 행하는 모든 활동을 말한다. 콘크리트의 품질관리는 설계 및 그 밖의 요구되는 품질의 콘크리트를 경제적으로 제조하기 위하여 공사의 전단계에 걸쳐서 콘크리트의 기술, 지식 및 통계적 방법을 활용하여 그 시스템을 관리하는 것이다. 품질관리의 목적은 설계서, 시방서에 표시된 규격을 만족하는 구조물을 만들고 결함을 사전에 방지하여 유해한 것을 제거하여 품질의 변동을 허용범위내로 최소화시키고 이상 원인을 조사 규명하여 시정조치함으로써 경제적, 내구적인 구조물을 만들고 생산성을 향상시키는 데 있다. 이를 위해서는 사용재료, 배합, 시공, 양생 등이 적절하지 않으면 안 되지만, 아무리 주의를 기울여도 품질의 변동은 피할 수 없기 때문에 이 변동에 따른 목표를 정하여 시공중 이상이 확인되면 즉시 조치를 취하고 소정의 품질범위에 들도록 하는 것이다.

5.5.1 품질관리의 진행방법

품질관리의 기본은 계획(plan), 실시(do), 검토(check), 조치(action)의 4단계를 그림 5.42와 같이 되풀이 하는 것이며, 이것을 PDCA의 관리 사이클이라고 한다. 품질관리의 기본은 작업만을 계속하는 것이 아니라, 작업의 결과에 대하여 소정의 목표가 달성되었는지를 검토하여 문제가 있는 경우에는 그 원인을 추적하여 계획이나 시행방법을 고쳐서 문제의 재발을 방지하는데 있다.

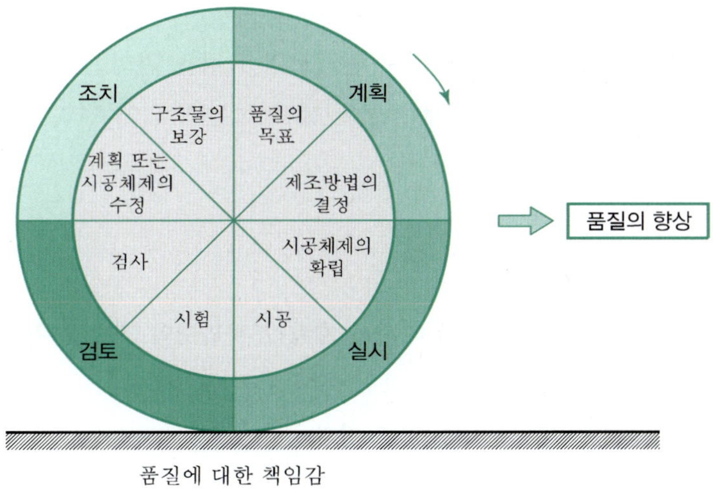

그림 5.42 품질관리의 진행방법

5.5.2 관리도(control chart)

품질관리는 관리도(管理圖)로 시작해서 관리도로 끝난다고 할 만큼 품질관리에 있어서의 관리도는 중요한 것이다 관리도라 함은 시료데이터 또는 몇 개의 데이터로부터 얻어지는 통계량을 공정의 진행에 따라서 플롯트(plot)하여 그것들의 데이터나 통계량이 상하의 관리 한계선내에 존재하는가 벗어나는가에 따라서 공정이 안정되어 있는가 불안정한가를 판단하기 위한 것이다.

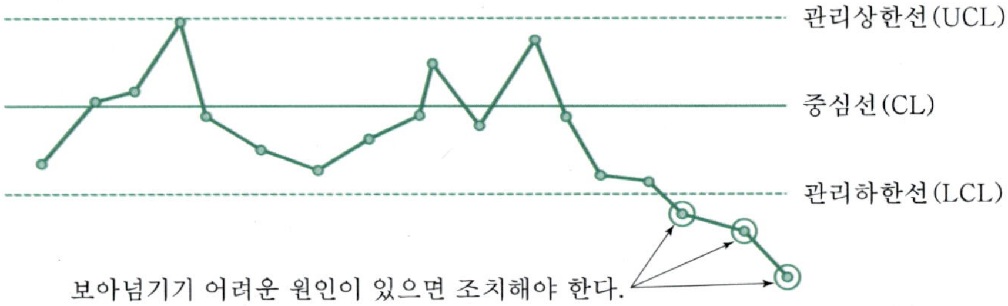

그림 5.43 관리도와 관리한계선(관리되지 않은 상태)

관리도는 그림 5.43에 나타낸 것처럼, 중심적 경향을 나타내는 중심선(CL, center line)과 품질에 허용되는 편차(변동)의 폭을 나타내는 관리한계, 즉 관리상한선(UCL, upper control line)과 관리하한선(LCL, lower control line)을 그어두고, 여기에 품질의 측정 결과를 플롯트했을 때, 점이 관리한계선 내에 들면 관리상태(또는 안정상태), 점이 관리한계선 밖으로 벗어나면 보아 넘길 수 없는 원인에 의한 이상발생으로 보고, 이런 경우에는 그 원인을 찾아서 재발하지 않도록 대책을 세워 조치함으로서 공정을 안정된 상태로 유지할 수 있다. 따라서 관리도의 요점은 관리한계는 그 통계량의 평균값을 중심선으로 하고 상, 하에 표준편차의 3배$(\overline{x}\pm 3\sigma)$를 취하는 방법이 널리 이용되고 있다.

1 관리도의 종류

관리도에는 데이터, 즉 측정값의 특성에 따라서 계량값 관리도와 계수값 관리도로 나눈다. 계량값 관리도에는 $\overline{x}-R$관리도, $\overline{x}-\sigma$관리도, x관리도 등이 있는데, 여기에는 정규분포이론이 적용되며, 이 중에서 가장 기본이 되는 것은 $\overline{x}-R$관리도이다.

관리도의 종류와 적용이론은 표 5.33과 같다.

표 5.33 관리도의 종류

종류	데이터의 종류	관리도	적용이론
계량값 관리도	길이, 중량, 강도, 화학성분, 압력, 슬럼프, 공기량, 생산량	$\overline{x}-R$ 관리도(평균값과 범위의 관리도) $\overline{x}-\sigma$ 관리도(평균값과 표준편차의 관리도) x 관리도(측정값 자체의 관리도)	정규분포
계수값 관리도	제품의 불량률	p 관리도(불량률 관리도)	이항분포
	불량계수	p_n 관리도(결점수 관리도)	
	결점수(시료크기가 같을 때)	c 관리도(결점수 관리도)	포와송 분포
	단위당 결점수(단위가 다를 때)	u 관리도(단위당 결점수 관리도)	

2 $\overline{x}-R$ 관리도

$\overline{x}-R$ 관리도는 평균치의 변화를 관리하는 $\overline{x}$ 관리도와 데이터의 변화를 관리하는 R 관리도를 나란히 그린 것으로 콘크리트의 압축강도, 슬럼프, 공기량 등의 특성을 관리하는데 쓰인다.

(1) 예비데이터의 조사

시료의 크기 $n=4\sim5$의 조를 20~25조 취하여 각 조마다 평균치 $\overline{x}$, 범위 R을 계산한다. 세로축을 $\overline{x}$, R 가로축을 조의 번호로 한 그림에 위에서 구한 $\overline{x}$, R을 플로트한다.

(2) 관리한계 계산

$\overline{x}$, R의 중심선(CL)을 각각 $\overline{x}$의 평균치 $\overline{\overline{x}}$, R의 평균치 $\overline{R}$이라 하고 관리상한(UCL), 관리하한(LCL)을 다음 식으로 구한다.

$$\overline{x}\text{에 대하여, } UCL=\overline{\overline{x}}+A_2\overline{R} \tag{5.40}$$

$$LCL=\overline{\overline{x}}-A_2\overline{R}$$

$$R\text{에 대하여, } UCL=D_4\cdot\overline{R} \tag{5.41}$$

$$LCL=D_3\cdot\overline{R}$$

A_2, D_3, D_4는 n에 의하여 정해지는 계수로서 표 5.34의 값으로 한다. 이 값들은 $\overline{x}$, R의 이론적인 분포로부터 UCL, LCL이 $\mu\pm3\sigma$의 범위가 되도록 구한 것이다. 또한 n이 6 이하인 경우의 R의 LCL은 고려치 않는다.

표 5.34 관리한계 계수표

시료크기	$\bar{x}$ 관리도		x 관리도		R 관리도				σ 관리도
	UCL= $\bar{\bar{x}}+A_2\bar{R}$		UCL= $\bar{\bar{x}}+E_2\bar{R}$		UCL = $D_4\bar{R}$, LCL = $D_3\bar{R}$				UCL = $B_4\bar{\sigma}$
	LCL= $\bar{\bar{x}}-A_2\bar{R}$		LCL= $\bar{\bar{x}}-E_2\bar{R}$						LCL = $B_3\bar{\sigma}$
n	A_1	A_2	E_2	D_3	D_4	d_2	d_3	B_3	B_4
2	3.760	1.880	2.659	–	3.267	1.128	0.853	–	3.267
3	2.394	1.023	1.772	–	2.575	1.693	0.888	–	2.568
4	1.880	0.729	1.457	–	2.282	2.059	0.880	–	2.266
5	1.596	0.577	1.290	–	2.115	2.326	0.864	–	2.089
6	1.410	0.488	1.184	–	2.004	2.534	0.848	0.030	1.970
7	1.277	0.419	1.109	0.76	1.924	2.704	0.833	0.118	1.882
8	1.175	0.373	1.054	0.136	1.864	2.847	0.820	0.185	1.815
9	1.094	0.337	1.010	0.184	1.816	2.970	0.808	0.239	1.761
10	1.028	0.308	0.975	0.223	1.777	3.078	0.797	0.284	1.716
∞	–	$\frac{2}{\sqrt{nd_1}}$	–	$1-3\frac{d_3}{d_2}$	$1+3\frac{d_3}{d_2}$	–	–	–	–

(3) 관리선의 검토

예비데이터가 위에서 구한 관리선 사이에 들어가는가를 검토하고 벗어난 것이 있으면 그 원인을 조사하여 공정에 특별한 원인이 있으면 그것을 제외하는 조치를 취한 다음 그 데이터를 제외하고 관리한계를 다시 계산한다. 원인을 알수 없으면 그대로 둔다.

또한 예비데이터의 도수분포도(histogram)를 그려서 품질규격과 비교하여 데이터가 규격에 맞는가를 검토한다. 규격을 만족치 않을 때에는 공정을 개선하던가 그것이 곤란할 때에는 규격을 다시 살펴볼 필요가 있다.

(4) 관리의 실시

위와 같이 해서 정한 관리도에 시료 통계량을 플로트하여 한계 밖에 플로트되었을 때는 그 원인을 조사하여 공정을 개선하여 관리한다.

(5) n이 일정하지 않은 경우

일반적으로 조의 크기 n은 일정하지만, 만일 n이 일정하지 않을 때에는

$$\overline{\overline{x}} = \frac{\Sigma\{n_i \times (\text{크기 } n_i\text{조의 } \overline{x}\text{의 합})\}}{\Sigma n_i k_i} \tag{5.42}$$

$$\overline{R}(n_i) = d_2(n_i) \cdot \hat{\sigma} \tag{5.43}$$

여기서, $\hat{\sigma} = \frac{1}{k}\left\{\frac{\Sigma R(n_1)}{d_2(n_1)} + \frac{\Sigma R(n_2)}{d_2(n_2)} + \cdots\right\}$ (5.44)

k : 조의 수

k_i : 크기 n_i조의 수

$R(n_i)$: 크기 n_i조의 R

$d_2(n_i)$: 크기 n_i일 때의 d_2의 값

으로 하여 크기가 다른 조마다 UCL, LCL을 계산하여 관리한계선을 그린다.

3 현장에서의 $\overline{x}-R$ 관리도의 예

현장에서는 콘크리트의 압축강도 등을 KS에 규정된 대로 n=4~5로 20~25조를 채취하기가 어려운 경우가 있다. 이러한 경우에는 다음과 같은 방법을 취하기도 한다.

1) 예비데이터 대신 규격의 상, 하한을 관리선으로 하여 최도의 5조의 관리를 한다.
2) 5조의 데이터로부터 앞의 1)의 방법으로 $\overline{x}$, R의 관리한계를 구하고, 다음의 6조의 관리를 한다.
3) 다음에 여기까지의 합계 10조의 데이터를 사용하여 다시 관리한계를 계산하고, 다음 10조의 관리를 한다.
4) 이상의 합계 20조의 데이터로부터 관리한계를 구하여 다음의 20조를 관리한다.
5) 그 이후로는 20조를 단위로 최근 20조에 대한 관리한계를 구하는 작업을 반복한다. 이러한 방법을 (5+5+10+20) 방식이라고도 한다.

이 방법에 의한 관리도의 예를 들면 표 5.35 및 그림 5.44와 같다.

표 5.35 $\overline{x}-R$ 관리도 자료표(data sheet)

<table>
<tr><td colspan="2">명칭</td><td></td><td colspan="2">공사명</td><td></td><td rowspan="2">측정기간</td><td rowspan="2"></td></tr>
<tr><td colspan="2">품질특성</td><td>28일 압축강도</td><td colspan="2">사무소명</td><td></td></tr>
<tr><td colspan="2">측정단위</td><td>MPa</td><td colspan="2">목표량</td><td></td><td>청부업자</td><td></td></tr>
<tr><td rowspan="2">규격
한계</td><td>UCL</td><td></td><td rowspan="2">시료</td><td>크기</td><td>n=4</td><td>현장대리인</td><td></td></tr>
<tr><td>LCL</td><td></td><td>간격</td><td></td><td>측정자</td><td></td></tr>
<tr><td colspan="2">설계기준값</td><td></td><td colspan="2">작업기계명</td><td></td><td>작업자</td><td></td></tr>
</table>

측점 또는 월일	시험 번호	측정값 x_1	x_2	x_3	x_4	x_5	계 Σx	평균값 $\bar{x}$	범위 R R_2	R_3	R_4	R_5
	1	195	192	210	234		831	208			42	
	2	195	209	210	242		856	214			47	
	3	188	229	201	211		829	207			41	
	4	214	239	205	215		873	218			34	
	5	213	190	245	214		862	216			55	
	6	241	198	236	209		884	221			38	
	7	226	206	227	210		869	217			21	
	8	218	200	221	208		847	212			21	
	9	221	215	218	229		883	221			14	
	10	230	223	213	203		869	217			27	
	11	226	209	220	247		902	226			38	
	12	235	205	224	213		877	219			30	
	13	224	206	214	233		877	219			27	
	14	190	212	205	206		813	203			22	
	15	246	218	214	207		885	221			39	
	16	226	200	211	206		843	211			26	
	17	237	214	219	208		878	220			29	
	18	228	219	228	220		895	224			9	
	19	229	223	214	224		890	222			10	
	20	226	218	204	217		865	216			22	
비고												

항목	$\bar{x}$	R

$\bar{x} \pm A_2 = 211.6 \pm 0.729 \times 43.8$
$= 244 \sim 180$

$D_4\bar{R} = 2.282 \times 43.8 = 100$

평균	211.6	43.8
개수	5	5
소계	1058	219
누계	1058	219

$\bar{x} \pm A_2\bar{R} = 214.6 \pm 0.729 \times 34$
$= 239 \sim 190$

$D_4\bar{R} = 2.282 \times 34 = 77.6$

평균	214.6	34
소계	1088	121
누계	2146	340

$\bar{x} \pm A_2\bar{R} = 216.6 \pm 0.729 \times 29.6$
$= 238 \sim 195$

$D_4\bar{R} = 2.282 \times 29.6 = 67.6$

평균	216.6	29.6
개수	20	20
소계	2186	252
누계	4332	592

n	d_2	d_2	A_2	D_4
2	1.128	0.853	1.880	3.267
3	1.693	0.888	1.023	2.575
4	2.059	0.880	0.729	2.282
5	2.326	0.864	0.577	2.115

(주) 1) 품질관리, 측정관리, 시공관리기준에 따라서 기입한다.
2) 규격한계, 설계기준값은 설계도서, 시방서에 정해진 값을 기입한다.
3) 관리한계선은 5+5+10+20 방식에 의한다.

(비고) – 관리한계선을 위한 테이터의 구간을 나타낸다.
… 상기의 관리한계를 적용하는 구간을 나타낸다.

설계기준값		공사명			사무소	
명칭		1일 표준작업량			측정기간	~
품질특성	28일 압축강도	규격 한계	최대			
측정단위	MPa		최소		청부업자	
측정방법		시료	크기		현장대리인	
작업기계명			간격		측정자명	

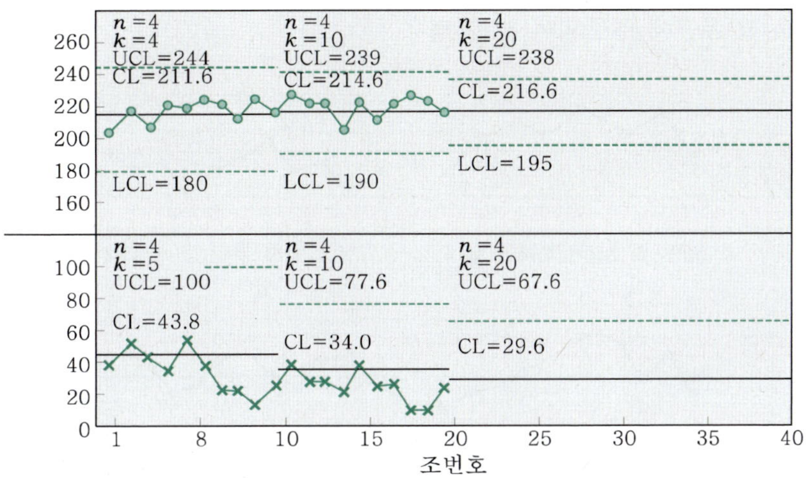

그림 5.44 $\bar{x}-R$ 관리도

4 관리도의 판정

관리도의 1점들의 분포상태로부터 공정이 안정상태에 있는지 어떤지를 판단하는 데는 다음과 같이 생각해도 좋으며, 한계선상의 점은 관리에서 벗어난 것으로 취급한다.

(1) 관리상태에 있기 위한 조건

1) 점이 한계선 밖으로 벗어나지 않은 경우

단, 연속한 35점 중 한계 밖으로 벗어난 점이 1점 이내인 경우 및 100점 중 2점 이내인 경우에는 한계 밖으로 벗어난 점이 없다고 보아도 좋다.

2) 점들의 나열된 방향이 이상이 없는 경우

(2) 점들이 나열된 방향이 이상이 있는 경우

1) 점들이 중심선의 한쪽으로 편중되어 연속적으로 나타난 경우

연속해서 7점이 나타난 경우 이상, 5점이 나열된 경우는 주의를 요한다고 판정한다.

2) 점들이 중심선의 한쪽으로 편중되어 많이 나타난 경우

연속한 11점 중 10점 이상, 14점 중 12점 이상, 17점 중 14점 이상, 20점 중 16점 이상이 중심선의 한쪽으로 편중되어 나타난 경우에는 이상 원인이 있는 것으로 판단한다.

3) 점들이 상승 또는 하강하는 경향을 보이는 경우
4) 점들이 주기적으로 상승, 하강을 만족하는 경우
5) 점들이 한계선에 접하여 자주 나타나는 경우
6) 점들이 중심선 부근에 집중되어 있는 경우

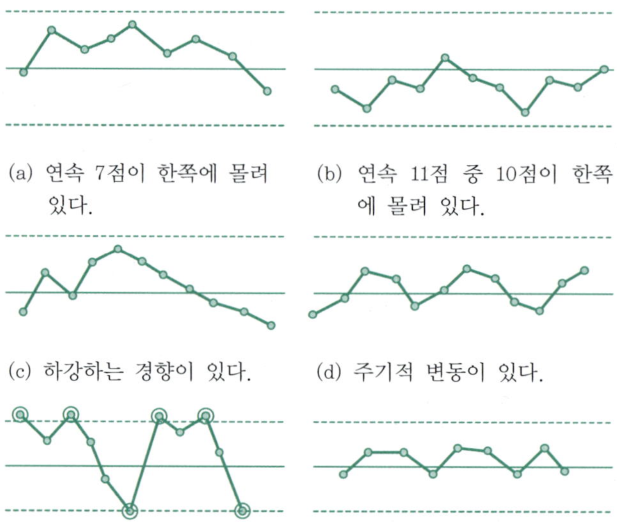

(a) 연속 7점이 한쪽에 몰려 있다.
(b) 연속 11점 중 10점이 한쪽에 몰려 있다.
(c) 하강하는 경향이 있다.
(d) 주기적 변동이 있다.
(e) 관리한계 밖으로 반 이상이 나가있다.
(f) 중심선 부근에 몰려 있다.

그림 5.45 이상을 나타내는 관리도

5 이상 원인의 조사 및 조치

(1) 이상 원인의 조사

관리도에서 이상 원인이 일어났다고 판단된 경우에는 다음 순서에 의하여 그 원인을 조사한다.

1) 시료의 채취방법, 시험방법, 계산 및 플로트에 이상이 없는가를 조사한다.
2) 재료 및 기기에 이상이 없는지, 또는 작업표준에 따라 작업이 바르게 이루어졌는지를 조사한다. 기술적 지식 및 경험을 바탕으로 공정을 방해하는 원인에 대하여 가장 일어나기 쉬운 원인의 순으로 조사해간다.
3) 재료별, 기계별, 작업자별 및 그 밖의 조건에 따라 데이터를 층별한다.

4) 다른 공정의 관리도와 비교 검토한다.
5) 이상의 조사를 통해 원인을 규명할 수 없는 경우나 현장에서 해결할 수 없는 경우에는 근본적인 원인을 조사한다.

(2) 조치

이상 원인이 규명되면 그 원인을 제거하는 응급조치뿐만 아니라, 다시 재발하지 않도록 조치를 취할 필요가 있으며, 예를 들어 재료가 나쁘면 그것을 교체하는 것만이 아니라 앞으로도 이와 같은 재료가 공정에 이용되기도 하므로, 만일 재료를 시험하지 않고 사용하고 있다면 재료시험의 항목을 작업표준에 추가하는 등의 조치를 취하는 것이다.

조치는 여러 가지 단계가 있으며 공정을 방해하는 원인이 작업표준을 지키지 않았기 때문에 발생했을 때에는 작업표준을 확실하게 지키도록 조치를 취하고, 작업표준이 갖춰져 있지 않으므로 발생한 경우에는 그 원인을 조사하여 작업표준을 개정한다거나 근본적으로 설비를 개선하는 등 여러 가지가 있다. 일반적으로 근본적인 조치의 경우가 재발을 방지하는 데는 좋지만, 비용 및 인력소비가 드는 경우가 많으므로 어느 정도의 조치를 취해도 좋은지는 기술적, 경험적으로 판단하여 결정할 필요가 있다.

(3) 관리선의 수정

다음과 같은 상태로 되면 최신 데이터를 예비 데이터로서 새롭게 관리를 수정할 필요가 있다.

1) 기술적으로 공정이 확실히 판단되는 경우
2) 공정에 변화가 없어도 관리도를 그리기 시작하면서부터 일정기간(공정이 안정상태에 있는 경우에는 6개월 정도)이 경과한 경우
3) 관리도로부터 판단하여 공정상태가 변하여 지금까지의 관리선으로 조치의 기준으로서 적당하지 않다고 판단되는 경우

(4) 시료의 채취방법이 변한 경우

공정에 변화가 일어난 경우에 재계산을 행하지 않거나, 또는 점들이 한계선에서 크게 벗어난 경우 및 긴 그룹이 나와 있는 상태가 생긴 경우의 관리도를 사용하는 것은 좋지 않다. 변동이 크기 때문에 한계를 초월한 것이 많은 경우는 공정에 근본적인 변경을 통하여 변동을 작게 하고, 이것이 곤란한 경우에는 품질표준을 변경하는 등의 조치가 필요하다.

5.5.3 콘크리트의 품질검사

콘크리트의 품질을 검사하는 경우에 검사대상으로 하는 시험값의 검사로트(lot)의 크기를 적절하게 설정하는 것이 중요하다. 종래의 콘크리트 공사의 예에 의하면 콘크리트의 품질은 각 배치(batch)마다

또는 시공 날짜마다 변동할 뿐만 아니나, 장기간에 걸친 공사 및 콘크리트의 시공이 단속적(斷續的)으로 행해질 경우에는 그 품질의 변동은 더욱 커진다. 이것은 공사기간중 콘크리트의원재료의 품질 및 그 상태, 기상조건, 나아가서는 작업원이나 기계설비의 작업상태 등에 특별한 변화가 일어나는 경우가 있기 때문이다.

따라서 각종의 조건하에서 쳐넣은 콘크리트에 대하여 전체적으로 품질이 편중되지 않고, 또한 각 부분이 소정의 품질을 가지고 있는가 어떤가를 검사하기 위해서는 공사중 쳐넣은 콘크리트 전체를 단지 하나의 검사로트로 해서 검사해야 할 뿐만 아니라 품질의 변동요인을 고려하여 임의의 일부분을 각각 하나의 로트로 하여 설정하고 검사할 필요가 있다.

압축강도의 시험값에 의하여 콘크리트의 품질을 판정하기 위해서는 압축강도의 변동상태가 안정되어 있는가 어떤가를 다음과 같은 순서로 검토해서 시험값이 설계기준강도를 밑도는 확률이 5% 이하인 것을 확인해야 한다.

1) 그림 5.46에 의해 시험개수 n에 상당하는 합격판정계수 k를 구한다.
2) n개의 압축강도의 평균값 $\overline{x}$와 불편분산의 제곱근 S_n을 계산한다.
3) 이상으로부터 다음의 식이 성립하면 합격으로 한다.

$$\overline{x} \geq f_{ck} + k \cdot S_n \qquad (5.45)$$

여기서, f_{ck} : 설계기준강도(MPa)

$\overline{x}$: $\dfrac{x_1 + x_2 \cdots x_n}{n}$ (MPa)

S_n : $\sqrt{\dfrac{x_1 + x_2 \cdots x_n}{n-1} - \dfrac{n\overline{x}^{2}}{n-}}$ (MPa)

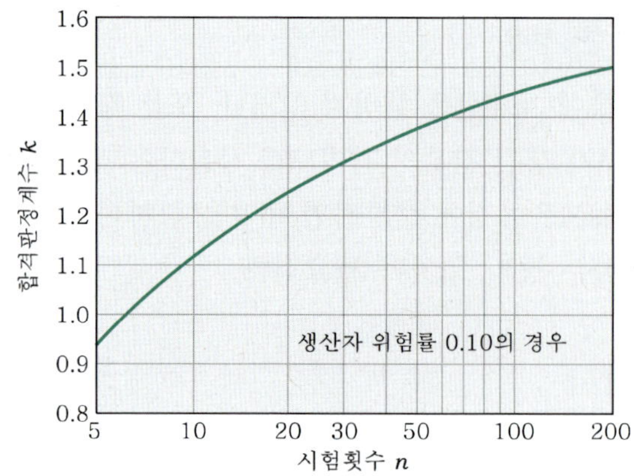

그림 5.46 합격판정계수

그림 5.46의 합격판정계수 k는 다음과 같이 정한다.

로트의 시험값 x가 그림 5.47의 (1)의 그림과 같이 평균값 m_0, 표준편차 σ의 정규분포한다고 했을 때 이로부터 무작위로 n회 1조(組)의 시료를 채취하여 반복시험을 했을 경우의 $\bar{x}-kS_n$의 분포는 그림 5.47의 (2)의 그림과 같이 된다. 그래서 시험값이 5회정도 이상일 때는 $\bar{x}-kS_n$의 분포는 실용상 평균값이 $m_0-k\sigma$, 표준편차가 $\sigma\sqrt{\frac{1}{n}+\frac{k^2}{2(n-1)}}$ 인 정규분포로 볼 수 있다. 각각의 평균값 m_0 및 $m_0-\sigma$와 하한규격값 S_L의 관계로부터 다음 두 개의 관계식이 얻어진다.

$$m_0 = S_L + K_{po}\sigma \tag{5.46}$$

$$m_0 - k\sigma = S_L + K_\alpha \cdot \sigma\sqrt{\frac{1}{n}+\frac{k^2}{2(n-1)}} \tag{5.47}$$

위의 두 식으로부터 합격판정계수 k는 다음식과 같이 된다.

$$k = \left[K_{po} - K_\alpha (A/n + B)^{1/2}\right]/A \tag{5.48}$$

여기서, $A = 1 - \frac{K_\alpha^2}{2(n-1)}$

$B = \frac{K_{po}^2}{2(n-1)}$

위 식의 합격판정계수 k는 생산자 위험률을 $\alpha = 0.10$(정규분포표로부터 $K_\alpha = 1.28$)로 하고, 설계기준강도를 밑도는 확률(불량률) $p_0 = 0.05$(정규분포표로부터 $K_{po} = 1.74$)로 한 경우에 대하여 식을 계산한 것이다.

이 방법으로 검사할 경우 적어도 시험값은 5회 정도 이상이 필요하고 시험값의 수가 적을수록 나쁜 품질의 콘크리트가 합격으로 될 확률이 커지는 경향이 있으므로 시험값의 수가 적은 경우에는 품질관리가 충분히 잘 되고 있음을 확인할 필요가 있다.

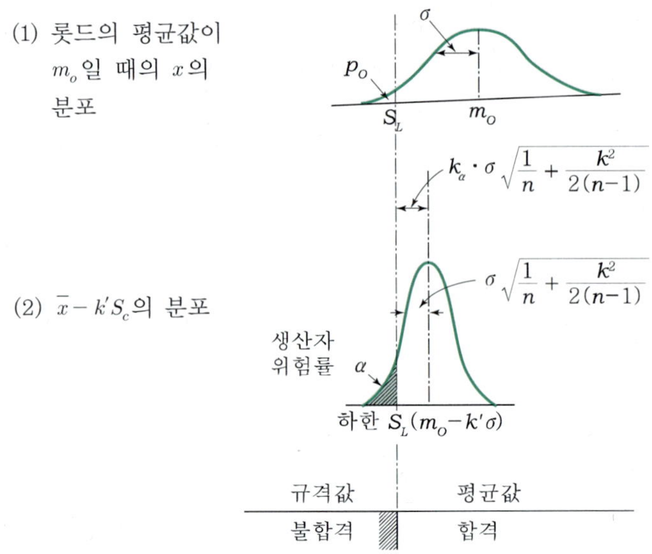

그림 5.47 하한규격값 $S_L(\sigma_{ck})$이 주어진 경우

(2) 표준편차를 미리 알고 있는 경우 및 레디믹스트 콘크리트를 사용할 경우 6장 6.3절의 레디믹스트 콘크리트 검사방법에 의하여 합격으로 판정된 콘크리트는 이 항의 검사조건을 만족하고 있다고 판단해도 좋다.

연습문제

5.1 양질의 균일한 콘크리트를 제조하기 위하여 필요한 조건들을 열거하고 설명하라.

5.2 콘크리트의 장 · 단점에 대하여 설명하라.

5.3 굳지 않은 콘크리트의 성질을 나타내는 용어를 열거하고 설명하라.

5.4 워커빌리티에 영향을 미치는 요인을 열거하고 설명하라.

5.5 굳지 않은 콘크리트의 재료분리를 방지하기 위한 대책에 대하여 설명하라

5.6 최적 잔골재율과 워커빌리티와의 관계에 대하여 설명하라.

5.7 굳지 않은 콘크리트의 초기균열의 원인과 대책에 대하여 설명하라.

5.8 배합설계의 순서와 각 요인들의 결정방법에 대하여 설명하라

5.9 배합설계시 물-결합재비의 결정방법에 대하여 설명하라.

5.10 콘크리트의 강도에 미치는 요인을 열거하고 설명하라.

5.11 콘크리트의 시멘트-물비와 압축강도와의 관계에 대하여 설명하라.

5.12 콘크리트의 물-결합재비설, 공극비설에 대하여 설명하라.

5.13 콘크리트의 양생방법과 온도가 경화한 콘크리트의 강도에 미치는 영향에 대하여 설명하라.

5.14 콘크리트의 탄소성적 성질에 대하여 설명하라.

5.15 콘크리트의 내구성에 대하여 설명하라.

5.16 콘크리트의 크리프에 대하여 설명하라.

5.17 콘크리트의 경화 후의 균열 원인과 대책에 대하여 설명하라.

5.18 콘크리트의 품질관리의 필요성 및 중요성에 대하여 설명하라.

5.19 $\overline{x}-R$관리도에 대하여 설명하라.

제6장

특수콘크리트

제 6 장 특수콘크리트

6.1 개설

최근에 들어 콘크리트 기술을 비롯한 건설기술이 대단히 놀랄 정도로 현저하게 발전하였다. 이와 같은 기술의 발전과 함께 콘크리트 구조물이 점점 대형화, 다양화 추세에 따라 사용목적에 적합한 새로운 종류의 콘크리트 개발이 요구되고 있다. 예를 들어 구조용 콘크리트의 경량화, 팽창재에 의한 건조수축 균열의 억제, 강섬유 혼입에 의한 인성(靭性)의 강화, 폴리머의 이용에 의한 내식성의 개선, 초속경시멘트에 의한 급속시공, 해수 중에 있어서 구조용 콘크리트의 타설, 뿜어붙이기 공법에 의한 터널 라이닝의 시공, LNG 탱크안의 적용 등이 있다.

특수콘크리트라 하면 첫째, 특수한 재료를 사용한 콘크리트 둘째, 콘크리트의 특수한 시공방법 셋째, 특수한 환경에 사용된 콘크리트로 크게 구분할 수 있다. 그 중에서도 특수한 재료를 사용한 콘크리트로는 특수한 시멘트를 사용한 콘크리트, 특수한 골재를 사용한 콘크리트 및 특수한 보강재를 사용한 콘크리트로 분류할 수 있다. 이 장에서는 보통시멘트 콘크리트 이외의 콘크리트를 특수콘크리트로 분류하여 기술하고자 한다.

6.2 AE콘크리트(air-entrained concrete, 공기연행 콘크리트)

콘크리트 기술이 크게 발전하게 된 이유 중의 하나로서 1930년대 중반 AE콘크리트의 개발을 들 수 있으며, 오늘날 거의 모든 콘크리트에 AE제를 사용하지 않은 것이 없을 정도로 많이 사용되고 있다. 미세하고 독립된 기포를 콘크리트 속에 일정하게 분포시키기 위하여 사용되는 혼화제를 AE제라 하며, AE제를 사용하여 공기를 연행한 콘크리트를 AE콘크리트라 한다.

AE콘크리트는 공기의 연행에 의하여 워커빌리티를 크게 개선하고 내구성을 향상시키는 특성을 가지고 있다. 그러나 콘크리트 속에 미세한 기포를 다량 혼입함으로써 콘크리트의 성질을 대폭 개선할 경우 콘크리트의 강도가 저하되고, 단위중량이 작아지는 문제가 발생한다.

6.2.1 AE콘크리트의 특징

1 워커빌리티의 개선

AE제의 의하여 연행된 공기는 볼베어링(ball bearing)과 같은 작용을 하기 때문에 콘크리트의 유동성을 증가시키며 재료의 분리에 대한 저항성도 크다. AE제를 사용함으로서 워커빌리티를 개선하기 때문에 그림 6.1과 같이 단위수량과 잔골재량을 줄일 수 있다.

AE콘크리트는 다음과 같은 특성이 있다.

1) 단위시멘트량 및 컨시스턴시가 일정한 경우 공기량 1%의 증가에 대하여 물-결합재비는 2~4% 정도 감소된다.
2) 일반적으로 빈배합(貧配合)의 콘크리트일수록 공기연행에 의한 워커빌리티의 개선 효과가 크다.
3) 입형이나 입도가 불량한 골재를 사용할 경우에 공기연행의 효과가 크다.
4) 콘크리트의 블리딩이 감소되며 수밀성이 증대된다.
5) 감수제를 병용하면 워커빌리티의 개선에 더욱 효과적이다.

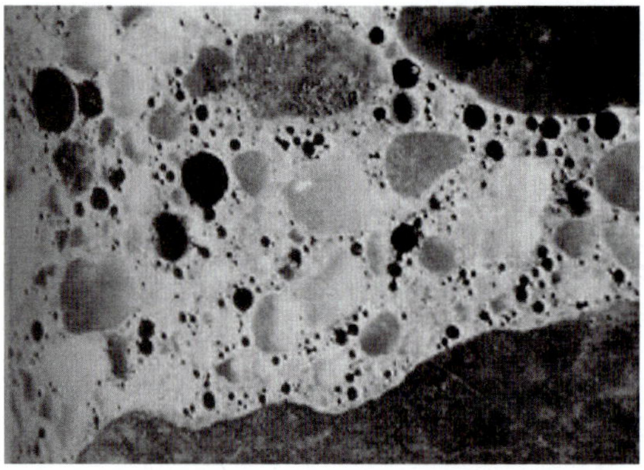

그림 6.1 콘크리트중의 공극분포

2 내구성의 증대

적당한 공기량을 연행한 AE 콘크리트는 동결융해의 반복에 대한 저항성이 크게 개선된다. 이것은 미세한 기포가 콘크리트 속에 분포함으로써 팽창압에 의한 자유수의 이동이 용이하게 되어 팽창압이 완화되어 조직의 파괴가 매우 적게 되기 때문이다. 그러므로 기포 사이의 평균 간격에 의하여 내구성이 지배되며, 일반적으로 기포간격이 큰 경우 팽창압이 크게 되기 때문에 조직의 파괴가 생긴다. 그래서 동일한 공기량일지라도 기포의 크기나 분포의 상태가 중요하며, AE제의 품질에 따라 내구성이 상당히 달라진다.

경화한 콘크리트의 공기량과 동결융해에 대한 저항성과의 관계를 나타낸 것이 그림 6.2이다. 이 그림에서 알 수 있듯이 공기량이 작은 경우에는 공기량의 증가에 따라 내구성이 크게 개선되지만,

연행공기량이 과도할 때는 공기를 연행하여도 내구성은 향상되지 않으며 오히려 강도가 크게 저하하는 경향을 나타낸다.

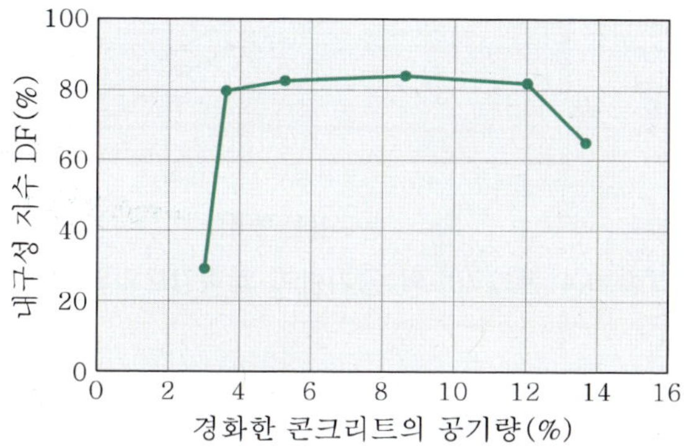

그림 6.2 콘크리트의 공기량과 동결저항성과의 관계

그림 6.3 스케일링이 발생한 콘크리트

6.2.2 AE콘크리트의 강도

물-결합재비가 일정하고 공기량이 증가하면 공기량 1%의 증가에 따라 압축강도는 4~6% 감소한다(그림 6.4 참조). 그러나 실제로 공기량의 증가에 따라 단위수량도 감소하므로 단위시멘트량과 슬럼프를 보통콘크리트와 동일하게 하면 빈배합의 경우에 그림 6.5와 같이 오히려 강도가 증대하는 현상을 나타낸다.

이외에도 동일 물-결합재비의 경우, 공기량 1%의 증가에 따라 휨강도는 약 2~3%, 영계수는 약 $7 \sim 8 \times 10^2$MPa 정도 각각 감소한다.

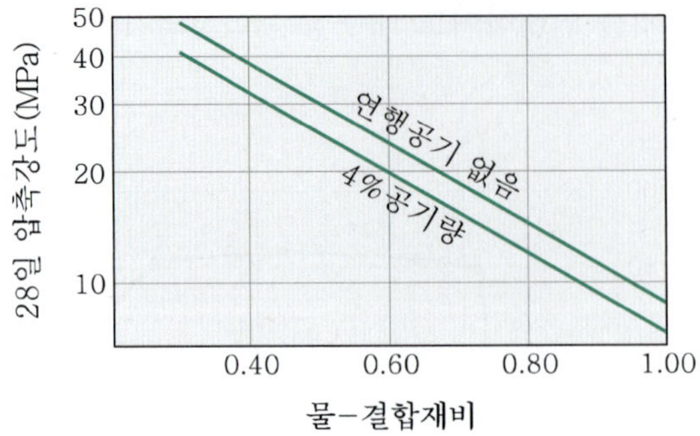

그림 6.4 콘크리트의 공기량과 압축강도와의 관계

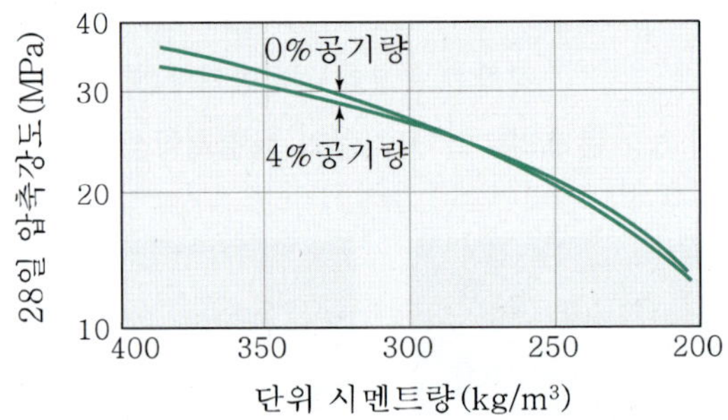

그림 6.5 AE콘크리트의 단위시멘트량과 압축강도와의 관계

6.2.3 AE콘크리트의 공기량

일반적으로 공기량은 AE제의 사용량에 거의 직선적으로 비례하며 증가하지만 그 정도는 제품에 따라 상당히 상이하다고 한다. 먼저 시멘트 종류 또는 제조회사에 따라 다르며, 동일 제조회사의 시멘트의 경우에는 사용량에 따라 연행되는 공기량이 다르다.

일반적으로 공기량에 영향을 미치는 요인들은 다음과 같다.

1) 시멘트의 분말도가 크고 단위시멘트량이 증가할수록 공기량은 감소한다.
2) 잔골재의 입도에 의한 영향이 크며, 특히 0.4~0.6mm의 세립분이 증가하는데 따라 증대한다.
3) 배합과 재료가 일정하면 슬럼프가 작을수록 공기량은 증대한다.
4) 콘크리트의 온도가 낮을수록 공기량은 증가한다(그림 6.6 참조).
5) 콘크리트가 응결, 경화되면 공기량은 감소한다.
6) 믹싱시간이 너무 짧거나 너무 길어지면 공기량은 적어지지만 3~5분 정도 믹싱을 할 때 공기량이 최대가 된다.
7) 콘크리트를 다질 때 진동기를 사용하여 다지면 콘크리트 속의 비교적 큰 기포가 소멸되며 공기량도 감소한다.

콘크리트 속의 적당한 공기량 범위는 4~7% 정도가 가장 이상적이며, 굵은골재의 최대치수에 따른 적정 공기량을 추천한 것이 표 6.1이다.

표 6.1 AE 콘크리트의 적정 공기량

굵은골재 최대치수(mm) \ 공기량(%)	ACI	미국개척국	일본토목학회
10	8	–	–
13	–	6±1	–
15	7	5±1	5
20	6	4.5±1	4.5
25	5	4±1	4
40	4.5	4±1	4
50	4	4±1	4
80	3.5	3.5±1	3
150	3	3±1	–

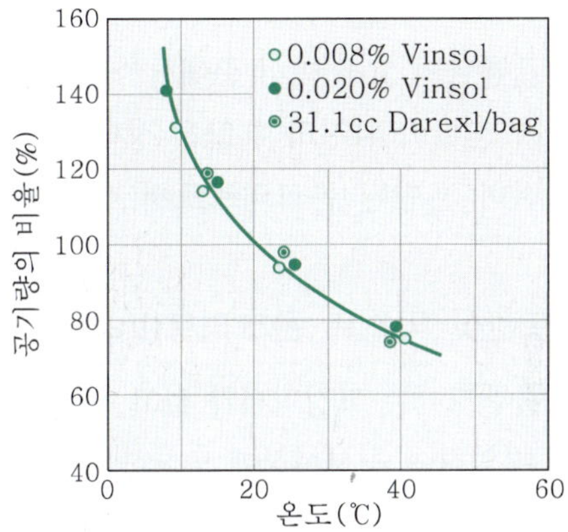

그림 6.6 콘크리트의 온도와 공기량과의 관계

6.3 레디믹스트 콘크리트(ready mixed concrete)

레디믹스트 콘크리트란 정비된 콘크리트 제조설비를 갖춘 공장으로부터 구입자가 요구하는 품질의 콘크리트를 소정의 시간에 희망하는 수량을 특수운반차를 사용하여 현장까지 배달 공급하는 굳지 않은 콘크리트를 말한다.

우리나라에서는 레디믹스트 콘크리트 KS F 4009가 1967년에 제정되었으며, 2006년에 개정되어 레디믹스트 콘크리트 또는 레미콘으로도 불리고 있다.

레디믹스트 콘크리트는 공장에 따라 그 제조설비, 제조기술, 품질관리상태 등에 차이가 있으므로 공장을 선정할 때는 현장까지의 운반시간, 콘크리트의 타설능력, 공장의 제조설비, 품질관리상태 등을 고려해서 KS 표시 허가 공장을 선정함이 좋다.

6.3.1 레디믹스트 콘크리트의 제조

레디믹스트 콘크리트는 굳지 않은 콘크리트라는 특수성과 아울러 제조, 운반을 고려한 다음 3가지 제조방법이 있다.

1 센트럴 믹스트 콘크리트(central mixed concrete)

플랜트에 고정믹서가 설치되어 있어 각 재료를 계량하고 혼합하여 완전히 비벼진 콘크리트를 트럭믹서 또는 트럭아지테이터(truck agitator)에 투입하여 운반 중에 교반(agitate)하면서 지정된 공사현장까지 배달 공급하는 방식이며 일반적으로 많이 쓰인다.

2 쉬링크 믹스트 콘크리트(shrink mixed concrete)

플랜트의 고정 믹서 중에서 어느 정도 콘크리트를 비빈 후 트럭믹서 또는 트럭아지테이터에 투입하여 아직 혼합이 완전하지 않은 상태로 공사현장에 도달할 때까지의 운반시간 동안 혼합하여 도착시에는 완전히 혼합된 콘크리트로서 배달 공급하는 방식이다.

3 트랜싯 믹스트 콘크리트(transit mixed concrete)

플랜트에는 고정믹서가 없고 각 재료의 계량장치만을 설치하고 있어 계량된 각 재료를 직접 트럭믹서에 투입하여 공사현장에 도착하는 시간 동안에 소요의 물을 가하여 교반 혼합하여 공사현장에 도착했을 때는 완전한 콘크리트로서 배달 공급하는 방식이다.

그림 6.7 레디믹스트 콘크리트 품질조정실

6.3.2 레디믹스트 콘크리트의 품질

레디믹스트 콘크리트를 발주할 때 소요의 콘크리트 품질을 만족시킬 수 있는 호칭강도, 슬럼프 및 굵은골재의 최대치수를 지정해야 하며, 표 6.2에 표시한 ○표인 것으로 한다. 또한 공기량은 보통 콘크리트의 경우 4.5%, 경량콘크리트의 경우 5%로 한다. 한편 구입자는 다음 사항에 대하여 생산자와 협의하여 지정한다.

1) 시멘트의 종류
2) 골재의 종류
3) 굵은골재의 최대치수
4) 혼화재료의 종류
5) 염화물 함유량 한도
6) 호칭강도를 보증할 재령
7) 경량콘크리트의 경우는 콘크리트의 단위체적 중량
8) 콘크리트의 최고 또는 최저온도
9) 물-결합재비의 상한치
10) 단위시멘트량의 하한치 또는 상한치
11) 유동화 콘크리트의 경우 유동화하기 전 레디믹스트 콘크리트에서 슬럼프의 증대량
12) 그 외 필요한 사항

표 6.2 레디믹스트 콘크리트의 종류

콘크리트의 종류	굵은골재의 최대치수 (mm)	슬럼프 (mm)	호칭강도(MPa)									
			16	18	21	24	27	30	35	40	휨4.0	휨4.5
보통 콘크리트	20, 25	80,100,120	○	○	○	○	○	○	○	○	-	
		150,180	-	○	○	○	○	○	○	○	-	-
		210	-	-	○	○	○	○	-	-	-	-
	40	2.5,6.5	-	-	-	-	-	-	-	-	○	○
		50	○	○	○	○	○	○	-	-	-	-
		80	○	○	○	○	○	○	-	-	-	-
		120,150	○	○	○	○	○	○	-	-	-	-
경량 콘크리트	15, 20	80,120,150, 180,210	-	○	○	○	○	○	-	-	-	-

6.3.3 레디믹스트 콘크리트의 받아들이기 및 검사

1 받아들이기

콘크리트치기를 원활히 하기 위해서는 콘크리트치기에 앞서 납품일시, 콘크리트의 종류, 수량, 배출장소, 납품속도 등을 생산자와 충분히 협의해 두어야 하며, 콘크리트 치기 중에도 생산자와 긴밀히 연락을 취하여 콘크리트 치기가 중단되는 일이 없도록 해야 한다. 한편 구매자는 콘크리트를 배출하는 장소에 운반차가 안전하고 원활하게 출입할 수 있으며, 배출하는 작업이 쉽게 이루어질 수 있도록 공사현장 내를 정돈하여 운반차의 통로를 충분히 확보하고 콘크리트치기 전의 준비를 해 두어야 한다.

한편 콘크리트를 배출하는 작업은 운반차의 구조가 적당하지 않으면 콘크리트를 배출할 때 재료분리가 생기기 쉬우므로 굵은골재의 최대치수, 콘크리트의 반죽질기나 성형성 등에 따라서도 각각 적합한 운반차를 선택하도록 주의할 필요가 있다.

2 검사

구입자는 배달된 콘크리트가 소요의 품질을 유지하는지를 검사해야 한다. 받아들이기 검사에 있어서 강도의 합, 부판정의 검사 로트(lot)의 크기는 시험횟수가 원칙적으로 150m^3에 대하여 1회로 규정하고 있다. 검사를 위해서 시험용 시료는 배출하는 지점에서 채취하는 것을 원칙으로 하며, 강도, 슬럼프 및 공기량은 KS 규정에 의하여 시험을 실시하여 시험결과가 아래의 범위 내에 들어야 한다.

(1) 압축 및 휨강도

강도 시험값이 1회의 시험결과는 구입자가 지정한 호칭강도의 85% 이상이라야 하며, 3회의 시험결과의 평균값은 구입자가 지정한 호칭강도 이상이라야 하는 두 조건을 만족하는지 확인한다.

(2) 슬럼프

지정된 값이 25mm인 경우에는 ±10mm, 50 및 65mm인 경우에는 ±15mm, 80mm 이상 180mm 이하인 경우에는 ±25mm, 210mm인 경우에는 ±30mm의 범위를 넘어서는 안 된다.

(3) 공기량

보통 콘크리트의 경우 4.5%, 경량콘크리트의 경우 5%로 하되 그 허용오차는 ±1.5로 한다.

(4) 염화물 함유량

염소이온(Cl^-)량으로서 0.30kg/m^3 이하이어야 한다. 다만, 구입자의 승인을 얻은 경우에는 0.60kg/m^3 이하로 할 수 있다.

6.4 한중콘크리트(cold weather concreting)

콘크리트가 응결, 경화의 초기단계에 동결하게 되면 시멘트의 화학반응이 원만하게 잘 진행되지 않을 뿐만 아니라, 그 후에 적당한 온도로 양생하여도 강도, 내구성, 수밀성 등에 나쁜 영향이 오래도록 미치게 된다. 그래서 하루의 평균기온이 4℃이하로 되는 기상 조건하에서는 콘크리트가 굳을 때까지 시간이 길어지고 굳은 후부터의 강도의 증진도 느리고 콘크리트가 동결할 염려가 있으므로 한중콘크리트 시공의 준비를 위한 적절한 조치를 취해야 한다. 일반적인 콘크리트의 동결온도는 혼화재료의 종류와 양에 따라 다소 상이하지만 대략 -2.0~-0.5℃ 사이라고 한다. 한중콘크리트의 시공방법은 기온, 구조물의 종류 및 크기 등에 따라 다르지만, 일반적으로 4℃ 이상의 기온에서는 일반적인 시공 방법으로 해도 좋다. 기온이 0~4℃에서는 간단한 주의와 보온으로 시공할 수 있다. -3~0℃에서는 물 또는 물과 골재를 가열할 필요가 있는 동시에 어느 정도의 보온이 필요하다. -3℃ 이하에서는 본격적인 한중콘크리트로 시공해야 한다. 즉, 물과 골재를 가열하여 콘크리트의 온도를 높일 뿐만 아니라 필요에 따라 적절한 보온, 급열(急熱)에 의하여 쳐 넣은 콘크리트를 소요의 온도로 유지하는 등의 조치를 취한다.

6.4.1 한중콘크리트의 재료

1 시멘트

한중콘크리트는 포틀랜드시멘트를 사용하는 것을 표준으로 한다. 그러나 수화열에 의한 균열의 문제가 없는 경우에는 경화가 빠르고 수화열이 높으며, 초기재령의 강도발현이 큰 조강포틀랜드시멘트나 초조강포틀랜드시멘트의 사용이 효과적이다. 시멘트는 될 수 있는 대로 냉각되지 않는 방법으로 저장하고, 어떠한 경우라도 직접 가열해서는 안 된다.

그림 6.8 한중콘크리트의 시공현장

2 골재와 혼합수

골재는 동결되어 있는 그대로 사용하면 콘크리트의 온도가 낮아져서 콘크리트가 동결할 우려가 있으며 또 골재에 빙설이 혼입되어 있는 경우 그대로 사용하면 콘크리트의 온도가 낮아질 뿐만 아니라 콘크리트의 단위 수량을 일정하게 유지하기 어려워지므로 골재는 시트 등으로 덮어 저장하는 것이 좋다. 그리고 골재는 온도가 균등하게 되고, 과도하게 건조하지 않는 방법으로 가열하고 어느 정도의 보온이 필요하다. 그러나 골재를 65℃ 이상으로 가열하면 취급이 곤란하고, 시멘트를 급결시킬 염려가 있다. 일반적으로 물과 골재의 혼합물의 온도를 40℃ 이하로 해두면 이러한 우려가 없어진다. 재료를 가열하여 제조한 콘크리트의 대체적인 온도 T는 비비기 중에 콘크리트의 냉각을 고려하지 않으면 다음 식으로 계산할 수 있다.

$$T = \frac{C_s(T_a W_a + T_c W_c) + T_m W_m}{C_s(W_a + W_c) + W_m} \tag{6.1}$$

여기서, W_a 및 T_a : 골재의 중량 및 온도

W_c 및 T_c : 시멘트의 중량 및 온도

W_m 및 T_m : 비비기에 사용한 물의 중량 및 온도

C_s : 시멘트 및 골재의 비열로서 0.2로 가정

3 혼화재료

한중콘크리트의 시공에서는 AE제 또는 AE감수제를 이용하는 것을 표준으로 하고 있다. 고성능감수제나 고성능 AE감수제를 사용하여 물-결합재비를 작게 하는 것은 동결에 대한 저항성을 높이는데 효과적이다. 그러나 낮은 온도하에서의 감수성능, 워커빌리티의 변화 등에 주의를 기울일 필요가 있다. 그 밖에 방동(防凍), 내한(耐寒)제 등의 혼화재료를 사용할 수 있는데 사용할 경우에는 그 성분, 효과 등에 충분히 조사하여 품질을 확인해야 한다.

6.4.2 한중콘크리트의 비비기, 운반 및 타설

콘크리트 믹싱시 가열한 재료를 믹서에 투입하는 순서는 더운 물과 시멘트가 접촉하면 시멘트가 급결할 우려가 있으므로 먼저 더운물과 굵은 골재, 다음에 잔골재를 넣어서 믹서안의 재료의 온도가 40℃ 이하로 되고 나서 최후에 시멘트를 넣는 것이 좋다.

그리고 콘크리트의 보통 운반시간, 타설시간을 1시간으로 보았을 때 콘크리트의 온도와 주위의 기온과의 차를 15% 정도라고 하며, 타설 종료시의 콘크리트의 온도는 다음 식으로 추산할 수 있다.

$$T_2 = T_1 - 0.15(T_1 - T_0)t \tag{6.2}$$

여기서, T_2 : 타설 종료시의 콘크리트 온도(℃)

T_1 : 믹싱시의 콘크리트 온도(℃)

T_0 : 주위의 기온

t : 비빈 후부터 타설을 끝냈을 때까지의 시간(h)

한편 콘크리트 타설시의 온도는 구조물의 단면치수, 기상조건 등을 고려하여 5~20℃를 원칙으로 하고 있으며, 한중콘크리트 시공시의 콘크리트 온도의 기준 예를 나타낸 것이 표 6.3이다.

표 6.3 한중콘크리트의 시공시의 콘크리트의 온도기준 예

단면		얇은 경우	두꺼운 경우
비볐을 때의 콘크리트의 최저온도	기온 −1℃ 이상	13~16℃	10℃
	기온 −1℃~−18℃	16~19℃	13℃
	기온 −18℃ 이하	19~21℃	16℃
쳐 넣을 때의 콘크리트의 최저온도, 쳐 넣은 후로부터 3일간은 이 온도보다 낮아지지 않도록 양생한다.		10~30℃	7℃

6.4.3 한중콘크리트의 양생

콘크리트를 친 후 적어도 24시간 동결하지 않도록 충분히 보호해야 한다. 특히 얇은 단면의 콘크리트는 냉각되기 쉬우므로 보온에 충분히 주의를 요한다. 양생중의 콘크리트의 온도를 약 10℃로 유지하는 것을 표준으로 하고 있으며, 콘크리트가 예상되는 하중에 대해서 충분한 강도를 얻을 때까지 양생해야 한다. 그런데 급격한 기상작용을 받는 콘크리트는 표 6.4의 압축강도가 얻어질 때까지는 콘크리트의 온도를 5℃ 이상으로 유지해야 하며, 특히 2일간은 콘크리트 온도를 0℃ 이상으로 유지해야 한다.

표 6.4 한중콘크리트의 양생종료시의 소요압축강도 표준(MPa)

구조물의 노출상태 \ 단면	얇은 경우	보통의 경우	두꺼운 경우
(1) 계속해서 또는 자주 물로 포화되는 부분	15	12	10
(2) 보통의 노출상태에 있고 (1)에 속하지 않는 부분	5	5	5

표 6.4의 강도를 얻기 위하여 필요한 양생일수는 시멘트의 종류, 배합, 양생온도 등에 따라 달라지므로 시험에 의해서 정하는 것이 원칙이나 5℃ 및 10℃에서 양생할 경우의 대략적인 양생표준을 나타낸 것이 표 6.5이다.

그런데 콘크리트의 양생의 한 수단으로 콘크리트에 급열(給熱)하는 경우, 콘크리트가 가열되어 콘크리트로부터 물의 증발이 심해져서 건조되는 수가 생기므로 주의해야 하며, 급열양생(給熱養生), 보온양생(保溫養生)을 마친 후 온도가 높은 콘크리트를 갑자기 한기(寒氣)에 노출하면 콘크리트 표면에 균열이 생길 우려가 있으므로 적당한 방법으로 보호하여 표면이 서서히 식도록 해야 한다.

표 6.5 소요의 압축강도를 얻는 양생일 수의 표준(보통의 단면)

구조물의 노출상태 \ 시멘트의 종류		보통 포틀랜드 시멘트	조강포틀랜드 보통포틀랜드+촉진제	혼합시멘트 B종
(1) 연속해서 또는 자주 물로 포화되는 부분	5℃	9일	5일	12일
	10℃	7일	4일	9일
(2) 보통의 노출상태에 있고 (1)에 속하지 않는 부분	5℃	4일	3일	5일
	10℃	3일	2일	4일

양생을 마친 후 24시간까지 허용할 수 있는 온도강하의 최대치는 단면이 얇은 경우 22~28℃, 두꺼운 경우 17℃로 규정하고 있는 예가 있다.

한중콘크리트 시공시 유의 내지는 목표로 해야 할 사항은 다음과 같다.

1) 응결 경화의 초기에 동결시키지 않을 것
2) 양생 종료 후 해동시까지 받는 동결융해 작용에 대하여 충분한 저항성을 가지게 할 것
3) 공사 중의 각 단계에서 예상되는 하중에 대하여 충분한 강도를 가지게 할 것
4) 완성된 구조물의 최종적으로 필요로 하는 강도, 내구성, 수밀성을 가지게 할 것

6.5 서중콘크리트(hot weather concreting)

서중콘크리트란 일평균 기온이 25℃를 초과하는 높은 외부기온으로 콘크리트의 슬럼프 저하나 수분의 급격한 증발 등의 염려가 있을 경우에 시공되는 콘크리트를 말한다.

기온이 높으면 콘크리트를 쳐 넣을 때의 온도가 높아져서 소요수량의 증가, 수송 중에서의 슬럼프의 저하, 치기 후의 너무 빠른 응결, 수화열로 인한 온도 상승의 증가, 재령 28일 및 그 이후에 있어서의 강도의 감소 등의 불리한 결과가 생기므로 콘크리트의 온도가 쳐 넣을 때와 쳐 넣은 직후에 될 수 있는 대로 낮아지도록 재료의 취급, 비비기, 치기 및 양생에 대하여 특히 고려해야 한다. 또 기온이 높고 습도가 낮을 때에는 쳐 넣은 콘크리트의 표면에서 증발과 건조가 매우 빨라 균열이 생기는 수가 있으므로 양생에 대하여 주의해야 한다. 서중콘크리트로서 시공해야 할 기간을 일률적으로 정하기는 곤란하나 콘크리트를 쳐 넣을 때의 온도가 30℃를 넘으면 여러 가지 영향이 현저해지며, 쳐 넣을 때의 콘크리트의 온도는 대기온도보다 높아지는 일이 많은 점 등을 고려하면 하루의 평균기온이 25℃를 넘는 시기에는 서중콘크리트의 시공을 되도록 준비하는 것이 좋다.

6.5.1 서중콘크리트의 재료

서중콘크리트 시공시의 재료의 온도가 콘크리트 온도에 미치는 영향이 크기 때문에 콘크리트의

온도를 낮추기 위해서 시멘트, 골재 및 물의 사용에 유의해야 한다.

그림 6.9 서중콘크리트 시공현장

1 시멘트

시멘트의 온도가 콘크리트의 온도에 미치는 영향은 그다지 크지 않지만 보통시멘트 온도 ±8℃에 대하여 콘크리트 온도는 ±1℃ 정도 변화한다고 한다. 그러므로 고온의 시멘트를 사용하지 않도록 주의해야 한다.

2 골재 및 혼합수

골재의 온도가 콘크리트 온도에 미치는 영향은 크다. 골재 온도 ±2℃에 대하여 콘크리트 온도는 ±1℃ 정도 변화한다. 그러므로 장시간 강한 빛에 방치했던 골재를 그대로 사용하면 콘크리트 온도가 40℃ 이상으로 되어 소요의 단위수량의 증가, 수송중의 슬럼프의 저하, 또는 쳐 넣은 후의 급격한 응결 등이 심해지는 수가 있다. 그래서 골재는 적당한 시설로 일광의 직사를 피하거나 또는 굵은 골재를 사용하기 전에 찬물을 뿌려 식힘으로써 콘크리트의 온도를 낮추어야 한다. 그리고 콘크리트의 온도를 낮추기 위해서는 가능한 한 낮은 온도의 물을 사용하는 것이 효과적이다. 보통 물의 온도 ±4℃에 대하여 콘크리트의 온도 ±1℃ 정도 변화한다.

3 혼화재료

감수제 또는 AE 감수제를 사용할 경우, 표준형 대신 지연형을 사용하는 것이 용이하고 또 효과적인 방법이라고 할 수 있다. 시공이음(cold joint)의 발생을 방지할 목적으로 지연제 등을 사용할 경우에는 그 사용방법에 대하여 충분히 검토하여 그 첨가량을 결정하는 것이 중요하다.

6.5.2 서중콘크리트의 타설 및 양생

콘크리트를 타설할 경우 지반, 거푸집 등은 충분히 습윤상태에 있어야 하며, 기온이 높은 경우에는 지반, 거푸집 등이 건조하기 쉬우므로, 특히 주의가 필요하다. 지반, 거푸집 등이 건조할 우려가 있는 경우에는 살수하거나 덮개를 해서 습윤상태로 유지해야 한다. 또 직사 일광을 받아서 거푸집, 철근 등이 몹시 고온상태로 되어 있을 경우에는, 타설한 콘크리트가 급격히 응결하여 콘크리트의 품질에 나쁜 영향을 미치는 일이 있다. 그러므로 이러한 일이 일어날 우려가 있는 경우에는 살수하거나, 덮개를 해서 거푸집이나 철근이 고온으로 되는 것을 방지해야 한다.

콘크리트의 슬럼프는 운반중 시간의 경과와 더불어 감소하므로, 비빈후 장시간이 지난 콘크리트는 치기가 곤란해지는 경우가 있다. 일반적인 경우, 비빈후 90분 이내이면 슬럼프의 감소량이 작아서, 문제없이 타설할 수 있다. 그러나 이러한 품질의 변화는 기온의 상승과 더불어 증대하는 경향이 있으므로, 서중 콘크리트의 경우에는 비빈후 1시간 이내에 타설하는 것이 바람직하며, 일반적인 대책을 강구했을 경우라도 1.5시간 이내에 타설해야 한다. 그러기 위해서는 타설할 장소에 콘크리트가 운반되어 왔을 때 즉시 타설할 수 있도록 준비해 둘 필요가 있다.

서중 콘크리트에서 타설할 때의 콘크리트 온도가 높으면 여러 가지 나쁜 영향이 생기므로 될 수 있는 대로 콘크리트의 온도를 낮추는 것이 바람직하다. 그래서 타설할 때의 콘크리트 온도는 35℃ 이하라야 한다.

서중에 타설한 콘크리트의 표면이 직사일광이나 바람에 노출되면 갑자기 건조해서 균열이 발생하기 쉽다. 그래서 타설을 끝낸 콘크리트는 노출면이 건조하지 않도록 즉시 양생하여야 한다. 특히 타설한 후 적어도 24시간은 일시적이라도 노출면이 건조하지 않도록 습윤상태로 유지해야 하고, 또 양생은 적어도 5일 이상 실시하는 것이 바람직하다. 또 목재 거푸집의 경우처럼 거푸집판에 접해서 건조가 일어날 염려가 있는 경우에는 거푸집도 습윤상태로 유지해야 한다. 거푸집을 떼어낸 후에도 양생기간 동안은 노출면을 습윤상태로 유지해야 한다.

6.6 수중콘크리트

콘크리트는 공기중에서 시공하는 것이 원칙이다. 그러나 수중에서 시공할 경우 품질의 균일성, 시공 이음의 신뢰성, 철근과의 부착 등이 충분하지 못할 경우가 있으며, 이것을 확인할 적당한 방법도 없다. 그래서 수중에서 콘크리트를 시공해야 할 경우에는 공기중에서 시공하는 경우보다 배합강도를 크게 하든지 또는 설계기준강도를 작게 잡는 등의 고려를 하는 것이 좋다.

수중불분리성콘크리트는 적절한 재료, 배합을 사용하여 적절한 시공을 하면 양질의 수중콘크리트를 얻을 수 있으며 최근 시공실적이 증가되고 있다. 그러나 수중불분리성 콘크리트는 일반적인 수중콘크리트와 물성이 상당히 다를 뿐만 아니라 시공에 있어서 고려해야 할 사항이 많기 때문에 이 같은 점을 잘 이해하여 시공하는 것이 중요하다.

6.6.1 수중콘크리트의 배합

수중콘크리트는 다짐이 불가능하기 때문에 적당한 유동성이 필요하다. 그러므로 슬럼프는 시공방법에 따라 100~180mm를 표준으로 한다. 수중콘크리트는 재료분리를 적게 하기 위하여 단위시멘트량을 많게 하고, 잔골재율을 크게 한 점성이 풍부한 콘크리트를 사용해야 한다. 잔골재율은 40~45%를 표준으로 하고, 굵은골재는 둥근모양의 입도가 좋은 자갈을 사용하는 것이 바람직하다.

트레미를 사용하여 수중에서 콘크리트를 치면 그 강도가 같은 배합의 콘크리트를 공기중에서 시공한 것의 약 60% 정도 밖에 되지 않는다. 이것은 굳지 않은 콘크리트가 물속에 쳐지는 과정에서 주위의 물에 의하여 씻기는 작용을 받기 쉬워 강도의 저하를 일으킨다.

그래서 수중 콘크리트의 배합은 다음과 같이 규정하고 있다.

표 6.6 일반 수중콘크리트의 슬럼프 표준값(mm)

시공 방법	일반 수중콘크리트	현장타설말뚝 및 지하연속벽에 사용하는 수중콘크리트
트레미	130~180	180~210
콘크리트 펌프	130~180	–
밑열림상자, 밑열림 포대	100~150	–

1) 슬럼프는 표 6.6을 표준으로 한다.
2) 물-결합재비는 50% 이하를 표준으로 한다.
3) 단위시멘트량은 370kg/m^3 이상을 표준으로 한다.

6.6.2 수중콘크리트의 타설 및 양생

수중콘크리트의 타설 및 양생은 다음과 같은 방법으로 해야 한다.

1) 콘크리트는 재료가 분리되지 않도록 정수중에 치는 것을 원칙으로 하지만, 완전히 물막이를 할 수 없는 경우에도 유속은 50mm/sec 이하로 해야 한다.
2) 콘크리트는 물이 동요되지 않도록 천천히 쳐야하고, 수중에서 낙하시켜서는 안된다.
3) 치기중 콘크리트가 흐트러지지 않도록 주의해야 한다.
4) 콘크리트는 그 윗면이 수평이 되도록 유지하면서 소정의 높이 또는 수면 위로 나올 때까지 연속해

서 타설해야 한다.

5) 약 2℃ 이하의 빙점에 가까운 수중에서 콘크리트를 타설해서는 안 된다.

6) 양생은 콘크리트가 충분한 강도를 얻을 수 있을 때까지 물을 정지시켜야 하며, 0℃ 이하의 대기에 접촉시켜서는 안 된다.

6.6.3 수중콘크리트의 시공방법

수중콘크리트의 시공방법으로서는 트레미, 포대콘크리트, 밑열림 상자 및 밑열림 포대, 콘크리트 펌프 및 프리플레이스트 콘크리트 등이 있으며, 최근 셀룰로오스계 및 아크릴계의 수중불분리성 혼화제를 이용하여 그것들의 증점효과에 의해 수중에서 낙하시켜도 재료분리가 거의 없고 품질의 신뢰성이 높은 수중콘크리트의 시공방법이 개발되었다. 수중콘크리트의 시공법으로서 가장 좋은 것은 프리플레이스트 콘크리트이다.

1 트레미(tremie)

트레미는 그림 6.10과 같은 수밀성의 연직강관으로서 콘크리트가 자유롭게 낙하할 수 있는 크기를 가져야 하므로 안지름은 수심 3m 이내에서 250mm, 3~5m에서 300mm, 5m 이상에서 300~500mm 정도 굵은 골재 최대치수의 8배 이상이 되도록 해야 한다. 트레미의 상부에는 호퍼(hopper)를 달고 밑에는 밸브(foot valve)를 달아 강관이 소정의 위치에 도달하면 밸브를 열어서 콘크리트를 배출한다.

트레미에 사용하는 콘크리트는 성형성과 점착력이 있고 유동성이 있어야 하며 슬럼프는 130~180 mm로 한다. 콘크리트의 타설은 연속적으로 하고 강관의 선단은 항상 콘크리트속에 묻혀 있도록 하여 콘크리트가 흐트러지지 않도록 주의하면서 좌우로 움직여 콘크리트를 배출하고, 사용중에는 항상 강관이 콘크리트로 채워져 있어야 한다.

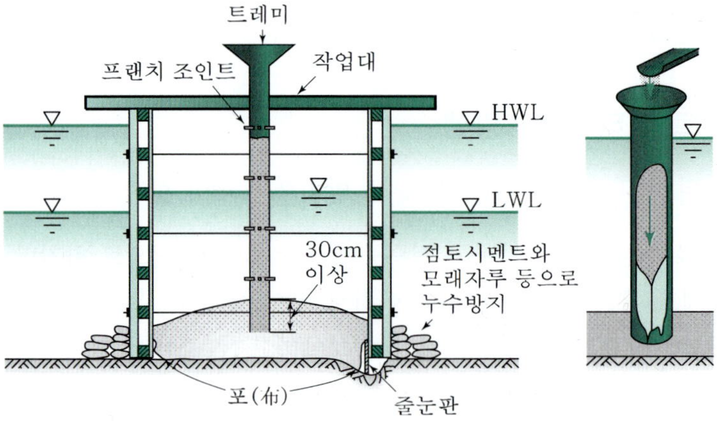

그림 6.10 트레미

2 콘크리트 펌프

콘크리트 펌프에 의한 수중콘크리트의 시공예에 의하면 안지름은 굵은골재의 최대치수의 3~4배에 해당하는 100~150mm 정도가 많이 사용되고 수송관 1개로 쳐지는 면적은 일반적으로 5m^2 정도이다. 펌프의 끝부분에 밸브를 달고 배관내에는 항상 콘크리트가 채워져 있도록 한다. 사용 콘크리트는 AE콘크리트나 플라이애시 등의 혼화재를 쓸 때가 많다. 시공시에는 트레미의 경우와 같은 주의가 필요하다.

3 밑열림 상자, 밑열림 포대

밑열림 상자나 포대 속에 콘크리트를 넣고 상자, 포대가 바닥에 닿으면 로프를 당겨서 밑을 열고 콘크리트를 배출하는 방법이다. 밑열림 포대로서는 시트와 같은 종류가 많이 사용되고 있다. 트레미를 사용하는 것처럼 좋은 결과를 얻을 수 없으므로 소규모 공사에 한하여 사용하고 있다.

4 포대 콘크리트

시멘트의 유출을 막기 위하여 포대 콘크리트를 사용할 경우가 있다. 특히 바닥이 암반이고 요철이 심한 경우에 적합하다. 사용하는 포대는 올이 굵은 천으로 만들고 용량은 30l 이상으로 하고 묽게 비빈 콘크리트를 2/3 정도 채워서 구멍을 끈으로 묶고 콘크리트가 응결하기 전에 수중에 쌓아올린다. 그러면 콘크리트의 중량으로 포대의 형상이 변하고 침출한 시멘트풀에 의하여 서로 부착하여 굳어진다.

6.6.4 수중불분리성 콘크리트

수중불분리성(水中不分離性) 콘크리트란 증점효과(增粘效果)에 의해 콘크리트가 수중에서 분리되지 않고 경화하기 전까지 시공할 수 있을 정도의 유동성을 확보할 수 있는 특수한 혼화제, 즉 수중불분리성 혼화제를 사용한 콘크리트를 말한다.

수중불분리성콘크리트의 적용범위는 사석제방과 같은 소규모 공사에서부터 대규모 교각의 하부공사에 이르기까지 여러 가지 구조물에 사용되며 또한 그 종류도 무근콘크리트, 철근콘크리트, 철골철근콘크리트 등 다양하다. 그러므로 수중불분리성콘크리트의 배합은 수중유동거리, 수중오염방지의 정도, 수중낙하 높이 등의 시공조건을 충분히 고려하여 소정의 수중불분리성, 강도, 유동성 및 내구성 등을 얻을 수 있도록 시험을 통하여 정할 필요가 있다.

수중불분리성콘크리트의 내염해성 및 각종 염류에 의한 침식작용은 일반적인 콘크리트와 거의 동일하므로 콘크리트의 화학작용 및 철근의 부식작용 등을 고려하여 물-결합재비를 정할 경우 최대 값은 표 6.7의 값을 표준으로 한다.

표 6.7 내구성으로부터 정해진 수중불분리성콘크리트의 최대 물-결합재비(%)

콘크리트 종류 / 환경	무근콘크리트	철근콘크리트
담수중	65	55
해수중	60	50

수중콘크리트에서는 다짐이 불가능한 경우가 많기 때문에 콘크리트의 충전성을 좋게 하기 위하여 보통콘크리트보다도 철근의 최소간격에 관한 조건을 엄격하게 한다. 굵은골재의 최대치수는 20mm 또는 25mm로 제한하는 것이 보통이다. 이것은 수중불분리성콘크리트에서는 굵은골재의 최대치수가 크게 됨에 따라 굵은골재 분리가 발생하기 쉽기 때문이다.

또한 수중콘크리트에서는 다짐이 불가능한 경우가 많기 때문에 보통콘크리트와 비교해서 상당히 큰 유동성이 필요하다. 유동성이 큰 범위에서는 슬럼프보다도 유동성의 크기를 정확히 표시할 수 있는 슬럼프플로우를 이용한다.

6.7 프리플레이스트 콘크리트(preplaced concrete)

프리플레이스트 콘크리트란 특정한 입도를 가진 굵은골재를 미리 거푸집 속에 채워 넣고, 그 공극 속에 특수한 모르타르를 적당한 압력으로 주입하여 만든 콘크리트를 말한다. 여기서 말하는 특수한 모르타르란 유동성이 크고, 재료의 분리가 적고, 적당한 팽창성을 가진 모르타르를 말하며, 일반적으로 포틀랜드시멘트와 모래 이외에 플라이애시나 고로슬래그분말, 감수제, 팽창재 등을 혼합한 것이다. 특히 혼화재인 intrusion aid를 사용할 경우 prepacked concrete라 하기도 하고 미국에서는 preplaced aggregate concrete로 널리 알려져 있다. 이 공법은 보통콘크리트의 시공법과 전혀 다른 특수 콘크리트 공법으로서 항만 공사를 위시해서 심해 수중에 축조하는 수중구조물, 방사선차폐용, 고밀도콘크리트, 기존 노후구조물의 보수, 보강 및 매시브한 콘크리트 등에서 신뢰도와 경제성을 인정받고 있다.

최근에는 대량으로 급속하게 시공하는 대규모의 프리플레이스트 콘크리트가 장대교의 하부공에 쓰여지고 있는 등 약 30년에 걸쳐 상당량의 실적이 있다. 또한 고강도이면서 특수한 유동성을 가진 고성능감수제를 사용한 주입모르타르에 의한 고강도 프리플레이스트 콘크리트가 개발되어 실용화되고 있다.

6.7.1 프리플레이스트 콘크리트의 재료

1 결합재

프리플레이스트 콘크리트의 주입모르타르는 유동성, 내화학저항성의 향상, 수화열의 억제 등의 목적으로 보통 포틀랜드시멘트에 플라이애시 등의 혼화재를 혼입한 것을 사용하고 있으며, 그 혼합된 것을 결합재라고 한다.

2 혼화제

프리플레이스트 콘크리트용 주입모르타르에 사용되는 혼화제는 유동성을 좋게 하고, 보수성(保水性)을 향상시켜서 재료분리를 방지하고, 응결을 지연시키고, 팽창성을 가지게 하는 등의 물성을 가지는 것이 좋다.

이러한 여러 가지 물성을 주입모르타르가 적절히 가질 수 있도록 소요의 감수제, 발포제(發泡劑), 보수제, 지연제 등을 적당량 혼합한 프리믹스트(pre-mixed) 타입의 프리플레이스트 콘크리트용 혼화제가 판매되고 있어 일반적인 프리플레이스트 콘크리트에는 이러한 혼화제를 사용하는 것이 좋다.

이 종류의 혼화제에 포함되어 있는 발포제는 일반적으로 인편상(鱗片狀)의 알루미늄분말이다. 알루미늄분말에 의한 팽창효과는 알루미늄분말의 품질, 시멘트의 품질, 온도, 배합, 비비기 시간, 주입후의 압력 등에 의하여 변화된다. 보통 기온일 때(10~20℃) 일반적으로 결합재에 대한 중량비 $Al/(C+F)$로서 0.010~0.015% 정도를 사용한 시공예가 많다.

프리플레이스트 콘크리트용 혼화제를 쓰지 않을 경우에는 양질의 감수제에 알루미늄분말(KS D 6705), 기타 혼화제를 혼합한 것을 사용한다.

3 잔골재

잔골재의 품질은 프리플레이스트 콘크리트의 강도나 품질에 크게 영향을 미치며, 잔골재의 입도분포는 주입모르타르의 재료분리에 미치는 영향이 크므로 잔골재의 입도범위를 표 6.8로 정하고 있다. 잔골재의 조립률은 1.4~2.2 범위가 적당하다.

표 6.8 잔골재의 표준입도

체의 호칭(mm)	체를 통과한 것의 질량백분율(%)
2.5	100
1.2	90~100
0.6	60~85
0.3	20~50
0.15	5~30

4 굵은골재

프리플레이스트 콘크리트의 품질 및 강도는 주입모르타르를 일정하게 하는 경우 굵은골재의 품질에 좌우되므로, 굵은골재와 모르타르의 부착을 크게 하는 골재 모양, 입도분포 및 표면상태를 가진 굵은골재가 유리하며, 입자 상호간의 면접촉이 큰 골재는 가능한 피하는 것이 좋다. 또한 굵은골재 공극중에 모르타르를 주입할 때 유동하기 쉽게 하기 위해서 굵은골재의 최소치수는 15mm 이상 부재단면 최소치수의 1/4 이하, 철근콘크리트의 경우 철근순간격의 2/3 이하로 규정하고 있다. 일반적으로 굵은골재의 최대치수는 최소치수의 2~4배 정도의 것을 사용하는 경우가 많다.

대규모 프리플레이스트 콘크리트를 대상으로 하는 경우 굵은 골재의 최소치수를 크게 하는 것이 효과적이며 굵은 골재의 최소치수가 클수록 주입 모르타르의 주입성이 현저하게 개선되므로 굵은 골재의 최소치수는 40mm 이상으로 한다.

6.7.2 주입모르타르의 배합

프리플레이스트 콘크리트용 주입모르타르는 반죽질기가 소요의 범위내에 있고 소요의 강도, 내구성 및 수밀성의 콘크리트를 얻을 수 있도록 작업성이 양호하고 재료 분리가 적게 되도록 하기 위해서는 다음과 같은 순서로 시방배합을 정하는 것이 좋다.

일반적으로 배합강도, 시멘트의 종류, 혼화재의 혼합률 F/B, 반죽질기, 물-결합재비 W/B, 모래-결합재비 S/B, 알루미늄분말 사용량 Al/B의 순서로 배합을 정하며, 과거의 실적을 참고로 하는 것이 중요하다.

프리플레이스트 콘크리트의 배합의 표시법은 표 6.9와 같다.

표 6.9 배합의 표시법

굵은골재			유하시간의 범위 (sec)	물-결합재비 W/B (%)	혼화재율 F/B (%)	모래-결합재비 S/B (%)	단위질량(kg/m³)						
최소치수 (mm)	최대치수 (mm)	공극률 (%)					W	C	F 1)	S	혼화재	혼화제 1)	팽창제 2)

(주) 1) 혼화제의 사용량은 g이나 ml로 표시하고, 희석하거나 또는 용해하지 않는 것을 말한다.
2) 평창재의 사용량은 g으로 표시하고 프리플레이스트 콘크리트용 혼화제에 포함되지 않는 것을 말한다.

6.7.3 프리플레이스트 콘크리트의 품질 및 시공

1 품질

프리플레이스트 콘크리트의 강도는 재령 28일 또는 재령 91일의 압축강도를 기준으로 정하고 있다. 그 이유는 재료로서 플라이애시 등의 혼화재료를 사용하기 때문에 초기재령에서 충분한 압축강도를 기대하기 곤란한 점과 구조물이 일반적으로 장기간 경과한 후에 설계하중을 받는 경우가 많기 때문이다.

한편 주입모르타르의 품질은 굳지 않은 상태에서 양호한 유동성과 침수성을 가지며, 주입이 끝날 때까지 이러한 성질이 유지되어야 한다. 모르타르가 굵은골재의 공극에 주입되기 시작하여 경화할 때까지의 사이에 되도록 블리딩이 적고, 또 이 사이에 적당히 팽창해야하며, 경화후에는 콘크리트에 소요의 품질을 부여하는데 필요한 압축강도 및 굵은골재와의 부착력을 가지며 내구성 및 수밀성을 가져야 한다.

주입모르타르는 다음과 같은 조건을 만족해야 한다.

1) 유동성(流動性)은 유하(流下) 시간이 16~20초인 것을 표준으로 한다.
2) 블리딩율은 시험개시 후 3시간에서의 값이 3% 이하로 되어야 한다.
3) 팽창율은 시험개시 후 3시간에서의 값이 5~10%에 있음을 표준으로 한다.
4) 압축강도는 소요의 강도를 얻을 수 있어야 한다.

2 시공

프리플레이스트 콘크리트의 시공시 굵은골재를 투입할 때와 모르타르를 주입할 때는 거푸집에 큰 압력이 작용하며, 또 모르타르의 누출을 방지해야 하므로 거푸집의 시공은 매우 중요하며, 거푸집은 골재와 모르타르의 압력에 충분히 견딜 수 있어야 하고, 기초와 거푸집 사이의 거푸집 이음부분 등으로부터 주입모르타르가 새어 나오지 않도록 거푸집의 시공에 유의해야 한다.

일반적으로 다음과 같이 시공하는 것을 원칙으로 하고 있다.

1) 굵은골재를 채울 때는 철근, 주입관, 검사관 등이 소정 위치에 배치되어 있는지를 확인해야 한다. 그리고 굵은골재는 주입전에 물로 충분히 적셔 놓아야 한다.
2) 주입관의 배치는 연직주입관의 수평간격은 2m 정도를 표준으로 하며, 수평주입관의 수평간격은 2m 정도, 연직간격은 1.5m 정도를 표준으로 한다.
3) 수평주입관은 필요에 다라 역류방지장치를 갖춘 주입관을 별도로 삽입하여 주입할 수 있도록 해야 한다.
4) 모르타르 펌프는 충분한 압송능력을 보유하고 주입모르타르를 연속적으로 또 공기가 혼입하지 않도록 주입할 수 있는 것이어야 한다.
5) 주입은 최하부로부터 시작하여 상부로 향하는 것으로 하며, 모르타르면의 상승속도는 0.3 ~2.0m /h 정도로 해야 한다.
6) 연직주입관은 관을 뽑아 올리면서 주입하되, 주입관의 선단은 일반적인 경우 0.5~2.0m 모르타르 속에 묻혀 있는 상태로 유지하는 것이 원칙이다.

6.8 숏크리트(shotcrete)

숏크리트는 압축공기로 모르타르나 콘크리트를 시공면에 뿜어 붙이는 특수한 시공방법이며, 뿜어붙인 모르타르나 콘크리트를 숏크리트(shotcrete) 또는 뿜어붙이기 콘크리트라 한다.

숏크리트는 각종 재료의 표면에 그 형상 등에 관계없이 쉽게 시공할 수 있고, 또 시공면에 잘 부착하고 큰 강도, 수밀성을 기대할 수 있기 때문에 터널 등의 라이닝, 굴착법면의 보호, 구조물의 보강 등에 널리 적용되고 있다. 특히 뿜어붙이기 로봇 등의 기기류를 포함한 뿜어붙이기 시스템 및 혼화제 등의 개발, 개선에 따라서 품질의 신뢰성, 시공성, 경제성은 물론 안전성을 포함한 작업환경이 향상되었기 때문에 가설구조물뿐만 아니라 일반구조물에도 사용된다. 한편, 숏크리트 섬유 등을 혼입하는 이른바 복합재료 또는 콘크리트나 강재와 합성시킨 복합구조로서의 적용도 시도되고 있다. 일반적으로 숏크리트는 다음과 같은 장단점을 가지고 있다.

(1) 장점

1) 급결제의 첨가에 의하여 조기에 강도를 발현시킬 수 있다.
2) 거푸집이 불필요하고, 급속시공이 가능하다.
3) 비교적 소규모로 운반 가능한 기계설비로 시공할 수 있다.
4) 위쪽, 옆을 포함한 임의방향으로 시공이 가능하다.
5) 플랜트에서 떨어진 협소한 장소, 또 급경사면의 나쁜 작업조건하에서도 시공이 가능하다.

(2) 단점

1) 리바운드 등의 재료손실이 많다.
2) 평활한 마무리면을 얻기 어렵다.
3) 뿜어붙일 면에서 물이 나올 때는 부착이 곤란하다.
4) 숏크리트 작업시에 분진이 발생한다.
5) 시공조건, 노즐맨의 기술에 의하여 시공성, 품질 등에 변동이 생기기 쉽다.
6) 수밀성이 다소 결여된다.

6.8.1 숏크리트의 공법

숏크리트 공법으로서는 건식법(乾式法)과 습식법(濕式法)이 있으며, 콘크리트의 배합, 급결제 혼입의 유무, 시공성, 콘크리트의 품질 및 품질관리의 난이도 등에 따라 달라진다. 숏크리트의 공법을 나타낸 것이 그림 6.12이며 공법의 특징을 표 6.10에 나타내었다.

그림 6.11 숏크리트

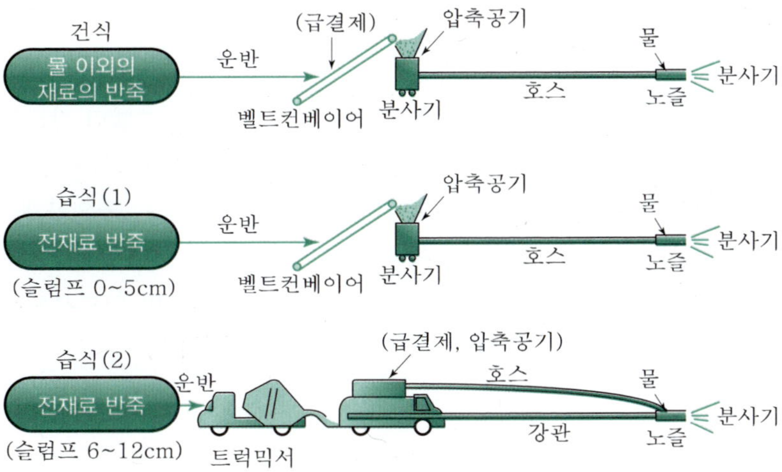

그림 6.12 숏크리트의 공법

1 건식법

건식법은 시멘트와 골재를 건비빔(dry mix)시켜서 노즐(nozzle)까지 보내어 여기서 물과 합류시켜 압축공기로 뿜어붙이는 공법이다.

2 습식법

습식법은 전 재료를 믹서로 비벼서 노즐까지 보낸 후 필요에 따라 여기서 압축공기를 공급해서 뿜어 붙이는 공법이다. 일반적으로 모르타르 뿜어붙이기에는 습식공법, 콘크리트 뿜어붙이기에는 건식공법을 많이 사용한다.

표 6.10 건식법과 습식법의 비교

구분	건식법	습식법
콘크리트의 특성	노즐 또는 운반호스도중에서 물과 마른 비빔 재료를 혼합하므로 품질은 작업원의 숙련도에 따라 좌우된다.	물과 골재를 사전에 정확히 개량하고, 또한 충분히 혼합하므로 품질관리가 쉽다.
작업의 제약	마른 비빔재료를 공급하면 되므로 공급의 제한은 적게 받는다.	재료의 공급에 제한을 받는다.
압송거리	비교적 장거리의 압송이 가능하다(약 500m까지 작업이 가능)	일반적으로 장거리 압송에 적당하지 않다(약 100m)까지 작업이 가능
분진	많다	적다

6.8.2 숏크리트의 재료

1 시멘트 및 골재

보통포틀랜드시멘트가 일반적으로 사용되지만 시공후 될 수 있는 대로 빨리 강도를 얻는 것을 목적으로 하기 때문에 조강포틀랜드시멘트나 초조강성 시멘트의 이용에 대해서도 검토되고 있다.

잔골재는 일반적으로 조립률이 2.3~3.1의 범위의 것이 바람직하다. 굵은골재에는 쇄석(碎石) 및 강자갈이 쓰인다. 최대치수로서는 10~15mm의 경우가 많다. 굵은골재의 최대치수가 크면 시공시에 리바운드가 많고 호스 속을 폐쇄시킬 염려가 있어 적절한 최대치수 및 입도분포를 갖는 굵은골재를 선정하는 것이 중요하다.

2 급결제

터널공사와 같이 상향(上向)으로 50~100mm 이상의 두께로 숏크리트를 시공하는 경우에는 급결제의 사용은 불가결하다. 급결제의 역할은 뿜어붙인 직후 수초에서 수분 이내에 시멘트의 응결을 촉진하고 콘크리트와 원지반과의 부착력을 발현시켜서 자중 및 뿜어붙이기에 따른 충격에 의해서 콘크리트가 떨어지지 않도록 하는 것과 또 수시간내의 발파의 진동충격과 원지반의 국부적인 벗겨짐에 대한 저항성을 갖는 강도를 발현시키는 것이다.

이와 같이 급결제의 효과는 사용하는 시멘트의 종류 및 시공시의 온도, 콘크리트의 배합 등에 따라 달라지기 때문에 시공시 그 첨가량은 시험에 의해 결정하는 것이 바람직하다.

3 철망

숏크리트와 원지반과의 부착이 충분치 않을 경우 철망으로 보강하며 용접철망 혹은 마름모 철망을 쓴다.

철망은 일반적으로 터널 등 지하구조물의 경우는 철선지름이 4~6mm, 철망눈치수 100~150mm, 사면의 경우 철선지름이 2.0~2.6mm, 철망눈치수 50~75mm의 철망을 사용한다.

6.8.3 숏크리트의 강도, 배합 및 시공

1 배합강도

배합강도는 구조물이 필요로 하는 강도 또는 설계기준 강도를 기준으로 현장에서 콘크리트 품질의 변동을 고려하여 정해야 한다. 설계기준강도를 채용한 숏크리트의 예로서는 터널의 라이닝으로 18~24MPa, 법면보호공으로 18MPa 등이 있다. 또 지금까지의 경험에 의하면 코어채취에 의하여 얻어진 공시체에 의한 압축강도는 다음과 같은 범위에 있는 것이 많다.

1) 터널라이닝에 사용될 때에는 18~35MPa 정도이다.
2) 콘크리트 구조물 보수에 사용될 때에는 20~40MPa 정도이다.
3) 비탈면보호에 사용될 때에는 17~28MPa 정도이다.

2 배합

배합을 결정할 때는 뿜어붙이기가 콘크리트 소요의 성질을 나타내는 범위내에서 골재의 리바운드 양을 아주 적게 하고, 양호한 작업성을 가지도록 하며 다음과 같은 범위의 것이 많이 사용된다.

1) 굵은골재의 최대치수는 10~15mm 정도가 적당하다.
2) 잔골재율은 55~75% 정도가 적당하다.
3) 단위시멘트량은 콘크리트의 경우 300~400kg/m^3, 모르타르의 경우 400~600kg/m^3 정도가 적당하다.
4) 물-결합재비는 40~60% 정도가 적당하다.
5) 혼화재료는 급결제로써 시멘트 중량의 5~8% 정도가 적당하다.

3 시공

숏크리트를 시공하는 경우에는 다음과 같은 사항을 유의해야 한다.

1) 기온이 빙점에 가깝게 되거나 강풍, 또는 비가 내릴 때에는 특히 시공이 곤란하게 되므로 되도록 기온이 10℃ 이상의 평온한 날에 실시한다.
2) 기존 콘크리트면에 시공하는 경우에는 콘크리트면을 거칠게 하고 부착을 저해하는 물질을 제거한다.
3) 시공면이 흡수성인 경우에는 충분하게 흡수시킨 후 압축공기로 표면의 수분을 제거한다.
4) 25mm 이상의 두꺼운 모르타르 층을 시공하는 경우에는 20mm 이하의 얇은 층으로 나누어서 시공한다. 이 경우 먼저 시공한 층이 완전하게 굳기 전에 다음 층을 시공하는 것이 좋다.

5) 일반적으로 노즐은 시공면에서 0.9m 위치로 유지한다.
6) 시공 후 충분한 온도와 습도를 유지하여 보통 시멘트에서는 7일, 조강 시멘트에서는 3일 이상의 양생을 실시하여야 한다.

4 장기강도

일반 숏크리트의 장기 설계기준압축강도는 재령 28일로 설정하며 그 값은 21MPa 이상으로 한다. 단 영구 지보재 개념으로 숏크리트를 타설할 경우에는 35MPa 이상으로 한다.

특히 영구 지보재로 숏크리트를 적용할 경우 구조적 안정성과 박락에 대한 저항성을 확보하기 위해 암반 및 숏크리트 각 층간의 부착강도를 높일 필요가 있으며 재령 28일 부착강도는 1MPa 이상이 되도록 관리하며 절리와 균열의 거동에 저항하기 위하여 휨인성 및 전단강도가 우수하여야 한다.

6.9 해양 콘크리트

육상이나 해상의 공기중에서 시공하는 항만, 해안, 해양의 콘크리트 구조물을 말하며, 해수의 작용을 받은 구조물과 육상이나 해면상에 건설되어 파랑이나 해수 물보라, 조풍(潮風)의 영향을 받는 콘크리트 구조물도 해양 콘크리트로 간주한다.

해양에 건설되는 구조물은 시공시 및 건설 후에 일반적인 구조물의 외력 외에도 파력, 수압 등을 고려하여 구조물 설계시 이러한 외력에 대하여 구조물이 안정성을 가질 수 있도록 해야 한다. 그리고 해양 구조물의 시공시에는 해풍, 해류, 조류 등을 고려해야 한다.

해양 콘크리트는 해수의 물리화학작용, 기상작용, 파랑이나 조류, 고형물에 의한 충격이나 마모 등 각종 유해한 작용 때문에 손상되기 쉽다. 따라서 이들 작용에 대하여 콘크리트를 내구적이며 손상의 정도를 지연시키기 위해서는 해수의 작용에 대하여 내구적인 재료를 사용하거나 강도 및 수밀성이 큰 콘크리트를 염두에 두고 시공해야 한다.

일반적으로 해양 콘크리트의 내구성은 해양 환경에 노출 됐을 때 콘크리트 본연의 형태, 품질, 공용성을 유지하며서 기상작용, 화학적 침식, 마모 및 다른 열화 진행과정에 대해 저항할 수 있는 능력을 의미한다. 이러한 것에는 동결 융해, 염분에 의한 화학적 침식, 파랑에 의한 물리적 마모, 콘크리트 내부 보강 철근의 부식 및 골재와 관련된 화학 작용 등이 이에 포함된다. 따라서 이러한 모든 열화 작용들을 고려해 볼 때 해양 콘크리트의 가장 혹독한 조건은 동결 기상조건과 조수 간만대에 반복적으로 노출된 구조물이라 할 수 있겠다. 대부분의 해양 구조물에서 일반적인 파괴 메커니즘(mechanism)은 바닷물의 염분이 콘크리트로 침투하여 철근을 부식시키는 것이라 할 수 있다.

6.9.1 해양 콘크리트의 재료

콘크리트를 구성하는 각각의 재료들은 지역적 요소가 강하므로 사용된 환경 하에서 콘크리트는 내구적 이어야 하고 아울러 콘크리트를 만들기 위해 적합한 특성들을 가져야 하는 등 재료에 대한 확실한 평가가 이루어져야 한다. 또한, 해양 구조물들은 일반 구조물보다 긴 공용 수명을 가지고 있어 구조물에 문제가 발생했을 때 보수 및 보강을 위한 접근이 쉽지가 않다. 왜냐하면 대부분의 구조물들은 해양에 접해 있어 기상조건 및 환경변화에 큰 영향을 받기 때문이다. 따라서 미래의 보수 및 보강 작업을 위해 필요한 높은 비용을 줄이기 위해서는 사용된 재료와 만들어진 콘크리트가 공용 기간 동안 안전하게 유지되어야 하며, 각 재료에 대한 품질이 확보 되어야 한다.

1 시멘트

각종 시멘트중 해수의 작용에 대하여 특히 내구적인 시멘트는 고로슬래그시멘트, 중용열포틀랜드시멘트, 플라이애시시멘트이다. 이상의 시멘트는 내해수성이 있으며, 장기재령의 강도가 크고 수화열이 적다는 이점이 있어서 해양 콘크리트에는 이러한 시멘트를 쓰는 것이 좋다. 그러나 초기강도가 작은 결점이 있어 강도가 충분히 발휘되도록 초기의 습윤양생에 주의할 필요가 있다.

해양 콘크리트에는 시멘트와 폴리머를 사용한 폴리머시멘트콘크리트, 폴리머만을 사용한 폴리머콘크리트 또는 시멘트콘크리트의 공극속에 합성수지를 침투시킨 폴리머함침콘크리트 등도 사용된다.

2 골재

부서지기 쉬운 것, 결이 있는 것 강도가 낮은 것, 흡수량이 많은 것, 팽윤성(澎潤性)이 있는 것 등은 내구성이 좋지 않은 골재이므로 적당하지 않다. 또 해수는 알칼리골재반응의 반응성을 촉진하는 경우가 있다는 보고도 있어서 특히 반응성에 대하여는 충분한 검토를 할 필요가 있다.

3 강재

내염성철근은 종류가 많지만, 아직 충분히 평가된 사례가 적어서 사용에 충분한 고려가 필요하다. 또한 해양환경에서의 강재의 부식피로, PS 강재의 응력부식균열에 대해 특히 고려할 필요가 있다. 염화물의 작용을 받을 경우 반복응력을 받은 강재의 피로강도가 현저하게 저하되는 경우가 있으며 이를 부식피로라고 부른다. 특히 중요한 구조물에서는 균열 및 피로한계상태에 대한 검토에서 부식피로를 검토해야 한다. PS 강재와 같은 고장력강에서 응력부식 검토를 해야 하는 경우가 있는데, 작용응력이 인장강도의 60% 까지는 검토할 필요가 없다.

4 혼화재료

수밀적이고 해수작용에 대하여 내구성이 큰 콘크리트를 만들기 위해 적절한 양의 양질의 포졸란을 사용하여 좋은 결과가 얻어진 사례가 많다고 한다. 그러나 포졸란의 사용효과는 포졸란의 품질과 혼합율에 의하여 상당히 다르므로 이를 사용할 때는 충분한 검토를 필요로 한다.

또한 화학혼화제는 내구적 해양 콘크리트 생산을 위해서 필수적인 요소이다. 양질의 AE제, 감수제, AE 감수제 또는 고성능 감수제를 사용하면 콘크리트의 워커빌리티가 개선되고, 블리딩 등의 재료분리도 적어져서 부분적인 결점이 적은 균등질 콘크리트를 시공하기 쉽고, 그 결과 내구성 및 수밀성이 큰 콘크리트를 얻을 수 있다. 또 이들 혼화제를 쓰면 심한 기상작용을 받을 경우에도 뛰어난 저항을 발휘하므로 효과적이다.

6.9.2 해양 콘크리트의 배합

해양 콘크리트 구조물에서는 내구성으로부터 정해지는 물-결합재비의 최대값은 표 6.11의 값을 표준으로 한다.

표 6.11 내구성으로 정하여진 공기연행 콘크리트의 최대 물-결합재비(%)

환경구분 \ 시공조건	일반 현장시공의 경우	공장제품 또는 재료의 선정 및 시공에서 공장제품과 동등 이상의 품질이 보증될 때
(a) 해중	50	50
(b) 해상대기중	45	50
(c) 물보라지역, 간만대지역	45	45

(주) 실적, 연구성과 등에 의하여 확증이 있을 때는 물-결합재비를 위 값에 5% 정도 더한 값으로 해도 좋다.

단위 시멘트량을 크게 하면 균등질이고 밀실한 콘크리트로 되어서 해수 중에 포함된 각종 염류의 화학적 침식, 콘크리트속의 강재의 부식 등에 대한 저항성이 커진다. 해양 철근콘크리트 및 프리스트레스트콘크리트 구조물에서 내구성으로 정해지는 단위시멘트량은 표 6.12의 값 이상으로 하는 것이 좋다.

표 6.12 내구성으로 정해지는 최소 단위 결합재량(kg/m^3)

환경구분 \ 굵은골재 최대치수(mm)	20	25	40
물보라지역, 간만대 및 해상대기중	340	330	300
해중	310	300	280

해양 콘크리트 구조물에 쓰이는 AE 콘크리트의 공기량은 표 6.13의 값을 표준으로 한다.

표 6.13 콘크리트의 공기량의 표준값(%)

환경조건		굵은골재의 최대치수(mm)		
		20	25	40
동결융해작용을 받을 염려가 있는 경우	(a) 물보라, 간만대지역	6	6	5.5
	(b) 해상대기중	5	4.5	4.5
동결융해작용을 받을 염려가 없는 경우[1)]		4	4	4

1) 동결융해 작용을 받을 염려가 없는 경우란 항상 해중에 있는 구조물로서 기온이 0℃ 이하가 되는 일이 거의 없는 경우를 말함.

6.9.3 해양 콘크리트의 시공

해양 구조물에서는 균일한 콘크리트를 얻을 수 있도록 치기, 다지기, 양생 등에 특히 충분한 배려가 필요하다. 시공관리가 적절히 실시된 구조물에서는 장기간에 걸쳐서 소요의 기능을 유지하고 있는 예가 많지만, 시공이 불충분하면 불량한 곳으로부터 구조물의 열화(劣化)가 쉽게 진행한다.

일반적인 경우에는 시공이음을 두지 않는 것이 좋지만, 해양 구조물에서는 특히 이 부분에서 피해가 시작하므로 이것을 피하도록 해야 한다. 특히 만조위로부터 위로 0.6m, 간조위로부터 아래로 0.6m 사이의 감조부분(感潮部分)에는 시공이음이 놓이지 않도록 시공계획을 세워야 한다.

한편 해양 콘크리트 구조물의 덮개는 해수에 직접 닿는 부분, 조석간만의 작용을 받는 부분, 심한 마찰작용을 받지는 않으나 항상 해수로 씻기워지는 부분, 심한 조풍자용을 받는 부분에 대해서는 표 6.14의 75mm 정도가 대부분이고, 시공후의 콘크리트의 상태도 거의 만족할만 하다고 한다.

표 6.14 해양 콘크리트 구조물의 최소 덮개(mm)

(a) 해수에 직접 닿는 부분, 해수로 씻기워지는 부분, 심한 조풍을 받는 부분	75
(b) (a) 이외의 부분	50

특히 해양 콘크리트 구조물의 설계시에는 콘크리트에 해로운 균열이 발생하지 않도록 주의를 요한다.

6.10 경량골재콘크리트(lightweight-aggregate-concrete)

콘크리트는 내구적이고 경제적인 구조재료로 사용되고 있으나, 강도에 비하여 중량이 큰 것이 하나의 결점이 되고 있다. 그래서 콘크리트의 중량을 경감시키기 위한 목적으로 건조비중이 2.0 이하의 콘크리트를 경량골재콘크리트라 한다.

경량골재콘크리트에 이용하는 경량골재에는 천연경량골재, 인공경량골재 및 산업부산물 골재 등이 있다. 일반적으로 천연경량골재는 입자의 모양이 좋지 않고 흡수율이 크기 때문에 구조용 콘크리트용 재료로서는 인공경량골재가 토목구조물에 널리 사용되므로 여기에서는 인공경량골재 콘크리트에 대하여 설명한다.

6.10.1 경량골재콘크리트의 특성

1 단위질량

경량골재 콘크리트의 단위질량은 단위시멘트량, 공기량에 의해서도 변화하지만 주로 사용하는 골재의 성질에 의하여 정하여지며, 설계 계산을 할 때 단위질량은 골재의 전부를 경량골재로 한 경우 1.7t/m^3, 골재의 일부를 보통 천연골재로 사용한 경우 1.9t/m^3을 사용해도 좋다.

한편 강도와 관련되는 경량골재의 단위질량은 표 6.15와 같다.

표 6.15 경량골재콘크리트의 설계기준압축강도 및 기건단위질량의 범위

사용한 골재에 의한 콘크리트의 종류	사용골재		설계기준 압축강도(MPa)	기건단위질량 (kg/m^3)
	굵은골재	잔골재		
경량골재콘크리트 1종	경량골재	모래, 부순 모래, 고로스래그잔골재	18 21 24	1700 ~2000
경량골재콘크리트 2종	경량골재	경량골재나 흙은 경량 골재의 일부를 모래, 부순 모래, 고로슬래그잔골재로 대치한 것	15 18 21	1400 ~1700

2 압축강도

경량콘크리트의 압축강도는 그림 6.13에서와 같이 시멘트-물비에 의하여 거의 결정되지만 골재의 함수상태에 따라 변한다. 골재의 함수량이 증가하면 강도는 약간 저하하는 경향을 나타낸다.

그런데 경량골재 콘크리트의 경우 그림 6.13의 시멘트-물비와 압축강도와의 관계에서 나타낸 바와 같이 어느 정도 이상의 압축강도의 범위에서 물-결합재비를 감소시키더라도 강도는 크게 증가하지 않는다. 또 인공경량골재의 강도는 주로 표층부의 표면상태에 따라 달라지며, 일반적으로 입경이 큰 경량골재는 약하기 때문에 고강도의 경량골재 콘크리트에서는 굵은골재의 최대치수에 따라 강도가 상당히 달라진다.

경량골재콘크리트의 실용상의 압축강도의 한계는 골재의 강도에 한계가 있기 때문에 60MPa 정도이

고, 인장 및 전단강도는 같은 압축강도를 갖는 콘크리트의 60~80% 정도이다.

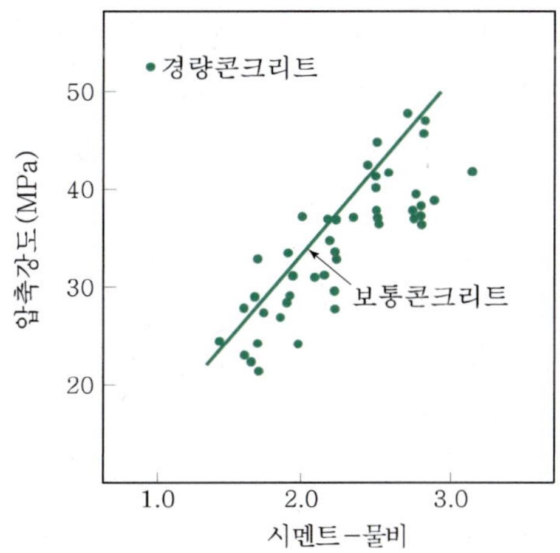

그림 6.13 경량콘크리트의 시멘트-물비와 압축강도

3 탄성계수

인공경량골재 콘크리트의 응력-변형률 곡선은 직선에 가까우며, 원점에서 곡선의 기울기는 보통콘크리트보다 일반적으로 약간 완만하다. 다시 말해서 경량콘크리트의 응력-변형률 곡선은 동일 압축강도의 보통콘크리트보다도 곡선의 곡률이 작으며, 탄성계수는 $1.2 \sim 2.0 \times 10^4$MPa의 범위이며, 이 값은 보통콘크리트의 40~80% 정도이다. 우리나라 콘크리트 표준시방서에서는 탄성계수를 다음 식으로 구한다.

$$E_c = 2974\sqrt{f_{ck}}\,\text{MPa}\ (\text{이때}\ \ W = 1.7\text{t/m}^3) \tag{6.3}$$

$$E_c = 3500\sqrt{f_{ck}}\,\text{MPa}\ (\text{이때}\ \ W = 1.9\text{t/m}^2) \tag{6.4}$$

포와송비는 1/6으로 규정하고 있으나, 저응력시 포와송비는 0.2 전후로써 보통콘크리트와 거의 같으며, 파괴응력 부근에서는 보통콘크리트의 경우처럼 포와송비가 급격히 증가하지 않는다.

6.10.2 경량골재콘크리트의 시공

경량골재콘크리트의 시공에 있어서 보통골재콘크리트의 시공과 다른 점은 일반적으로 골재의 프리웨팅(pre-wetting)을 필요로 한다는 점과 반드시 AE콘크리트 시공해야 한다는 것이다.

일반적으로 경량골재콘크리트 시공시 유의해야 할 점은 다음과 같다.

1) 경량골재는 보통골재보다도 일반적으로 흡수율이 크고, 또한 장기간에 걸쳐서 지속되기 때문에 골재의 함수량은 가능한 한 일정하도록 관리한다. 이것은 pre-wetting을 행한 경우에도 필요하다.
2) 경량골재콘크리트는 가볍기 때문에 슬럼프가 일반적으로 작게 나오는 경향이 있다. 따라서 단위수량을 크게 하는 것은 바람직하지 못하기 때문에 슬럼프는 50~120mm를 표준으로 하고 AE콘크리트로 한다.
3) 운반중의 재료분리는 보통콘크리트와는 반대로 골재가 위로 떠오르고 시멘트페이스트가 가라앉는 경향이 있다. 따라서 진동을 많이 주거나 장거리 운반은 피한다.
4) 경량골재콘크리트는 다짐효과가 떨어지는 경향이 있기 때문에 진동기를 이용할 필요가 있다.
5) 경량골재콘크리트는 건조균열을 일으키기 쉽고, 이 균열이 유해한 영향을 미칠 우려가 있기 때문에 양생중 습윤상태를 유지하도록 특히 주의한다.

6.10.3 기포콘크리트 및 다공성콘크리트

기포콘크리트란 경량콘크리트의 일종으로 잔골재를 사용하지 않고 콘크리트속에 많은 기포를 발생시켜 중량을 가볍게 한 콘크리트이다. 즉, 석회질과 규사질을 주원료로 하고 여기에 발포제, 안정제 등을 혼합하여 거푸집 속에 주입한 다음, 발포 팽창시켜 다공질화되어 경화한 것을 오토클레이브 양생한 것을 경량기포콘크리트(ALC, autoclaved light-weight concrete)라고 한다. 기포콘크리트는 내부에 포함된 기포의 크기, 양 및 독립성 등에 따라 달라지나, 절건비중이 0.4~1.0 정도이고 구조재로 사용될 때는 압축강도가 4MPa 이상, 비중 0.8~0.9 정도가 요구된다. 이때의 탄성계수는 약 2×10^3 MPa 정도, 열전도율 0.2kcal/m · h · ℃ 정도, 선팽창계수 $0.6\sim1.0\times10^{-5}$ 정도로써 보통의 시멘트 제품과는 달리 중성이고, 건습에 따른 체적변화가 작으며 균열이 잘 발생하지 않고 단열성이 우수한 특성을 가지나, 흡습성이 매우 크고 건조수축도 보통 콘크리트보다 현저하게 큰 단점이 있다.

한편, 다공성 콘크리트(porous concrete)는 배수, 음료수의 여과, 경량화 및 열전도율 등을 작게 할 목적으로 만들어진 콘크리트로서, 잔골재를 사용하지 않고 굵은골재(5~10mm 정도)와 시멘트풀로 제조한다. 다공성콘크리트의 압축강도는 7MPa 이상을 표준으로 하고, 두께 300mm의 판자위에 100 mm의 일정한 수압을 줄 경우 $400l/\text{min}\cdot\text{m}^2$ 이상의 투수성을 요구하는 경우가 많다.

6.11 중량콘크리트(heavy weight concrete)

비중이 큰 골재를 사용하여 만든 콘크리트를 중량콘크리트라 한다. 토목구조물은 일반적으로 댐이나 옹벽과 같이 자중에 의하여 외력에 견디는 구조물이 많으므로 단위중량이 큰 콘크리트가 요구되나, 여기서 중량콘크리트는 방사선차폐용과 같은 특수한 목적으로 사용되는 경우를 말한다. 중량콘크리트를 만들기 위하여 철광석, 중정석 기타의 중량골재를 사용한 콘크리트로써 단위질량이 $3\sim5\text{t/m}^3$

범위이며, 대표적인 골재의 비중과 콘크리트의 비중을 나타낸 것이 표 6.16이다.

표 6.16 각종 콘크리트의 비중의 한 예

종류	골재의 비중	콘크리트의 비중
갈철광(褐鐵鑛) 콘크리트	일정하지 않음	2.6~2.7
동광재(銅鑛滓) 콘크리트	3.05	2.7~3.0
적철광(赤鐵鑛) 콘크리트	4.0~5.3	2.9~3.1
중정석(重晶石) 콘크리트	4.2~4.7	3.3~3.6
자철광(磁鐵鑛) 콘크리트	4.5~5.2	3.5~3.8
철골재(鐵骨材) 콘크리트	7.0~8.0	3.5~6.0

굳지 않은 중량콘크리트의 성질로써 중요한 것은 재료분리가 적고, 블리딩과 수축률이 적은 콘크리트가 필요하며, 타설시 진동기를 사용할 때는 과도한 진동을 주지 않도록 주의할 필요가 있다. 골재의 중량에 의하여 콘크리트가 불균일한 비중이 되지 않도록 시공해야 한다.

중량콘크리트는 X선이나 γ선 및 중선자선의 차폐재료로서도 유효하므로 방사선차폐용으로서 원자력발전용 압력용기, 생체차폐(biological shielding)용과 같은 대상으로 사용된다.

6.12 기타 특수콘크리트

6.12.1 고강도콘크리트(high strength concrete)

현대 구조물이 초고층화, 대형화 그리고 해양구조물, 고속전철 등과 같이 특수화 되어 감에 따라 보다 합리적이며 경제적인 구조시스템의 개발이 요구되고 있다. 이에 부응한 새로운 구조시스템은 보다 효용이 높은 건설재료를 필요로 하고 있으며, 이를 위한 방안으로 현재까지 지구상에서 가장 보편적 건설재료인 콘크리트의 고품질화가 적극적으로 검토되고 있다. 콘크리트 고품질화의 일환으로 고강도화가 그의 무게에 비하여 낮은 강도를 개선하기 위하여 일부 선진국에서 적극적으로 이루어져, 1987년 미국의 시애틀 쌍둥이 유니온 스퀘어(Two Union Square) 건물에 133MPa의 고강도콘크리트를 시공한 실적이 있다.

현재 고강도 콘크리트를 구조물에 가장 많이 적용하고 있는 미국에서는 보통콘크리트는 42MPa, 경량콘크리트는 28MPa 이상을 고강도로 간주하고 있으며 일본의 경우 토목구조물에서는 60~80MPa 정도를 고강도콘크리트로 정의하고 있다. 우리나라에서는 국토해양부 제정 콘크리트 표준시방서에서 일반적인 구조물에 쓰이는 고강도 콘크리트의 강도는 표준양생을 한 콘크리트 공시체의 소요기준 재령의 강도를 표준으로 한다. 설계기준 압축강도가 보통(중량)콘크리트에서 40MPa 이상, 경량골재

콘크리트에서 27MPa 이상인 경우의 콘크리트를 고강도콘크리트(high strength concrete)로 정의하고 있다.

6.12.2 유동화콘크리트

유동화콘크리트는 미리 비벼낸 단위수량이 적은 콘크리트에 유동화제라고 하는 분산성능이 좋은 혼화제를 혼입하여 유동성을 일시적으로 증대시킨 콘크리트이다. 단위수량이 많은 묽은 반죽의 콘크리트는 품질상 여러 가지 바람직하지 못한 점이 있으나, 부재단면이 작고 배근량이 많은 곳에 콘크리트를 구석구석까지 충전하기 위해 건축공사에서는 주로 슬럼프 210mm 정도의 묽은 반죽의 콘크리트가 사용되고, 시공도 거푸집 속으로 유입시키는 방식을 취하고 있다.

콘크리트 구조물의 균열저감 및 내구성의 향상을 도모하기 위해서는 단위수량이 적은 된비빔 콘크리트를 밀실하게 타설하는 것이 필요하다. 그러나 최근 콘크리트 펌프공법의 보급과 골재의 품질 저하는 콘크리트의 묽은 비빔화 경향을 보이고 있어 균열의 발생을 일으키는 요인이 되고 있다. 따라서 건축공사에서 된반죽 콘크리트에 가까운 품질을 갖고 시공이 용이한 콘크리트가 요구되고 있다.

유동화콘크리트는 콘크리트의 시공성 개선을 목적으로 개발 사용되었으나, 우리나라에서는 시공성 개선보다는 종래의 시공성을 유지하면서 된비빔 콘크리트에 가까운 품질을 얻는 묽은 반죽 콘크리트의 품질개선이라는 목적으로 이용되고 있다.

유동화제는 고성능 감수제에 속하는 것으로 높은 분산성능과 다량으로 사용해도 콘크리트의 이상응결지연, 경화불량, 과잉공기연행 등을 발생하지 않는 성질을 가진 것으로서, 멜라민 설폰산염 축합물 또는 나프탈렌 설폰산염 축합물을 주성분으로 한 것이 대부분이고, 적당한 공기연행성을 가져 유동화제 첨가 후의 공기량 안정을 도모한 것도 있다.

유동화콘크리트는 타설, 다짐이 매우 용이한 유동성을 가지면서도 단위수량은 보통 콘크리트보다도 적으므로 단위시멘트량을 적게 할 수 있다. 또한 단위시멘트량을 대폭 증가하지 않고 시공성의 손상없이 물-결합재비를 감소시킬 수 있으므로 고강도이고 내구성, 수밀성 등이 우수한 고품질의 콘크리트를 얻을 수 있다.

유동화콘크리트의 워커빌리티는 일반적으로 동일 슬럼프의 묽은반죽 콘크리트에 비하여 단위수량이 적음에도 불구하고 시멘트풀 자체의 유동성이 아주 크고 시멘트풀의 양에 대한 골재량이 많아지게 되므로 유동화콘크리트의 운반, 타설 등에 적절한 고려가 필요하다. 유동화콘크리트의 슬럼프 증가량은 100mm 이하를 원칙으로 하며 50~80mm를 표준으로 한다. 유동화콘크리트의 압축강도는 유동화제 첨가전의 콘크리트와 거의 같은 정도이다. 따라서 유동화콘크리트의 배합강도에 따른 물-결합재비는 유동화제 첨가 전후에 공기량이 현저하게 변화하지 않는 것을 조건으로 베이스 콘크리트에서 얻어진 값을 그대로 사용해도 좋다.

유동화콘크리트의 건조수축은 보통 묽은 반죽 콘크리트보다 8~15% 정도 작게되어 콘크리트의 유동화가 균열저감에 효과가 있다는 것이 확인되고 있다.

6.12.3 매스콘크리트(mass concrete)

매스콘크리트는 부재 또는 구조물의 치수가 커서 시멘트의 수화열에 의한 온도의 상승을 고려하여 시공하는 콘크리트를 말한다. 단면의 두께가 1m 이상인 구조물은 매스콘크리트로 시공하는 것이 유리하다. 매스콘크리트의 시공은 치기 후의 온도상승을 적게 하여 균열이 생기지 않도록 해야 한다. 매스콘크리트의 내부에 있어서의 온도상승은 단위시멘트량 10kg/m^{3}의 증감에 따라 약 1℃의 비율로 증감한다. 단위시멘트량을 적게하기 위해서는 콘크리트치기 작업에 지장을 주지 않는 범위내에서 슬럼프값을 적게하고 굵은골재의 최대치수를 크게 하는 것이 좋다. 콘크리트를 부어 넣을 때의 콘크리트 온도가 25℃ 이상이 될 우려가 있을 때에는 파이프쿨링(pipe-cooling)이나 기타 콘크리트의 온도상승을 억제하기 위한 적절한 냉각조치를 취해야 한다. 매스콘크리트는 1회 타설하는 콘크리트량이 많으므로 콘크리트의 제조, 운반, 타설능력을 잘 검토하여 원활하게 타설할 수 있도록 면밀한 계획하에 시행하는 것이 좋으며, 또한 콘크리트를 1회에 부어 넣을 구획의 크기 및 콘크리트를 이어칠 시기는 충분히 주의해서 정해야 한다. 매스콘크리트를 부어 넣은 후 표면에 급격한 온도변화 및 건조가 일어나지 않도록 양생한다. 또한 살수 등에 의해 습윤상태를 유지해야 하는 기간은 일반적으로 보통포틀랜드시멘트 또는 중용열포틀랜드시멘트를 사용하는 경우에는 14일, 플라이애시시멘트, 고로시멘트, 실리카흄 등의 혼화재를 사용하는 경우에는 21일 이상으로 하여야 한다.

6.12.4 펌프콘크리트(pump concrete)

펌프콘크리트는 현장에서 부어 넣을 장소에 수평 또는 연직으로 먼 거리까지 콘크리트를 펌프로 수송하는 공법으로서 근래에는 많은 현장에서 사용되고 있으며 발전소나 건물 안과 같이 공간이 비교적 제한된 곳에 적당하다. 펌프의 압송능력에 따라 수송파이프, 토출량, 수송거리 등이 상이하다. 일반적으로 슬럼프 값이 크며 펌프수송에는 편리하나 분리가 일어나기 쉽고 동일 콘크리트라도 펌프의 종류에 따라 분리의 정도가 다르므로 주의하지 않으면 안 된다.

펌프의 종류는 피스톤펌프(유압 또는 기계적 작동), 뉴매틱펌프(압축공기로 압출, 보통 plezer라고 부름), 착출식펌프(치약을 튜브에서 짜내는 것과 같은 원리)의 3종이 있다. 펌프의 구경, 콘크리트의 소요 슬럼프값, 굵은골재의 최대치수에 따른 콘크리트 펌프의 압송거리 및 최대압송량은 표 6.17과 같다.

표 6.17 콘크리트펌프의 압송거리 및 최대압송량

펌프구경 (mm)	사용되는 슬럼프값 범위 (mm)	굵은골재 최대치수(mm)	압송거리		최대압송량 (m^3/h)
			수평(m)	상하(m)	
105	40~100	40	300	50	60
81	60~200	25	150	35	25
53	50~200	10	150	35	5

그림 6.14 콘크리트 펌프

6.12.5 섬유보강 콘크리트(fiber reinforced concrete)

섬유보강콘크리트는 금속이나 합성수지를 원료로 한 불연속 단섬유를 콘크리트 중에 균일하게 분산시킴에 따라 콘크리트의 인장강도, 휨강도 균열에 대한 저항성, 인성 전단강도 및 내충격성을 대폭 개선시킬 목적으로 사용된다.

사용되는 섬유는 강섬유를 중심으로 내알칼리성 유리섬유, 탄소섬유, 아라미드 섬유 및 고강도, 고탄성의 폴리에틸렌 및 비닐론 등의 고분자 섬유의 실용화도 진행되고 있다.

강섬유는 일반적으로 길이가 25~60mm, 지름이 0.3~0.6mm, 단면적 0.06~0.3mm^2 정도이고, 형상비(aspect ratio, h/d)가 50~100의 것이 많이 이용되며, 콘크리트에 대한 강섬유의 혼합비율은 용적백분율로 0.5~2.0%(약 40~160kg/m^3)이다.

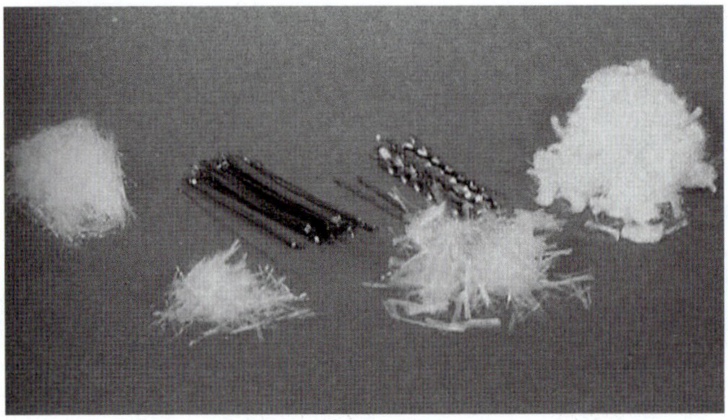

그림 6.15 콘크리트용 섬유

강섬유보강콘크리트는 균열에 대한 저항성이 크므로 무근콘크리트에 이용하면 강섬유 혼입율이 증대할수록 그 인장강도, 휨강도 및 피로강도가 개선되기 때문에 포장의 두께나 터널 라이닝의 두께를 감소시킬 수 있다. 또한 동결융해에 대한 저항성이 개선되어 내구성을 높일 수 있다. 한편, 철근 콘크리트와 병용하면 부재의 전단내력을 증대시킬 수 있기 때문에 특히 내진성이 요구되는 철근 콘크리트 구조물에 효과적이다. 인성이 우수하다는 것은 그 충격력이나 폭발력에 대한 저항성 및 내진성이 큰 것을 의미한다. 이와 같은 강섬유보강 콘크리트의 특성은 콘크리트 중에 있어서의 강섬유의 형상 치수, 혼입율, 배향과 분산 및 콘크리트의 품질 등에 따라서 영향을 받기 때문에 강섬유의 품질을 시험 등에 의해 충분히 확인한 다음에 이용하는 것으로 한다.

6.12.6 기능성 콘크리트

(1) 식생 콘크리트(eco-concrete)

환경보전에 대한 인식전환이 범세계적으로 확산되고 있는 가운데 시멘트·콘크리트 문화를 주도해 온 건설기술자들 사이에서 기존의 구조용 재료로서만 사용되어 온 콘크리트를 환경친화적인 재료로 개발하는 연구가 활발히 진행되어 왔다. 그 대표적인 예로서 에코(eco) 콘크리트라는 용어는 일본콘크리트공학협회의 ECO 콘크리트연구위원회가 처음으로 사용한 것으로서 환경보존 및 생태계와의 조화를 도모한다는 의미에서 환경친화적인 콘크리트(eco-friendly concrete)라 명한 것에 그 어원을 찾을 수 있다. ECO 콘크리트는 기존의 재료와 동일하게 우수한 강도 및 내구성을 발휘하고 지구환경과 생태계와의 조화를 도모할 뿐만 아니라 사람들이 생활함에 쾌적함을 제공하는 것이 그 목적이라 할 수 있겠다. 이러한 ECO 콘크리트의 활용처로서는 저소음포장, 배수성포장, 호안정지작업, 도로변 사면안정처리, 콘크리트 흡음벽, 해양양식용 인공어초, 수질 및 대기오염 정화 블록 등이 있으며 대부분이 다공성 콘크리트(porous concrete)에 식물을 배양한 형태를 취하고 있다.

(2) 방오 콘크리트(antifouling concrete)

방오(antifouling)란 대기 중에서 구조물에 화학물질의 부착 등으로 인한 변화나 노화를 방지하고, 다습한 환경에서 박테리아나 곰팡이 등의 부착 및 번식을 방지하며, 해수 중에서 해양생물들의 부착 및 서식을 방지하는 것이라 정의할 수 있다. 한편 방오제(antifouling agent)를 콘크리트에 혼합하여 장기간에 걸쳐 방오성능을 발휘할 수 있도록 한 방오 콘크리트는 방오제의 용출속도를 조절하므로서 해양오염을 대폭 줄일 수 있고, 또한 무공해성 방오도료의 개발 및 방오성 금속을 콘크리트 표면에 용사(溶射)하여 방오성능을 발휘하기 위한 연구가 진행되고 있다. 방오 콘크리트에서 방오제의 용출속도는 콘크리트 혼화용 폴리머에 의해 제어될 수 있으며, 방오 콘크리트의 단면 크기에 따라 방오 성능을 장기간 동안 기대할 수 있는 특징을 가지고 있는 방법이다.

(3) 전기전도성 콘크리트(electrically conductive concrete)

시멘트는 물과 섞으면 수화물을 형성하면서 경화되는 물질로서 통상적으로 모래 및 골재 등과 혼합하여 콘크리트를 구성한다. 이러한 콘크리트에 탄소계통의 재료를 첨가하게 되면 전기저항의 감소가 발생한다. 즉 일반 모르타르의 경우에는 10kΩ 이상의 저항을 나타내는데 비해 탄소계통의 재료를 첨가하게 되면 $10^{-3}\Omega$m 이하의 비저항을 갖는 전기전도성을 나타내게 된다. 이렇게 하여 제조된 복합체의 양단에 전압을 걸어 전류를 흘려주게 되면 이른바 전기가 통하는 콘크리트가 가능하게 되는 것이다. 시멘트에 전기전도성을 부여하여 콘크리트화 하였을 경우 여러 분야로의 활용이 가능한데, 응용분야를 크게 분류하면 전기전도성을 이용한 분야와 전기저항을 이용한 분야로 나눌 수가 있다. 전자의 경우에는 접지저항 저감재나 전자파 차폐 재료, 정전기 방지재료, 내구성 진단재료, 철근부식 방지재료 등이 포함되고, 후자의 경우에는 발열콘크리트나 시멘트 저항체 등을 들 수 있다.

(4) 고인성 콘크리트(high toughness concrete)

인성(toughness)이란 일정량의 에너지 저항능력으로서 정적, 동적 및 충격하중을 받을 때의 콘크리트의 파괴저항 능력을 나타낸다. 건설재료로서 가장 널리 사용되는 콘크리트는 압축강도, 내구성이 우수하고 경제성이 우수한 성질을 가지고 있으나, 인장강도와 휨강도가 작고 인성이 작아 취성적 성질과 균열에 대한 저항능력이 작은 단점을 가지고 있다. 콘크리트의 취성 거동을 연성 거동으로 유도하고 인장저항력을 증대시키며 매트릭스의 국부적인 균열의 생성 및 성장을 억제하는 등의 제반적인 역학적 성질을 개선 및 보강하기 위한 노력의 일환으로서 미국, 일본 및 유럽 등의 선진국에서는 불연속적이며, 단상의 섬유질 재료를 불규칙한 배열로 콘크리트 속에 분산시켜 넣은 섬유보강 콘크리트(fiber reinforced concrete)의 연구가 활발히 진행되고 있다. 인장에 약한 콘크리트 매트릭스의 역학적 거동의 유용한 개선은 콘크리트 내에 분산된 섬유를 혼합함으로서 얻을 수 있다. 일반적으로 섬유보강 콘크리트는 구조물과 구조적 요소의 개선된 공학적 성능을 발휘할 수 있는 소재로서 기타의 다른 재료보다 터널 라이닝, 포장, 평면슬래브, 기초 등과 같은 특수한 구조물에 적용할 수 있다.

(5) 장수명 콘크리트(long life concrete)

철근콘크리트 구조물의 수명을 반영구적으로 보았던 과거의 잘못된 인식에서 벗어나 오래 지속하는 수명이 긴 콘크리트 구조물을 만들기 위해서는 어떻게 하면 되는가 하는 인식에서 출발한 것이다.

이러한 목적을 위하여 오래 지속되는 성능을 가진 콘크리트를 고내구성 콘크리트, 초고내구성 콘크리트, 장수명 콘크리트, 초수명 콘크리트 등 여러 가지 이름으로 불리고 있다. 이러한 콘크리트에 대한 정의는 명확하지 않으며 주택의 수명에 관해서는 일본은 30년 미국은 103년, 영국은 141년, 프랑스는 86년, 독일은 79년이라고 하는 통계가 있다. 지금까지 요구된 콘크리트의 수명은 주요한 구조물은 약 159년 정도, 특수한 기념비 등은 약 200년 정도가 요구된 사례도 있으나, 방사선폐기물 처리시설에 적용이 고려되고 있는 콘크리트는 약 300년에서 1000년 정도의 내구성이 요구되고 있다.

6.12.7 콘크리트-폴리머복합체(concrete-polymer composite)

지금까지 건설재료로써 널리 사용되고 있는 시멘트 콘크리트는 결합재가 시멘트 수화물로서 늦은 경화시간, 작은 인장강도, 큰 건조수축, 낮은 내약품성 등의 결점을 갖고 있다. 고분자화학 공업의 소산인 폴리머 시멘트 콘크리트(polymer cement concrete ; PCC), 폴리머 콘크리트(polymer concrete ; PC), 폴리머 함침 콘크리트(polymer impregnated concrete ; PIC)라는 이름으로 실용화되고 있다. 이 3종류의 콘크리트를 총칭해서 콘크리트-폴리머 복합체라고 부른다.

연습문제

6.1 특수콘크리트의 종류에 대하여 설명하라.

6.2 AE콘크리트의 특성에 대하여 설명하라.

6.3 AE콘크리트의 공기량에 영향을 미치는 요인을 열거하고 설명하라.

6.4 레디믹스트 콘크리트의 제조방법에 대하여 설명하라.

6.5 레디믹스트 콘크리트의 장시간 운반에 따른 품질 변화에 대한 대책에 관하여 설명하라.

6.6 서중콘크리트와 한중콘크리트의 시공시의 유의사항에 대하여 설명하라.

6.7 수중콘크리트의 시공방법에 대하여 설명하라.

6.8 수중콘크리트의 치기 및 양생시 유의사항에 대하여 설명하라.

6.9 프리플레이스트 콘크리트공법이 보통콘크리트와 다른 점에 대하여 설명하라.

6.10 프리플레이스트 콘크리트의 시공시 유의사항에 대하여 설명하라.

6.11 뿜어붙이기 콘크리트에 대하여 설명하라.

6.12 뿜어붙이기 콘크리트의 공법을 비교하여 설명하라.

6.13 뿜어붙이기 콘크리트의 배합에 대하여 설명하라.

6.14 해양 콘크리트에 대하여 설명하라.

6.15 해양 콘크리트의 시공시 유의사항에 대하여 설명하라.

6.16 경량콘크리트와 중량콘크리트의 특성에 대하여 설명하라.

6.17 고강도 콘크리트의 정의에 대하여 설명하라.

6.18 유동화콘크리트에 대하여 설명하라.

6.19 매스콘크리트의 시공시 유의사항에 대하여 설명하라.

6.20 섬유보강콘크리트의 특성에 대하여 설명하라.

제 7 장

콘크리트 제품

제 7 장 콘크리트제품

7.1 개설

콘크리트제품이란 일반적으로 정비된 공장에서 제조되는 콘크리트 및 철근콘크리트 부재를 말하며 공장제품, 시멘트제품, 시멘트 2차제품 및 프리캐스트(precast) 제품 등으로 불린다.

특히 최근에 와서 선진외국에서는 콘크리트제품 공업이 매우 성행되고 있으며, 많은 건설현장에서 공장생산 부재의 수요가 크게 증가하고 있는 실정이다.

콘크리트제품의 사용이 점차 증가하는 이유는 현장타설 콘크리트와 비교해서 다음과 같은 이점이 있기 때문이다.

1) 기후에 품질이 지배되지 않고 시공이 가능하다.
2) 현장에서 거푸집이나 동바리의 준비가 필요 없다.
3) 양생기간이 필요 없으며, 조립으로 시공하므로 공기가 단축된다.
4) 제품은 공정관리를 실시하며, 숙련된 작업원에 의하여 제조하기 때문에 품질을 신뢰할 수 있다.
5) 제품은 실물실험을 실시하여 그 품질을 확인할 수 있다.
6) 규격품인 경우는 교환성, 시공후의 보수 등이 편리하다.

위와 같은 장점이 있는 반면, 대형 제품을 제조할 경우 큰 치수의 것을 공사현장에 운반할 때 문제가 되며, 한 공장에서 여러 가지 종류의 제품을 만들려면 매우 넓은 저장장소가 필요하며, 이음부에 약점이 생기기 쉬운 단점도 있다.

그런데 일반적으로 콘크리트제품은 단면이 얇은 것도 많고, 특수한 제조방법에 의하여 제조되는 것도 있으며, 조기에 탈형하여 거푸집(mould)의 사용 횟수를 높이기 위하여 촉진양생하는 경우도 있으므로 제품의 제조시에는 이러한 특수성을 충분히 고려해야한다.

7.2 콘크리트제품의 종류 및 규격

7.2.1 콘크리트제품의 종류

콘크리트제품의 종류는 대단히 많으나, 용도, 제조방법, 철근의 유무, 양생방법, 중량 등에 의하여 다음과 같이 분류한다.

(1) 용도에 의한 분류

토목용 제품, 건축용 제품

(2) 제조에 의한 분류

진동다짐 제품, 원심력다짐 제품, 가압다짐 제품, 즉시 탈형 제품, 진공처리 제품

(3) 철근의 유무에 의한 분류

무근콘크리트 제품, 철근콘크리트 제품, 프리스트레스트콘크리트 제품

(4) 양생방법에 의한 분류

수중양생 제품, 오토클레이브양생 제품, 전기양생 제품, 압력양생 제품

(5) 중량에 의한 분류

보통콘크리트 제품, 경량콘크리트 제품, 기포콘크리트 제품, 중량콘크리트 제품

(6) 혼합재료에 의한 분류

석면(石綿)시멘트 제품, 강섬유보강콘크리트 제품, 목편시멘트 제품

7.2.2 콘크리트제품의 규격

건설공사에서 믿고 사용할 수 있는 좋은 품질의 제품을 만들기 위해서는 제품 규격을 표준화하여 사용재료, 제조공정, 품질 등의 관리를 충분히 실시하여 제조할 필요가 있다.

그래서 많이 사용되는 제품에는 한국산업규격이 제정되어 있으며, 제품의 종류에 따라 적용범위, 종류, 재료, 제조, 모양 및 크기, 강도, 기타의 품질, 성능시험 및 검사표시 등에 관하여 규정하고 있다.

7.3 콘크리트제품의 제조

콘크리트제품은 용도 및 종류, 모양, 크기 및 강도에 따라 제조방법이 매우 다르지만, 과거의 연구결과에 의하면 소요의 품질을 경제적으로 얻기 위해서는 재료, 배합, 성형, 다짐 및 양생방법 등에 따른 제조방법이 채택되고 있다.

일반적으로 현장타설 콘크리트와 비교해서 단면이 얇은 경우가 많고, 조기탈형하기 위하여 촉진양생을 실시할 경우가 많으므로 배합 설계를 비롯하여 제조에 특별한 주의를 요한다.

7.3.1 콘크리트제품의 재료 및 배합

1 재료

(1) 시멘트

일반제품에는 보통 포틀랜드시멘트가 가장 널리 사용되지만, 초기재령에 고강도를 얻어 탈형을 서둘러야 하는 제품이나, PSC제품, 한냉기 제조시 등에는 조강포틀랜드시멘트가 사용된다. 고로슬래그시멘트나 플라이애시시멘트 등의 혼합시멘트를 쓸 경우에는 일반적으로 초기 강도발현이 늦어져서 충분한 양생을 실시해야 한다.

(2) 골재

콘크리트제품은 그 품질과 성능뿐만 아니라 외관도 양호해야 된다. 그래서 콘크리트제품용 골재는 종류 및 성질을 충분히 조사하여 사용해야 한다. 잔골재의 입도는 외관에 영향을 미치기 때문에 크고 작은 입자가 적절히 혼합되어 있는 것을 쓰는 것이 좋다.

굵은 골재의 최대치수는 40mm 이하이고, 제품 최소두께의 2/5 및 강재의 최소수평 순간격의 4/5를 넘어서는 안 된다.

또한 일반적인 공장제품에는 굵은골재의 최대치수를 25mm 혹은 20mm를 쓰는 일이 많은데, 특히 두께가 얇은 제품에는 16mm 혹은 10mm를 사용하며 단면이 비교적 큰 하천과 해안에서 사용되는 제품에는 40mm를 쓰는 경우가 있다.

(3) 혼화재료

콘크리트제품에 혼화재료를 사용하는 목적은 워커빌리티를 개선하고 성형을 용이하게 하며, 초기강도를 크게하여 탈형을 빨리 하게 하며, 강도, 내구성, 수밀성 등을 개선하고 콘크리트의 표면을 좋게 하는 것이다.

공장제품에 많이 쓰이는 혼화재료에는 AE제, 감수제, AE감수제, 고성능감수제 등의 혼화제와 팽창재, 무수(無水)석고 등을 주성분으로 하는 고강도용 혼화재, 고로슬래그미분말, 플라이애시, 규산질 미분말 등의 혼화재가 있다.

(4) 강재

철근으로 사용할 강재는 아래 규격에 적합한 것이라야 한다. 철근콘크리트용 봉강 KS D 3504, 철근콘크리트용 재생봉강 KS D 3527, 연강선재 KS D 3554, 경강선재 KS D 3510, 칠선 KS D 3552, 피아노선 KS D 3556 등이며, 이외의 강재를 사용할 경우 기계적 성질이 사용목적에 적합한지를 확인한 후에 사용하는 것이 좋다.

2 배합

콘크리트제품의 종류, 제조방법 등에 따라 사용하는 콘크리트의 배합과 품질은 표 7.1과 같이 다소 차이가 있다.

표 7.1 콘크리트제품의 배합과 강도의 한 예

콘크리트제품의 종류		굵은골재 최대치수 (mm)	단위시멘트량 (kg/m^3)	물-결합재비 (%)	슬럼프 (mm)	재령28일 압축강도 (MPa)
진동다짐제품	도로용 제품	15~25	320~370	40~50	20~80	32~42
	널말뚝, 플륨	15~25	300~400	38~50	20~80	30~45
	무근블록	20~30	240~300	45~55	20~60	20~30
	세그먼트	20~25	350~450	35~45	20~60	45~55
원심력다짐제품	폴, 파일	15~30	400~500	35~45	30~80	40~50
	흄관	10~25	370~500	37~50	30~80	35~48
	스팬파이프	10~20	400~440	38~43	30~70	40~45
PC 제품	보, 침목, 파일	15~30	400~500	32~45	20~60	45~60
즉시탈형제품	침목	15~25	400~450	30~40	0	50~60
	무근콘크리트관	15~20	280~350	34~40	0	35~45
	블록류	15~25	230~300	35~45	0	25~35

콘크리트제품은 기계적 다짐으로 성형하므로 단위수량이 적고, 슬럼프가 적은 된반죽 콘크리트가 사용된다. 또 고강도를 필요로 하는 경우가 많고 양생기간의 단축과 취급 중의 불량품을 적게 하기 위하여 일반적으로 부배합의 콘크리트가 사용된다. 제품에 따라서는 최소단위 시멘트량을 규정하는 경우도 있다.

한편 즉시 탈형제품의 경우 단위수량이 매우 적으며, 슬럼프값이 0인 매우 된반죽콘크리트가 사용되므로 보통 콘크리트에 비하여 잔골재율을 다소 크게 취하는 것이 일반적이다.

7.3.2 철근 조립, 거푸집 및 덮개

1 철근조립

철근조립시는 철근의 교차점을 점용접하거나 지름 0.5mm 이상의 연한 철선, 적당한 클립(clip)으로 매야한다. 그런데 점용접부는 피로강도가 상당히 저하되므로 보와 같이 반복하중을 받는 제품에는 사용하지 않는 것이 좋다.

2 거푸집(Form)

콘크리트제품에 사용하는 거푸집은 다질 때 거푸집에 심한 진동을 주거나 높은 압력을 가하거나 또는 증기양생시에 열응력을 일으키는 일이 많으며, 여러 번 반복 사용하므로 거푸집은 견고하여야 하며 조립과 떼어내기가 간단한 구조라야 한다. 일반적으로 철제거푸집이 많이 사용되고 있으나 합성수지제품도 사용되고 있다.

3 덮개

콘크리트제품은 일반적으로 철근콘크리트 구조물의 경우에 비해 물-결합재비가 적고, 다짐이 충분하며, 거푸집의 치수가 정확하고, 배근관리가 잘되는 점을 고려하여 덮개를 다음 표 7.2의 값 이상을 표준으로 하며, 철근 지름 이상으로 규정하고 있다. 한편 원심력다지기에 의해서 성형된 콘크리트제품에서는 최소덮개를 9mm까지도 할 수 있다.

표 7.2 최소덮개

• 외기에 노출되는 면 • 물이나 흙과 접하는 면 • 내구성을 고려해야하는 면	• 외기에 노출되지 않는 면 • 현장치기 콘크리트에 의하여 크게 덮이는 부분 • 특히 내구성을 고려할 필요가 없는 면
12mm	8mm

7.3.3 콘크리트제품의 성형

1 비비기

콘크리트제품 혼합시의 비비기에는 배치믹서(batch mixer)를 사용해야 하므로 믹서의 비비기 효율은 믹서의 형식, 콘크리트의 반죽질기, 배합 등에 따라 상당히 다르므로 적합한 믹서를 선정할 필요가 있다. 일반적으로 콘크리트제품에서는 물-결합재비가 적은 부배합의 된 반죽이 많이 사용되므로 이와 같은 콘크리트를 가경식 믹서로 비비면 믹서의 내벽에 모르타르가 부착되어 비비기 효율이 나쁘게 되어 균일하게 혼합되지 않는 경우가 있으므로 강제식 믹서를 사용하는 것이 바람직하다.

적당한 비비기 시간은 일반적인 경우, 믹서내에 전 재료를 투입한 후 강제식 믹서를 사용할 경우에는

1분 이상, 가경식 믹서를 사용할 경우에는 2분 이상으로 한다. 묽은 반죽의 콘크리트에는 비비기 시간을 2분 이하로 해도 좋은 경우가 있다.

2 다지기

콘크리트제품에서 일반적으로 사용하고 있는 다지기 방법에는 진동다지기, 원심력다지기, 가압다지기 등의 기계적 다짐이 많이 사용되며, 이중에서 고진동으로 진폭이 큰 진동기가 개발되어 된반죽콘크리트의 즉시탈형 제품의 제조에 효과가 크다고 한다.

(1) 진동다지기

콘크리트를 거푸집에 투입한 후 진동대, 거푸집 진동기, 삽입식 봉상진동기 등에 의한 진동다지기가 널리 사용된다.

봉상진동기는 고진동수로서 저진동폭형으로 되어있으며, 진동대나 거푸집 진동기와 같은 외부진동기는 반대로 3,000~5,000vpm의 진동수와 진폭이 0.5~1.5mm, 진동가속도 5~15g 정도가 실용적이라 한다.

(2) 원심력다지기

말뚝, 폴(pole), 관 등과 같은 중공원통형제품의 성형에는 원심력다지기 방법이 사용되며, 원심력은 회전속도의 제곱에 비례하므로 속도를 높이면 다지기의 효과는 증가한다. 그러나 너무 지나치게 고속회전하게 되면 재료가 분리하게 되므로 일반적으로 원심력은 30~50g으로 하여 초속, 고속순으로 회전수를 높여 다지는 것이 좋다.

(3) 가압다지기

거푸집에 진동으로 다져 넣은 콘크리트에 기계적인 압력을 가하여 물을 짜내고 공극이 적은 치밀한 콘크리트로 만드는 가압성형법으로서 가압한 그대로 고온양생하는 압력양생을 실시하면 재령 7일에 60~65MPa 정도의 고강도를 얻을 수 있다.

이 공법은 슬래브, 세그멘트, 널말뚝 등과 같은 판모양 제품에 사용된다. 0.8~1.0MPa로 압력을 가하여 압력을 유지한 그대로 100℃의 고온양생을 실시한다.

7.3.4 콘크리트제품의 양생

콘크리트 성형 후에 저온, 건조, 급격한 온도변화, 하중, 충격 등의 해로운 영향을 받지 않도록 충분히 양생해야 한다. 또 탈형한 후에도 일정기간 습윤양생, 보온양생 등의 적절한 양생을 할 필요가 있다. 증기 양생, 기타의 촉진양생을 실시해서 시멘트의 수화반응이 진행되어 충분한 강도가 얻어진 경우에는 그 후의 습윤양생, 보온양생 등의 기간은 단축하든지 제품에 따라서는 생략할 수가 있다.

양생방법은 콘크리트제품의 종류, 제조방법, 취급방법 등을 고려해서 소요의 품질이 얻어질 수 있도록 충분히 양생을 할 필요가 있다.

1 촉진 양생

콘크리트제품의 성형 후 조기에 소요의 강도를 얻어 빨리 탈형하여 거푸집의 회전률을 높이고, 제품을 빨리 출하하여 사용할 수 있도록 촉진양생을 실시한다. 촉진양생방법에는 증기 양생, 오토클레이브양생 등이 있다.

(1) 증기 양생

콘크리트의 경화를 촉진하기 위하여 대기압하의 증기 양생이 널리 사용되고 있다. 증기 양생을 실시할 경우 콘크리트의 균열, 변형, 장기재령에 있어서 강도저하 등의 해로운 영향을 주지 않도록 해야 한다. 일반적으로 증기 양생은 그림 7.1과 같은 소정의 양생시간으로 서서히 온도를 올려 최고온도를 일정한 시간 동안 유지한 다음 천천히 온도를 내린다.

증기양생조건을 다음과 같이 규정하고 있다.

1) 거푸집과 함께 증기 양생실에 넣어 양생실의 온도를 균일하게 올린다.
2) 비빈 후 2~3시간 이후부터 증기양생을 실시한다.
3) 양생시 온도상승속도는 1시간당 20℃ 이하로 하고 최고온도는 65℃로 한다.

양생실의 온도는 서서히 내려서 외기의 온도와 큰 차가 없을 정도로 된 후에 제품을 꺼낸다.

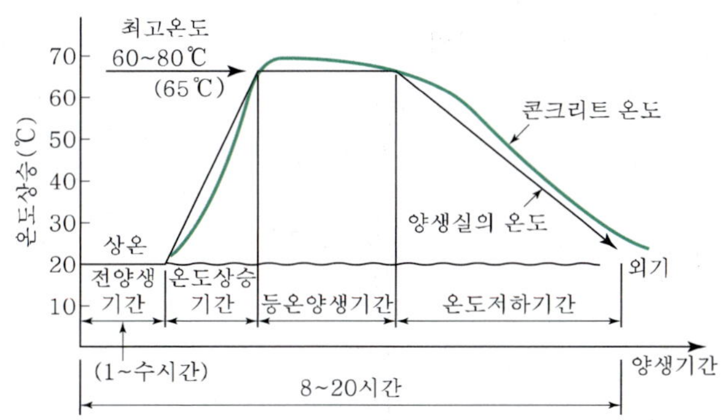

그림 7.1 증기양생시의 양생조건

(2) 오토클레이브 양생

고온고압양생이라고도 불리며, 지름 2.5~4.0m, 길이 40~60m 정도의 기밀의 고온 고압용기에 제품을 넣고 온도 180℃전후, 증기압 7~15기압의 고온·고압처리하는 방법이다.

이 오토클레이브양생으로 표준양생 28일 강도를 양생 직후에 얻을 수 있어 석면시멘트관, 말뚝, 기포콘크리트제품 등의 양생에 사용된다. 오토클레이브양생의 원료로서는 시멘트 이외에 석회, 슬래그, 규사, 플라이애시 등이 사용되며, 시멘트를 사용하지 않더라도 $CaO \cdot SiO_2 \cdot H_2O$ 계로서 제품을 만들 수 있다.

양생시간은 적당한 전양생을 실시한 후 상승시간 3~4시간, 등온등압시간 3시간, 하강시간 3~7시간의 양생조건을 일반적으로 채택하는 경우가 있다. 시멘트를 사용한 부배합 콘크리트에 양질의 SiO_2, 또는 특수혼화제를 가한 것은 압축강도가 70~100MPa의 고강도로서 내충격성이 개선되고 크리프 및 건조수축이 훨씬 줄어든다.

(3) 전기 양생

한중콘크리트 공사에 전기적 가열방법이 사용되었으며, 러시아, 프랑스 등에서 개발 연구가 진행되어 제품공장에 적용되고 있다. 이 방법은 거푸집에 전극판을 붙여 콘크리트 속에 교류를 통하면 전기저항이 높은 불량도체인 골재와 시멘트 및 저항치가 낮은 물로 형성된 콘크리트는 결국 도체가 되어 가열되며 경화가 촉진된다. 전기양생은 슬래브, 판넬 등의 판상제품에 적당하며, 증기양생이나 고온고압양생에 비하여 열손실이 적고 경제적이라 한다.

2 습윤 양생

탈형이 급하지 않은 제품, 소형제품, 여름철 고온시 제조하는 제품에는 촉진양생을 실시하지 않고 살수, 습포, 수중 등의 습윤양생을 실시하는 경우가 많다. 이때 콘크리트는 타설 후 저온, 건조 등의 유해한 영향을 받지 않도록 제품의 소요의 품질이 얻어질 때까지 충분히 양생하지 않으면 안 된다.

특히 기온이 낮은 경우에는 동해를 방지하기 위하여 보온이 필요하다. 촉진양생을 실시한 제품도 탈형후 소요의 품질이 확보될 때까지 습윤양생을 계속하는 것이 요망되며 내구성, 수밀성, 내충격성 등이 개선되므로 이들 성질이 필요한 제품에는 증기양생 후에도 습윤양생을 하도록 규정하고 있다.

7.3.5 탈형, 운반 및 저장

1 탈형

콘크리트의 경화가 진행되어 취급에 지장이 없는 강도에 도달하면 거푸집을 떼어낸다. 촉진양생을 실시하면 적어도 그 다음 날에는 탈형이 가능하며, 제품의 종류, 모양, 크기 등에 따라 6~12시간 정도에서 거푸집을 떼어내는 경우도 있다.

블록, 무근콘크리트관 등의 제품에는 매우 된반죽 콘크리트를 강력한 진동다지기와 가압을 병용하여 성형하며 저판(底板)을 남기고 거푸집을 떼어내는 즉시 탈형방식이 사용되며, 탈형 후에 증기양생을 실시한다.

2 취급, 운반 및 저장

콘크리트제품은 취급, 운반하는 도중에 균열, 결렬 등의 손상을 받기 쉬우므로 작업시 주의해야한다.

화물자동차나 화차에 실을 때는 필요에 따라 받침재료나 패킹(packing) 등을 대는 것이 필요하다. 특히 말뚝, 널말뚝, 전주와 같이 길이가 긴 콘크리트제품을 겹쳐 쌓는 경우에는 제품에 큰 휨이 가해지지 않도록 적당한 받침대를 삽입하는 것이 중요하다.

또한 제품을 겹쳐 쌓는 층수도 제품의 자중과 강도를 고려해서 적당히 정해야 한다.

특히 콘크리트제품은 조기재령에서 거푸집을 떼어내고 운반, 저장하는 경우가 많고, 또 이 기간에 건조수축이나 크리프 등의 영향을 받아 유해한 변형을 일으키는 경우가 있으므로 운반이나 저장시에 두는 지지점의 위치에 대하여 주의해야한다. 그리고 설계시 고려해야할 결합위치나 지지점을 알 수 있도록 표시해 둘 필요가 있다. 또한 제조업자, 제조년월일 등 필요한 사항도 표시해야한다.

7.3.6 콘크리트제품의 시험 및 검사

콘크리트제품을 사용하는 경우, 이 제품이 소요의 품질과 성능을 가지는 가를 확인하기 위한 제품의 시험을 실시할 필요가 있다. 시험방법은 제품에 따라 다르므로 각 콘크리트제품별로 균열하중, 파괴하중, 기타에 관해서 시험을 실시하고 검사를 한다.

콘크리트제품의 시험 및 검사방법은 한국산업규격 또는 공사시방서에 규정된 방법에 따라야한다. 실물로 실험하기 곤란한 경우에는 제품의 성능 또는 품질을 판정하기 위하여 공사시방서의 지시에 따라서 특히 설계된 공시체에 의한 콘크리트의 강도시험 등을 할 필요가 있다. 강도시험이 끝난 콘크리트제품에 대해서는 단면의 치수, 배근상태, 덮개 등을 검사하는 것이 좋다.

치수의 허용오차는 콘크리트제품의 종류와 사용목적에 따라 다르기 때문에 일률적으로 정할 수 없으며, 한국산업규격에 제정되어 있는 콘크리트제품에는 각각의 규격에 치수의 허용오차가 표시되어 있다.

7.4 각종 콘크리트제품

7.4.1 도로용 콘크리트제품

1 포장용 콘크리트 평판(KS F 4001)

정사각형의 무근콘크리트판으로서 치수는 두께 60mm, 300mm×300mm와 330mm×330mm의 두 종류가 있다.

치수의 허용오차는 ±2mm 이내이다. 용도는 보도의 포장용에 사용된다. 보통 3.2mm 두께의 박판으로 만든 거푸집에 물-결합재비는 50% 이하로서 슬럼프가 20~40mm인 콘크리트를 채워 진동대로 다짐을 하고 표면을 끝마감한다. 판은 휨과 마모를 받으므로 탈형 후 6일 이상 수중양생을 하여야한다.

이 제품의 시험은 지간을 240mm로 하여 지간의 중앙에 하중을 가하여 휨시험을 실시하며, 그 값이 A형의 경우 12kN, B형의 경우 13kN 이상이라야 한다.

휨강도의 검사는 2000매 또는 그 단수를 1무더기로 하고, 1무더기에 대하여 무작위로 3매의 시료를 취하여 휨시험을 하고 시료가 휨시험에 합격하면 그 시료가 대표하는 1무더기 전부를 합격으로 한다. 또한 흡수율시험은 휨시험 후의 2개의 부서진 조각을 사용하여 실시한다. 이때 흡수율은 8% 이하여야 한다.

2 철근콘크리트 U형(KS F 4016)

철근콘크리트 U형은 도로 또는 가로의 배수용 측구에 사용된다. 철근콘크리트 U형의 시공은 측구를 파고 잡석을 깔고 그 위에 U형 머리가 노면과 같은 높이가 되도록 설치하며, 이음부분은 모르타르로 채운다. 철근콘크리트 U형의 모양, 치수는 그림 7.2 및 표 7.3과 같다.

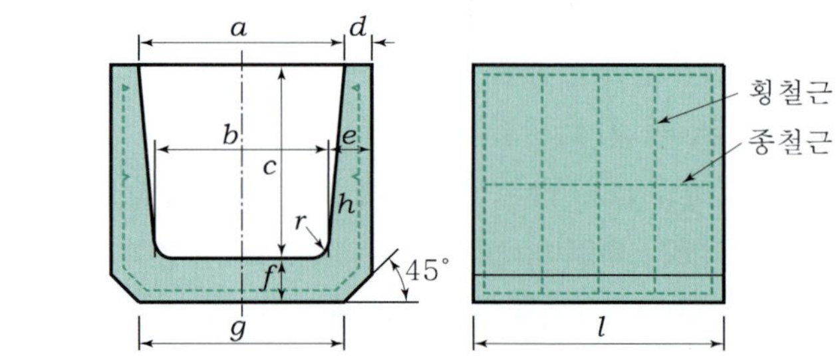

(a) 호칭명 150, l = 600mm

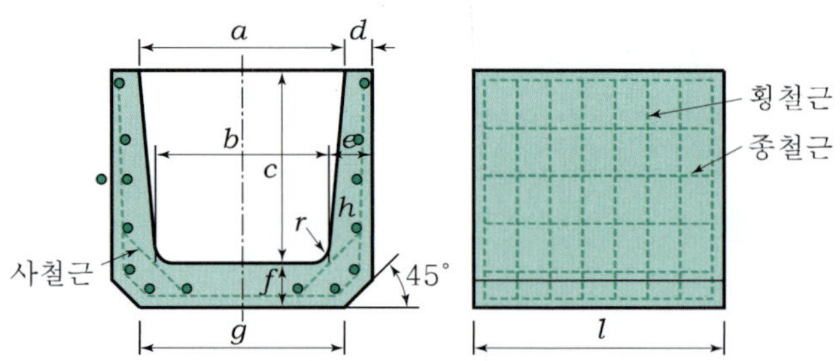

(b) 호칭명 600, l = 600mm

그림 7.2 철근콘크리트 U형의 모양과 배근

표 7.3 몸체의 치수 · 배근 및 치수의 허용차 단위 : mm

<table>
<tr><th rowspan="4">호칭명</th><th colspan="9">치수</th><th colspan="5">배근</th></tr>
<tr><th rowspan="3">a</th><th rowspan="3">b</th><th rowspan="3">c</th><th rowspan="3">d</th><th rowspan="3">e</th><th rowspan="3">f</th><th rowspan="3">g</th><th rowspan="3">r</th><th rowspan="3">l</th><th colspan="2">세로 철근</th><th colspan="3">가로 철근</th></tr>
<tr><th rowspan="2">지름 또는 호칭명</th><th rowspan="2">수량 (개)</th><th rowspan="2">지름 또는 호칭명</th><th colspan="2">수량(개)</th></tr>
<tr><th>l = 600</th><th>l = 1000</th></tr>
<tr><td>150</td><td>150</td><td>140</td><td>150</td><td>30</td><td>35</td><td>35</td><td>160</td><td>30</td><td rowspan="10">60 또는 1000</td><td rowspan="2">2.6</td><td rowspan="2">5</td><td>2.6</td><td rowspan="5">5</td><td rowspan="5">8</td></tr>
<tr><td>180</td><td>180</td><td>170</td><td>180</td><td>35</td><td>40</td><td>40</td><td>190</td><td rowspan="7">50</td><td rowspan="2">3.2</td></tr>
<tr><td>240</td><td>240</td><td>220</td><td rowspan="2">240</td><td>45</td><td>50</td><td>50</td><td>240</td><td rowspan="4">3.2</td><td>7</td></tr>
<tr><td>300A</td><td rowspan="3">300</td><td rowspan="3">260</td><td rowspan="5">50</td><td rowspan="3">60</td><td rowspan="2">60</td><td rowspan="3">300</td><td rowspan="2">9</td><td rowspan="5">4.0</td></tr>
<tr><td>300B</td><td>300</td></tr>
<tr><td>300C</td><td>360</td><td rowspan="3">65</td><td rowspan="3">11</td><td>7</td><td>12</td></tr>
<tr><td>360A</td><td rowspan="2">360</td><td rowspan="2">310</td><td>300</td><td rowspan="2">65</td><td rowspan="2">360</td><td rowspan="3">4.0</td><td>6</td><td>10</td></tr>
<tr><td>360B</td><td>360</td><td rowspan="3">8</td><td rowspan="3">13</td></tr>
<tr><td>450</td><td>450</td><td>400</td><td>450</td><td>55</td><td>70</td><td>70</td><td>430</td><td rowspan="2">70</td><td>13</td><td>5.0</td></tr>
<tr><td>600</td><td>600</td><td>540</td><td>600</td><td>70</td><td>80</td><td>80</td><td>600</td><td>D6(3)</td><td>15</td><td>D6(3)</td></tr>
<tr><td>허용차</td><td>±2</td><td>±3</td><td colspan="2">±2</td><td colspan="2">±3</td><td colspan="2">−</td><td>±3(4)</td><td colspan="5">−</td></tr>
</table>

주(3) KS D 3504에 규정하는 호칭명 D6의 봉강 대신에 KS D 3552에 규정하는 선지름 6.00mm의 보통 철선 또는 선지름 6.00mm 혹은 공칭 선지름 6.00mm의 용접 철망용 철선을 사용해도 좋다.

(4) 치수(l)가 1000mm인 경우의 허용차는 ±5mm로 한다.

3 콘크리트 및 철근콘크리트 L형(KS F 4005)

콘크리트 및 철근콘크리트 L형은 보도의 구별이 있는 노면의 배수, 즉 가로의 측구에 사용된다. 무근콘크리트 L형과 철근콘크리트 L형의 모양, 치수 및 배근 상태를 나타낸 것이 각각 그림 7.3, 표 7.4이다.

표 7.4 치수, 배근 및 치수의 허용차 단위 : mm

<table>
<tr><th rowspan="3">호칭명</th><th colspan="10">치수</th><th colspan="4">배근</th></tr>
<tr><th rowspan="2">a</th><th rowspan="2">b</th><th rowspan="2">c</th><th rowspan="2">d</th><th rowspan="2">e</th><th rowspan="2">f
(1)(2)</th><th rowspan="2">g</th><th rowspan="2">h</th><th rowspan="2">i</th><th rowspan="2">l</th><th colspan="2">세로 철근</th><th colspan="2">가로 철근</th></tr>
<tr><th>지름 또는 호칭명</th><th>수량 (개)</th><th>지름 또는 호칭명</th><th>수량 (개)</th></tr>
<tr><td>C250A</td><td rowspan="2">250</td><td rowspan="2">100</td><td>−</td><td>350</td><td rowspan="2">75</td><td rowspan="2">100</td><td rowspan="2">175</td><td rowspan="2">100</td><td>−</td><td rowspan="2">600</td><td rowspan="2">−</td><td rowspan="2">−</td><td rowspan="2">−</td><td rowspan="2">−</td></tr>
<tr><td>C250B</td><td>100</td><td>450</td><td>150</td></tr>
<tr><td>RC250A</td><td rowspan="2">250</td><td rowspan="4">100</td><td>−</td><td>350</td><td rowspan="4">55</td><td rowspan="4">100</td><td rowspan="4">155</td><td rowspan="2">80</td><td>−</td><td rowspan="4">600</td><td rowspan="4">4.0</td><td>4</td><td rowspan="3">4.0</td><td rowspan="2">5</td></tr>
<tr><td>RC250B</td><td rowspan="3">100</td><td>450</td><td>85</td><td rowspan="3">5</td></tr>
<tr><td>RC300</td><td>300</td><td>500</td><td>85</td><td>90</td><td>6</td></tr>
<tr><td>RC350</td><td>350</td><td>550</td><td>90</td><td>95</td><td>D6(4)</td><td>5</td></tr>
<tr><td>허용차</td><td>−</td><td>±2</td><td>−</td><td>±2</td><td>−</td><td>±2</td><td>±3</td><td>−</td><td colspan="2">±3</td><td colspan="4">−</td></tr>
</table>

주(1) 치수(*f*)는 50mm로 할 수 있다.
(2) 치수(*f*)의 좌우 어느 한쪽을 50mm로 할 수 있다(그림 7.3 참조).
(3) 치수(*f*)를 50mm로 하였을 때의 치수(*g*)는 치수(*e*)에 50mm를 더한 값으로 한다.
(4) KS D 3504에 규정하는 호칭명 D6의 봉강 대신에 KS D 3552에 규정한 선지름 6.00mm의 보통 철선을 사용하여도 좋다.

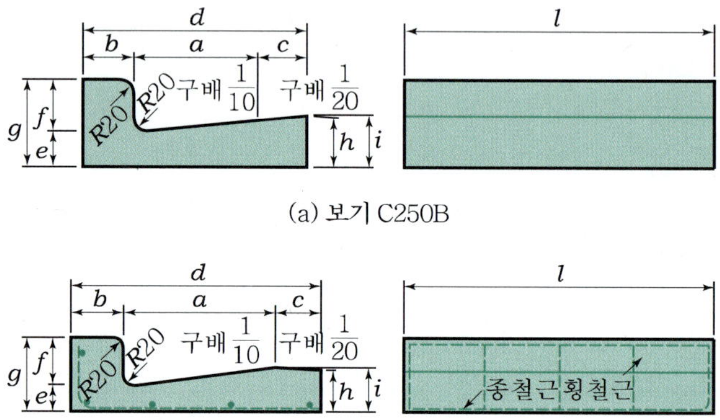

(a) 보기 C250B

(b) 보기 RC250B

그림 7.3 무근 및 철근콘크리트 L형의 모양

4 콘크리트 경계블록(KS F 4006)

보도, 차도 또는 식수대(植樹帶), 기타의 노면과의 경계등에 사용된다. 경계블록에는 그림 7.4와 같이 보차도경계(步車道境界)블록과 도로경계(道路境界)블록이 있으며, 콘크리트 경계블록의 치수는 표 7.5와 같다.

표 7.5 콘크리트경계블록의 치수

호칭		치수(mm)				
		a	b	h	r	l
보도차도경계블록	A	150	170	200	20	1000
	B	180	205	250	30	1000
	C	180	210	300	30	1000
도로경계 블록	SA	120	120	120	10	1000
	SB	150	150	120	10	1000
	SC	150	150	150	10	1000

표 7.6 콘크리트 경계블록의 파괴하중

호칭		파괴하중(kN)	흡수율
보차도경계블록	A	17.0	5% 이내
	B	29.5	〃
	C	45.0	〃
도로경계블록	SA	5.0	5% 이내
	SB	6.0	〃
	SC	10.0	〃

도로용 콘크리트제품으로 이외에도 콘크리트 전선관(KS F 4008), 하수도용 맨홀 블록(KS F 4012), 하수도용 맨홀 뚜껑(KS F 4013), 철근콘크리트 U형용 덮개(KS F 4017), 차도용 콘크리트판(KS F 4023) 등이 있다.

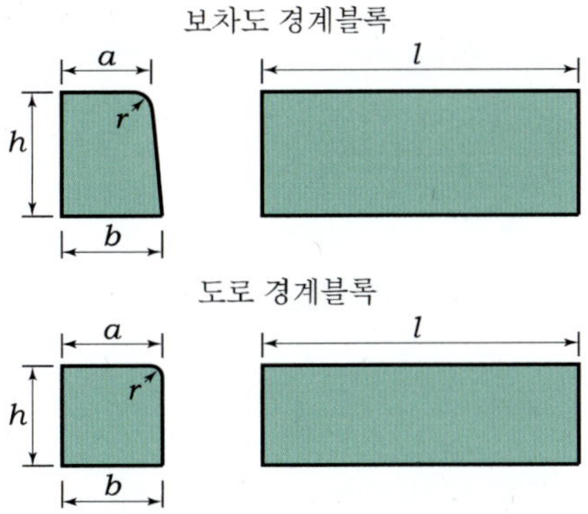

그림 7.4 콘크리트 경계블록

7.4.2 콘크리트 관류(管類)

1 원심력 철근콘크리트관(KS F 4403)

1920년 흄(W.R.Hume)에 의해서 고안된 것으로 흄관이라고도 부른다. 미리 조합한 철근(ϕ2.4～6mm)을 철제 거푸집 속에 넣고 묽은 반죽의 콘크리트(W/C＝36～55%, 단위시멘트량 370～450kg/m^3)을 쳐 넣고 거푸집을 회전하여 원심력으로 콘크리트를 다지면서 성형한다. 치수는 내경 75~1,800mm, 두께 25~127mm 길이 2~2.4m이고, 이음모양에 따라 칼라식 이음(collared joint)인 A형, 소켓(socket)식인 B형, 고무링을 사용한 클립 이음(clip joint)인 C형이 있다.

또 압력의 작용 상태에 따라서 보통관과 압력관이 있다. 보통관은 주로 배수관, 하수관, 관개배수관, 상수관, 사이펀관 등 지하매설의 외압만을 목적으로 만든 것이므로 외압관이라고도 하며, 압력관은 주고 수도용으로 내압, 외압을 받기 때문에 내압관이라고도 한다.

원심력 철근콘크리트의 종류는 그림 7.5 및 표 7.7과 같다.

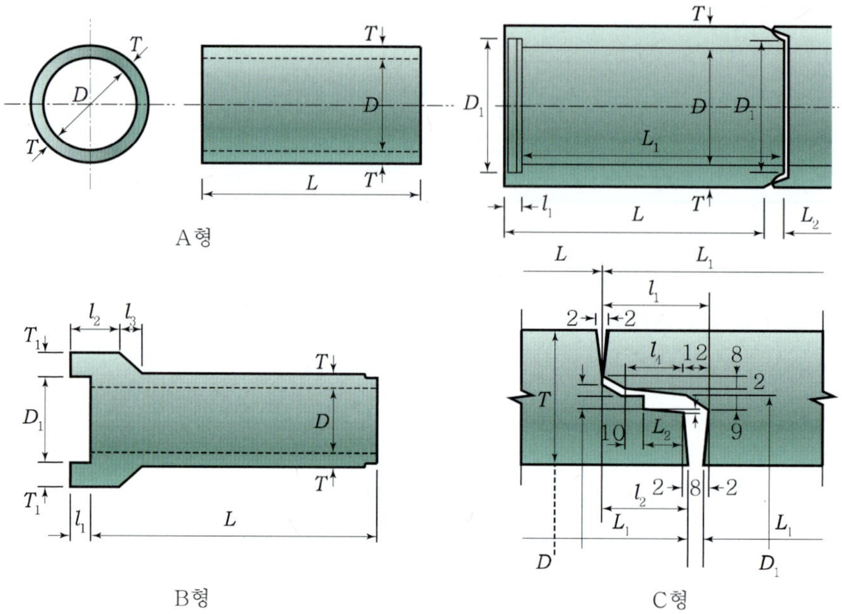

그림 7.5 원심력 철근콘크리트관의 종류

표 7.7 원심력철근콘크리트 관의 종류

종류	관의 호칭 지름(mm)			시험수압 (MPa)	용도
	A형	B형	C형		
보통관	75~1800	75~1800	900~1800	-	내압이 작용하지 않는 경우
압력관	75~1800	75~1800	-	0.1	내압이 작용하는 경우
	75~1800	75~1800	-	0.2	
	75~1800	75~1800	-	0.3	
	75~1800	75~1800	-	0.4	
	75~1000	75~1000	-	0.5	
	75~800	75~800	-	0.6	
	75~600	75~600	-	0.8	
	75~400	75~400	-	1.0	

2 철근콘크리트관(KS F 4401)

하수용, 관개배수용으로서 수압이 걸리지 않은 관로에 사용된다. 모양은 A형, B형의 2종류가 있으며 A형은 유효길이가 1m, B형은 2m로서 반지름은 150~600mm이다.

철근콘크리트관의 제조는 강재 거푸집 속에 조립한 철근을 넣고 단위시멘트량 320~350kg으로 슬럼프 40~60mm의 된반죽 콘크리트를 넣고 진동기 또는 진동기와 압축기를 함께 사용하여 다짐에 의하여 성형한다. 일반적으로 증기양생한 후에 탈형한다.

한편 철근을 사용하지 않은 관을 무근콘크리트관(KS F 4404)이라 하며, 내하력은 철근콘크리트에 비교해서 떨어진다. 외압시험은 관의 직선부분에 균등하게 재하하여 규격에 정하고 있는 외압강도에 견디어야 한다.

3 프리스트레스트 콘크리트관(KS F 4405, 4406)

관의 원주방향 또 관길이 방향에 프리스트레스를 도입하여 압력내력과 외압내력을 높인 관을 프리스트레스트 콘크리트관이라 한다. 코어식 프리스트레스트 콘크리트관(KS F 4405)과 프리스트레스트 콘크리트 실린더관(KS F 4406)의 두 종류가 있다.

7.4.3 콘크리트 말뚝 및 전주

1 원심력철근콘크리트 말뚝(KS F 4301)

원심력 철근콘크리트 말뚝은 나무 말뚝에 비교해서 경제적이고, 지하수 등 부식에 관계없이 사용되며, 소요의 치수를 비교적 쉽게 얻을수 있는 장점을 가지고 있다. 그래서 원심력 철근콘크리트 말뚝은 주로 교량의 교대, 교각, 고가교나 건축물의 기초용으로 많이 사용된다. 최근에 와서 잔교(棧橋), 계선주(繫船柱) 등에서도 사용되고 있으며, 이러한 곳에 사용되는 말뚝은 축방향력 이외에도 큰 휨모멘트를 받기 때문에 휨에 저항하도록 설계해야한다.

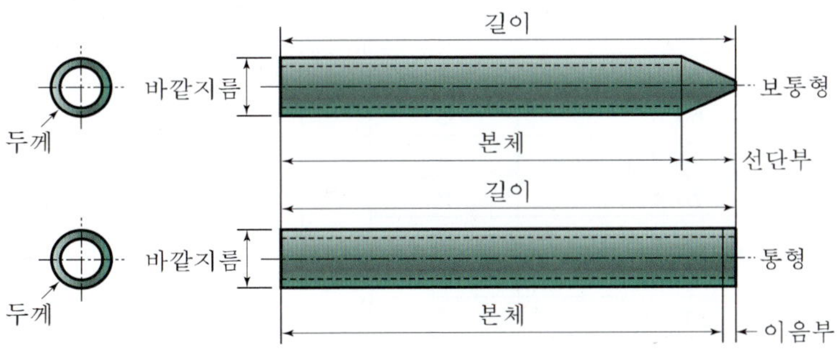

그림 7.6 원심력철근콘크리트 말뚝의 모양

원심력 철근콘크리트 말뚝의 모양은 그림 7.6과 같이 속이 빈 원통형의 주체와 선단부 또는 이음부로 되어있다. 선단부는 슈(shoe)를 붙인 것이 많고, 주체의 각 횡단면의 바깥지름 및 두께는 일정해야 하며, 말뚝의 치수는 표 7.8과 7.9와 같으며 그 허용차는 표 7.10과 같다.

표 7.8 원심력철근콘크리트 말뚝의 치수(1종)

바깥 지름 (mm)	두께 (mm)	길이(m)와 기준 휨모멘트(kN · m)												
		3	4	5	6	7	8	9	10	11	12	13	14	15
200	50	2.9	2.9	–	–	–	–	–	–	–	–	–	–	–
250	50	–	5.9	5.9	5.9	7.8	–	–	–	–	–	–	–	–
300	60	–	9.8	9.8	9.8	9.8	9.8	9.8	12.7	15.7	18.6	–	–	–
350	65	–	–	–	10.8	10.8	10.8	10.8	16.7	20.6	24.5	28.4	32.4	–
400	70	–	–	–	–	15.7	15.7	15.7	20.6	25.5	30.4	35.3	41.2	47.1
450	75	–	–	–	–	–	20.6	20.6	24.5	30.4	36.3	43.1	50.0	56.3
500	80	–	–	–	–	–	–	28.4	32.4	40.2	44.1	51.0	59.8	68.6
600	90	–	–	–	–	–	–	47.1	53.0	61.8	–	–	–	–

원심력 철근콘크리트 말뚝의 제조시 말뚝은 축방향 압축력에 대하여 설계하므로, 축방향 철근 6개 이상, 철근비 0.8% 이상으로 해야 하며, 지름 9~13mm의 원형철근이 일반적으로 사용된다.

보조철근은 지름 3mm 이상, 피치(pitch) 150mm 이하이어야 하고, 피복두께는 15mm 이상이라야 한다. 콘크리트의 품질은 재령 28일의 압축강도가 40MPa 이상이라야 한다.

표 7.9 원심력철근콘크리트 말뚝의 치수(2종)

바깥 지름 (mm)	두께 (mm)	기준 휨모멘트		길이								
		모멘트 kN · m	기호	7	8	9	10	11	12	13	14	15
		24.5	A									
300	60	34.3	B	○	○	○	○	○	○	–	–	–
		39.2	C									
		34.3	A									
350	65	49.0	B	○	○	○	○	○	○	○	○	–
		63.5	C									
		53.9	A									
400	70	73.6	B	○	○	○	○	○	○	○	○	–
		88.3	C									
		73.6	A									
450	75	103.0	B	–	○	○	○	○	○	○	○	○
		117.7	C									
		88.3	A									
500	80	112.6	B	–	–	○	○	○	○	○	○	○
		166.7	C									
		98.1	A									
600	90	176.5	B	–	–	○	○	○	–	–	–	–
		264.8	C									

표 7.10 말뚝치수의 허용차(단위 : mm)

	허용차
길이	길이의 ±.3%
바깥지름	+5 −2
두께	−1

비고 1. 말뚝의 바깥지름은 1단면에 있어서 직교축에 따라 측정한 2개의 값의 평균치로 한다.
2. 말뚝의 두께는 1단면에 있어서 직교축에 따라 측정한 4개의 값의 평균치로 한다.
3. 두께의 +측의 허용차는 규정하지 않는다.

2 원심력철근콘크리트 전주(電柱)

원심력철근콘크리트 전주(pole)는 송전, 통신 및 조명에 사용되며, 신호주용의 1종과 철도나 궤도의 전차선로주에 사용되는 2종이 있으며, 내구성이 우수하여 10m 이상의 장대물의 경우 경제적이므로 나무기둥 대신에 널리 사용되고 있다.

원심력 철근콘크리트 전주의 모양은 그림 7.7과 같으며, 한국산업규격(KS F 4302)의 원심력철근콘크리트 전주의 치수는 표 7.11과 같다.

원심력 철근콘크리트 전주의 제조는 전주는 속이 빈 것으로, 횡단면은 일정한 두께를 가져야 하며, 밑과 끝의 단면은 원형이라야 하고, 밑지름 방향으로 1/75의 구배가 되도록 해야 한다.

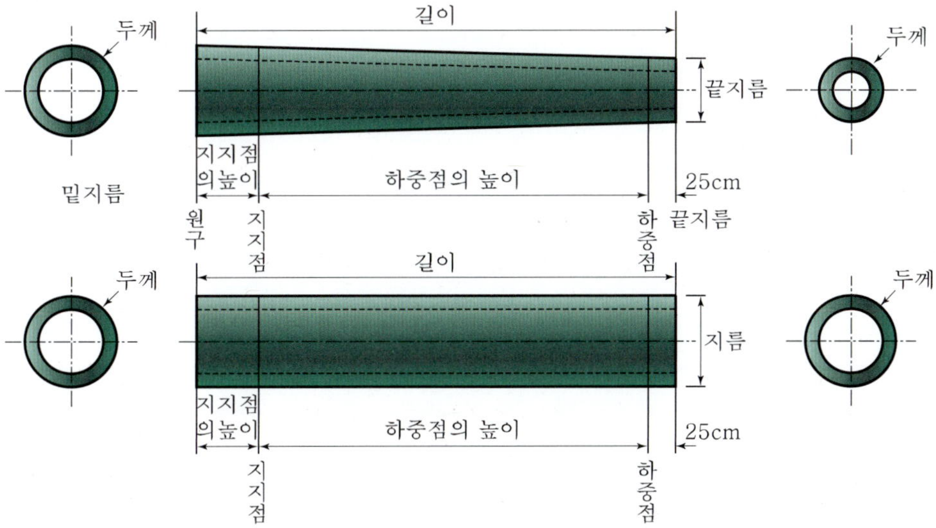

그림 7.7 원심력철근콘크리트 전주의 모양

표 7.11 원심력철근콘크리트 전주의 치수 및 설계하중

길이 (m)	하중점 높이 (m)	지지점 높이 (m)	설계하중(kN)															
			끝지름 120mm			끝지름 140mm			끝지름 170mm			끝지름 190mm						
5	3.85	0.9	1.2	–	–	–	–	–	–	–	–	–	–	–	–	–	–	–
6	4.75	1.0	1.2	1.5	2.0	1.5	–	–	–	–	–	–	–	–	–	–	–	–
6.5	5.15	1.1	–	–	–	–	–	–	–	–	–	–	–	–	–	–	6.0	–
7	5.55	1.2	1.2	1.5	2.0	1.5	2.0	2.5	–	–	–	–	–	–	–	–	6.0	–
7.5	5.95	1.3	–	–	–	–	–	–	–	–	–	–	–	–	–	–	6.0	–
8	6.35	1.4	–	1.5	2.0	1.5	2.0	2.5	2.0	2.5	3.0	–	–	–	–	–	6.0	–
8.5	6.85	1.4	–	–	–	–	–	–	–	–	–	–	–	–	–	–	6.0	–
9	7.25	1.5	–	–	2.0	1.5	2.0	2.5	2.0	2.5	3.0	–	–	–	–	–	–	–
9.5	7.65	1.6	–	–	–	–	–	–	–	–	–	–	–	–	–	–	6.0	–
10	8.05	1.7	–	–	2.0	–	–	2.5	2.0	2.5	3.0	3.0	3.5	4.0	1.5	5.0	6.0	7.0
11	8.85	1.9	–	–	–	–	–	–	2.0	2.5	3.0	3.0	3.5	4.0	1.5	5.0	6.0	7.0
12	9.75	2.0	–	–	–	–	–	–	2.0	2.5	3.0	3.0	3.5	4.0	1.5	5.0	6.0	7.0
13	10.55	2.2	–	–	–	–	–	–	–	–	3.0	3.0	3.5	4.0	1.5	5.0	6.0	7.0
14	11.35	2.4	–	–	–	–	–	–	–	–	–	–	3.5	4.0	1.5	5.0	6.0	7.0
15	12.25	2.5	–	–	–	–	–	–	–	–	–	–	3.5	4.0	1.5	5.0	6.0	7.0
16	13.25	2.5	–	–	–	–	–	–	–	–	–	–	3.5	4.0	1.5	5.0	6.0	7.0
17	14.25	2.5	–	–	–	–	–	–	–	–	–	–	–	–	–	–	–	7.0

연습문제

7.1 콘크리트제품의 특징에 대하여 설명하라.

7.2 콘크리트제품과 현장타설 콘크리트의 장단점에 대하여 비교하여 설명하라.

7.3 콘크리트제품을 분류하고 예를 들어 설명하라.

7.4 콘크리트제품의 재료 및 배합의 특성에 대하여 설명하라.

7.5 콘크리트제품의 제조공정에 대하여 설명하라.

7.6 콘크리트제품의 성형방법을 예를 들어 설명하라.

7.7 콘크리트제품의 양생방법을 예를 들어 설명하라.

제 8 장

금속재료

제 8 장 금속재료

8.1 개설

금속재료는 일반적으로 철금속과 비철금속으로 나누며 종류도 다양하다. 이중 건설재료로 사용되는 금속재료 중에는 철금속이 거의 대부분을 차지하므로 여기에는 주로 철금속에 대하여 기술하고자 하며, 비철금속은 용도가 특수한 것에 한정되어 토목용으로서의 수요가 적으므로 대표적인 것에 한하여 기술하고자 한다.

일반 금속재료의 특징을 살펴보면 다음과 같다.

1) 금속 광택이 있으며 빛에 불투명하다.
2) 전기, 열의 전도율이 크다.
3) 전, 연성이 풍부하다.
4) 상온에서 결정형을 가진 고체로서 가공성이 양호하다.

8.2 철금속

철금속은 산화철을 포함한 철광석을 용융한 후 환원 분리하여 얻은 선철을 원료로 하여 제조한다.

8.2.1 선철(pig iron)

선철(銑鐵)은 철광석을 용광로 내에서 환원하여 만들며 주로 제강용의 원료가 된다. 또 선철에 철찌꺼기를 섞어 융해하여 주물의 주조용으로 한 것을 일반적으로 주철(鑄鐵)이라 한다.

1 제조

선철의 원료로 일반적으로 사용되는 철광석은 자철광(Fe_3O_4), 적철광(Fe_2O_3), 갈철광($2Fe_2O_3 \cdot 3H_2O$) 등으로, 이 광석을 용제인 석회석, 환원제인 코크스와 함께 용광로(blast furnace)에 투입한 후 열풍을 보내어 코크스를 연소시켜 광석을 용융하여 환원 분리한다. 광석중의 불순물은 로(爐)의 상층에 뜨고 슬래그(slag)로 추출된다. 이 슬래그를 자연 상태로 식혀서 파쇄한 것을 광재 부스러기(ballast)라 하여 골재 대신으로 사용한다.

철광석의 투입에서 선철이 될 때까지는 보통 20시간 전후가 걸린다. 용광로의 단면과 각부의 명칭을 그림 8.1로 나타낸다.

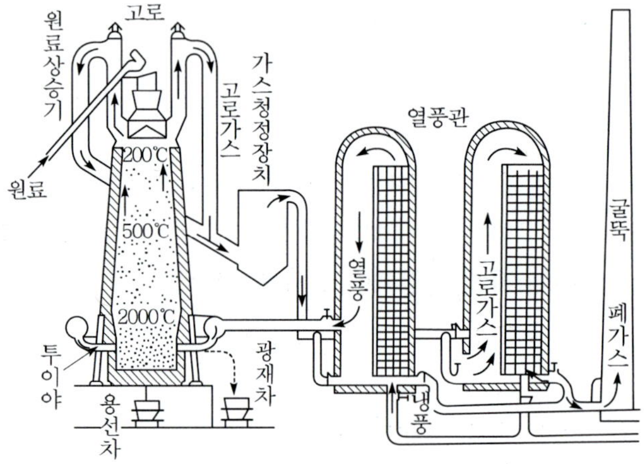

그림 8.1 용광로의 단면

2 선철의 종류

선철은 원료의 성질 및 용융온도에 의하여 중류가 다른 성질이 얻어진다. 선철은 C, Si, P, Mn, S, Cr, Ni 등과 같은 원소를 포함하고 있으나 그 중에서 C가 가장 많고 3%를 넘는 것도 있다. 그 함유탄소의 결합상태에 따라 선철은 다음 2종류로 구분한다.

(1) 백선철(white pig iron)

용광로에서 만들어진 선철은 저열급냉(低熱急冷)한 경우 Si가 적은 백선철이 된다. 이것에 탄소와 철이 결합하여 탄화철(Fe_3C) 상태로 존재한다. 파단면(破斷面)은 은백색으로 비교적 경질(硬質)이고 수축이 크므로 주조가 곤란하며 기계부품에는 적합하지 않다.

(2) 회선철(gray pig iron)

높은 열로 서서히 식혔을 때에는 Si가 1~5% 정도 들어가고 함유탄소의 대부분이 흑연(graphite)의 형태로 유리(遊離)하면서 파단면이 회색의 회선철(灰銑鐵)이 되면, 연질(軟質)로서 강도가 작기 때문에 절삭하기 쉽고 녹는점이 낮아 유동성이 크며, 수축이 작아 주조에 적합하다.

8.2.2 강(steel)

강의 분류는 일반적으로 화학성분과 용도, 모양 및 가공법에 의하여 분리한다. 화학성분에 의하여 분류하면 탄소강과 합금강으로 크게 나눌 수 있다.

1 탄소강(carbon steel)

탄소강은 0.04~1.7%의 탄소를 함유하는 Fe−C합금으로서 보통 강 또는 탄소강이라 한다. 탄소강은 탄소 이외에 제조시 필연적으로 혼입하는 Si, Mn, P 또는 S 등의 불순물을 포함한다. 탄소강은 함유하는 C량에 따라 기계적인 성질이 다르다. 저탄소강(C < 0.3%), 중탄소강(0.3 < C < 0.6%), 고탄소강(C < 0.6%)으로 구별된다. 탄소함유량에 따라 자세히 분류해 보면 표 8.1과 같다.

표 8.1 탄소강의 분류

종별	탄소함유량(%)	인장강도(MPa)	신장률(%)	경도(H_B)	용도
특별극연강	0.08이하	320~360	30~40	95~100	박판, 전신선
극연강	0.08~0.12	360~420	30~40	80~120	리벳, 용접관
연강	0.12~0.20	380~480	24~36	100~130	철골, 철근, 볼트, 너트
반연강	0.20~0.30	440~550	22~32	120~145	교량, 보일러용관
반경강	0.30~0.40	500~600	17~30	140~170	볼트, 강널말뚝
경강	0.40~0.50	580~700	14~26	160~200	레일, 자동차 클러치
최경강	0.50~0.80	650~1000	11~20	180~235	레일, 나사, 축

2 합금강(alloy steel)

탄소강에 한 종류 또는 여러 중류의 합금원소를 상당량 가하여 물리적, 화학적 성질을 개선하여 여러 가지 목적에 적합하도록 한 강이다. 강은 용도에 따라서 구조용강, 철도궤도용강, 공구용강 등으로 나누며 구조용강은 일반구조용 압연강재와 용접구조용 압연강재 등으로 구별한다. 형상에 의한 분류로서는 토목재료로서 용도가 많은 형강, 강널말뚝, 봉강, PSC강재 등이며 가공법에 의한 분류로서는 강괴 또는 반제품에서 강재를 제조하는 방법으로서 압연, 단조, 주조열간 밀어내기, 열처리, 용접, 냉간인발 등으로 분류할 수 있다.

8.2.3 강의 제조법

선철은 탄소함유량이 많아 너무 단단하기 때문에 이것을 용해상태에서 정련하여 탄소량을 낮추고, 동시에 불순물을 산화 또는 고로슬래그로 하여 표면에 떠오르게 하는데 이것을 제강(製鋼)이라고 한다. 이와 같은 제강공정을 거치면 점착성과 충분한 신장성을 가져 단조, 압연이 가능한 강을 얻을 수 있다.

제강로에는 평로(平爐), 전로(轉爐), 전기로(電氣爐) 등이 있으며, 보통강(普通鋼)의 제조에는 평로나 전로가 사용되지만, 현재는 과거에 많이 사용되었던 평로는 거의 사용되지 않고 전로와 전기로가 주로 이용되고 있으며, 약 70%정도가 전로에 의해 생산되고 있다.

1 평로(open hearth furnace)

평로는 개로(開爐)라고도 불리는 일종의 반사로에 선철, 철부스러기, 석회석을 넣고 로의 양쪽에 있는 축열실에 미리 열을 가해 연료가스와 공기를 로(爐)내에 보내어 가열 용해하여 정련한다. 로의 내측에 사용하는 내화벽돌의 종류에 의하여 산성 평로와 염기성 평로로 구별하며 후자가 많다. 평로법의 이점은 원료의 자유성 특히 철부스러기의 재생이 가능하며 제품의 품질조절이 자유로운 점이다. 그러나 결점으로는 능률이 나쁘고 장시간 작업을 하므로 연료의 소비면에서 비경제적이다. 최근에는 산화를 촉진하여 온도를 높이기 위하여 산소가스를 불어넣도록 되어 있어 연료가 절약되고 제강시간이 단축되는 등 양호한 성적을 내고 있다.

2 전로(bessemer, converter)

Bessemer가 저취형의 전로를 1856년 발명한 이래 평로와 같이 제강의 중심이 되고 있다. 전로제강법은 자라목형의 로(爐)로서 수평축으로 회전되므로 전로라고 한다. 용광로에서 용해하여 나온 선철을 넣어 로의 저부에서 열풍을 보내어 선철중의 C, Si, 기타의 불순물을 산화 제거하는 제강법이다. 제강시간은 약 20분 정도이며 산화시 발생하는 열을 이용하므로 연료가 필요하지 않는 이점이 있다. 품질은 평로강보다 못하다고 한다. 로의 상부에서 산소파이프를 삽입하여 여기서 순산소를 불어넣어 불순물을 산화 제거하는 그림 8.2와 같은 순산소전로(純酸素轉爐)가 고안되었으며 이것은 일반적으로 LD 법(Linzer Du ssen Verfahren)이라 하며 품질의 향상과 제강시간을 단축하는 급격한 발전을 하였다.

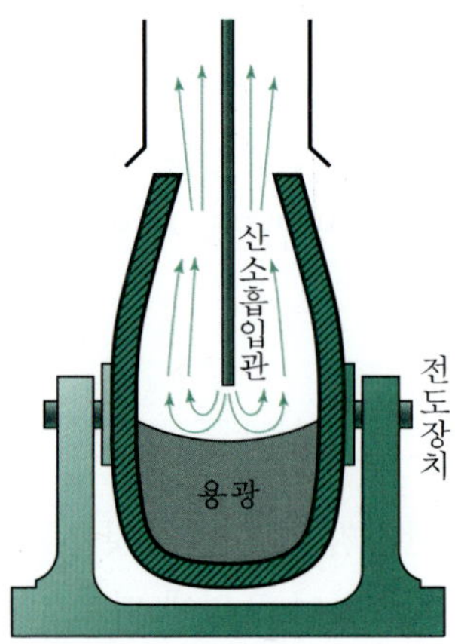

그림 8.2 순산소전로의 단면도

3 전기로(electric furnace)

전기로는 전류의 열효과를 이용하여 높은 온도를 발생하는 것으로서 짧은 시간에 쉽게 고온이 얻어지며 온도제어조작이 용이하고 열효율이 매우 크며 연소폐가스가 나오지 않으므로 불순물이 섞이지 않아 순도가 높은 강을 얻을 수 있는 점이 특징이다. 전기로에는 저항로, 아크로, 유도로의 3종류가 있다.

기타 제강법으로서는 도가니법이 오래 전부터 전해오고 있으며 양질의 강은 얻어지나 대량생산에 부적합하여 고급의 특수강을 만들 때에 한하여 사용된다.

8.2.4 강의 조직과 변태

금속은 온도나 압력 등의 외적 조건의 변화에 따라 금속고체 내의 원자 배열 특히 결정격자의 변화에 의하여 물리적 성질이 변한다. 이것을 금속의 변태(變態)라 하며 강에 있어서 열처리를 할 때 중요한 역할을 한다.

어떤 종류의 금속에는 고체인 그대로 일정한 온도에서 동소체로 변하는 예가 있다. 이것을 동소변태라 하고 변태가 일어나는 온도를 변태온도라 한다. 동소변태는 고체에 있어 원자배열의 변화, 즉 결정격자의 형성이 바뀌어 일어나는 것으로 순철에는 그림 8.3과 같이 α, γ, δ라고 하는 3가지의 동소체가 있고 α철은 약 910℃ 이하에서 체심입방격자(B.C.C)가 되고, γ철은 약 910~1,400℃ 사이에서 면심입방격자(F.C.C)가 되며, δ철은 약 1,400℃부터 용융점인 1,537℃ 사이에서 체심입방격자(B.C.C)가 된다.

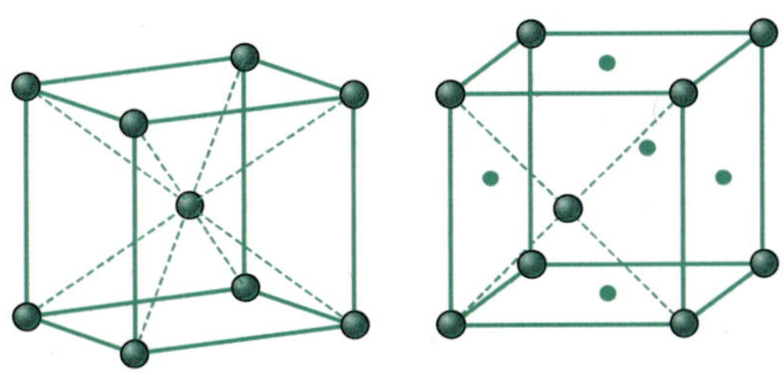

(a) 체심입방격자(α철) (b) 면심입방격자(γ철)

그림 8.3 순철의 결정격자

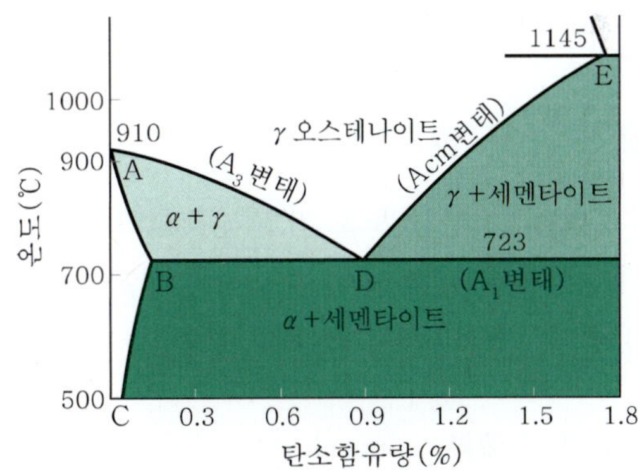

그림 8.4 강(Fe−C)의 상태도

강은 탄소량에 따라 변태의 내용이 달라지며 순철의 경우보다 복잡하나 탄소가 철 중에 함유되면 순철의 경우보다 변태온도가 탄소량에 의하여 변화한다. 강의 조직을 알기 위해서는 그림 8.4의 철과 탄소계의 평형상태도가 필요하다. 이 평형상태는 임의의 온도에 있어서 존재하는 상의 종류와 탄소량의 관계를 나타내는 것이다. 여기서 탄소강은 다음 4가지 상이 있음을 보여준다.

(1) 세멘타이트(cementite)

철과 탄소의 화합물로 0.68%의 탄소를 함유하며 상당히 단단하고 취성이 있으나 전연성이 없으며 담금질 효과도 없다. 산에 잘 부식되지 않으며, 현미경 조직은 백색으로 보인다. 브리넬경도(Brinell hardness)는 약 600, 인장강도는 약 35MPa 이하, 연신율은 10%이다.

(2) 페라이트(ferrite)

강 조직내에 0.021% 정도의 탄소가 고용되어 있는 순철의 입자로서 온도에 의하여 α, γ, δ의 구별이 있다. 극연이며 담금질 효과가 없고 강자성이다. 전기전도율이 크며, 브리넬경도는 약 80, 인장강도는 약 35MPa, 연신율은 40%이다.

(3) 퍼라이트(perlite)

퍼라이트와 세멘타이트가 동시에 석출되어 미세한 줄무늬의 조직을 나타내는 특수한조직입자로서 0.85%의 탄소를 함유하고 있다. 담금질 효과가 크고 브리넬경도는 200, 인장 강도는 약 850MPa, 연신율은 10%이다.

(4) 오스테나이트(austenite)

순철은 1537℃에서 용융액으로부터 응고하여 1,390~1,537℃ 사이에서 δ철이라는 체심 입방격자의 결정이 된다. 여기에 탄소가 고용된 것이 δ고용체이다. 910~1,390℃에서는 면심입방격자의 γ철로 되며, 이때 γ철에 고용되는 탄소량은 2.04%까지이며, γ고용체를 오스테나이트라 한다.

8.2.5 강의 열처리

강은 적당한 온도로 가열 냉각함으로써 그 조직을 바꿀 수 있으며 가공법, 강도, 점성 등의 성질을 개선하거나 압연 또는 주조시의 잔류응력을 제거할 수 있다. 열처리에는 그 목적에 따라 여러 가지 방법이 있다.

(1) 풀림(燒鈍 ; annealing)

강을 적당한 온도(800~1,000℃)로 일정한 시간 가열한 후에 로 안에서 천천히 냉각시키는 조작을 풀림이라 한다. 풀림을 하면 강의 조직이 표준으로 되므로 단조, 압연 등에 필요한 가공성과 정당한 기계적, 물리적 성질을 얻을 목적으로 실시한다.

(2) 불림(燒準 ; normalizing)

불림이란 결정립을 미세화하고 조직을 균일하게 하여 강력한 재료로 만들기 위한 목적으로 그림

8.4의 A_3(910℃) 또는 A_{cm} 변태점 이상의 적당한 온도로 가열한 후 대기 중에서 냉각시키는 열처리를 말한다. 가열온도는 되도록 A_3온도에 가깝게 하는데, 너무 높으면 결정립이 거칠어진다.

(3) 담금질(燒入 ; quenching or hardening)

강을 오스테나이트(austenite)상태의 고온에서 물 또는 기름 속에 투입하여 급랭시키는 조작으로서 마르텐사이트(martensite)라고 하는 조직을 가진 상당히 단단한 조직을 얻는데 그 목적이 있다. 여기서 마르텐사이트라는 것은 이와 같은 담금질에 의하여 생기는 매우 단단한 조직에 주어진 명칭이다.

담금질 온도의 범위는 탄소량에 의하여 변화하며 탄소량이 증가함에 다라 온도가 낮아진다. 담금질의 효과는 탄소량에 따라 다르며 인장강도 및 경도는 탄소량이 증가함에 따라 증가하나 신장률 및 단면수축률은 반대로 감소한다. 담금질에 의하여 물리적 성질도 변화하고 비중은 약간 감소한다. 비열은 약간 증가하고 전기저항과 잔류응력은 크게 증가한다.

(4) 뜨임질(燒戾 ; tempering)

담금질을 한 강에 인성을 주기 위하여 변태점 이하의 적당한 온도에서 가열한 다음 냉각시키는 조작을 말한다. 뜨임질을 하면 재료의 경도와 강도는 감소하지만 신장률, 단면 수축률 및 충격값은 증가한다. 따라서 매짐성이 완화된다. 특히 온도가 가장 큰 영향을 미치기 때문에 필요한 경도 및 인성을 얻기 위해서는 적당하게 온도를 가감하는 것이 좋다.

8.2.6 강의 일반적 성질

1 물리적 성질

일반적으로 강의 비중, 선팽창계수, 열전도율 등은 탄소함유량이 증가하는데 따라 감소하며 반대로 비열 및 전기저항 등은 증가한다. 표 8.2는 탄소함유량 1.7%까지의 강에 대한 물리적 성질을 나타낸 것이다.

표 8.2 강의 물리적 성질

비중	융점 (℃)	비열 (cal/g·℃)	전기저항 $\Omega(mm^2/m)$	열전도율 (cal/cm·sec·℃)	선팽창계수×10^{-5} (20~100℃)
7.789~7.876	1,425~1,528	0.102~0.108	0.10~0.18	0.087~0.134	1.04~1.50

2 기계적 성질

(1) 인장강도 및 응력-변형률 곡선

구조용 강재의 시험편을 양 끝에 고정시키고 인장력을 가하면 시험편이 절단된다(그림 8.5 참조). 이때 최대하중을 시험편 단면적으로 나눈 값을 인장강도라고 한다.

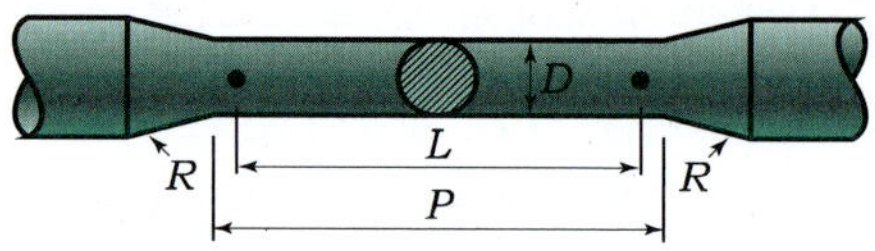

그림 8.5 시험편의 예

강의 응력-변형률곡선은 강의 강도에 따라 상이함을 알 수 있다. 그림 8.6은 강도가 다른 강의 응력-변형률곡선을 나타낸 것이다. 고강도의 강 또는 조질강(heat treated steel)은 항복점이 명확하지 않은 경우가 많다. 그러므로 항복점에 상당하는 0.2% 내력을 사용한다. 일반적으로 강재의 시험편에 일정한 간격의 표점을 찍어 시험편이 파단한 후의 표점거리의 변화와 원래의 표점거리와의 비를 신장률이라 한다. 강재의 변형 능력을 알아보기 위한 특성치의 하나이다.

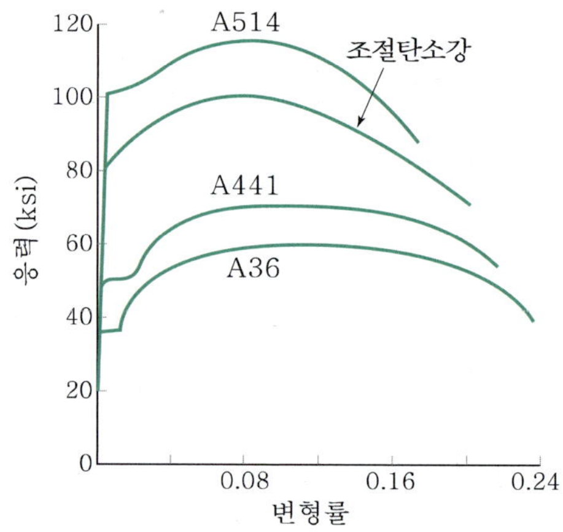

그림 8.6 강의 응력-변형률 곡선

그림 8.6에서 응력이 최대치에 도달할 때까지는 시험편은 일정하게 늘어나지만 이를 지나면 일부의 단면이 잘록한 모양이 생기고 이 부분에 늘음이 집중된다. 전자는 일정한 신장, 후자는 국부신장이라 한다. 일반적으로 신장이라 하는 것은 이들 신장의 합계를 말한다. 일반적으로 강도가 높은 조질강에서는 일정한 신장은 적다. 또 일정한 신장은 단면의 모양이나 크기에 영향을 받지 않으나 국부신장은 시험편의 단면적의 제곱과 거의 비례관계가 있다. 파단후의 시험편의 최소단면적과 원래 단면적과의 차를 원래에 단면적에 대한 비를 단면수축률이라 한다.

(2) 압축강도

연성이 있는 강재의 단주를 압축하면 항복점까지는 인장시험의 경우와 같은 응력-변형률 관계가 얻어지나 그 이상 압축하게 되면 단면이 늘어나고 최대하중이 인장시험의 경우보다 커진다. 압축시험에 의한 항복점이나 영계수 등의 값은 보통 인장시험 경우의 값과 같다고 생각해도 좋다. 시험편이 긴 경우에는 최대의 압축하중은 항복하중보다 낮으며 이 경우에는 좌굴에 의한 내하력이 정해진다.

(3) 충격강도

강재의 인성을 조사하기 위한 충격시험이 있으며 샤르피(Charpy) 충격시험이 많이 사용되고 있다. 샤르피 충격시험의 결과 시험편을 파괴하는데 요하는 에너지 즉 파괴시 시험편이 흡수한 에너지 또는 충격치(impact value) 즉 그 에너지를 그 절단면부의 원래의 단면적으로 나눈 값으로 충격강도를 알 수 있다.

(4) 피로강도

기계부품이나 구조물의 파손 사고의 원인은 대부분이 재료의 피로현상에 의하므로 피로강도는 강의 성질 중에서도 설계상 중요한 요인이 된다. 강의 피로강도는 동일 강의 종류라도 냉간가공, 열처리 등에 의하여 변화하므로 간단히 언급하기 어렵다.

(5) 지연파괴(delayed failure)

지연파괴(遲延破壞)란 인장응력이 정적으로 작용할 때 어느 시간이 경과한 후 돌연 파괴하는 현상으로서 정적피로파괴(static fatigue failure)라고 한다. 인장강도가 1,200MPa 이상의 강도를 가진 고장력강 또는 PSC강봉, 고장력볼트 등에서는 이 현상에 대해 특히 주의를 요한다. 지연파괴의 원인으로서는 수소취성과 응력부식균열 등을 생각할 수 있다. 이외에도 일정한 지속하중 작용에 의한 크리프, 일정한 변형률이 주어졌을 때 응력이 시간의 경과와 함께 감소하는 응력완화(relaxation) 등이 있다.

3 화학적 성질

강재는 수분과 탄산가스의 작용에 의하여 산화하며 녹이 생긴다. 이 녹이 조직 내부에 까지 퍼져 강을 부식시킨다. 이 현상은 순철에 있어서도 매우 현저하며 C, Si, Mn, 등의 원소의 함유량을 증가시키면 내식성이 증대한다. 콘크리트 정도의 약한 알칼리에 대해서는 거의 영향을 받지 않는다.

8.2.7 합금강

탄소강에 B, Co, Cr, Mn, Ni, Si, Ti, V, W 등의 원소를 첨가하여 담금질효과의 증대, 내식성, 내열성 기타 물리화학적 특성 등 강의 성질을 개선하고 사용목적에 적합한 특성을 부여한 것을 합금강이라 한다. 합금강에는 원소의 단독첨가의 경우와 여러 가지 종류를 조합 첨가하는 경우가 있다.

1 니켈강(nickel steel)

탄소의 함유량 0.1~0.3%의 탄소강에 5% 이하의 니켈(Ni)을 첨가한 합금강으로서 탄소강에 비해 강인하며 내식성, 내마모성이 우수하고 특히 담금질 효과도 양호하다. 니켈강의 기계적 성질은 표 8.3과 같이 니켈(Ni)의 첨가량이 증가하는데 따라 개선된다.

표 8.3 니켈 첨가량과 기계적 성질

C(%)	Ni(%)	인장강도(MPa)	항복점(MPa)	신장률(%)	브리넬경도
0.3	0	492	281	26	145
0.3	3.5	633	422	27	175
0.3	5.0	672	462	28	185

2 니켈-크롬강(nickel-chrome steel)

구조용 특수강 중에서 가장 중요한 종류로서 현재 가장 널리 사용되고 있는 것은 0.27~0.4%의 탄소에 1.0~3.5%의 니켈과 0.5~1.0%의 크롬을 첨가시킨 것이다. 담금질 후 뜨임한 것은 내마모성, 내식성, 내열성 등이 탄소강에 비해서 매우 좋으며, 고온에서 오랫동안 가열해도 결정립의 조대화(粗大化) 경향이 거의 없다.

3 스테인레스강(stainless steel)

보통 11.5%에서 26%의 크롬을 주원소로 함유하고 오스테나이트계에는 3.5~22%의 니켈을 포함하며 내식성이 우수하며 인장강도는 420~800MPa 이상으로 연성도 풍부하다. 용접은 비교적 곤란하다. 불활성가스(inert gas) 아크용접에 의하여 신뢰도가 높은 용접을 할 수가 있다.

8.2.8 주철과 주강

1 주철(cast iron)

주철(鑄鐵)은 강보다 용융점이 낮아서 복잡한 형태의 것이라도 주조하기 쉬우나 단조성이 없는 것이 결점이다. 탄소량 1.7%에서 6.67%까지의 것을 주철이라고 하지만 실용화되고 있는 것은 탄소량 2.5~4.5%의 범위이다.

용광로에서 철광석을 환원해서 직접 주입한 것을 주철이라고 하며 주철과 같이 쓰일 때가 많다. 주철은 92~96%의 철을 함유하고 나머지는 크롬, 규소 망간, 유황, 인 등이다. 이들을 주철의 5원소라고 한다. 주철은 탄소가 화합탄소(Fe_3C)이냐 유리탄소(흑연)이냐에 따라 회주철(gray cast iron)과 백주철(white cast iron)로 분류되는데 백주철보다 회주철이 많이 사용된다. 냉각속도가 느린 것일수록, 탄소량이 많을수록 또 규소가 많을수록 회주철이 되기 쉽다.

(1) 회주철

파단면이 회색이며 재질은 비교적 연하고 점성이 있으며 조직은 퍼라이트이다. 비중이 약 7.2, 융점 약 1,200~1,250℃이며 회주철 중 인장강도가 200~300MPa인 것은 고급품이다.

(2) 백주철

파단면이 백색이고 매우 단단하고 액성을 가지고 있으며 인장강도는 큰 편이다. 이 백주철은 가단주철을 만드는데 주로 쓰인다. 비중이 약 7.0, 융점이 약 1,100℃이며 수축률이 커서(2% 내외) 주조가 곤란하다.

주철을 기계적 성질에 의하여 분류하면 다음과 같다

(1) 가단주철(malleable cast iron)

백주철을 700~1,000℃의 고온에서 70~100시간 풀림하여 세멘타이트를 분해 또는 소실시켜 주철에 인성과 연성을 증가시켜 가단성(可鍛性)을 부여한 것이다. 따라서 가단주철은 단련하여 원하는 모양으로 만들 수 있는 장점이 있다. 가단주철은 비중 7.2~7.6 , 인장강도 250~350MPa, 연신율 2~5% 정도이면 보통주철보다 인성이 수배 더 강하다. 가단주철은 파단면의 상태에 따라 흑심가단주철(黑心可鍛鑄鐵)과 백심가단주철(白心可鍛鑄鐵)로 나누는데, 흑심가단주철이 탄소량이 더 많다.

(2) 칠드주철(chilled cast iron)

보통주철보다 규소(Si)의 양을 적게 하고 망간(Mn)을 첨가하여 주철을 주입한 후 표면을 급랭시켜 표면은 단단한 백주철, 내부는 회주철의 조직으로 만든 것이다. 칠드주철은 경도, 내마멸성, 내압성이 우수하고 전체로는 메지지 않아 압연 롤러 등에 사용된다.

(3) 구상 흑연주철(nodular graphite cast iron)

주철의 흑연은 편상으로 되어 있어 외력을 가하면 흑연에 균열이 발생하기 쉽고 메지며 강도가 낮은 것이 결점이나, 흑연이 구상으로 된 주철은 균열을 방지하고 강도 및 연성을 가지게 된다. 이것을 구상흑연주철(球狀黑鉛鑄鐵)이라 하며 강인성이 요구되는 주조부품(주철관, 자동차부품)에 많이 사용되고 있다.

2 주강(steel casting)

주강(鑄鋼)은 탄소량이 0.1~0.5%의 용해강을 주형에 주입하여 제작하는 주물로서 저탄소주철이라고 할 수 있다. 규소(Si) 및 망간(Mn)의 양이 특히 많고, 주조성이 있는 것이 특징이다. 성질은 탄소강과 비슷하지만 인성은 떨어진다. 화학조성에 의해서 보통주강(탄소강주강)과 특수주강(저합금강주강 및 고합금강주강)으로 분류된다. 고합금강주강은 다시 그 화학성분 및 용도에 따라서 스테인리스주강, 내열강주강 및 고망간주강 등으로 분류한다. 주강은 주조용재에 있어서 주철로서는 강도가 불충분한 것에 사용한다.

8.3 비철금속

구조용으로 사용되는 비철금속재료(非鐵金屬材料)로서는 알루미늄, 알루미늄 합금, 강 및 강합금 이외에 티타늄, 아연, 니켈 등이 있다. 이들 재료들에 대한 개발과 성능 개선이 활발하게 진행됨으로써 그 사용 범위도 많이 확대되었다고 볼 수 있으나 토목용으로 알루미늄, 알루미늄합금 이외의 사용은 아직도 매우 부진한 실정이다. 그래서 여기서는 주로 알루미늄과 알루미늄합금에 관하여 상세하게 설명하고자 한다.

8.3.1 알루미늄(aluminium)

알루미늄의 원광석은 주성분 $Al_2O_3 \cdot 2H_2O$인 보크사이트로서 원광석에서 Al_2O_3를 분리하여 알루미늄을 제조한다. 알루미늄과 알루미늄 합금은 매우 가벼우며 비중은 철이나 동의 약 1/3정도로서 용도에 따라 강도를 달리 얻을 수 있으며 내식, 내후성이 좋고 가공성이 좋으므로 판, 압출형, 관, 봉, 선형 등 여러 가지 모양의 제품을 쉽게 제조할 수 있어 구조용으로 널리 이용된다. 그러나 알루미늄이나 알루미늄 합금은 순도, 합금성분, 조절 등에 의하여 성질이 크게 변화하므로 그 특성을 유효하게 살려서 이용함이 매우 중요하다. 알루미늄의 인장강도는 연강과 거의 같다. 그러나 항복점은 강과 같이 명확하지 않으므로 일반적으로 영구변형률이 0.2%인 응력을 항복점으로 정한다. 알루미늄의 영계수는 강의 약 1/3, 즉 7,000MPa 정도이며 변형, 진동특성, 좌굴 및 온도응력, 2차 응력 등에 영향을 미친다. 선팽창계수는 강의 약 2배로서 2.2×10^{-5} / ℃이다. 이와 같이 온도 변화에 의한 신축은 강재의 약 2배이나 변형이 구속된 경우의 온도응력은 영계수가 작기 때문에 강의 경우보다 약간 작게 된다. 순도가 높은 알루미늄의 내식성은 매우 우수하지만 Cu의 함유량이 높아지면 내식성은 저하한다. 알루미늄 합금은 Cu, Ni 등의 중금속과 접촉하면 전해부식을 일으킬 수 있기 때문에 주의를 요한다. 알루미늄의 기계적 성질을 나타낸 것이 표 8.4이다.

표 8.4 알루미늄의 기계적 성질

항목	수치
인장강도	420~490MPa
항복점강도	370~420MPa
전단강도	290MPa
영계수	73GPa
프와송비	0.33(1/3)
신장률	9~13%
브리넬경도	120~130
선팽창계수	2.16×10^{-5} / ℃
단위중량	2,800kg/m^3

8.3.2 알루미늄 합금

독일의 Alfred Wilm이 발명하여 1909년에 공업생산화 된 듀랄루민(duralumin, 17S)은 항공기, 자동차, 기타 기계부품 등에 이용되는 단련용 알루미늄 합금의 대표적인 것이다. 듀랄루민의 표준조직은 Cu 4%, Mg 0.5%, Mn 0.5%, 나머지가 Al로 되어 있으며 특징은 비중 2.8로 경량이며 담금질시효 경화처리에 의하여 강에 못지 않는 강도를 갖는다. 담금질 후 상온시효를 실시하여 인장강도가 연강과 같은 정도의 400MPa이고 항공기 등과 같이 가벼운 것을 중요시하는 곳에는 빼놓을 수 없는 재료이다. 한편 강도를 더 높인 초듀랄루민(24S)은 듀랄루민과 같이 Al-Cu-Mg-Mn계 합금이나 Mg의 양을 증가시켜 인장강도를 500MPa 정도로 한 것이다. 표준조성은 Cu 4%, Mg 1.5%, Mg 0.5%, 나머지가 Al로서 주로 항공기의 구조재 외에 리벳, 기구류, 일반구조용 재료로 용도가 다양하다. 알루미늄 합금은 표 8.5와 같이 탄소강과 비교할 때 비중 1/3, 영계수 약 1/3이며, 단위중량당의 강도가 탄소강의 몇 배에 달하므로 경량이면서 고강도임을 알 수 있다.

표 8.5 알루미늄 합금과 탄소강의 강도 비교

항목	탄소강	알루미늄 합금
비중	7.8	2.7~2.9
영계수(GPa)	210~220	63~80
항복점강도(MPa)	210~600	210~500
인장 강도(MPa)	320~800	380~550

알루미늄 합금의 장점으로서는 경량성과 우수한 성형성, 가공성 이외에도 취성파괴의 염려가 없고 미관이 우수하며 내식성이 좋은 점을 들 수 있다. 한편 단점으로는 영계수가 작기 때문에 처짐, 진동 등 정적 및 동적 변위가 일반적으로 크며 좌굴하중이 작은 점 등을 들 수 있다. 토목구조물에 알루미늄 합금의 적용한 예로는 교량이 있으며 외국에서는 완전 알루미늄 합금 교량도 있다.

8.3.3 구리 및 구리합금

구리 및 구리합금은 강도가 경도면에서 강보다는 못하지만 내식성, 전성, 연성, 가공성, 열전도율 및 전기전도율이 양호하여 건설용 재료로 널리 사용되고 있다.

1 구리(銅 ; cooper)

구리는 황동광(黃銅鑛) 또는 휘동광(輝銅鑛) 등의 광석을 용광로 또는 반사로 등에서 가열하여 Cu_2O_2를 포함한 황동(黃銅)을 만든다. 이 황동을 전로에서 정련하여 조동(粗銅)을 얻는다. 이 조동은 반사로 또는 전기분해에 의하여 동으로 정제된다. 동의 기계적 성질은 표 8.6과 같다. 정제된 전기동은 순도 99.97~99.98, 비중 8.9이며, 도전성은 은(銀) 다음으로 좋고 열의 양도체이며 연한 점성이 큰 금속으로 전연성이 풍부하며 판, 봉, 관 재료 등으로 가공된다.

표 8.6 동의 물리 및 기계적 성질

물리적 성질		기계적 성질	
항목	수치	항목	수치
비중	8.93	인장강도	① 140~200MPa
융점	1083℃		② 340~360MPa
선팽창계수	1.409×10^{-5} / ℃(−196~16℃)		③ 220~250MPa
	1.678×10^{-5} / ℃(40℃)	항복점	① 45~60MPa
비열	0.0919cal / g · ℃		② −
열전도율	0.923cal/cm · sec · ℃		③ 60MPa
비저항	$1.72\times10^{-6}\Omega$ · cm	영계수	① −
			② 121~123GPa

주 : 표 속의 숫자 : ①주물 ②압연성 ③압연 후 풀림

구리가 다른 금속보다 우수한 점은 다음과 같다.

1) 전기 및 열의 양도체이다
2) 부식이 잘 안 된다.
3) 아름다운 색을 갖는다.
4) 유연하고 전연성이 좋아 가공하기 쉽다.
5) 아연, 주석, 니켈 등과 합금을 하면 귀금속적 성질을 가진다.

2 구리 합금

구리의 합금은 황동, 청동 및 특수청동 등이 있다.

(1) 황동(brass)

구리와 아연의 합금으로 황색 또는 금색을 띠며 아연의 함유량이 30% 전후의 것을 7 : 3 놋쇠(眞鍮) 또는 α황동이라 한다. 연성과 전성이 풍부하므로 공업용 재료로서 적합하다. 아연 40% 전후의 것은 6 : 4 놋쇠 또는 α + β황동이라 하며 주로 주물로 사용된다. 황동은 500~600℃까지의 온도에서 온도의 상승에 따라 인장강도, 신장률이 감소한다. α + β황동은 온도상승에 의한 강도, 신장률의 저하가 적으므로 고온가공에 적합하다.

(2) 청동(bronze)

구리와 주석(Sn)을 주성분으로 한 합금으로 인청동(燐青銅), 알루미늄청동 등의 특수청동과 구별하기 위하여 보통청동, 또는 주석청동이라 한다. 공업용 청동의 주석 함유량은 15% 이하이다. 이중에서 주석을 10% 정도 포함한 것은 포금(砲金, gun metal)이라 하며 밸브나 문 등의 건설용 재료로 가장 많이 사용된다. 청동의 물리적 성질은 표 8.7과 같으며 주석의 함유량에 따라 색깔, 비중 등이 변화한다. 기계적인 성질도 주석의 함유량에 따라 변화한다.

(3) 인청동(phosphor bronze)

탈산(脫酸) 또는 조직, 성질 개선을 위하여 미량의 인을 첨가한 합금이다. 주석 청동에 비하여 주조가 용이하며 기계적 성질 및 내식성이 우수하다. 이외에도 망간 청동(manganese bronze), 알루미늄 청동, 실리콘 청동(silicon bronze), 실리진 청동(silizin bronze), 이마디움 청동(immadium bronze) 등이 있다.

8.3.4 기타 비철금속

1 니켈(nickel)

전기도금을 제외하고는 토목재료로 니켈을 그대로 사용하는 경우보다는 합금으로 사용하는 경우가 많다. 이 합금은 은백색을 띠며 내식성, 내변색성이 높으며 기계적 성질이 우수하며 니켈의 연성, 전성은 철과 유사하다. 공기 및 습도에 대해서는 철보다 안전하고 잘 산화되지 않는다. 알칼리에는 강하나 산에는 녹는다. 니켈의 물리적 성질은 표 8.7, 기계적 성질은 표 8.8과 같다.

표 8.7 비철금속의 물리적 성질

항목	놋쇠	청동	니켈	주석	납	아연
색	아연 50% 황금색	주석 5% 동적색	–	은백색	청백색	청백색
융점	–	–	–	231.8℃	327.4℃	419.47℃

항목	놋쇠	청동	니켈	주석	납	아연
비중	아연 50% 8.3	주석 10% 8.80	8.845	백색 7.28 회색 5.8	11.94 10.69	7.04~7.16
선팽창계수 ($\times 10^{-5}$ / ℃)	아연 27% 1.859	1.73~1.76	1.279	2.234	2.924 (40℃)	3.12 (0~100℃)
비열 (cal / ℃ / g)	아연 40% 0.0917	–	0.1065 (20℃)	0.0541 (20℃)	0.0309 (20℃)	0.0931 (20~100℃)
열전도율 (cal / cm / s / ℃)	0.246	주석 10% 0.099	0.201 (0℃)	0.155 (20℃)	0.0838 (20℃)	0.269 (20℃)
비저항 ($\times 10^{-6}\Omega$cm)	아연 30~40% 5.8~6.2	–	6.9	11.4	20.8 (20℃)	6.0 (20℃)

표 8.8 니켈의 기계적 성질

항목		인장강도(MPa)	항복점(MPa)	신장률(%)	브리넬경도
주물		350~420	140~210	20~30	80~100
봉		490~560	140~210	40~50	90~110
박판(상온압연)		630~770	600~740	1~2	130~160
선재	경	840~980	770~920	1~2	–
	연	460~530	140~210	20~30	–

2 니켈–구리 합금

니켈 함유량이 50% 정도까지는 비열, 비저항, 인장강도, 경도가 증가하나 열팽창계수, 신장률은 감소한다.

3 니켈–크롬 합금

고온, 부식에 대한 저항성이 크고 전기저항도 크다. 크롬량이 30% 정도까지는 크롬량이 증가하는데 따라 인장강도, 신장률이 증가하나 30%를 넘으면 반대의 경향을 나타낸다. 전기저항이 크므로 전열선, 전기저항선으로 이용된다.

4 주석(tin)

주석은 상온에서 가공하기 쉽고 산소, 물, 탄산가스, 유기산류 등의 부식에 대한 저항이 매우 우수하다. 주석은 18℃와 161℃에 변태점이 있고 18℃ 이하에서 α주석(gray tin), 18℃ 이상에서는 β주석(white tin)이 있다. 주석의 기계적 성질은 표 8.9와 같다.

5 납(lead)

방납광(方鉛鑛, PbS), 백납광(白鉛鑛, $PbCO_3$), 황산납광(黃酸鉛鑛, $PbSO_4$), 홍납광(紅鉛鑛, $PbCrO_4$) 등의 광석을 제련하여 얻는다. 유연하고 전연성이 풍부하나 인장강도가 적다. 순납은 내식성이 풍부하나 불순물 특히 산화물이 있는 겨우나 외력과 부식작용이 동시에 작용하는 경우에는 부식되기 쉽다.

6 아연(zinc)

섬아연광(閃亞鉛鑛, ZnS) 또는 능아연광(菱亞鉛鑛, $ZnCO_3$) 등의 원광석에서 증류법 또는 전해법에 의하여 제조된다. 상온에서는 취성이나 100~150℃에서 전연성이 증가하며 공기 중에서 탄산가스와 수분이 공존하면 표면에 염기성 탄산염의 얇은 막이 생기므로 산화방지에 유효하다. 아연은 함석의 제조 외에 황동의 합금 재료로 사용된다.

표 8.9 주석, 납, 아연의 기계적 성질

항목	주석	납	아연
인장강도(MPa)	24~40	20	①47 ②80~240
신장률(%)	35~40	50	①<5 ②18
영계수($\times 10^4$MPa)	4.0~5.5	1.5~1.7	①7.75 ②8.45
브 리 넬 경 도	12~14	6.9	–

주 : 표 속의 숫자 : ①주물 ②압연재

8.4 철강제품

토목재료에 사용되는 철강제품의 종류는 구조재료로부터 토목공사용 가설재에 이르기까지 매우 광범위하다. 제품 전체에 대하여 설명하는 것은 곤란하므로 여기에서는 봉강, PSC강선, PSC강봉 등에 대하여 기술한다.

8.4.1 철근

철근으로 사용되는 봉강에는 단면이 원형인 원형철근과 이형인 이형철근이 있는데, 부착강도를 증진시키기 위해 표면에 요철(凹凸)을 붙인 이형철근을 주로 사용한다.

철근 콘크리트용 철근의 종류 및 기계적 성질을 표 8.10에 나타내었으며, 또한 이형철근의 형상을 그림 8.7에 나타내었다.

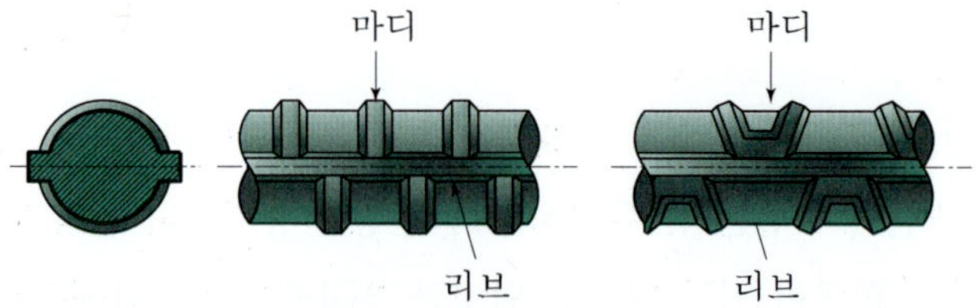

그림 8.7 이형철근의 형상

표 8.10 철근의 종류 및 기계적 성질(KS D 3504)

종류 기호	항복점 또는 항복 강도 N/mm^2	인장 강도 N/mm^2	인장 시험편	연신율[a] %	굽힘성		
					굽힘 각도	안쪽 반지름	
SD300	300 이상	440 이상	2호에 준한 것	16 이상	180°	D16 이하	공칭 지름의 1.5배
			3호에 준한 것	18 이상		D16 초과	공칭 지름의 2배
SD350	350 이상	490 이상	2호에 준한 것	18 이상	180°	D16 이하	공칭 지름의 1.5배
			3호에 준한 것	20 이상		D16 초과 D41 이하	공칭 지름의 2배
						D51	공칭 지름의 2.5배
SD400	400 이상	560 이상	2호에 준한 것	16 이상	180°		공칭 지름의 2.5배
			3호에 준한 것	18 이상			
SD500	500 이상	620 이상	2호에 준한 것	12 이상	90°	D25 이하	공칭 지름의 2.5배
			3호에 준한 것	14 이상		D25 초과	공칭 지름의 3배
SD600	600 이상	710 이상	2호에 준한 것	10 이상	90°	D25 이하	공칭 지름의 2.5배
			3호에 준한 것			D25 초과	공칭 지름의 3배
SD700	700 이상	800 이상	2호에 준한 것	10 이상	90°	D25 이하	공칭 지름의 2.5배
			3호에 준한 것			D25 초과	공칭 지름의 3배
SD400W	400 이상	560 이상	2호에 준한 것	16 이상	180°		공칭 시름의 2.5배
			3호에 준한 것	18 이상			
SD500W	500 이상	620 이상	2호에 준한 것	12 이상	90°	D25 이하	공칭 지름의 2.5배
			3호에 준한 것	14 이상		D25 초과	공칭 지름의 3배

[a] 이형 봉강에서 치수가 호칭명 D32를 초과하는 것에 대해서는 호칭명 3을 증가할 때마다 표 8.10의 연신율의 값에서 각각 2를 감한다. 다만, 감하는 한도는 4로 한다.

8.4.2 PS강선 및 강연선

프리스트레스트 콘크리트에 이용하는 PS강선과 PS강에 의해 제조된 선은 KS규격에 적합한 것으로 패턴팅을 실시한 다음 상온에서 신장한 것이다. 최종공정에서 가공변형제거를 위해 블루잉을 실시한다. PSC용 PS강선과 PS강연선의 종류 및 명칭을 표 8.11 및 8.12에 나타내었다.

이형강선 중에는 부착강도를 증대시키기 위하여 요철부를 준 인덴티드 강선(indented wire)이 있다. 또 최근에는 릴랙세이션이 특히 작은 강선도 시판되고 있다.

표 8.11 PS강선의 종류 및 호칭

종류		기호	명칭
PS강선	원형 및 이형	SWPC1 및 SWWPD1	(2.9mm) (3.5mm) (4.5mm) 5mm (6mm) 7mm 8mm 9mm

표 8.12 PS강연선

	기호	기호	명칭
PS 강연선	SWPC2	SWPC2	2.9mm 2연선
	SWPD3	SWPD3	2.9mm 3연선
	SWPC7A	SWPC7A	(7연선 6.2mm) 7연선 9.3mm 7연선 10.8mm 7연선 12.4mm 7연선 15.2mm
	SWPC7B	SWPC7B	7연선 9.5mm 7연선 11.1mm 7연선 12.7mm 7연선 15.2mm

8.4.3 PS강봉

프리스트레스트 콘크리트에서 이용하는 PS강봉은 제조방법에 따라 인발강봉, 압연강봉, 및 열처리 강봉으로 구분한다. 그 종류 및 기호, 명칭은 표 8.13, 표 8.14에 나타내었다. 또 PS강봉의 신장률은 5% 이상, 릴렉세이션은 1.5% 이하로 규정되어 있다.

표 8.13 PS강봉의 종류 및 기호(KS D 3505)

종류			기호
원형봉강	A종	2호	SBPR 785 / 1030
	B종	1호	SBPR 930 / 1080
		2호	SBPR 930 / 1180
	C종	1호	SBPR 1080 / 1230
이형봉강	B종	1호	SBPD 930 / 1080
	C종	1호	SBPD 1080 / 1230
	D종	1호	SBPD 1275 / 1420

표 8.14 PS강봉의 명칭(KS D 3505)

종류	호칭명	비고
원형봉강	9.2mm 11mm 13mm (15mm) 17mm (19mm) (21mm) 23mm 26mm (29mm) 32mm 36mm 40mm	( )를 붙인 명칭의 강봉은 사용하지 않는 것이 바람직하다
이형봉강	7.4mm 9.2mm 11mm 13mm	

8.4.4 와이어 로프(wire rope)

와이어 로프는 몇 개의 강선을 꼬아서 만든 가는 선을 다시 꼬아서 만든 것으로 그 종류는 그림 8.8과 같다.

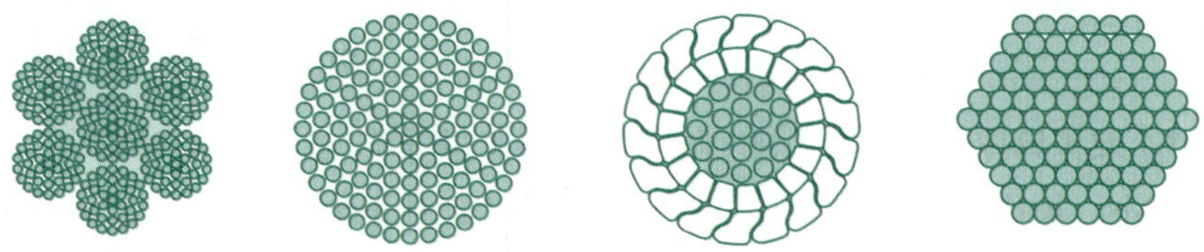

7×37 공심(共心)로프 / 1×127 spiral 로프 / C형 ocked coil 로프 / PWS-91 paralled wire strand

그림 8.8 각종 로프와 스트랜드의 예

연습문제

8.1 철광석에서부터 강이 되기까지의 과정을 설명하라.

8.2 철강을 탄소함유량에 의하여 분류하고 각각 특징을 설명하라.

8.3 제강법에는 어떤 방법이 있는지 설명하라.

8.4 강을 화학성분에 의하여 분류하고 설명하라.

8.5 선철의 제조방법에 대하여 설명하라.

8.6 주철과 강의 제성질을 비교하여 설명하라.

8.7 알루미늄 합금과 강의 제성질을 비교하여 설명하라.

8.8 구상흑연주철에 대하여 아는 바를 설명하라.

8.9 강의 열처리방법에 대하여 아는 바를 설명하라.

8.10 토목재료로 사용되는 철강제품에 대하여 설명하라.

제 9 장

역청재료

제 9 장 역청재료

9.1 개설

일반적으로 말하는 역청(瀝靑, bitumen)이란 천연 및 인공탄화수소 또는 이들의 비금속유도체 또는 이들의 혼합물로서 이황화탄소(CS_2)에 용해되는 물질을 말한다. 즉 이황화탄소에 용해하는 탄화수소의 혼합물로 상온에서 고체 또는 반고체인 것을 말하며, 이러한 역청을 주성분으로 하는 재료를 역청재료라 한다. 상태에 따라서는 메탄가스(CH_4)와 같은 기체로부터 가솔린, 등유, 경유와 같은 액체, 반고체 또는 아스팔트, 피치, 파라핀과 같은 석유까지도 포함한다. 이들 역청을 포함한 모든 재료를 역청재료라 한다.

역청재료 중에서 토목재료로 사용되는 것은 주로 아스팔트, 타르 및 이것을 원료로 한 유제이다. 이것들은 시멘트와 같은 무기질재료가 가지지 못하는 유기질재료 특유의 성질을 가지고 있기 때문에 그 용도도 포장재료, 토질안정재료, 주입재료, 방수재료, 호안재료, 도포재, 이음재 등 광범위하게 사용되고 있다.

역청재료가 건설재료로 사용되기 시작한 것은 B.C. 3800년경 메소포타미아와 인더스에서 도로포장과 방수용 재료로 처음 사용된 이래, 이집트에서는 각종 건축물로 사용되었으며 미이라의 보존을 위한 재료로 사용되기도 하였다. 당시의 역청재료는 자연 상태의 천연아스팔트 그대로 이용하였으나 사용량은 극히 미미하였다. 19세기초 최초로 영국에서 타르 포장시공을 실시한 이후 독일, 프랑스, 벨기에 등의 유럽 여러 나라에 사용하기 시작하였으며 사용량도 급격하게 증가하게 되었다.

그 후 20세기에 들어서 에너지원이 석탄에서 석유로 바뀌며 포장용의 역청재료도 타르에서 아스팔트로 바뀌어 현재 거의 대부분의 나라에서 아스팔트를 사용하고 있다.

한편 역청재료는 온도에 가장 민감한 건설재료로서 다음과 같은 조건을 갖추어야 한다.

- 골재와 부착력이 좋아야 한다.
- 적당한 컨시스텐시(consistency)를 가져야 한다.
- 내구성 및 경화 변질이 잘되지 않아야 한다.

이러한 역청재료는 다음과 같은 특성을 가지고 있다.

- 점성과 감온성을 가지고 있다.
- 점착성을 가지고 있다.
- 방수성이 우수하다.
- 컨시스텐시를 쉽게 변화시킬 수 있다.
- 비교적 값이 저렴하다.

위와 같은 우수한 성질을 가지고 있는 역청재료 중에서 이 장에서는 많이 사용되는 아스팔트, 타르, 유제 등에 대하여 설명하기로 한다.

9.2 아스팔트(asphalt)

아스팔트는 석유를 구성하는 성분중에서 경질(輕質)의 부분인 인위적으로 또는 자연의 힘에 의하여 증발하고 남는 흑색 또는 흑갈색의 반고체의 교상물질(膠狀物質)로서, 가열하면 서서히 액화하는 물질을 말한다. 아스팔트는 열에 녹기 쉽고, 방수(防水), 내수(耐水), 내구성이 풍부하며, 점착성이 큰 반고체(半固體)의 끈끈한 물질로써, 얻을 수 있는 자원에 따라서 일반적으로 천연 아스팔트와 석유아스팔트(인공아스팔트)로 나누며 표 9.1과 같이 분류한다.

표 9.1 아스팔트의 분류

- 아스팔트(asphalt)
  - 천연아스팔트(natural asphalt)
    - 천연아스팔트(natural asphalt)
      - 록아스팔트(rock asphalt)
      - 레이크아스팔트(lake asphalt)
      - 샌드아스팔트(sand asphalt)
    - 아스팔타이트(asphaltite)
      - 길소나이트(gilsonite pitch)
      - 글랜스피치(glance pitch)
      - 그라하마이트(grahamite)
  - 석유아스팔트(petroleum asphalt)
    - 스트레이트아스팔트(straight asphalt)
    - 블론아스팔트(blown asphalt)
    - 세미블론아스팔트(partially-blown or semi-blown asphalt)
    - 용제추출아스팔트(propane asphalt)

9.2.1 천연아스팔트

지표상에 자연의 힘에 의하여 산출된 아스팔트를 천연아스팔트라 하며 기원전 3800년경에는 접착제, 방수제 및 방부제 등으로 사용되었으나, 이것을 과학적인 도로포장용 재료로 사용하게 된 것은 19세기 중엽이라고 한다.

(1) 록아스팔트(rock asphalt)

천연아스팔트가 석회암, 사암 등의 다공질 암석사이에 스며든 것으로, 유럽에서 옛날부터 널리 사용되었으나 품질이 일정하지 못한 결점이 있다. 아스팔트 함유량은 10% 정도이며 부순돌 도로포장에 사용된다.

(2) 레이크아스팔트(lake asphalt)

지표의 낮은 부분에 퇴적물로서 생긴 것으로 남미의 Trinidad섬 및 베네주엘라 북부해안 Bermudes에서 생산되는 것이 유명하다. 아스팔트 함유량이 50% 이상이며 석유에서 생산되는 스트레이트 아스팔트와 유사하다.

(3) 샌드아스팔트(sand asphalt)

천연 아스팔트가 모래 속에 스며 들어 생긴 것으로 모래와 아스팔트가 혼합된 상태로 존재한다. 아스팔트라기 보다 아스팔트 혼합물에 속한다.

(4) 아스팔타이트(asphaltite)

암석의 갈라진 틈에 침입한 후 지열이나 공기 등의 작용으로 장시간 그 내부에서 중합(重合) 또는 축합반응(縮合反應)을 일으켜 탄성력이 풍부한 블론아스팔트(blown asphalt)와 비슷한 화합물이 된 것으로 길소나이트(gilsonite), 그라하마이트(grahamite), 글랜스피치(glance pitch) 등이 있다.

9.2.2 석유아스팔트

석유아스팔트는 원유를 인공적으로 증류하여 제조된 흑색 또는 흑갈색의 탄화수소화합물로 원유정제과정에서 부산물로 제조되는 것으로서, 제조방법에 따라 스트레이트 아스팔트와 블론 아스팔트 등으로 분류되며, 각각 성질과 용도가 다르다.

(1) 스트레이트 아스팔트(straight asphalt)

원유중의 아스팔트 성분이 열에 의한 변화가 생기지 않도록 하여 증기증유법, 감압증유법 또는 이들 두 방법의 조합에 의하여 만들어진 것이다. 이 아스팔트는 신장성, 점착성, 방수성이 풍부한 특징을 가진 반면, 연화점이 비교적 낮고 감온비가 크고 내후성이 낮은 결점이 있다. 또 증기정제아스팔트는 감압정제 아스팔트와 비교해서 융점이 높고, 감온비가 작으며, 충격에는 강하나 점착성이 약간 약하다. 스트레이트 아스팔트는 그대로 또는 유화아스팔트(emulsion asphalt), 컷백아스팔트(cut back asphalt) 등으로 하여 대부분 도로포장에 사용된다.

(2) 블론 아스팔트(blown asphalt)

일반적으로 파라핀계 석유의 감압찌꺼기 기름을 204~315℃로 가열하여 공기를 불어 넣어 찌꺼기 기름중에 포함되어 있는 역청에 중합반응이나 축합반응을 일으켜 탄력성이 큰 아스팔트로 만든 것이다. 이 아스팔트는 융점이 높고 감온비가 작고, 내구성, 내충격성이 크며 플라스틱한 성질을 가지며, 화학적으로 안정한 점 등의 장점이 있으나 신장성, 점착성, 방수성 등은 스트레이트 아스팔트 보다 약하다(표 9.2 참조). 주로 방수재료, 접착제, 이음재, 방식도장용 등에 사용된다.

표 9.2 스트레이트 아스팔트와 블론 아스팔트의 성질

항목 \ 종류	스트레이트 아스팔트	블론 아스팔트
상태	반고체	고체
비중	1.01~1.05	1.02~1.05
신도	크다	작다
연화점	35~60℃	70~130℃
감온성	크다	작다
인화점	높다	낮다
비열	0.487cal / g℃	0.478cal / g℃
열전도율	0.149kcal / m · h · ℃	0.139kcal / m · h · ℃
체적팽창계수	$(6.0\sim6.3)\times10^{-4}$/℃	$(6.0\sim6.3)\times10^{-4}$/℃
투수계수	4.1×10^{-9}g · cm / cm^{-2} · mmhg · h	6.0×10^{-9}g · cm / cm^{-2} · mmhg · h
침입도계수	−1 ~ +1	+1 이상
접착성	매우크다	작다
유화성	좋다	나쁘다
유동성	크다	작다
내후성	좋다	매우좋다

9.2.3 석유아스팔트의 제조

석유아스팔트는 아스팔트분이 비교적 많은 나프텐기 원유 또는 혼합원유(중간기원유)를 원료로 하여 만든다. 석유원유를 가열로에서 약 350℃로 가열하여 상온증류탑에 보내어 탑 내의 여러 단의 증류선반에서 비점차(沸點差)에 따라 분류(分類)한다. 그리고 기름의 분해를 막고 또 저온처리를 하기 위하여 수증기를 불어 넣는다.

탑의 정상에서는 가벼운 가스나 나프타, 그 밑의 단에서는 중질가솔린, 그리고 그 아랫단에서는 등유, 경질경유 등의 비점이 높은 유분(溜分)이 나온다.

탑의 밑에서는 거의 증발하지 않는 고비점유분이 남고 이것을 가열로에서 350~400℃로 가열하여 진공도 20~180mmHg로 감압증류한다. 이때 탑의 정상에서 중질의 경유가 잡 밑으로 내려가면서

기름의 크랙킹(cracking)에 의한 기름가스타르나 수성가스타르, 목재 건류에 의한 파인타르(pine tar)나 우드타르(wood tar), 역청질 물질의 건류에 의한 초탄타르나 석탄타르 또는 타르를 다시 분류해서 얻은 피치류로 기름가스타르피치나 석탄타르피치 등이 있다.

9.2.4 아스팔트의 성질

아스팔트의 성질은 산지, 함유성분 및 정제처리방법에 의하여 다르지만 용도에 따라 그 기본적인 성질을 파악할 필요가 있다.

1 물리적 성질

(1) 비중(specific gravity)

액체 또는 고체인 역청재의 비중은 원료의 산지, 제조방법, 혼입물, 온도 등의 영향에 의하여 변화한다. 스트레이트 아스팔트는 같은 원료와 동일공정으로 만들어졌더라도 침입도가 작을수록 비중은 큰 경향을 나타낸다. 일반적으로 1.0~1.1 정도이다.

블론아스팔트는 동일 침입도의 스트레이트 아스팔트와 비교하여 약간 비중이 작으며, 대체로 1.0~1.07 정도이다. 일반적으로 침입도가 작을수록, 황의 함유량이 많을수록 비중이 크다.

(2) 침입도(penetration)

침입도는 아스팔트의 경도를 나타내는 것으로 아스팔트의 컨시스텐시를 침의 관입저항으로 평가하는 방법이다. 반고체 및 고체상태의 아스팔트를 침입도에 따라 분류하며 동일한 조건에서 묽은 아스팔트일수록 침입도가 크다. 일반적으로 온도의 상승에 따라 증가하며, 스트레이트아스팔트가 블론아스팔트보다 변화정도가 현저하다.

(3) 연화점(softening point)

연화점은 아스팔트가 어느 일정한 점성에 도달했을 때의 온도로 나타낸다. 아스팔트가 고온에 접하고 태양의 직사광선을 받을 때 연화점(軟化點)은 중요한 성질이 된다. 아스팔트에는 명확한 융점이 존재하지 않으며, 온도가 상승하는데 따라 액화하여 액상이 된다. 도로 포장용 아스팔트에서는 침입도가 작을수록 연화점이 높다.

(4) 신도(ductility)

아스팔트의 연성을 나타내는 수치를 신도(伸度)라 하며, 시료의 양단을 잡아당겨 시료가 끊어질 때까지 늘어난 길이를 cm 단위로 표시한다. 시험시의 온도는 보통 25℃를 기준으로 하고, 15℃, 10℃, 그 이하의 온도에서 시험할 때도 있으며, 온도에 따라 크게 변화하므로 측정시의 온도를 일정하게 하여야 한다. 이것은 아스팔트의 결합력과 포장의 처짐 등을 측정할 수 있다. 스트레이트 아스팔트는 신도가 크지만 블론아스팔트는 아주 작다.

(5) 감온성(temperature susceptibility)

아스팔트는 온도에 따른 컨시스텐시의 변화가 매우 크다. 이 변화의 정도를 감온성(感溫性)이라 하며 감온성이 지나치게 크면 저온시에 취성을 나타내고, 고온시에 심한 연질을 나타내는 경우가 많다. 아스팔트 포장은 가요성(可撓性)을 가지고 온도변화에 의한 팽창수축이 작아야 한다. 즉 감온성이 작아야 한다. 일반적으로 블론아스팔트보다 스트레이트아스팔트쪽이 감온성이 크다.

(6) 인화점(flash point)과 연소점(burning point)

아스팔트 중에는 저비점의 휘발성 성분이 포함되어 있기 때문에 가열하게 되면 인화될 위험이 있다. 아스팔트를 가열하여 어느 일정 온도에 도달할 때 화기에 가깝이 하며 가열하여 불이 붙게 되는 최저온도를 인화점(引火點)이라 한다. 인화점 이후 다시 가열을 계속하게 되면 인화한 불꽃이 5초 동안 계속되는데 이때의 온도를 연소점(燃燒點)이라 한다. 아스팔트의 인화점은 원유의 종류, 제조방법, 침입도에 의하여 다르지만 대체로 250~320℃의 범위에 있다. 연소점은 인화점보다 높고, 그 차이는 25~60℃ 정도이다. 또 일반적으로 산소중에 액상 또는 고체의 역청재를 넣을 경우에 재료가 자연 발화하는 최저온도를 자연발화온도라 한다. 인화점과 연소점은 아스팔트의 가열 작업에서 화재의 위험도를 예측할 수 있다.

(7) 점도(viscosity)

아스팔트의 점도(粘度)는 유출구에서 유출하는데 요하는 시간을 측정하여 아스팔트의 점성을 나타내는 것으로 아스팔트의 연경도와 부착력을 측정하는 기준이 된다. 점도는 온도가 상승함에 따라 감소하고 어느 정도 온도까지는 형상을 유지하다 120℃ 이상이 되면 용해된다. 일반적으로 Engler, Red wood, Saybolt 및 Stomer 점도계를 사용하여 측정하며 배합설계시 혼합온도와 다짐온도 결정의 기본자료가 된다.

(8) 열팽창계수

아스팔트의 열팽창계수는 상온에서 200℃까지의 범위에서 대개 $(6.0\sim6.2)\times10^{-4}$ / ℃, 타르는 $(5.5\sim6.5)\times10^{-4}$ / ℃ 정도이다.

(9) 비열 및 열전도율

아스팔트의 t℃ 에 있어서 비열은 다음 식으로 계산할 수 있다.

$$비열 = \frac{1}{\sqrt{d}}(0.3888 + 0.00081t)(\mathrm{cal/g \cdot ℃}) \quad (9.1)$$

여기서, d : 15℃에서 있어서 비중
t : 온도(℃)

또 아스팔트는 열의 불량도체로서 열전도율의 대략값은 0.12 ~ 0.15kcal/m · h · ℃이다.

(10) 침입도지수(penetration index, PI)

아스팔트의 온도에 대한 침입도의 변화를 나타내는 지수로서 침입도를 P, 연화점을 T라 하면 이들과 침입도지수(針入度指數)와의 관계는 다음 식으로 나타낸다.

$$\frac{\log 800 - \log P}{T - 25} = \frac{20 - \Pi}{10 + \Pi} \times \frac{1}{50} \quad (9.2)$$

PI값에 의하여 아스팔트를 분류하면
보통형 : 스트레이트 아스팔트의 경우 $-2 < PI < 2$
피치형 : $PI \leq -2$
블론형 : 블론 아스팔트의 경우 $PI \geq 2$의 3종류가 있다.

(11) 취성(brittleness)

아스팔트는 저온이 되면 취성을 나타내며, 이러한 상태를 수치적으로 나타내는 방법으로서 플라스의 파괴점 시험방법이 있다. 이 파괴점의 값은 PI와 밀접한 관계가 있으며, PI값이 클수록 낮아지는 경향을 나타낸다고 한다(표 9.3 참조). 액화성은 한랭지에서 동적인 하중이 걸리는 아스팔트에 특히 중요시되고 있다.

표 9.3 Π와 플라스 파괴점

스트레이트 아스팔트	침입도(25℃)	Π	플라스파괴점(℃)
A	80~100	−1.5	−4
B	80~100	−0.5	−17

(12) 강성(stiffness)

1954년 Van der Poel은 아스팔트의 점탄성의 거동을 다음과 같은 식으로 나타내었다.

$$S = \frac{f}{\epsilon} \tag{9.3}$$

여기서, S : 강성

f : 재하응력

ϵ : 변형률

재하시간이 길수록, 온도가 높을수록, 침입도가 클수록, PI가 클수록 S의 값은 작게 된다.

2 화학적 성질

석유아스팔트는 원소분석시험 결과 산소 1.1~2.1%, 질소 0.15~0.25%. 황 0.3~3.25% 그 외에 약간의 철, 니켈, 칼슘 등의 금속성분을 함유하고 있는 탄화수소이다. 이들 성분이 일반적으로 석유나프타에 녹는 성분을 말텐(maltene), 녹지 않고 사염화탄소에 녹는 성분을 아스팔텐(asphaltene), 사염화탄소에 녹지 않고 이황화탄소에 녹는 성분을 카벤(carbene), 이황화탄소에 녹지 않는 성분의 카보이드 말텐 중에서 비교적 중질로 규조토 등에 흡착되는 성분을 수지(resin), 흡착되지 않는 성분을 오일(oil)이라 한다. 아스팔트의 성분을 색채나 외관, 화학성분 별로 비교한 것이 표 9.4이다.

표 9.4 아스팔트의 각 성분

성질 / 조성	색	외관	분자량	C/H 비	특징
오일	적갈색	맑은 점성액체	200~7000 평균 500	0.5~0.7	대부분의 유기용제에 녹는다. 형광을 발하는 경우가 많다. 비중은 1이하
레신	적갈색 내지 암갈색	점착성이 있는 고체 또는 반고체	500~3000 평균 1000	0.7~0.8	비중은 1보다 크다. 온도변화에 예민하고 융점 100℃이하
아스팔텐	흑색	무른 분말	1000~5000	0.8~1.0	가열하면 용융하지 않고, 분해되어 단단한 코우크스가 된다(아스팔트가 검은 색을 띠는 것)
카벤	흑색	고체	100,000 전후 (추정)	0.1~1.3	보통 아스팔트중에는 거의 포함되어 있지 않다.
카보이드	흑색	고체	100,000 전후 (추정)	약 1.3	보통 아스팔트중에는 거의 포함되어 있지 않다.

한편, 아스팔트는 다음과 같은 화학적 성질을 갖는다.

1) 아스팔트는 유기용제에 의해서 용해되는데, 일반적으로 진한 황산, 질산 및 묽은 질산에는 용해되지만, 진한 염산에 대해서는 상온에서 잘 용해되지 않는다. 또한 용제에는 벤졸(benzol), 이황화

탄소(CS_2), 사염화 탄소(CCl_4), 석유나프타 등이 있으며, 아스팔트 중의 산성분의 일부는 알칼리 용액과 반응하여 유화 또는 변색한다.

2) 아스팔트는 가열하면 일부의 증발이 일어나 액상으로 된다. 300℃ 이상으로 가열하면 증류가 일어나며 450℃ 이상에서 분해를 촉진하고 마지막에 탄소가 남는다.

3) 아스팔트에 파라핀이 존재하면 저온에서 취화(脆化)되는 원인이 되고, 고온에서는 점성이 증가하여 부착력이 감소되므로 안정도를 해치기 때문에 파라핀의 함유량은 5%까지로 제한되고 있다.

9.2.5 아스팔트 혼합물

아스팔트는 제조하는 원유의 성질, 제조방법에 의하여 품질이 크게 달라지므로 사용하기 전에 아스팔트를 선택하는 것이 중요하다. 더구나 아스팔트는 단독으로 사용하는 경우는 거의 드물고 골재, 충전재 등과 혼합하여 사용하는 경우가 많다. 골재는 아스팔트 혼합물 중에서 골조의 작용을 하며 지지력, 하중의 분산효과, 마찰저항성 등에 대한 중요한 성질을 맡는다.

굵은 골재로서는 일반적으로 부순돌, 잔골재로서는 강모래가 사용된다. 충전재는 0.0074mm 체를 70% 이상 통과하는 무기물질의 미세분말로서 일반적으로 석회암 분말이 사용된다. 충전재는 잔, 굵은 골재의 공극을 메울 뿐만 아니라 아스팔트와 일체로 되어 성질을 개선하기 위한 재료이다. 즉 충전재는 아스팔트 혼합물 중에서 중량으로 3~10%정도이므로, 그 양은 적지만 아스팔트 혼합물의 강도, 충격저항성을 증가시키며, 아스팔트의 신장성, 점착성을 해지치 않으며 감온성을 적게 하고, 저온시에 있어서 취성화(脆性化)와 노화(老化)를 방지하는 효과가 있다.

(1) 포장용 아스팔트 가열 혼합물

아스팔트 플랜트에서 혼합물을 가열상태로 혼합하여 제조하며, 일반적으로 골재는 120~170℃, 아스팔트는 130~160℃로 가열한다. 표 9.5는 가열아스팔트 혼합물의 표준 배합을 나타내고 있다. 가열혼합물은 안정성, 휨성, 마찰저항성, 수밀성, 내구성 등이 필요하며 이것에 대한 많은 시험방법이 제안되고 있다.

그림 9.1은 아스팔트 포장단면의 구성을 보여주고 있다.

표 9.5 가열아스팔트 혼합물의 표준배합

종류	조립도아스팔트 콘크리트	밀입도아스팔트 콘크리트		수정 topeka
용도	기층	표층		표층
마무리 두께(cm)	4~6	5~6	4~5	3~5
최대입경	20	20	13	13

종류		조립도아스팔트 콘크리트	밀입도아스팔트 콘크리트		수정 topeka
통과중량백분률(%)	25	100	100	–	–
	19	95~100	95~100	100	100
	13	70~90	75~90	95~100	95~100
	No.4	35~55	45~65	55~75	65~80
	No.8	20~35	35~50		50~65
	No.15	10~22	18~29		25~40
	No.30	6~16	13~23		–
	No.50	4~12	6~16		8~20
	No.100	2~6	4~8		4~8
아스팔트량(%)		4.5~6.5	5.0~7.0		6.0~8.0
아스팔트침입도		60~80	80~100, 100~120		

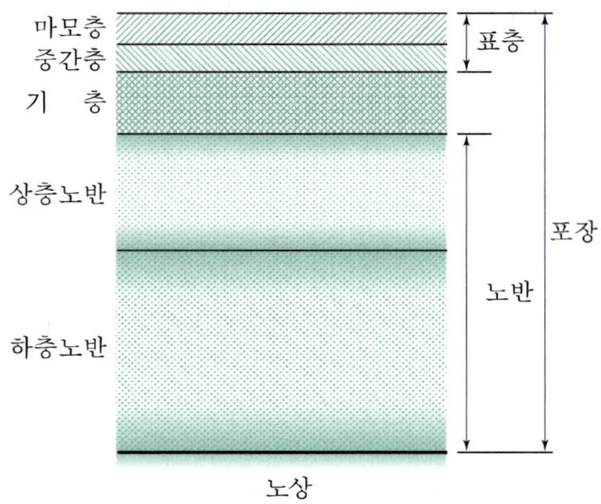

그림 9.1 아스팔트포장단면의 구성

(2) 모래반죽(sand mastic)

아스팔트를 골재층에 주입하여 골재 공극을 충전하여 골재층의 안정성을 높이기 위하여 일반적으로 아스팔트를 모래와 혼합하여 이른바 말하는 모래반죽을 사용한다. 모래반죽은 아스팔트(침입도 40~100) 18~20%, 모래 60~72%, 충전재 10~20%를 아스팔트 플랜트에서 혼합하여 조제한다.

(3) 구스아스팔트(guss asphalt)

입도가 잘 맞추어진 골재와 적당한 경도의 아스팔트로 만들어진 가열혼합물로서, 고온시의 혼합물의 유동성을 이용하여 흘려 넣으며, 방수효과 및 마찰저항성이 크고 저온시의 균열이 작은 장점이 있다. 침입도 20~40 또는 40~60의 스트레이트 아스팔트를 이용 아스팔트 플랜트에서 고온혼합하여 제조된다. 구스아스팔트의 골재는 13~2.5mm 입도의 골재가 40~55%, 0.074mm 이하의 충전재가

20~27%, 나머지 2.5~0.074mm이다. 아스팔트 양은 혼합물에 대하여 7~10% 정도이다. 이것은 불투수성으로 내구성이 있어 교면, 보도, 건물바닥 등의 포장에 사용된다.

(4) 상온보수용혼합물(常溫補修用混合物)

아스팔트 포장공사에 사용되는 보통의 아스팔트 가열혼합물에 대한 것으로서 노면의 패인 홈이나 포장굴착 후 복구 등의 응급수리에 사용되는 상온시공의 아스팔트 혼합물이다. 이 상온보수용 혼합물은 저장성, 작업성, 내구성에 중점을 두어 제조되므로 소규모이면서 비정기적인 포장의 수선에 매우 편리하게 사용된다.

(5) 박리방지제(剝離防止劑)

아스팔트와 골재의 부착력을 향상시키며, 물이 존재할 경우에 골재면에서 아스팔트막(膜)의 박리를 방지하기 위하여 아스팔트, 타르 등의 역청재료에 소량을 가하는 첨가제이다.

9.2.6 아스팔트의 특성과 용도

아스팔트는 석유공업의 발전과 더불어 대량생산되면서 건설 및 화학공업용 재료로 널리 이용되고 있다. 아스팔트의 특성은 점착성이 크고 방수성이 풍부하며, 절연재로서 내력이 뛰어난 성질을 가지고 있다.

아스팔트의 특성과 용도는 다음과 같다.

1) 점성과 감온성을 가지고 있다.
2) 점착성이 크고, 광물질 재료와 부착성이 좋기 때문에 결합재료나 접착재료로 이용된다.
3) 물에 용해되지 않고 불투성이므로 방수재료로 사용된다.
4) 사용목적에 맞추어 반죽질기를 변화시킬 수 있어 시공성이 풍부한 재료로 사용된다.
5) 석유정제의 과정에서 최후의 잔류물로 얻을 수 있으므로 비교적 값이 싸다.

이상과 같은 성질을 가지고 있기 때문에 여러 분야에 사용되고 있다(표 9.6 참조).

표 9.6 아스팔트의 용도

분야		이용현황
토목재료	포장용	가열아스팔트 혼합물용으로 스트레이트 아스팔트가 더욱 많이 이용되고 있다. 가공제품으로는 유제아스팔트, 컷백아스팔트나 프라이머 또는 택코오트재로서 이용된다.
	수리용	제방의 호안, 댐이나 수로의 라이닝, 방파제의 기초보강이나 댐제체의 센터코운의 투수층 등에 많이 이용된다.
	기타	터널의 방수나 철도의 도상 등에 또 줄눈재로서 이용된다.

분야	이용현황
건축재료	방수, 방습 또는 접착의 목적으로 건축물의 옥상이나 벽 등에 많이 이용된다.
공업용재료	아스팔트 단독이 아니고 가공 또는 첨가제를 가해서 방청용 도료로서 파이프의 라이닝이나 코팅재로서 이용된다. 또 자동차의 언더코트재, 목재의 방부 등 다방면에 이용된다.
농업용재료	사막지역의 농업개발을 위해 지표 근처의 지중에 침투수를 방지하는 불투수층이나 용수로의 누수방지용 라이닝, 녹화취부공의 침식방지나 양생제 등으로 최근 특별히 이용된다.

9.2.7 아스팔트의 규격

(1) 도로포장용 아스팔트의 규격

도로포장용 아스팔트의 품질은 KS M 2201에 규정되어 있으며 표 9.7과 같다.

표 9.7 스트레이트 아스팔트 품질

<table>
<tr><th rowspan="2">항목
종류</th><th rowspan="2">침입도
(25℃)</th><th rowspan="2">연화점
℃</th><th colspan="2">신도</th><th rowspan="2">톨루엔
가용분
(무게 %)</th><th rowspan="2">인화점
℃</th><th colspan="2">박막 가열</th><th colspan="2">증발</th><th rowspan="2">밀도
(15℃)
kg/m^3</th></tr>
<tr><th>(15℃)
cm</th><th>(25℃)
cm</th><th>질량
변화율
(무게 %)</th><th>침입도
잔류율
(%)</th><th>질량
변화율
(무게 %)</th><th>후의
침입도
비 %</th></tr>
<tr><td>0~10</td><td>0 이상
10 이하</td><td rowspan="2">55.0
이상</td><td>-</td><td>-</td><td rowspan="10">99.0
이상</td><td rowspan="8">260
이상</td><td>-</td><td>-</td><td rowspan="3">0.3
이하</td><td>-</td><td rowspan="10">1,000
이상</td></tr>
<tr><td>10~20</td><td>10 초과
20 이하</td><td>-</td><td>5 이상</td><td>-</td><td>-</td><td>-</td></tr>
<tr><td>20~40</td><td>20 초과
40 이하</td><td>50.0~
65.0</td><td>-</td><td>50 이상</td><td>-</td><td>-</td><td>-</td></tr>
<tr><td>40~60</td><td>40 초과
60 이하</td><td>47.0~
55.0</td><td>10 이상</td><td>-</td><td rowspan="4">0.6
이하</td><td>58 이상</td><td>-</td><td rowspan="4">110
이하</td></tr>
<tr><td>60~80</td><td>60 초과
80 이하</td><td>44.0~
52.0</td><td rowspan="6">100
이상</td><td>-</td><td>55 이상</td><td>-</td></tr>
<tr><td>80~100</td><td>80 초과
100 이하</td><td>42.0~
50.0</td><td>-</td><td rowspan="2">50 이상</td><td>-</td></tr>
<tr><td>100~120</td><td>100 초과
120 이하</td><td>40.0~
50.0</td><td>-</td><td>-</td></tr>
<tr><td>120~150</td><td>120 초과
150 이하</td><td>38.0~
48.0</td><td>-</td><td>-</td><td>-</td><td>0.5
이하</td><td>-</td></tr>
<tr><td>150~200</td><td>150 초과
200 이하</td><td rowspan="2">30.0~
45.0</td><td>-</td><td>240
이상</td><td>-</td><td>-</td><td rowspan="2">1.0
이하</td><td>-</td></tr>
<tr><td>200~300</td><td>200 초과
300 이하</td><td>-</td><td>210
이상</td><td>-</td><td>-</td><td>-</td></tr>
</table>

비고 도로 포장용 아스팔트의 종류 40~60, 60~80, 80~100 및 100~120에 대하여는 120℃, 150℃, 180℃의 각각 동점도를 시험표에 부기하여야 한다.

(2) 컷백 아스팔트의 규격

컷백 아스팔트의 품질은 KS M 2202에 규정되어 있으며 표 9.8~표 9.9와 같다.

표 9.8 급속 경화형 컷백 아스팔트

종류 \ 항목	RC-0 (1)	RC-1 (1)(2)(4)	RC-2 (1)(2)(3)	RC-3 (1)(2)(4)	RC-4 (1)(4)	RC-5 (1)(4)(5)
인화점(TOC, ℃)			27 이상	27 이상	27 이상	27 이상
점도(SFS) (11)						
25℃	75~150					
50℃		75~150				
60℃			100~200	250~500		
82.2℃					125~250	300~600
증류 시험						
증류량(360℃까지의 유출량에 대한 부피, %)						
190℃까지	15 이상	10 이상				
225℃까지	55 이상	50 이상	40 이상	25 이상	8 이상	
260℃까지	75 이상	70 이상	65 이상	55 이상	40 이상	25 이상
316℃까지	90 이상	88 이상	80 이상	80 이상	80 이상	70 이상
증류 찌끼(360℃까지 증류한 찌끼의 전 부피에 대한 부피, %)	50 이상	60 이상	67 이상	73 이상	78 이상	82 이상
증류 찌끼 시험						
침입도(25℃, 100g, 5초)	80~120	80~120	80~120	80~120	80~120	80~120
신도(25℃, cm)	100 이상	100 이상	100 이상	100 이상	100 이상	100 이상
톨루엔 가용분(%)	99.0 이상	99.0 이상	99.0 이상	99.0 이상	99.0 이상	99.0 이상

표 9.9 중속 경화형 컷백 아스팔트

종류 \ 항목	MC-0 (1)	MC-1 (6)	MC-2 (1)(6)(8)(9)	MC-3 (1)(2)(3)(7)(9)	MC-4 (1)(2)(3)(9)	MC-5 (1)(9)
인화점(TOC, ℃)	38 이상	38 이상	66 이상	66 이상	66 이상	66 이상
점도(SFS)						
25℃	75~150					
50℃		75~150				
60℃			100~200	250~500		
82.2℃					125~250	300~600
증류 시험						
증류량(360℃까지의 유출량에 대한 부피, %)						
225℃까지	25 이하	20 이하	10 이하	5 이하	0	0
260℃까지	40~70	40~70	15~55	5~40	30 이하	20 이하
316℃까지	75~93	70~90	60~87	55~85	40~80	25~75

종류 \ 항목	MC-0 (1)	MC-1 (6)	MC-2 (1)(6)(8)(9)	MC-3 (1)(2)(3)(7)(9)	MC-4 (1)(2)(3)(9)	MC-5 (1)(9)
증류 찌끼(360℃까지 증류한 찌끼의 전 부피에 대한 부피, %)	50 이상	60 이상	67 이상	73 이상	78 이상	82 이상
증류 찌끼 시험						
침입도(25℃, 100g, 5초)	120~300	120~300	120~300	120~300	120~300	120~300
신도(25℃, cm)	100 이상	100 이상	100 이상	100 이상	100 이상	100 이상
톨루엔 가용분(%)	99.0 이상	99.0 이상	99.0 이상	99.0 이상	99.0 이상	99.0 이상

주(1) 표면 처리용 결합재
(2) 개립도(開粒度) 골재로서 노상 혼합 공사용 결합재
(3) 개립도 골재로서 상온 보수 공사 혼합물용 결합재
(4) 개립도 골재로서 상온 포설 공사 기계 혼합용 결합재
(5) 찬 기후 조건하에서 침투식 머캐덤(macadam) 공사용 결합재
(6) 프라임용(priming)
(7) 밀입도(密粒度) 골재로서 노상 혼합 공사용 결합재
(8) 밀입도 골재로서 상온 보수 공사 혼합물용 결합재
(9) 밀입도 골재로서 상온 포설 공사 기계 혼합용 결합재

비고 : 중속 경화형 컷백 아스팔트(MC) 찌끼의 침입도가 200 이상이고, 25℃에서 신도가 100 이하이거나 15.6℃에서의 신도가 100 이상이 되면 합격으로 본다.

(3) 유화 아스팔트의 규격

유화 아스팔트의 품질은 KS M 2203에 규정되어 있다.

(4) 블론 아스팔트의 규격

블론 아스팔트의 품질은 KS M 2204에 규정되어 있으며 표 9.10과 같다.

표 9.10 블론 아스팔트 품질

종류 \ 항목	0~5	5~10	10~20	20~30	30~40
침입도(25℃)	0 이상 5 이하	5 초과 10 이하	10 초과 20 이하	20 초과 30 이하	30 초과 40 이하
연화점(℃)	130.0 이상	110.0 이상	90.0 이상	80.0 이상	65.0 이상
신도(25℃, cm)	0 이상	0 이상	1 이상	2 이상	3 이상
증발 질량 변화율(질량 %)	0.5 이하				
침입도 지수	2.5 이상	3.0 이상	2.0 이상		0.5 이상
톨루엔 가용분(%)	98.5 이상				
인화점(COC, %)	210 이상				

9.3 타르(tar)

타르는 석유원유, 석탄, 수목 등의 유기물의 건류(乾留) 또는 증류(蒸留)에 의해서 얻어지는 암흑색의 비교적 휘발성을 가진 액상물질이고, 그 주성분은 방향족 화합물(芳香族 化合物)로 이루어지며, 특유의 냄새를 가지고 있다. 또한 타르의 투수성, 흡수성은 아스팔트보다 매우작고 비중은 다소 크다. 타르에는 콜타르(coal tar), 피치(pitch), 가스타르(gas tar) 및 포장용 타르(read tar) 등이 있으며, 토목재료로 사용되는 것은 주로 콜타르와 가스타르이다.

9.3.1 콜타르(coal tar)

석탄의 건류에 의하여 얻어지는 가스 또는 코크스(coke)를 제조할 때 생기는 부산물이다. 가스제조를 목적으로 하는 석탄가스로에서 생기는 것을 가스하우스타르(gas house tar), 코크스 제조를 목적으로 할 때 코크스로에서 생기는 것을 코크스오븐타르(coke oven tar)라 한다.

콜타르의 산출량 및 그 성분은 석탄의 종류, 로의 종류 및 건류온도에 따라 현저하게 변화한다.

9.3.2 가스타르(gas tar)

경유를 분해하여 수성가스를 제조할 때 부산물로서 생긴 것을 수성 가스타르(water gas tar)라고 한다. 수성 가스타르는 콜타르와 비교하여 점성이 적고 유리탄소량도 적다.

9.3.3 포장용 타르

제조된 상태 자체의 타르를 조제타르라 하는데, 많은 물과 혼합유기물을 포함하고 있어 그대로 도로포장에 사용하기에는 부적당하므로 이를 다시 증류하여 수분, 나프타, 경유 등을 유출하여 정제한 타르를 포장용 타르라고 한다. 포장용 타르는 비중 1.10~1.25로 액체 또는 반고체를 이루고 온도변화에 의한 점도의 변화가 크며 한랭지에서는 취화하기 쉽다. 또 인화점이 낮고 연소점과 인화점의 차가 적으므로 사용할 때 주의해야 한다.

포장용으로는 다음과 같은 타르가 사용되고 있다.

(1) 잔류 타르(residual tar)

코크스로 또는 석탄가스로에서 얻어진 타르를 적당한 온도로 증류한 것이다.

(2) 컷백 타르(cut back tar)

증류로부터 얻어진 잔류 타르나 경질피치를 경유, 안트라센유로써 용해한 것이다. 인화점이 높고 증발이 작으며 풍화에 대한 저항성이 크고 연질의 상태를 유래 유지한다.

(3) 혼성 타르

잔류 타르, 컷백 타르의 제품에 20% 이내의 석유 아스팔트 등의 다른 역청재료를 혼합한 것이다.

(4) 유화 타르(emulsified tar)

유화 아스팔트와 거의 같은 성질을 가지고 있다. 침투성이 우수하여 점토질의 흙에 적당하다. 골재부착이 잘되며 내수성이 우수하고 석유계의 기름에 대한 저항성을 가지고 있다.

9.4 역청유제(bituminous emulsion)

역청유제(瀝青乳劑)는 역청을 미립자의 상태에서 수중에 분산시킨 유탁액(乳濁液)이다. 역청유제에는 아스팔트유제(asphalt emulsion)와 타르유제(tar emulsion)가 포함되지만 수요의 대부분은 아스팔트유제이다.

아스팔트유제는 수중에서 아스팔트를 지름 1~5μ의 미립자로서 분산시킨 콜로이드(colloid) 액체로서 특수한 것은 아스팔트 중에 물방울을 미세한 입자로 분산시켜 점도를 낮춘 풀같은 것도 있다. 아스팔트유제는 골재 위에 살포하거나, 골재와 혼합시키거나 하면 분해를 일으켜서 물과 아스팔트가 분리된다. 유제가 골재와 접촉했을 때 일어나는 분해 현상은 주로 유제와 골재표면과의 접촉작용과 골재의 표면전하의 정전기적 작용에 의한다. 그래서 이 분해 작용은 골재의 종류, 입도, 표면상태, 흡수 및 표면수 등에 의하여 영향을 받는다. 역청유제는 그 구소 및 사용되는 유화제의 종류에 의하여 다음 3종류로 나눈다.

(1) 점토계 유제

유화제로서 벤토나이트(bentonite), 점토무기수산화물과 같이 물에 녹지 않는 광물질을 수중에 분산시켜 이것을 역청재를 가하여 유화 시킨 것이다. 유화액은 알칼리성이다.

(2) 음이온계 유제

적당한 유화제를 가하여 희박알칼리 수용액 주에 아스팔트 입자를 분산시켜 생성한 미립자 표면을 전기적으로 부(-)로 대전시킨 것으로서, 유화제로서는 고급지방산 비누 및 합성세제 등이 사용된다. 유화액은 알칼리성이다.

(3) 양이온계 유제

양이온계 계면활성제를 유화제로 가하여 초산 등의 산성물질의 희박수용액 중에 아스팔트를 분산시켜 미립자를 정(+)으로 대전시켜 안정화시킨 것이다. 음이온계 유제에서 부착성이 나쁘다고 말하는 골재에 대해서도 잘 부착한다. 유화액은 산성이다.

9.5 기타 역청재료

9.5.1 컷백 아스팔트(cut back asphalt)

컷백 아스팔트는 일반적으로 침입도 60~120의 비교적 연한 스트레이트 아스팔트에 적당한 휘발성 용제를 가하여 점도를 저하시켜 유동성을 좋게 한 것이다. 아스팔트를 그대로 사용할 경우 일반적으로 가열하지 않으면 안 되는데 비하여, 컷백 아스팔트는 아스팔트유제와 같이 상온에서 시공되는 장점이 있어 대부분의 도로포장에 사용되고 있다.

컷백 아스팔트는 아스팔트의 점도를 일시적으로 저하시켜 사용하며, 대기에 노출시켜 용제를 증발시켜 원래의 아스팔트로 재생하는 점에서 역청유제와 매우 유사하다. 그렇지만 양자 사이의 본질적인 차이는 역청유제중의 역청이 유화하는 복잡한 요소의 조합에 의하여 안정화되며, 전혀 다른 형태로 수중에 존재하고 있는데 반해, 컷백 아스팔트는 단순한 용제와의 혼합용해의 상태로 존재하고 있다.

그래서 컷백 아스팔트는 사용 용제, 즉 컷백유의 양과 질이 특히 문제가 되며 제품의 성질을 크게 좌우한다. 현재 사용되고 있는 컷백유의 대부분은 석유 유출유이며 컷백 아스팔트중 중량으로 10~45%나 된다.

9.5.2 고무혼입아스팔트(rubberized asphalt)

고무를 아스팔트에 혼입하여 아스팔트의 성질을 개선한 것으로서, 보통아스팔트에 분말상의 천연고무, 재생고무, 라텍스 등의 액상고무의 형태로 고무를 첨가하고 일정시간 교반하여 균일하게 혼합하여 제조한다. 고무의 혼합량은 2~5%의 범위이며 일반적으로 침입도 60~150, 연화점 45~55℃, 신도 10℃에서 100℃ 이상이다. 고무혼입아스팔트의 성질은 사용하는 아스팔트의 성질, 혼합하는 고무의 종류나 제조 조건 등에 따라 다르지만 스트레이트 아스팔트와 비교해서 다음과 같은 장점을 가지고 있다.

1) 감온성이 작다.
2) 응집성 및 부착력이 크다.
3) 탄성 및 충격저항이 크다.
4) 내후성이 크다.
5) 마찰계수가 크다.

9.5.3 수지혼입아스팔트

고무 대신에 에폭시수지(epoxy resin), 폴리이소프렌수지(polyisoprene resin), 네오프렌고무(neoprene rubber) 등의 고분자 재료를 아스팔트에 혼입하여 아스팔트의 인성, 탄성, 감온성 등의 개선을 목적으로 한다. 이들 재료 중에서 에폭시수지 아스팔트는 비행장의 포장에 이용되며, 열, 용제, 중하중에 잘 견디며 다음과 같은 성질을 가지고 있다.

1) 신도가 작다
2) 점도가 높다
3) 감온성이 저하한다.
4) 가열 안정성이 좋게 된다.

9.5.4 칼라결합재(color binder)

아스팔트 포장을 착색 또는 색을 선명하게 하는 것은 미관상은 물론, 도로 기능의 향상이나 고속도로의 안전성 향상에 큰 역할을 한다. 포장을 착색 또는 색을 선명하게 하기 위한 방법으로 천연 또는 인공의 선명한 골재를 사용하는 방법과 착색 결합제를 사용하는 방법이 있다.

전자는 백색에 가까운 실리카모래나 석회석 등의 천연골재, 인공적으로 제조한 백색골재를 사용하는 방법으로서, 포설 당시는 아스팔트 때문에 흑색을 나타내지만 표면의 아스팔트가 마모되면서 포장면은 시멘트콘크리트에 가까운 색이 된다. 또 포장면에 입상의 알루미늄을 뿌려 포장의 반사율을 높여 사고를 예방하는 예도 있다. 칼라 결합제를 사용하는 방법은 백, 적, 황, 청, 녹 등 임의의 색으로 착색할 수 있는 장점이 있다.

9.5.5 역청이음재

콘크리트 포장의 이음재료로서 이음판과 주입이음재가 있으며, 이것은 포장이음재의 완충재 또는 방수재로 사용된다. 이음판은 양질의 블론아스팔트를 주요 성분으로 하며, 여기에 적당량의 섬유류, 광물질 분말, 고무 등을 첨가 혼합한 것을 판모양으로 하여 소정의 모양, 크기로 성형한 것이다. 이음판에는 코르크판, 코르크고무판, 고무스폰지판, 합성수지스폰지판과 같은 고탄성이음판, 역청섬유판, 목재판과 같은 중탄성이음판, 및 아스팔트판과 같은 저탄성판이 있다. 이들은 적당한 압축성과 복원성을 가지며 내후성이 우수하며 온도의 변화를 잘 받지 않으며 저장, 취급, 시공이 간단할 필요가 있다.

주입이음재는 아스팔트 주입재 고무혼입 아스팔트 주입재, 타르 주입재, 탄성타르 주입재, 고무수지계 주입재가 있으며 주입이 쉽고 주입온도가 높지 않고 부착력이 풍부하며 내후성이 우수하고 한냉시에 벗겨지거나 균열이 생기지 않아야 한다.

연습문제

9.1 역청재료에 대하여 설명하라.

9.2 아스팔트의 종류를 열거하고 특성에 대하여 설명하라.

9.3 스트레이트 아스팔트와 블론 아스팔트의 성질을 비교해서 설명하라.

9.4 아스팔트 혼합물을 열거하고 설명하라.

9.5 스트레이트 아스팔트와 포장타르의 성질을 비교해서 설명하라.

9.6 역청유제의 종류를 열거하고 설명하라.

9.7 컷백 아스팔트에 대하여 설명하라.

9.8 고무혼입 아스팔트의 장점에 대하여 설명하라.

9.9 칼라 결합재의 용도와 장점에 대하여 설명하라.

9.10 역청이음재에 대하여 설명하라.

제 10 장

목 재

제 10 장 목 재

10.1 개설

목재(木材, timber)는 토목건축용재료로서 옛날부터 널리 사용되어 왔으나 근년에 와서 강재와 콘크리트의 발전 보급으로 인하여 목재의 이용범위가 매우 한정되었으며 특히 토목용 구조재료로서의 사용은 점차로 감소하여 가설재료, 거푸집재료, 나무말뚝, 침목 등에 사용되는 정도이지만, 건축재료로서는 아직도 중요한 위치를 차지하고 있다.

목재는 다음과 같은 장단점을 가지고 있다.

(1) 장점

1) 가볍고 취급 및 가공이 쉽다.
2) 비중에 비하여 강도가 크다.
3) 열(熱), 음(音), 전기(電氣) 등에 부도체이다.
4) 열팽창계수가 작고 온도에 대한 신축이 작다.
5) 탄성과 인성이 크며 충격, 진동 등을 잘 흡수한다.
6) 외관이 아름답다.
7) 공급량이 풍부하여 입수가 쉽고 가격이 비교적 싸다.

(2) 단점

1) 부식이 쉽고 충해(蟲害)를 받는다.
2) 가연성이므로 내화성이 작다.
3) 함수율의 변화에 의한 변형과 팽창, 수축이 크다.
4) 재질과 강도가 균일하지 못하다.
5) 크기에 제한이 있어 강재나 콘크리트와 같이 큰 재료를 얻기 어렵다.

10.1.1 목재의 분류

공사용으로 사용되는 목재는 일반적으로 성장상황, 외관, 재질 및 용도 등에 따라 다음과 같이 분류한다.

표 10.1 목재의 분류

- 목재
  - 성장
    - 외장수(外長樹)
      - 침엽수 : 소나무, 전나무, 삼나무, 솔송나무, 노송나무, 흑송, 적송, 잣나무, 낙엽송 등
      - 활엽수 : 밤나무, 참나무, 느티나무, 오동나무, 단풍나무, 박달나무 등
    - 내장수(內長樹) : 대나무, 종려나무, 야자나무 등
  - 재질
    - 연재 : 주로 침엽수류(전나무, 가문비나무, 솔송나무 등)
    - 경재 : 주로 활엽수류(벚나무, 단풍나무, 자작나무, 계수나무 등)
  - 용도
    - 구조용재
    - 장식재

토목공사용 목재로는 표 10.2와 같이 주로 연재가 많이 사용된다.

표 10.2 토목공사용 목재

연재(軟材)		경재(硬材)	
나무명	용도	나무명	용도
소나무	동바리, 거푸집, 교각, 기초말뚝	밤나무	침목, 지지재, 가구, 기구
해송	교각, 기초말뚝, 침목, 동바리	느티나무	선박, 차량, 가구, 기계기구
노송나무	교각, 교판, 침목, 동바리	졸참나무	침목, 가구, 나무통
삼나무	비계, 전주, 교판	너도밤나무	침목, 곡목세공, 선박
낙엽송	기초말뚝, 교각, 동바리, 전주	떡갈나무	공구, 차량, 기구

10.1.2 목재의 구조와 성분

1 목재의 구조

나무는 뿌리, 잎, 줄기(樹幹)로 되어 있으며 줄기는 나무의 주요부분으로서 구조용재료로 사용되는 것은 주로 이 부분이다.

나무의 횡단면을 살펴보면(그림 10.1 참조) 제일 바깥에 수목을 보호하는 수피(樹皮)가 있고 그

안쪽에 형성층(形成層)이 있으며 형성층은 나무에서 가장 중요한 점질(粘質)의 조직으로서 이 층의 모세포(母細胞)가 분열하여 새로운 목질을 내부에 형성하여 나무가 점차 바깥쪽으로 성장한다.

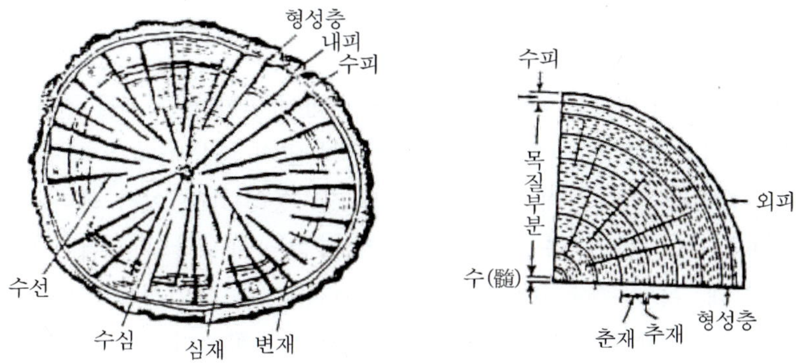

그림 10.1 수목의 횡단면도

그래서 봄에 이루어진 목질부분은 비교적 연약하고 여름과 가을철에 이루어진 부분은 치밀하다. 이 분열활동은 봄에 가장 활발해서 세포가 크고 조직이 성긴 부분은 춘재(春材, spring wood)라고 하며 유연하고 색이 열다. 봄보다는 여름과 가을에 걸쳐 점차 활동이 둔화되고 서서히 세포가 작게 되어 조직이 치밀하고 단단하게 되며 색깔도 짙다. 이 부분을 추재(秋材, summer wood or autumn wood)라고 한다. 이렇게 하여 목재의 단면상에는 동심원 모양의 조직이 나타나는데, 추재와 다음해에 형성된 춘재 사이의 동심원을 나이테(annual ring)라고 한다. 일반적으로 나이테는 침엽수가 활엽수보다 명확하게 나타난다.

나무줄기의 목질부분을 살펴보면 중앙부는 비교적 어두운 색(暗色)으로서 외측에 가까운 부분은 밝은색을 나타낸다. 이때 밝은 색을 나타내는 부분을 변재(邊材, sap wood)라 하며, 세포는 활동상태에 따라 수액의 전달, 양분의 저장 등의 역할을 한다. 한편 중앙부의 암색을 띤 부분이 시간이 경과함에 따라 활동이 둔해져 수지, 고무질, 생소 등이 퇴적되어 암색을 나타낸 것을 심재(心材, heart wood)라 한다. 일반적으로는 변재쪽이 수액(樹液)을 많이 포함하고 있으며 강도나 내구력도 심재보다 못하다고 한다.

2 목질의 성분

목재의 중요 성분은 셀룰로오스(cellulose)로서, 목질건조중량의 60% 정도이며 나머지 대부분이 리그닌(lignin)으로 20~28% 정도이다. 그 외에 반셀룰로오스(semi-cellulose), 탄닌(tannin), 수지(resins) 등이 포함되어 있다. 셀룰로오스는 세포막을 구성하며 리그닌은 세포상호간의 접착제의 역할을 한다. 적당한 용제로써 리그닌을 녹여 세포를 분리할 수 있다. 그 외에 수지, 색소, 당분, 전분, 고무와 같은 유기물질과 규산칼슘, 탄산칼슘과 같은 광물질 등이 목재조직 중에 포함되어 있어 향기와 색깔을 나타낸다.

10.2 목재의 일반적 성질

10.2.1 물리적 성질

1 비중

목재의 중량은 목질조직의 밀도와 함수량의 다소에 의하여 변한다. 목재를 건조시키면 겉보기중량을 매우 가볍게 되는데 이것은 목재속에 공극이 포함되어 있기 때문이다.

목재가 공극을 포함하지 않은 실제 부분의 비중을 진비중(眞比重)이라 하며 나무종류에 관계없이 1.48~1.56 정도이다. 그러나 공극을 포함한 겉보기 비중은 세포막의 두껍고 엷은 정도, 세포중의 공극의 많고 적은 상태, 목재 중에 포함된 광물질, 송진, 기타 유기질의 양에 따라 매우 변화한다. 목재의 겉보기 비중은 그 함수상태에 따라 다음 4종류로 분류한다.

(1) 생목(生木)의 비중

생목 또는 벌목 직후의 비중으로 목재의 운반 등에 필요하다. 함수량은 목재의 종류, 부분 등에 따라 다르며, 중량이 30~100%에 달한다. 변재는 심재보다 다량의 수분을 함유하므로 심재보다 생목비중이 더 크다.

(2) 기건비중(氣乾比重)

공기중의 습도와 평형이 될 때까지 건조한 상태(기건상태)에서의 비중을 말한다. 즉, 표준함수율에서의 비중으로 함수량은 목재중량의 15±3%(12~18%) 정도를 함유한다. 목재의 기건비중은 0.3~0.9 정도이다.

(3) 절건비중(絶乾比重)

목재를 온도 100~105℃에서 건조하여 목재성분 중의 수분을 완전히 제거한 절대건조 상태에서의 비중으로써, 기건비중에 대하여 침엽수의 경우 약 92%, 활엽수의 경우 약 93%이다.

(4) 포수비중(飽水比重)

수중에서 포화된 상태에서의 비중으로써, 포수비중은 목조수문 등 수중구조물의 설계시에 참고자료로 사용된다.

한편, 목재는 보통 공기중에서 건조시킨 것을 많이 이용하므로 비중은 기건상태의 것으로 나타낸다. 따라서 기건비중은 목재 이용 시 가장 중요한 것으로, 목재의 중량은 기건상태의 것으로 나타내며, 주요 목재의 기건비중은 표 10.3에 나타내었다.

표 10.3 목재의 기건비중

기건비중	침엽수	활엽수
0.3~0.4	화백나무	오동나무
0.4~0.5	가문비나무, 전나무, 삼록	참목
0.5~0.6	비자나무, 나한백, 노송나무, 소나무	계수나무
0.6~0.7	솔송나무, 흑송, 낙엽송	단풍나무, 밤나무, 자작나무, 벚나무
0.7~0.8	–	느티나무, 너도밤나무, 졸참나무, 티크
0.8 이상	–	떡갈나무, 복가시나무

2 함수율

목재 중의 수분은 소위 수액(樹液)이라고 하는 것이며, 물 이외에 뿌리에서 빨아올린 광물질, 목재 중에 생성되는 유기물질을 함유한다. 이 수분은 세포의 내부 및 간극에 함유된 자유수(自由水) 또는 유리수(遊離水)와 세포막 내에 흡수되어 있는 세포수 또는 흡수수로 분류된다. 벌목 직후 목재는 유리수와 세포수를 모두 함유하고 있지만, 목재를 대기 중에 방치하여 건조시키면 먼저 유리수가 증발하고, 그 다음에 세포수가 증발한다. 이때 유리수와 세포수의 한계에서의 함수상태를 섬유포화점(纖維飽和點, fiber saturation point, FSP)이라고 한다. 이것은 나무의 종류에 따라 다르지만, 일반적으로 절건비중의 25~35%의 범위에 있고 평균 30%로 간주한다.

목질의 수축, 팽창 등 재질의 변동은 모두 이 포화점 이하의 함수상태에서 처음으로 발생해서 이 이상의 함수상태로는 변화를 나타내지 않는다. 목질이 함유하는 수분이 그 중량에 지대한 관계가 있는 것은 전술한 바와 같으나 그 밖에 강도, 팽창수축, 내구력, 가공, 열 및 전기의 전달, 침투성 등에 큰 영향을 미친다.

함수율은 함유수분의 중량과 목질 절대건조중량과의 백분율로 나타내며 다음 식으로 구한다.

$$u(\%) = \frac{W_1 - W_2}{W_2} \times 100 \qquad (10.1)$$

여기서, u : 함수율(%)

W_1 : 건조전 시험편 중량(g)

W_2 : 절대건조시험편중량(g)

(1) 함수율에 의한 팽창과 수축

목재의 함수율이 섬유포화점 이하가 되면 세포수의 증발이 시작되며 세포벽의 건조가 생기고 목재는 수축하기 시작한다. 즉 포화점 이하의 함수율의 증가 감소에 따라 팽창수축하고 포화점 이상의 함수율의 변화에서는 팽창수축이 일어나지 않는다. 목재의 팽창수축은 세포벽에 기초를 두기 때문에 그 변화는 세로방향이 매우 작고, 가로방향은 크다. 횡방향의 변화는 수선배열의 방향인 나무결 방향이 적고, 엇결면 방향이 최대이다. 일반적으로 밀도가 크고 견고한 수종일수록 수축량은 크다. 수축량은 대개 비중에 비례한다고 한다. 표 10.4는 우리나라 목재의 생목에서 기건상태까지의 가로방향 수축률을 측정한 실험결과의 한 예를 나타낸 것이다.

목재의 수축은 각 부분의 건조의 차이, 방향에 의한 수축률의 차이, 목질의 밀도에 의한 수축률의 차이 때문에 매우 불균등하며 그 결과 목재의 모양, 크기에 따라 변형률이 일정하지 않으며 또 균열이 생기게 된다. 그림 10.2는 목재의 수축에 의한 균열 및 휘어진 상태를 나타낸 것이다.

표 10.4 목재의 기건상태까지의 수축률

수종		기건비중	수축률(%)		
			엇결면	나무결면	간축(幹軸)
침엽수	갓나무	0.45	7.41	2.82	0.38
	소나무	0.47	9.11	4.88	0.31
	곰솔	0.51	8.33	4.39	0.38
	강송	0.48	8.39	4.57	0.36
	기리다소나무	0.53	8.53	5.88	0.34
활엽수	이태리포플라	0.35	7.61	2.57	0.33
	미류나무	0.42	7.88	2.81	0.40
	양버들	0.37	7.15	2.54	0.33
	은백양	0.42	8.64	2.85	0.37
	황철나무	0.45	8.24	2.56	0.42
	사시나무	0.47	7.50	3.46	0.49
	신갈나무	0.78	9.50	5.13	–
	들매나무	0.73	11.22	5.30	–
	막달나무	0.90	9.23	7.35	–
	다릅나무	0.57	6.44	2.40	–
	찰피나무	0.49	9.75	6.62	–
	느릅나무	0.66	9.28	5.20	–

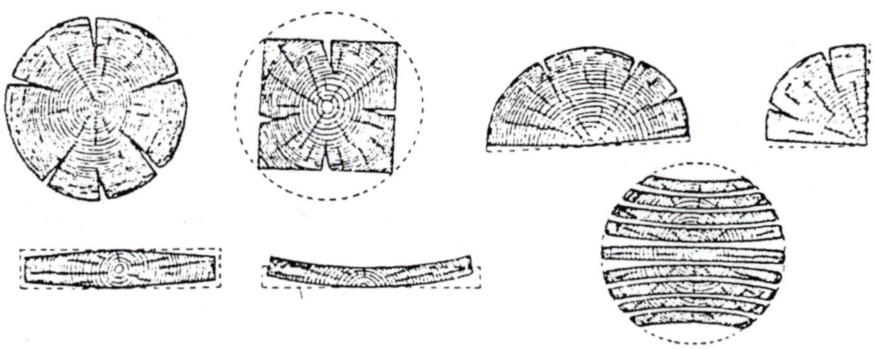

그림 10.2 목재의 수축에 의한 균열 및 휨

목재의 수분, 습기의 변화에 따른 팽창 수축을 완전히 방지하기는 곤란하지만 다음과 같은 점에 유의함으로써 팽창수축을 줄일 수 있다.

1) 사용하기 전에 충분히 건조시켜 균일한 함수율이 된 것을 사용할 것
2) 변형의 크기 방향을 고려하여 이들의 영향을 가능한 적게 받도록 배치할 것
3) 가능한 한 나무결 목재를 사용할 것
4) 고온처리된 목재를 사용할 것
5) 목재의 표면에 기름, 니스, 에나멜, 셀락 등을 칠하거나 또는 파라핀, 크레오소트 등을 침투시켜 공기중의 습도 변화에 의한 흡습을 지연, 경감시킬 것

(2) 함수율에 의한 강도의 변화

목재의 함수율이 섬유포화점 이하가 되면 목질의 수축이 시작되며 강도 및 기계적 성질이 변화한다. 낙엽송의 함수율과 압축강도와의 관계를 나타낸 것이 그림 10.3이다. 섬유 포화점 이하의 함수율에서 강도는 거의 일정하지만 절대건조상태 강도의 약 1/4에 지나지 않는다.

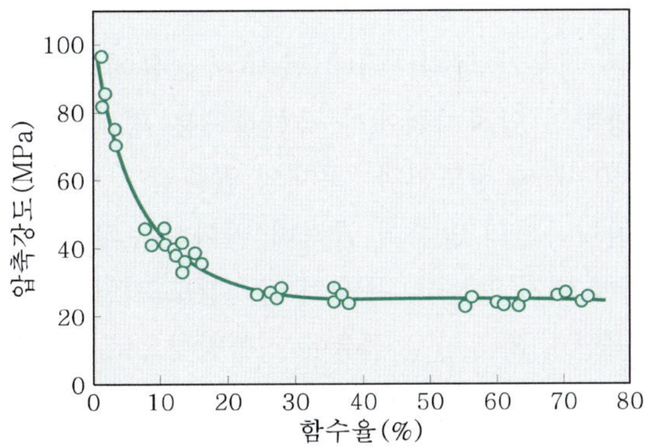

그림 10.3 낙엽송의 함수율과 압축강도와의 관계

기건상태의 강도도 최저강도의 35% 증가를 나타냄으로서 목재의 함수율이 강도에 미치는 영향이 큰 것을 알 수 있다. 그래서 목재의 강도를 비교할 때 항상 일정한 함수율로서 강도를 비교해야 하지만 소정의 함수율을 가진 시험편으로서 실험을 실시하기가 매우 어렵다. 그러므로 임의의 함수율에 있어서 실험결과로부터 소정의 함수율일 때의 강도를 구하기 위하여 환산할 필요가 있다.

3 열 및 전기에 대한 성질

목재의 열적 및 전기적 성질에 대해 주요한 것을 열거하면 다음과 같다.

1) 목재의 비열은 함수율에 의하여 달라지며 평균 0.324kcal / kg 정도이다.

2) 열전도율은 금속, 석재, 콘크리트 등에 비교해서 현저하게 낮으나 함수율이 증가함에 따라 증가한다.
3) 온도에 의한 목재의 신축은 섬유의 방향에 따라 차이가 있으며 섬유직각방향은 상당히 큰 반면 섬유방향은 상당히 작다.
4) 인화점(flash point)은 나무에 따라 각각 다르며 대체로 250~300℃ 정도이다. 발화는 상온에서 열을 가할 경우 440~470℃에서 자연 발화한다.
5) 건조한 목재는 전기의 부도체(不導體)로써, 실용상은 절연재료로 볼 수 있다. 건조목재의 전기비저항은 $10^{17\sim18}\Omega \cdot cm$ 정도이다. 그러나 함수량의 증가에 따라 또 비중이 클수록 전기전도율은 증가한다.

10.2.2 역학적 성질

목재의 역학적 성질은 수종, 산지, 생장중의 상태에 따라 또는 같은 수종이라도 채취위치나 함수율에 따라 다르며, 채취위치가 같더라도 온도, 가압방향, 가압방법 및 시험체의 모양이나 크기 등에 따라 영향을 받는다. 이들 요인들을 비중, 함수율, 가압방향의 3요소라 한다.

1 압축강도

목재는 기둥으로 사용되는 경우가 많다. 이때 목재는 섬유에 평행방향의 압축력을 받게 된다.

일반적으로 섬유에 평행방향의 압축시험에서 극한강도는 명료하게 나타나고 탄성한도도 대체로 판정되며 보통 극한강도의 60~75% 정도이다. 목재의 압축강도 시험방법은 KS F 2206에 규정하고 있다. 횡압축강도는 하중-변형곡선의 방향이 급격히 변화하는 위치를 압축하면 섬유에 평행방향의 압축강도의 10~20% 정도 밖에 되지 않는다. 목재의 압축강도 시험시 응력-변형률곡선을 나타낸 것이 그림 10.4로서 이 그림에서 곡선 1, 3, 5, 7은 섬유에 평행방향으로, 곡선 2, 4, 6, 8은 섬유에 직각방향으로 압축시험시의 하중-변형률 곡선을 나타낸 것이다. 섬유에 직각방향의 압축강도가 낮은 것은 섬유에 평행방향의 전단강도가 낮은 점과 마찬가지로 목재의 큰 결점 중의 하나이다.

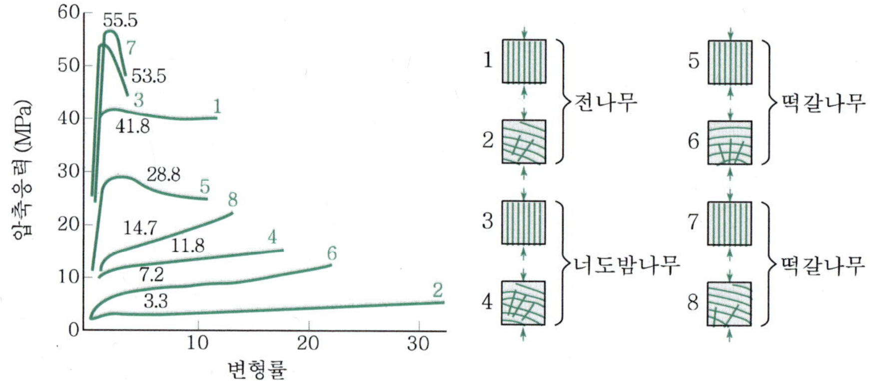

그림 10.4 목재의 응력-변형률곡선

2 인장강도

섬유에 평행방향의 인장강도는 목재의 제강도 중에서 제일 크지만 목재 인장재의 이음이 좋지 않은 점과 마디, 섬유비틀림의 영향이 크기 때문에 목재를 인장재로 사용하는 경우가 드물다. 이러한 인장재에서는 목재 섬유에 횡 또는 경사지게 절단되며 섬유 사이의 부착이 떨어져 파괴된다. 극한강도는 매우 명확하며 비례한계도 보통 60~75%를 나타낸다.

한편 목재의 섬유에 직각방향의 인장강도는 평행방향에 비교해서 상당히 작다. 약 2~25% 정도에 지나지 않는다. 또 경사방향의 인장강도도 생각할 수 있겠으나 이 방향으로 목재를 사용하는 경우는 거의 드물다. 목재의 인장강도 시험방법은 KS F 2207에 규정하고 있다.

3 휨강도

목재는 휨을 받는 부재로 사용하는 경우가 많으며 휨강도는 제강도 중에서 가장 중요한 것 중의 하나이다. 휨강도를 지배하는 것은 압축과 인장 및 전단강도이나, 목재는 압축에 대한 성질과 인장에 대한 성질이 크게 상이하며 또한 섬유방향의 전단강도가 현저하게 작기 때문에 목재의 휨작용은 매우 복잡하다. 목재의 휨강도 시험방법은 KS F 2208에 규정하고 있다.

4 전단강도

목형(木桁)이 목재의 섬유에 평행방향의 전단력으로 파괴되는 경우가 있다. 그래서 목재 사용시 전단강도를 충분히 고려해야 하며 종전단강도는 목재의 중요한 성질 중 하나이다. 전단강도는 섬유간의 부착력, 섬유의 곧음, 수선의 유무 등에 의하여 지배되며, 그 크기는 종인장강도의 1/10 정도밖에 되지 않는다. 목재의 전단강도시험은 휨이나 국부압축 등의 영향을 받지 않는 순수한 값을 구하기가 어렵다.

목재의 전단시험은 KS F2209의 규정에 규정하고 있다.

우리나라 목재의 물리, 역학적 성질을 기건상태에서 시험한 결과의 한 예를 소개한 것이 표 10.5이다.

5 경도

목재의 경도를 측정하는 방법으로서는 일정한 모양의 침을 찔러서 그때의 저항을 측정하는 것, 톱으로 절단 할 때의 저항을 구하는 것 등 여러 가지 방법이 있다(KS F 2212 참조).

가장 일반적인 방법은 소정의 크기의 강구로써 눌렀을 때의 저항에 의하여 경도를 구하는 방법이다. 브리넬 경도(Brinell hardness)란 하중 P에 의하여 지름 10mm인 강구를 목재 표면에서 눌렀을 때 우묵하게 패인 흔적의 표면적으로 하중을 나눈 값을 말한다.

6 피로강도

목재의 평균 휨강도 90MPa에 대하여 회전휨에 의한 피로한도는 20MPa로써 피로한도는 휨강도의 약 22% 정도이다. 이 경우 반복횟수는 2,500,000회이다 영국의 Stanton, Spruce가 실시한 실험에서 인장강도 48MPa에 대하여 회전휨 피로한계는 13MPa로써 약 27% 정도이다. 이 경우 반복횟수는 약 200만회 정도이다. 그래서 실용적으로 10^7 정도 반복횟수의 경우 피로한도는 휨강도의 20%정도라고 생각하면 된다.

7 탄성계수

목재의 탄성계수는 압축, 휨, 인장시험에 따라 약간 달라진다. 일반적으로 압축시험에 의하여 구한 탄성계수가 인장시험에 의해 구한 값보다 작다. 또한 같은 압축강도시험에 의한 탄성계수라도 간축방향, 나이테의 접선방향 또는 반지름방향에 따라 현저하게 달라진다. 이 외에도 함수율이나 비중 등에 따라 크게 좌우된다.

목재의 탄성계수를 측정한 값을 나타낸 것이 표 10.5이다.

표 10.5 목재의 탄성계수 및 포와송비

수종		나이테폭 (mm)	함수율 (%)	비중	영계수 ($\times 10^2$, MPa)			포와송비			전단탄성계수 ($\times 10^2$, MPa)		
					섬유 방향	반지름 방향	접선 방향	나무결 면내	마구리 면내	엇결 면내	섬유 방향	접선 방향	반지름 방향
침엽수	삼나무	6.0	15.0	0.33	75	6.0	3.0	0.40	0.60	0.90	6.5	3.5	0.15
	가문비나무	2.0	15.0	0.39	110	4.5	0.40	0.60	0.65	5.5	4.5	0.20	
	적송	1.5	13.5	0.51	120	12.5	6.5	0.40	0.60	0.65	10.0	5.5	0.45
활엽수	너도밤나무	2.0	14.5	0.62	125	13.5	6.0	0.40	0.50	0.65	10.0	6.5	2.0
	느티나무	5.0	13.5	0.70	105	19.0	12.5	0.40	0.60	0.60	11.5	8.5	4.5
	떡갈나무	2.5	14.0	0.83	165	19.0	9.5	0.40	0.55	0.70	16.5	9.0	4.5

표 10.6 우리나라 목재의 물리 및 역학적 성질

수종	연륜밀도 (cm)	함수율 (%)	비중	종압축강도 (MPa)	인장강도 (MPa)	휨강도 (MPa)	갈라짐강도 (MPa)	충격휨 흡수에너지 ($N \cdot mm/mm^2$)
소나무	2.4	16	0.55	36.5	93.7	83.3	2.1	50
종비나무	1.2	16	0.38	32.5	42.0	47.8	1.8	40
분비나무	1.9	12	0.40	41.6	–	62.0	–	36
젓나무	1.1	14	0.39	38.8	67.7	60.9	1.8	48
잎갈나무	1.7	15	0.63	42.2	91.3	93.8	2.8	68
잣나무	2.4	15	0.52	46.9	95.1	89.9	2.2	39

수종	연륜밀도 (cm)	함수율 (%)	비중	종압축강도 (MPa)	인장강도 (MPa)	휨강도 (MPa)	갈라짐강도 (MPa)	충격휨 흡수에너지 (N · mm/mm^2)
버드나무	2.2	15	0.47	22.1	52.6	37.0	3.5	65
느티나무	6.2	15	0.75	37.3	–	67.0	–	84
팽나무	5.5	16	0.72	35.4	114.4	74.0	–	166
상수리나무	2.6	18	0.85	43.4	120.2	93.3	8.5	123
갈참나무	3.0	17	0.88	38.5	105.8	90.4	5.6	122
물가리	3.6	17	0.81	41.0	136.7	85.1	2.1	155
음나무	3.3	16	0.63	34.9	112.4	69.3	5.1	64
아카시아나무	2.3	16	0.74	35.6	181.5	81.2	4.0	160
굴참나무	3.3	16	0.83	43.2	171.0	95.1	8.6	165
신갈나무	3.0	15	0.82	42.9	112.1	91.2	–	83
물오리나무	2.2	15	0.54	32.6	73.1	62.5	–	78
팔배나무	3.6	15	0.63	40.4	101.9	89.9	–	59
다릅나무	3.4	14	0.56	36.0	121.0	84.7	2.6	66
복자기	3.6	16	0.78	41.0	152.6	107.9	8.7	155
졸참나무	2.6	14	0.85	46.0	156.9	112.6	5.5	85
밤나무	2.1	15	0.52	31.6	87.2	74.9	3.5	39
자작나무	2.2	14	0.53	36.3	107.8	71.7	4.4	52
가래나무	1.8	13	0.57	45.1	132.7	104.1	3.9	56
시무나무	1.6	14	0.74	41.2	77.7	80.7	4.1	47
고로쇠나무	5.0	15	0.71	42.9	111.9	92.0	6.8	53
느릅나무	9.5	13	0.61	37.9	101.0	85.9	5.7	74
벗나무	4.0	13	0.58	46.1	128.6	98.7	4.0	44
들매나무	2.0	14	0.71	44.6	98.0	84.7	5.9	52
물푸레나무	3.4	14	0.84	46.6	175.4	126.7	7.5	136

10.3 목재의 내구성

목재의 내구성을 감소시키는 원인을 열거해 보면 다음과 같다.

1) 사용으로 인한 마모
2) 비, 바람 또는 일광, 자외선, 공기 등에 노출되었을 때의 풍화
3) 균 또는 박테리아에 의한 부식
4) 곤충 또는 해충에 의한 부식
5) 화재 등을 들 수 있다.

이들 중에서 3), 4), 5)는 목재의 원래의 큰 결점이므로 이에 대한 많은 방어 방법들이 고안되고 있다.

10.3.1 방부법(防腐法)

목재의 부식은 균류(菌類)에 의한 경우가 주로 많으며, 균류 중에서 사상균이 가장 관계가 깊고 균사가 분비하는 효소(enzyme)에 의하여 목질을 용해시켜 양분으로 섭취하여 목재를 부식시킨다. 균류는 목재의 함수율 20% 이상의 경우, 적당량의 공기와 적당량의 온도(20~40℃)와 습도(90% 이상)와 양분 등의 조건하에서 가장 발육이 왕성하다.

지하수위 이하에 박은 기초말뚝이나 수중에 완전히 침지(浸漬)된 목재가 썩지 않는 것은 앞의 조건중에서 한 가지가 빠졌기 때문이다. 이것은 균류가 발육하지 않는 경우의 좋은 예라고 할 수 있다.

방부처리는 양분을 균류에 대하여 부적당하게 하기 위한 방법으로써 방부제를 목재 표면에 도포하는 방법과 목재중에 주입하는 방법이 있다. 주입법에는 방부제 용액중에 목재를 침지하는 상압주입법과 압력용기 속에 목재를 넣어 7~12 기압의 고압하에서 방부제를 주입하는 가압주입법이 있다. 사용되는 방부제는 주로 크레오소트유(creosote oil)이다. 단지 기름을 용제로 하는 데는 방화면을 중요시하는 탄갱내의 갱목 등에는 P.C.P (pentachlorophenol, C_6Cl_6OH)의 나트륨염을 사용한다. 방부제는 이외에도 타르 종류가 널리 사용된다.

표면처리법의 다른 한가지로서는 표면탄화법이 있다. 이 방법은 목재의 표면을 두께 3~10mm 정도 태워서 탄화시키는 방법으로써 값이 싸고 간편하지만 효과의 지속성이 부족하다.

10.3.2 방충법(防蟲法)

목재를 해치는 해충 중에서 가장 해를 크게 미치는 것은 흰개미(白蟻)로써 흰개미의 종류는 매우 많다. 일본에서 가장 해를 미치는 것은 대화흰개미라고 하는 개미이다. 흰개미의 피해는 나무의 종류에 따라 다르며 강렬한 향기와 맛을 가지고 또한 경도가 큰 것, 혹은 흰개미의 영향을 별로 포함하지 않는 것은 식해를 잘 받지 않으며 진나무, 느티나무, 녹나무 등은 피해를 받는 경우가 의외로 적으며 소나무 종류는 피해를 입기 쉽다. 일반적으로 흰개미의 해는 습윤한 목재에 많으며, 건물의 통풍 건조에 유의함이 필요하다. 또 크레오소트 주입은 가장 효과적이다. 바다에서 사용하는 목재는 바다 벌레의 침식을 받는 경우가 많고, 이 바다 벌레 중에서 가장 큰 피해를 주는 것은 연체동물과 바다에서 알을 부화한 유충이 바다속의 목재에 부착하여 바다벌레의 모양으로 변화하여 목재중에 침입하고 구멍을 뚫는 것이다. 이런 종류를 바다 속의 선체에 구멍을 뚫어 침입하는 벌레(船蝕蟲, ship worms)라고 한다. 이것에 대한 피해 방지법으로는 목재 표면을 금속재료, 도관콘크리트 등으로 피복하는 방법이 효과적이다. 혹은 적당한 방충제를 주입하는 방법도 있다.

10.3.3 내화처리법(耐火處理法)

목재의 내화성은 중요한 성질이지만, 아직도 완전한 방법은 없다. 내화성의 증진을 목적으로 실시하는 처리방법에는 표면처리법과 내화제주입법이 있다.

(1) 표면처리법

목재의 표면을 불연소성재료로 피복한 것이며, 화재 초기에서 연소를 방지함과 동시에 가연성 분해가스의 발산을 방지하며, 즉 내화페인트, 규산소오다, 붕사 등의 도포, 금속판, 석면, 모르타르 등의 피복을 한다.

(2) 내화제 주입법

불연성의 방화제를 주입하는 것으로써 약제로서는 인산, 염화암모늄, 인산암모늄, 황산암모늄, 탄산소오다 등이 있다. 방화제의 작용은 가연성 가스의 발생을 억제하고, 불연성 가스의 발생을 촉진하며, 발화성을 억제하고 인화점을 높여서 인화를 어렵게 하는 것이다.

10.4 목재의 제재(製材)

10.4.1 목재의 벌목 및 제재

벌목이 적당한 시기로는 수목이 생리작용을 멈추고 수액의 농도가 높으며, 병충해가 발생할 가능성이 적은 가을에서 겨울에 걸친 기간이 가장 적당하며, 어린나무는 밀도가 작아서 강도가 약하고 노목은 부식하거나 재질이 떨어지는 것이 많으므로 가장 성숙한 장년기에 벌목하는 것이 좋다. 대체로 벌목 적정 수령은 표 10.7과 같다.

표 10.7 적정 벌목수령

수종(침엽수)	장년수령(년)	수종(활엽수)	장년수령(년)
화백나무	60~100	밤나무	40~80
삼나무	70~120	떡갈나무	60~220
소나무	80~100	느티나무	80~150
노송나무	100~200	솔송나무	100~200
낙엽송	100~200	전나무	100~200

둥근 목재를 소요의 각재나, 판재 등 소요의 나무로 절단하여 사용한다. 이것을 제재(sawing) 또는 나무를 적당하게 자른 것이라 한다. 나무를 자르는 데는 가능한 잘 분할하여 토막나무가 생기는 것이 적도록 하기 위하여 미리 절단할 선을 목재에 먹으로 표시를 해 두고 그 중심선으로 자르게 된다.

10.4.2 목재의 건조

제재되어진 목재는 사용하기 전에 반드시 건조(seasoning)시켜야 하며, 목재 건조방법에는 자연건조법과 인공건조법이 있다. 건조의 목적은 다음과 같다.

1) 균류에 의한 부식과 벌레의 피해를 예방
2) 사용 후의 수축 및 균열을 방지
3) 강도 및 내구성의 증진
4) 중량경감과 그것에 의한 취급과 운반비가 절약
5) 방부제 등의 약제주입을 용이하게 함

1 자연 건조법

(1) 공기건조법(空氣乾燥法)

옥외에 목재를 쌓아두고 기건상태가 될 때까지 건조시키는 방법으로써, 특별한 설비가 필요 없으므로 경비가 적게 들고 작업이 쉬우며 건조의 결과도 양호한 편이다. 그러나 건조기간이 길고 건조범위가 제한되어 있어 용도에 따라 건조부족현상이 발생할 수 있고, 비나 이슬, 햇빛 등에 방치할 경우 부패균의 발생이나 변색, 균열 등의 결점이 있다.

(2) 수침법(水浸法)

공기건조를 하기 전에 목재를 물속에 3~4주 동안 담가서 수액을 수중에 용출시키는 방법으로써, 공기건조의 시간을 단축할 수 있고 수축에 의한 결점은 적어지나 재질이 파손되기 쉽고 강도가 저하된다.

2 인공건조법

인공건조법은 건조실내의 온도와 습도를 조절하여 갈라짐을 막을 수 있고 용도에 따라 함수율을 알맞게 조절할 수 있으며, 공기건조법에 비하여 건조시간을 줄일 수 있으나 시설비가 많이 든다. 인공건조법에는 다음과 같은 것이 있다.

(1) 끓임법(煮沸法, boiling seasoning)

가마안에 목재를 넣고 뜨거운 물로 끓여서 수액을 추출시킴으로써 건조를 촉진시키는 방법이며 침수법에 비하여 상당한 시간을 단축시킬 수 있으나 장시간 끓이면 목재의 유기질을 파괴하고, 탄성을 저하시키며 목재 고유의 색깔을 잃을 수 있는 결점이 있다. 끓임이 끝나면 목재를 꺼내어 공기건조를 한다.

(2) 열기건조법(熱氣乾燥法, hot air seasoning)

밀폐된 건조실내에 목재를 넣고 가열한 공기를 가하여 건조하는 방법으로써, 열기의 온도는 연재의 경우 38℃, 경재는 84℃ 정도이고, 갑자기 고온을 가하면 표면경화, 구부러짐, 균열, 변형, 변색 등이 생기므로 서서히 가온(加溫)하여야 한다.

(3) 증기건조법(乾燥法, steam seasoning)

증기가마 속에 목재를 넣고 밀폐한 후 0.15~0.3MPa의 압력증기를 보내어 건조시키는 방법으로써, 조작 및 시설이 비교적 간단하고 살균효과가 크므로 널리 사용되고 있으며, 방부제 주입도 편리하다. 또한 증기의 분사(噴射)로 습도를 조절하므로 열기법에서 급격한 건조에 의한 결점을 보완해 줄 수 있다.

(4) 고주파건조법(高周波乾燥法, high frequency seasoning)

고주파 유전가열을 응용한 것으로써, 목재를 내부에서 균등하게 가열할 수 있고 그때 중심부위 증기압이 높고 외부와의 증기압 차이에 의하여 매우 급속히 수분을 증발시킬 수 있고 아울러 조절도 가능하다. 그러나 건조비가 비싸기 때문에 현재의 적용대상은 한정되어 있다.

(5) 그 밖의 건조법

목재를 실내에 넣고 짚, 생목, 톱밥 등을 태워서 열기 대신에 연기를 이용하는 훈연법(燻煙法, smoke seasoning), 고압전류를 직접 목재에 통하게 하는 전기건조법(電氣乾燥法), 원통속에 목재를 밀폐하고 증기가열에 의하여 고온저압으로 신속히 건조하는 진공건조법(眞空乾燥法), 건조제를 사용하는 건조제사용법(乾燥劑使用法) 등이 있다.

10.4.3 목재의 결함

목재에는 여러 가지 결함(缺陷)이 있는데, 그 결함의 정도에 따라 목재의 사용상에 막대한 지장을 주며, 강도 품질, 가격 등에 영향을 미치므로 가급적 제거하는 것이 좋다.

목재의 결함에는 다음과 같은 것들이 있다.

(1) 옹이(節, node, knot)

나뭇가지의 자국으로 여기에는 생옹이(生節, 생 나뭇가지의 흔적), 죽은 옹이(死節, 죽은 나뭇가지의 흔적), 썩은 옹이(腐節, 나뭇가지가 부패된 것) 등으로 나눌 수가 있는데, 이와 같은 옹이는 목재의 품질을 저하시킨다. 생옹이는 가지가 목질과 단단히 연결되어 있으므로 강도에 큰 영향을 미치지는 않는다.

(2) 껍질박이(內皮, bank pocket)

나무껍질의 일부가 외상(外傷)으로 인하여 나무껍질 또는 나이테의 일부가 목질 속으로 파고 들어간 것으로써, 심한 것은 사용하지 말아야 한다.

(3) 지선(脂線)

수목의 일부에 수지가 선상으로 고여 있는 것으로, 특히 소나무에서는 나이테 사이에 송진이 모여서 굳은 것으로 여름에는 송진이 흘러내리는 경우도 있다.

(4) 갈라짐(破裂)

목재의 갈라짐은 생목(生木)때 생긴 것과 벌목 후에 생긴 것이 있는데 보통 비, 바람, 눈의 작용이나 온도의 변화 및 기생충 등에 의하여 생긴다. 생목 때 생기는 갈라짐에는 노목의 심재가 수축하여 나이테의 직각방향으로 벌어지는 심재성 파열과 나이테를 따라 갈라지는 원형 파열이 있다. 또한 벌채할 때 벌어지는 전상 파열, 벌채 후에 급속한 건조에 의한 변재성 파열이 있다.

(5) 비틀림

가지가 한쪽을 기울어 있든지 또는 바람으로 인하여 섬유가 줄기에 대하여 비틀리면서 자랐을 때 생긴다.

(6) 혹

수목의 상처에 세균류가 침입하여 나무진이 모인 것으로써, 섬유의 일부가 부자연스럽게 발달하여 표면이 융기한 것이다.

10.5 목재의 가공품

목재의 가공품에는 합판(plywood), 마루판, 적층강화목재 등이 있다. 토목공사용으로는 합판이 콘크리트 거푸집판으로, 구조용으로는 강화적층목재가 사용된다.

10.5.1 베니어(veneer)

합판을 베니어판이라고 하며 베니어란 원래 목재를 얇게 한 것을 말하며, 이것을 단판이라 한다. 이 단판을 몇 장 포개어 접착제로 붙여 만든 판을 베니어 합판(plywood)이라 한다.

최근 접착제의 현저한 진보에 따라 베니어판도 크게 개량되어, 내구성이 좋고 우수한 제품이 만들어져 콘크리트의 거푸집 등에도 이용되고 있다 합판은 그 제조방법에 따라 다음 3가지 종류로 나눌 수 있다.

(1) 로터리 베니어(rotary veneer)

증기에 가열 연화되어진 둥근 원목을 나이테에 따라 연속적으로 감아 둔 종이를 펴는 것과 같이 엷게 벗겨 낸 것으로, 이 방법에 의하면 넓은 폭의 단판이 얻어지며 낭비가 없다. 최근에는 거의 이 방식에 의존하고 있다(그림 10.5(a) 참조).

(2) 슬라이스트 베니어(sliced veneer)

그림 10.5(b)에서와 같이 끌로써 각목을 얇게 절단한 것으로서 아름다운 결을 장식용으로 이용하려고 할 때 자유로이 만들 수 있는 특징이 있다.

(3) 소드 베니어(sawed veneer)

보통의 판재를 만드는 것과 같은 방법으로 얇은 작은 톱으로 잘라 만든 단판으로서 아름다운 결이 얻어진다. 고급의 합판에 사용되나 톱밥이 많아 비경제적이며, 공업적인 용도에는 거의 사용되지 않는다(그림 10.5(c) 참조).

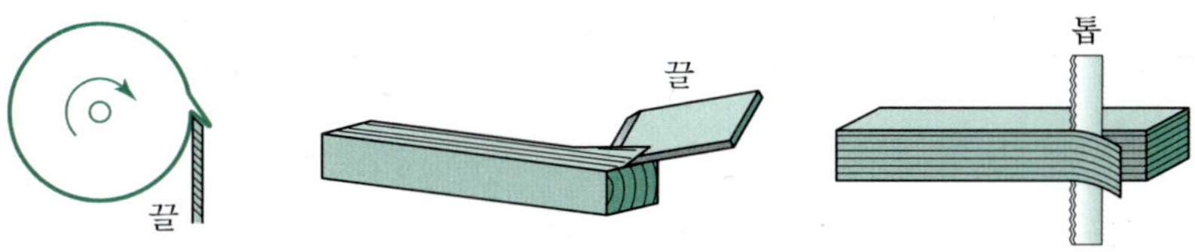

(a) 로터리 베니어 (b) 슬라이스트 베니어 (c) 소드 베니어

그림 10.5 단판을 만드는 방법

1 합판의 제조

합판의 제조공정은 일반적으로 다음과 같다.

1) 공장에 운반된 원목은 소요의 길이로 자른다.
2) 살충, 살균과 수액 중의 유기물을 제거하기 휘하여 끓임 통에 넣고 끓인다.
3) 원목의 껍질을 벗기고 단판을 만든다.
4) 소정의 치수로 절단하고 함수율 5~10%가 되도록 건조한다.
5) 접착제를 도포한 수 포개어 상온에서 압축한다.
6) 끝부분을 자르고 끝손질을 하여 출하한다.

2 합판의 종류

합판은 내수성과 내구성의 정도에 따라 다음 5종류로 나눈다.

1) 완전내수성 합판(完全耐水性 合板)
2) 고도내수성 합판(高度耐水性 合板)
3) 보통내수성 합판(普通耐水性 合板)
4) 비내수성 합판(非耐水性 合板)

5) 위의 어느 쪽에도 속하지 않는 합판

3 합판의 특징

1) 동일한 원재로부터 많은 정목판과 나무결 무늬판이 제조된다.
2) 외관이 아름다운 판을 비교적 싸게 구할 수가 있다.
3) 팽창, 수축 등에 의한 결점이 없고 방향에 따른 강도의 차이가 없다.
4) 폭이 넓은 판을 쉽게 얻을 수 있다.
5) 곡면으로 된 판을 얻을 수 있다.
6) 제품이 규격화되어 사용에 능률적이다.
7) 목재의 완전 이용이 가능하다.

10.5.2 기타의 가공판

합판 이외에도 조각판(particle board), 적층판(laminated wood with veneers), 집성재, 강화적층재 등이 있다.

1 조각판(particle board)

목재, 그 밖의 식물 섬유질의 족가을 잘게 부수고 합성수지접착제를 도포하여 가열압축하여 인공적으로 만든 판모양의 제품으로써, 원목재의 결함을 개량하고 목재의 옹이, 부식, 갈라짐, 비틀림 등의 결함을 제거한 것이다. 조각판은 표면 연마의 유무, 층수, 휨강도에 따라 KS F 3104에 분류하고 있다.

2 섬유판(fiber board)

목재 또는 그 밖의 식물섬유를 주원료로 하여 이들을 섬유화시켜 열압축으로 성형한 판모양의 제품을 말한다. 제조공정 중에 접착제나 방수제 등의 약품을 가하는 경우가 있으며, 다른 목재 펄프나 무기질 등도 병용할 때도 있다.

3 집성재

널판이나 작은 각재 등을 섬유방향으로 나란하게 하여 길이, 폭, 두께의 방향으로 집성, 접착시킨 재료를 말한다.

4 마루판(flooring)

판재의 옆면에 홈과 촉을 만들어 서로 끼워 맞출 수 있게 한 가공재로써, 강당 또는 체육관의 마루판, 선박의 갑판 등에 이용된다.

연습문제

10.1 목재의 토목용 재료로서의 용도와 장단점에 대하여 설명하라.

10.2 목재의 겉보기 비중과 함수상태에 대하여 설명하라.

10.3 목재의 결함에 대하여 설명하라.

10.4 목재의 춘재와 추재를 비교하여 설명하라.

10.5 목재의 변재와 심재를 비교하여 설명하라.

10.6 목재의 건조와 수축에 대하여 설명하라.

10.7 목재의 섬유포화점에 대하여 설명하라.

10.8 목재의 역학적 성질에 영향을 미치는 요인들을 열거하고 설명하라.

10.9 합판의 특징에 대하여 설명하라.

10.10 목재의 가공판에 대하여 설명하라.

제 11 장

석 재

제 11 장 석 재

11.1 개설

석재란 토목공사용으로 사용되는 가공한 암석 또는 천연의 암이나 돌을 총칭한 것이다. 석재는 불연성(不燃性)으로 내구성, 내마모성이 풍부하고 압축강도가 크며 외관이 좋은 점 등의 특성 때문에 천연재료로서 목재와 함께 건설공사뿐만 아니라 장식용 재료로 옛날부터 널리 사용되어 왔다.

그러나 근년에 와서 콘크리트 및 콘크리트 제품이 석재의 용도를 거의 맡게 됨으로써 석재의 사용은 점차 감소되었으며, 최근에는 포장, 기초재와 같은 부재료 및 미관을 요구하는 장식대로 주로 사용되고 있다.

11.2 암석의 분류, 조성 및 조직

11.2.1 암석의 분류

암석은 여러 가지 분류방법이 있으나 일반적으로 다음과 같은 분류한다.

(1) 성인(지질학적)에 의한 분류 : 화성암(火成岩), 퇴적암(堆積岩), 변성암(變成岩)
(2) 산출상태에 의한 분류 : 괴상암(怪狀岩), 성층암(成層岩)
(3) 화학성분에 의한 분류 : 규산질암(珪酸質岩), 석회질암(石灰質岩), 점토질암(粘土質岩)
(4) 조직구조에 의한 분류 : 결정질암(結晶質岩), 쇄설질암(碎屑質岩)
(5) 압축강도에 의한 분류 : 경석(硬石), 준경석(準硬石), 연석(軟石)(표 11.1 참조)
(6) 용도에 의한 분류 : 구조용(構造用), 장식용(裝飾用), 골재용(骨材用)

표 11.1 암석의 압축강도에 의한 분류(KS F 2530)

종류	압축강도(MPa)	흡수율(%)	겉보기비중(g / cm³)
경석	50 이상	5 이하	2.5~2.7
준경석	10~50	5~15	2.0~2.5
연석	10 이하	15 이상	2.0 이하

11.2.2 암석의 조성

암석을 구성하고 있는 광물을 조암광물(造岩鑛物)이라 한다. 암석의 대부분은 여러 가지 종류의 광물성분을 함유하고 있으며, 그 결합상태는 암석의 종류에 따라 각각 특징을 가지고 있다. 중요 조암광물의 물리화학적 성질은 표 11.2와 같다.

표 11.2 조암광물의 성질

광물명	색	화학성분	비중	경도	성질
석영	무색투명	무수규산 SiO_2	2.65	7	산, 풍화에 대한 저항력이 크다.
장석	백~홍색 담색~암회	Al, Ca, Na, K 등의 규산화합물	2.60~ 2.70	6	풍화에 대한 저항력이 작다
운모	백, 담백~검정색	K, Al 등의 규산화합물 혹은 Fe, Mg의 화합물을 포함	2.80~ 2.90	2.5	비늘모양에 벽개(劈開), 흑운모는 특히 분해하기 쉽다.
각섬석	검정색	Fe, Al, Ca, Mg 등의 규산화합물	2.90~ 3.60	5~6	육각주 모양의 결정
휘석			3.30~ 3.60		팔각주모양의 결정, 풍화에 대한 저항성이 크다.
감람석	암록~황록색	Fe, Mg의 규산염	3.40	7	단주결정, 분해풍화하기 쉬움
사문석	백담색~녹색	Fe, Mg의 규산화합물	2.60	2.5~ 5.0	감람석, 휘석, 각섬석에서 변질하여 생긴 것
방해석	무색투명~담색	탄산석회 $CaCO_3$	2.70	3	산에 녹기 쉽고 CO_2가 생기며 벽개
백운모	백색~잡색	Ca, Mg의 탄산염	2.85	3.5~ 4.0	묽은 산에 녹으나 방해석보다 심하지 않음
석고	백색	황산석회의 수화물 $CaSO_4 \cdot 2H_2O$	2.30~ 2.40	1.5~ 2.0	입상, 편상, 섬유 모양으로 결합되어 있음

11.2.3 암석의 구조

암석은 암석 특유의 규칙적인 배열을 가진 천연적인 갈라짐 금(龜裂, crack)이 발달하고 있다. 이것은 암석 생성시부터 존재하는 것과 생성 후에 생긴 것으로 나눌 수 있다.

1 절리(節理, joint)

암석 특유의 천연적으로 갈라짐 금을 절리라 하며, 규칙적인 것과 불규칙적인 것이 있다. 절리는 화성암, 변성암, 퇴적암 어느 것에서나 생기며, 특히 화성암에서 많이 볼 수 있다. 절리는 형태상으로 다음과 같이 분류한다.

(1) 주상절리(columnar joint) : 돌기둥을 배열한 것과 같은 모양으로 주로 화성암에서 생긴다.

(2) 판상절리(platy joint) : 수성암, 안산암 등에서 주로 생기며 판자를 겹쳐놓은 모양이다.
(3) 구상절리(spheroidal joint) : 암석의 노출부가 양파모양으로 되어 있는 절리이다.
(4) 불규칙 다면괴상절리(lenticular joint) : 암석생성시 냉각으로 인해 생기는 불규칙한 절리로서 주로 화강암에서 볼 수 있다.

2 층리(層理, bedding stratification)

퇴적암이나 변성암의 일부에서 생기는 평행상의 절리를 층리라 하며, 층이 퇴적할 때 계절의 변화, 기후의 변화, 해면(海面)의 변화, 수류의 변화, 생물의 번식상태의 변화 등이 원인으로 층리의 방향은 퇴적 당시의 지표면과 거의 평행하다.

3 편리(片理, schistosity)

변성암에서 된 절리로서 그 방향이 불규칙하고 엽편상(葉片狀)의 암석을 얇은 판자 또는 편도(扁桃) 모양으로 갈라지는 성질을 말한다.

4 석리(石理, texture)

암석을 구성하고 있는 조암광물의 집합상태에 따라 생기는 눈 모양을 석리라 한다.

5 석목(石目, rift)

암석의 가공이나 채석에 이용되는 것으로 암석의 갈라지기 쉬운 면을 석목 또는 돌눈이라 하며, 서로 직교하는 세면으로 되어 있고, 두면은 절리와 평행하다. 특히 화강암에서 석목이 분명하다.

6 벽개(劈開, cleavage)

석재가 잘 갈라지는 면을 벽개라 하며, 갈라지는 방향을 벽개면이라 하고 벽개를 가지고 있지 않은 석재의 면을 단구(斷口)라 한다.

11.2.4 암석의 조직

암석의 조직에는 결정질, 입상조직, 반상조직 및 선상조직이 있다.

1 결정질(crystallimity)

암석이 전부 결정질물질로 된 것을 완정질(holocrystalline), 전부가 유리물질로 구성되고 결정을 이루지 않는 것을 유리질 또는 비정질(glassy or amorphous)이라 한다. 이 양자가 혼합하고 있는 것을 반정질(hypocrystalline)이라 한다. 완정질 또는 반정질은 결정립이 육안으로 보일 정도의 크기일 때 이것을 현정질(phanerocrystalline), 현미경적인 경우에는 미정질(microcrystalline)이라 한다.

2 입상조직(equigranular)

완정질암석의 주성분 광물이 거의 같은 크기의 결정립으로 된 조직을 말하며, 이것을 등입상(等粒狀) 또는 입상조직(粒狀組織)이라 한다.

3 반상조직(prophyritic)

주성분 광물과 현저하게 다른 소형의 결정립의 집합체 또는 유리질중의 결정립이 산재하는데 이것을 반상조직(斑狀組織)이라 한다.

4 선상조직

암석을 관찰해 보면 조암광물 중에서 같은 종류의 광물성분이 어느 일정한 방향에 선과 같이 발달되어 있는 것을 발견할 수 있다. 이와 같은 내부조직을 가진 암석을 선상조직(線狀組織)이라 한다.

11.3 암석의 성질

11.3.1 물리적 성질

1 비중 및 흡수율

석재의 비중은 조암광물의 성질, 비율, 공극의 정도 등에 따라 달라진다. 일반적으로 석재의 비중이라면 겉보기 비중을 말하며, 보통 2.65정도이지만 암석의 종류에 따라 표 11.3과 같이 약간 다르며 겉보기 비중은 다음 식으로 구한다.

$$\text{겉보기비중} = \frac{W_1}{W_3 - W_2} \tag{11.1}$$

여기서, W_1 : 절대건조공기중의 중량(g)

W_2 : 수중에서 측정한 중량(g)

W_3 : 공기중에서 측정한 중량(g)

암석의 흡수율은 공극을 채우고 있는 물의 중량의 시료중량에 대한 백분율로 나타낸다.

$$\text{흡수율} = \frac{W_3 - W_1}{W_1} \times 100(\%) \tag{11.2}$$

2 공극률

암석의 공극률이란 암석에 포함된 전 공극과 겉보기의 체적과의 비를 말한다. 일반적으로 공극률은 다음 식으로 계산한다.

$$\text{공극률} = \frac{W_3 - W_1}{V_1} \times 100(\%) \tag{11.3}$$

여기서, V : 직접 계량한 시료의 용적

3 선팽창계수

조암광물의 팽창계수는 광물 성분에 따라 다르며 또 그 결정도 다르기 때문에 암석이 온도의 변화를 받아 신축할 때는 암석의 내부에는 매우 복잡한 응력이 생기며, 이것이 암석붕괴의 한 원인이 된다. 이 계수는 또 온도의 고저에 의하여 상당한 차이가 생긴다. 암석의 선팽창계수의 한 예가 표 11.3이다.

표 11.3 암석의 물리적 성질

성질 / 암석명	비중	공극률 (%)	흡수율 (%)	선팽창계수 ($\times 10^{-5}$ / ℃)
화강암	2.61~2.71	–	0.1~0.4	0.34~1.19
안산암	2.36~2.86	0.1~10.8	0.5~4.7	0.41~1.03
현무암	2.71~3.10	0.0~22.8	1.4~10.0	0.36~0.90
응회암	2.0~2.5	–	1.30~2.0	–
사암	2.05~2.67	1.6~26.4	0.7~13.8	0.67~1.17
점판암	2.65~2.81	0.0~3.6	0.18~0.25	0.63~0.88
사문암	2.75~2.90	–	0.17~0.40	–
대리석	2.67~2.75	0.3~2.0	0.02~0.25	0.69~0.92

11.3.2 역학적 성질

1 강도

암석의 강도 중에서 압축강도가 제일 크며 인장, 휨 및 전단강도는 압축강도에 비하여 매우 작다. 그러므로 석재를 구조용으로 사용할 경우 주로 압축력을 받는 부분에 사용된다.

일반적으로 암석은 인장강도가 작으므로 암석의 인장강도를 이용한 구조물은 거의 없으며, 따라서 시험의 예도 적다. 한편 암석의 휨강도도 압축강도에 비교해서 훨씬 적다.

2 탄성계수

암석중에서 현무암, 경질사암과 같이 일정한 응력까지는 응력-변형률곡선이 거의 훅크의 법칙에 따르며, 영계수가 일정한 것과 화강암, 사암 등과 같이 훅크의 법칙에 따르지 않고 응력의 증가와 함께 영계수의 값이 증가하는 것도 있다. 여러 가지 암석의 강도 및 탄성계수는 표 11.4와 같다.

표 11.4 암석의 역학적 성질

성질 / 암석명	압축강도 (MPa)	휨강도 (MPa)	인장강도 (MPa)	탄성계수 ($\times 10^4$MPa)	포와송비
화강암	63.1~304.0	9.0~20.0	2.4~9.4	4.30~6.10	0.17~0.25
안산암	56.5~234.0	6.7~17.9	2.9~10.0	2.38~4.04	-
현무암	46.7~272.0	-	4.0~8.0	9.69	-
응회암	8.6~37.2	2.3~6.0	0.88~3.5	2.39~3.09	-
사암	26.6~238.0	5.4~9.4	2.5~2.9	1.72~2.09	0.09~0.33
점판암	42.5~164.0	50.2~79.5	25.5	8.78~10.71	-
대리석	94.0~232.0	3.2~30.6	3.8~10.7	2.85~8.40	0.22~0.35

11.3.3 내구성

석재의 내구성은 조직, 조암광물의 종류에 따라 또 그 사용 장소의 풍토, 기후 및 노출 상태 등에 따라 변화한다.

Julien에 의하면 건조물의 석재가 퇴색(褪色) 또는 분해에 의하여 최초로 수리를 필요로 할 때까지의 시기는 대략 표 11.5와 같다고 한다. 내구성을 지배하는 요인을 살펴보면 다음과 같다.

1) 조암광물이 미립, 등립일수록 내구성과 공극률이 크고, 흡수율이 큰 다공질일수록 동해를 받기 쉽고 내구성이 약하다
2) 조암광물의 풍화 정도에 따라 내구성이 달라진다. 풍화가 잘 안되는 조암광물은 알루미나 화합물, 규산, 규산염류 등이다.
3) 동일한 석재라도 사용 장소의 풍토, 기후 및 폭로상태의 차이는 조암광물의 풍화 속도에 영향을 미친다.

내구성을 확인하기 위해서는 퇴색시험, 팽창계수의 측정, 동결융해시험, 내산, 내알칼리, 내화시험 등 여러가지 시험을 행하고 종합적으로 판단한다.

표 11.5 석재의 내구성

석재	내구년	석재	내구년
화강암	75~200	석회석	20~40
대리석	60~100	사암조립	5~15
석영암	75~200	사암세립	20~50
백운석	30~500	사암경질	100~200

11.3.4 내화성

석재는 조암광물의 팽창계수가 서로 다르기 때문에 고온에서는 파괴된다.

일반적으로 석재는 500℃ 정도까지는 거의 피해를 입지 않으며 그 이상의 경우에는 어느 일정 온도까지의 고열에 견디지만 그 온도를 넘으면 급격히 파괴되는 경우와 안산암, 사암, 응회암 등은 1,000℃ 이하의 고온에 의한 영향은 받지 않는 경우가 있다. 이러한 2종류의 성질을 가진 석재의 온도와 압축강도와의 관계를 나타낸 것이 그림 11.1이다

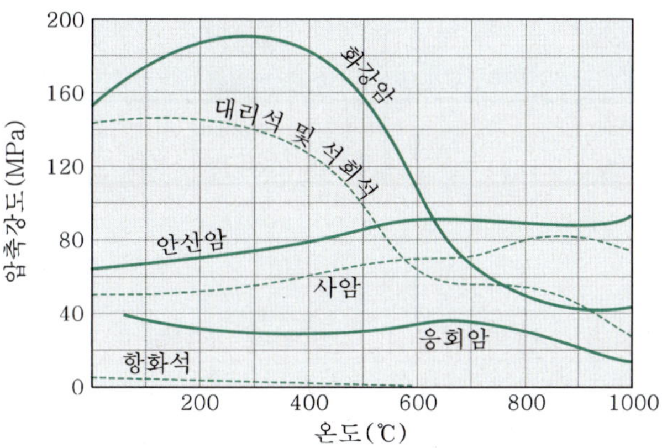

그림 11.1 석재의 온도와 압축강도

11.4 각종 석재

구조용 또는 장식용 석재로서 화성암에는 화강암, 탄산암, 섬록암, 현무암이 있고, 퇴적암에는 응회암, 사암, 혈암, 점판암, 석회암이 있으며 변성암에는 편마암, 대리석 등이 있다.

11.4.1 화성암(igneous rock)

화성암(火成岩)은 지구내부에 용융상태로 있는 마그마가 냉각하여 응고된 것으로 응고의 위치에 따라 조직이 다르고, 또한 규산(SiO_2) 성분의 다소에 의해서도 성질이 달라진다.

1 화강암(granite)

주성분은 석영, 장석, 운모, 휘석, 각섬석 등으로 되어 있다. 색조는 장석의 색에 따라서 지배되며 석영의 색에는 영향을 받지 않는다. 흑운모, 각섬석, 휘석 등을 포함하게 되면 검은색을 나타내며 산화철(Fe_2O_3)을 포함하면 미홍색(微紅色)으로 된다.

화강암은 다음과 같은 특징이 있다.

1) 조직이 균일하고 내구성 및 강도가 크다.
2) 균열이 적기 때문에 큰 재료를 채취할 수 있다.
3) 외관이 아름답기 때문에 장식재로 쓸 수 있다.
4) 내화성이 약해 고열을 받는 곳에는 적당치 못하다.
5) 경도 및 자중이 커서 가공 및 시공이 곤란하다.

화강암의 물리적 성질은 표 11.6과 같지만 함유광물의 종류와 양에 따라 매우 상이하다.

표 11.6 화강암의 물리, 기계적 성질

비중	흡수율 (%)	선팽창계수 (10^{-5}/℃)	비열 (cal/℃ · g)	강도(MPa)			영계수 (MPa)	포와송비	마모감량(%)	인성
				압축	휨	인장				
2.5~3.0	0.2~1.7	0.342~1.190	0.19	63.1~304.0	9.0~20.0	2.4~9.4	43,000~61,000	0.17~0.25	2.0~4.8	5~19

2 섬록암(diorite)

주성분은 다량의 사장석과 소량의 점장석, 각섬석을 포함하며 현정질 등립상 구조이다.

유색광물이 많고 화강암에 비해 암색이 보통이며 농흑색(濃黑色)을 하고 있다. 색조는 아름답지 못하지만 연마하면 광택을 낸다. 유색광물에 의하여 휘석섬록암, 운모섬록암 등이 있으며, 석영섬록암은 석영을 다량 포함한 화강암과 매우 유사하다.

3 안산암(andesite)

주성분은 사장석, 휘석, 각섬석, 운모, 석영 등이며, 조직은 반정질 반상구조로 된 치밀한 것이 많지만 그 속에는 그렇지 못한 것도 있으므로 구조용으로 사용하고자 할 때는 재질을 선택할 필요가 있다. 색조는 일반적으로 암색이 많고 담색도 있다.

안산암은 다음과 같은 특징이 있다.

1) 강도 및 내구성이 비교적 크다.
2) 내화성이 풍부하다.

3) 절리가 있기 때문에 채석 및 가공이 용이하지만 큰 재료를 얻기 어렵다.
4) 조직 및 색조가 일정하지 않다.

안산암은 암종에 따라 매우 차이가 있으나 물리적 성질은 표 11.7과 같다.

표 11.7 안산암의 물리 기계적 성질

비중	흡수율 (%)	선팽창계수 (10^{-5}/℃)	강도(MPa)			영계수 (MPa)	마모감량 (%)	마모 경도	인성	결합력	공극률 (%)
			압축	휨	인장						
2.58~ 2.75	0.49~ 4.72	0.414~ 1.025	56.5~ 233.8	6.7~ 17.9	2.9~ 10.0	23,800~ 40,400	1.5~ 5.8	1.52~ 18.8	10~ 51	11~ 340	0.1~ 10.8

4 현무암(basalt)

염기성의 화산암으로서 주성분은 사장석 및 휘석이지만 종종 감람석, 각섬석, 운모 등을 포함하고 있다. 유리질 및 완정반상구조로서 아름다운 주상절리를 가진 점이 특징이다.

색조는 암록색 또는 흑색이며, 종류로서는 정현무암, 감람현무암, 각섬운모현무암 등으로 구별된다.

현무암도 안산암과 같이 내화성이 좋으나 가공이 어려우므로 부순돌로 많이 사용된다. 일반적으로 비중이 크다

11.4.2 퇴적암(sedimentary rock)

기존의 암석이 화산, 물, 바람 또는 빙하 등의 물리적 작용에 의하여 파쇄된 것이 퇴적(堆積)하여 생성된 암석이다

1 응회암(tuff)

화산회 또는 화산사 등이 퇴적되어 응고된 것과 암석의 부스러기가 섞여 고결된 것이 있다. 이들은 두꺼운 층으로 이루어져 있기 때문에 양도 풍부하고 채취가 용이하다. 일반적으로 회색 또는 담록색으로 조직의 조밀에 따라 응회암, 사질응회암, 각역응회암으로 구분된다. 일반적으로 암질은 연하고 다공질로서 흡수율이 크기 때문에 동해를 받기 쉬우나 내화성이 풍부하며, 강도는 크지 않지만 중량이 가볍고 가공성이 좋으므로 토목용 석재로 널리 이용된다.

2 사암(sand stone)

암석의 붕괴에 의하여 생긴 모래, 자갈이 수중에 침전 퇴적되어 점토나 탄소물질 등의 고결재에 의하여 경화 생성된 것으로서, 모래입자의 크기가 0.6mm 정도 이하의 것을 사암이라 한다. 고결재의 종류에

따라 규산질사암, 석영질사암, 점토질사암, 석회질사암, 철질사암, 화강암질사암 등으로 구분된다.

규산질사암은 조직이 치밀하며 경질이며 내구성이다. 석회질사암은 연하고 가공성이 좋으나, 흡수율이 크고 풍화하기 쉬우며 점토질사암도 비슷하다. 한편 철질사암 철근의 산화 정도에 따라 흑색, 황갈색, 적색의 것이 있으며 일반적으로 내구성이 약하다.

3 혈암(shale)

점토가 불완전하게 응고된 것으로 주로 점토이며, 약간의 모래나 또는 탄소물질, 산화철을 포함하고 있지만 대체로 균일하고 비정질이다. 판상조직으로 되어 엷은 층으로 벗겨지기 쉬우며, 색조는 흑색, 적갈색이지만 때로는 녹색도 있으나 일정하지는 않다. 토목용 재료로서는 판석, 부순돌로 이용되며, 점토분이 매우 많기 때문에 시멘트의 원료로도 많이 이용된다.

4 점판암(clay slate)

점토질 혈암이 다시 지압을 받아 응고, 변질한 것으로서 성분은 혈암과 같지만 석질은 혈암보다 치밀하고 단단하며 흡수성이 적다. 색조는 일반적으로 대청회석 또는 흑색이다. 외관이 아름답고 혈암과 같이 판상조직을 가지고 있어 지붕재료, 석반, 석비, 바둑돌 등으로 많이 사용된다.

5 석회석(lime stone)

석회물질이 침전, 응고한 것으로서 동식물의 유체가 퇴적된 것이 많다. 주성분으로 탄산석회($CaCO_3$), 즉 방해석이며 그밖에 석영, 황철광 등을 포함하고 있다. 색조는 순수한 것은 백색이지만 부성분에 의해 회색, 흑색도 있다.

암질은 연하고 경도는 3~3.5이므로 가공하기 쉽다. 풍화되면 주성분인 탄산석회가 물에 녹아 규산, 점토 등이 남는다. 석회암의 용도는 매우 광범위하며, 석분으로서 석회의 원료 또는 시멘트 원료, 카바이드, 비료, 제철시의 용매제(溶媒劑) 등 다방면으로 널리 이용되고 있다.

6 규조토(diatom earth)

담수 또는 해수에 생기는 단세포 식물인 규조(硅藻)의 유해로서, 미세한 분말 모양이고 그 종류는 수천 종류에 달한다. 주성분은 가용성 규산(SiO_2)이며, 색조는 백색, 회색, 담갈색, 담황색, 담청색 등 여러 가지가 있다.

비중은 2.2로 경량이며, 공극이 크고 가용성 규산을 다량으로 함유하므로 포졸란재로서 콘크리트 공사에 사용되는 것 이외에도, 열의 부도체이고 내화성이 크므로 내화 벽돌의 재료로 이용되고 있다. 또한 흡수성, 여과성이 크므로 니트로글리세린(nitroglycerine)을 흡수시켜 다이나마이트의 제조에도 이용된다.

7 화산재(volcanic ash)

화산재는 응고한 화성암의 분해 생성물과 화산으로 분출된 재가 지상 또는 하저에 침전되어 생성된 것이다. 성분으로는 규산, 알루미나, 마그네시아 등을 포함한 분말이고, 색조는 신선한 것은 담회색이지만 공기 중에 노출된 경우에는 철분의 산화로 인하여 진한색을 나타낸다. 함유된 가용성 실리카는 석회와 화합해서 수경성을 나타내는 특성이 있으므로 시멘트의 혼화재료로서 이용된다.

11.4.3 변성암(metamorphic rock)

기존의 퇴적암 또는 화성암이 지열, 지각의 변동에 의한 압력작용 및 화학작용 등에 의해서 조직이 변화한 암석을 변성암(變成岩)이라 한다.

1 편마암(gneiss)

화강암 또는 섬록암과 동일광물 성분으로 조직이 편상석리를 이루고 있으며, 변질암의 성인에 의한 것과 수성암질상의 하부에 속하는 가장 오래된 것이 변질되어 생긴 것이 있다. 색조는 담회색, 담갈색으로 화강암의 색과 비슷하며, 또는 내화성이 부족한 성질 등도 화강암과 비슷하여 일반적으로 화강암으로 취급하고 있다.

광물성분의 분포가 일정하지 않고 재질이 균일하지 못하므로 중요한 공사재료로는 부적당하며 바닥에 까는 돌, 돌담(石垣) 등에 사용된다.

2 천매암(schist)

수성암 층속의 상부에 속하는 가장 오래된 것이 변질되어 생긴 암석으로서, 주성분은 석영과 장석이고 그밖에 각종 광물을 포함하고 있으며, 색조는 보통 청색이지만 간혹 붉은색도 있다 암질이 치밀하고 층리와 직각방향의 가공이 곤란하므로 중요한 공사용 재료에는 이용할 수 없고 바닥에 까는 돌, 돌담 등으로 이용되는 것 외에 정원석, 비석 등에 이용된다.

3 대리석(marble)

변질에 의해서 생긴 결정질 석회암의 총칭이며, 일반적으로 층상을 이루고 지각 속에 끼여 있다. 주성분은 탄산칼슘(방해석)이고 그밖에 탄소질, 산화철, 휘석, 각섬석 등을 포함하고 있으며, 색조는 순수한 것은 백색인데 부성분에 의해 여러 가지로 변한다. 강도는 상당히 크지만 내구성이 약하고 풍화되기 쉬우므로 옥외에 사용되는 경우는 거의 없으며, 닦으면 아름다운 광택을 내는 특징을 가지고 있으므로 주로 실내장식재로 많이 쓰인다.

연습문제

11.1 암석을 성인에 의해 분류하고 설명하라.

11.2 암석의 산성, 중성, 염기성은 무엇을 의미하는가?

11.3 석리, 절리 및 석목에 관하여 설명하라.

11.4 암석의 역학적 성질에 대하여 설명하라.

11.5 암석의 내구성을 지배하는 요인에 대하여 설명하라.

11.6 화성암과 퇴적암과의 차이점에 대하여 예를 들어 설명하라.

11.7 암석의 조직에 대하여 설명하라.

11.8 화강암의 특징에 대하여 설명하라.

11.9 변성암의 종류를 열거하고 각 성질과 용도에 대하여 설명하라.

11.10 퇴적암의 종류를 열거하고 특성을 설명하라.

제 12 장

고분자 재료

제 12 장 고분자 재료

12.1 개설

물질은 그 물질의 최소단위인 분자로 구성되며, 분자는 각각 고유의 크기와 중량을 가진 원자로 구성되어 있다. 따라서 분자는 이들을 구성하고 있는 원자의 종류나 수에 의하여 크기나 중량, 성질이 다르다.

일반적으로 화합물 중에서 분자량이 약 10,000 이상의 화합물, 즉 분자량이 대단히 큰 화합물을 통틀어 고분자 화합물(high molecular compound)이라고 한다.

또 고분자는 작은 분자가 많이 결합되어 생성되며, 이 생성과정은 화학적으로 중합(重合)이라 하는 결합 양식에 의하기 때문에 고분자를 고중합체(high polymer) 보통은 중합체(polymer)라 한다.

표 12.1 고분자 물질의 분류

- 고분자물질
  - 무기고분자
    - 천연고분자물질
      - 석면, 운모, 다이아몬드, 시멘트
      - 세라믹, 암석 등
    - 합성고분자물질 – 고무상 황
  - 유기고분자
    - 천연고분자물질
      - 천연수지
      - 천연고무
      - 단백질(양모, 견, 젤라틴)
      - 섬유소(전분)
    - 반합성고분자물질 – 천연 고분자의 유도체(셀룰로이드, 염화고무, 초산섬유소)
    - 합성고분자물질
      - 합성수지
      - 합성섬유
      - 합성고무

토목재료로서 사용되는 고분자재료는 대부분이 합성고분자 화합물의 유기고분자화합물중에서 합성수지(plastic)이다. 합성수지는 1869년에 초산섬유소(酢酸纖維素)를 원료로 하는 셀룰로이드의 발명과 1909년에 석탄과 포르말린(formalin)에 의하여 베클라이트가 발명되어 일용품의 원료로 광범위하게 이용되고, 그 후 점차 요소수지(尿素樹脂)스틸, 아크릴, 비닐 등의 각종 합성수지의 발달을 보게 되었다. 플라스틱(plastic)이라는 어원의 뜻은 "어떤 온도범위 내에서는 가소성(可塑性 : plasticity)을 유지하는 물질"을 말한다. 그래서 가소성을 가진 유기합성 고분자 물질을 플라스틱(plastic)이라 부른다.

고분자 물질은 무기질과 유기질로 크게 나눌 수 있으며 표 12.1과 같이 분류한다.

12.2 고분자의 특성

1 유리전이(glass transition)

유리전이 현상은 고분자의 특성 가운데 빼놓을 수 없는 대표적인 것이다. 완전한 결정이라면 유리전이 현상을 거치지 않고 바로 용융을 하기 때문에 유리전이 현상이 나타나지 않는다. 그러나 거의 모든 고분자는 준결정성 고분자(semicrystalline polymer)이거나 무정형이기 때문에 유리전이 현상을 다소간에 보인다.

고분자의 기계적 성질의 독특한 특징은 외부로부터 가해지는 응력이나 변형에 반응하는 정도가 하중의 속도나 시간에 의존한다는 점이다. 금속과 세라믹 같은 탄성 고체는 적어도 낮은 변형에서 Hooke의 법칙을 따르며 응력은 변형에 비례하고 하중속도에 의존하지 않는다. 반면에 점성 액체의 기계적 거동은 시간 의존적이다. 변형속도가 낮을 때 응력은 변형속도에 비례하고 변형에는 독립적이라는 Newton의 법칙을 따른다. 대부분의 고분자의 기계적 거동은 탄성 고체와 점성 액체의 거동 사이 어딘가에 속하는 것으로 생각할 수 있다. 낮은 온도와 높은 변형속도에서는 탄성적 움직임을 보이는 반면, 높은 온도와 낮은 변형속도에서는 액체처럼 흐르는 점성적 움직임을 보인다. 그러므로 고분자는 점성적이면서도 탄성적인 거동 두 가지를 모두 보이기 때문에 점탄성이라 말한다.

비결정성 선형 고분자에 대한 점탄성거동의 5가지 영역을 그림 12.1에 나타냈다.

(1) 유리영역(glassy region)

유리영역에서의 고분자는 깨지기 쉬운 유리상태이다. 유리전이온도보다 조금 낮은 온도의 유리상태에서는 특이하게도 대부분의 고분자가 일정한 값의 Young율을 가지며, 그 값은 약 3×1010dyne/㎠ (3×109 Pa) 정도이다. 유리상태에서는 진동운동과 단거리 회전운동 정도의 분자운동만 일어난다.

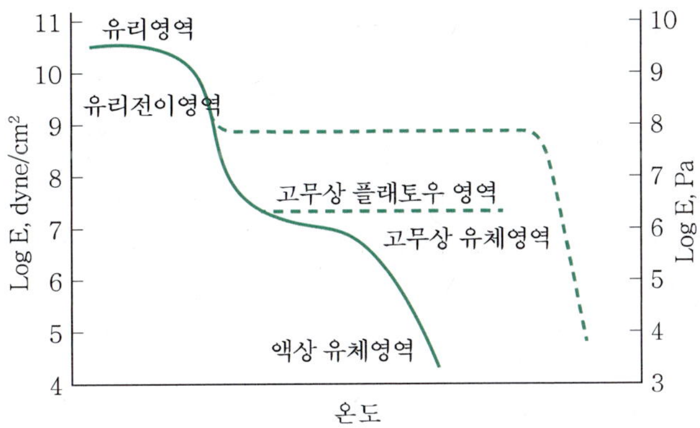

그림 12.1 점탄성 거동의 5가지 영역

(2) 유리전이 영역(glass transition region)

유리전이 영역에서는 20~30℃ 정도의 범위에서 탄성계수가 약 1,000배 정도 감소하는 현상을 보인다. 이 영역에서의 고분자의 거동을 가죽질(leathery)의 성질을 나타낸다고 표현하는데, 여기서는 약간의 온도 변화에 대해서도 가죽질의 딱딱함의 정도가 예민하게 변화한다. 정성적으로는 유리전이 영역을 분자들 간에 공동적으로 일어나는 장거리 분자운동의 시작 영역이라고 설명할 수 있다.

유리전이온도 이하에서는 1~4개의 주쇄원자 단위씩으로 분자운동에 관여 하지만, 유리전이 영역에서는 10~50개의 주쇄원자가 움직일 수 있는 열에너지가 충분하여 서로 연관된 분자운동(coordinated molecular motion)을 하게 된다.

(3) 고무상 안정 영역(rubbery plateau region)

유리전이 영역에서 탄성계수가 급격히 감소한 이후 고무상 안정 영역에서는 거의 일정하게 유지되며, 그 값은 2×107dyne/㎠ (2×106 Pa) 정도 된다. 고무상 안정 영역에서는 고분자는 장거리 고무탄성을 보인다.

장거리 고무탄성이란 탄성체를 수백 퍼센트까지 늘일 수 있으며, 다시 자유롭게 놔두면 거의 본래의 길이로 즉시 되돌아가는 성질을 의미한다.

(4) 고무상 유체영역(rubbery flow region)

이 영역에서는 고분자는 실험 시간의 척도에 따라 고무탄성과 유체의 성질을 동시에 나타낸다. 짧은 시간 동안의 실험에서는 물리적인 얽힘이 완화되기 어려우며, 따라서 물질은 여전히 고무의 거동을 나타낸다. 시간이 길어지면 증가된 온도 때문에 분자가 서로 연관된 운동 대신에 독립적인 운동을 하게 되며, 분자 전체가 움직이게 되어 결국 흐르게 된다. 가교고분자에 있어서는 고무상 유체영역은 존재하지 않는다. 이 경우는 분해온도에 도달될 때까지 고무상 플래토우 영역이 계속된다.

(5) 액상 유체영역(liquid flow region)

온도가 더욱 높아지면 액상 유체영역에 도달한다. 고분자는 쉽사리 흐르게 되며, 마치 당밀(molasses)과 같은 거동을 보이기도 한다. 증가된 에너지가 분자사슬들에 할당되어 얽혀 있는 속으로부터 빠르게 파행되어 나와 독립된 분자로서 흐르게 된다.

용융온도는 항상 유리전이온도 보다 높으며, 용융온도에서는 탄성계수가 급격히 감소하여 비결정성 물질의 액상 유체영역의 값과 같아지게 된다.

2 유리전이온도(Glass transition temperature ; Tg)

고분자의 유리전이온도는 각 모노머의 조합에 의해 결정되며, 중합체의 T_g는 고분자의 특성에 영향을 크게 미치게 되므로 고분자의 설계시 목적과 용도에 따라 제일 먼저 선택이 되어야 한다.

이외에도 경우에 따라 가소제를 사용하여 고분자 체인 사이의 자유용적(free volume)을 크게 함으로서 강제적으로 고분자의 T_g를 낮추는 방법도 이용된다.

유리전이 온도는 고분자 중합체가 유리상이나 탄성을 갖는 물체로 변하는 시점의 온도, 또는 온도범위를 나타내는 것이며, 분자의 구조에 따라 변한다.

일반적으로 고분자는 T_g가 높을수록 강성이 증가하며, 낮을수록 연성이 증가하는 특징을 보인다.

12.3 합성수지의 종류 및 특징

합성수지는 열가소성 수지와 열경화성 수지로 크게 나눌 수 있다.

1 열가소성수지(thermoplastic)

열가소성수지(熱可塑性樹脂)는 가열하면 유연해지고 소성을 나타내며 성형되어, 상온이 되면 딱딱하게 되어 소성이 없어진다. 이러한 변화는 가소적으로 된다. 보통 자유로운 형상으로 성형하는 것이 가능하며 투광성이 좋지만, 강도 및 연화점이 낮다는 결점이 있다. 따라서 구조재로 사용하기에는 적당하지 않으나 마감재로서는 가격도 비교적 싸다는 이점이 있다. 열가소성수지의 종류, 특징 및 용도는 표 12.2와 같다.

2 열경화성수지(thermosetting plastic)

열경화성수지(熱硬化性樹脂)는 가열하면 연화되어 소성을 가지며, 성형이 되지만 가열을 계속 하는 동안에 화학적 반응에 의하여 경화하고 한번 경화한 것은 다시 가열하여도 연화되지 않는 것을 말한다. 강도나 열경화점이 높고 유리섬유 등과 같이 사용하면 기재에 의하여 충분한 구조적소질이 있고 내후성이 우수하다고 볼 수 있다. 그러나 가격이나 성형성 등에 결점이 있다.

열경화성수지의 종류, 특징 및 용도는 표 12.3과 같다.

표 12.2 열가소성수지의 종류, 특징 및 용도

종류	특징	용도
페놀수지	강도, 전기절연성, 내산성, 내열성, 내수성 모두 양호하나 내알칼리성이 약함.	벽, 덕트, 파이프, 발포보온관, 접착제, 배전판
요소수지	대체로 페놀수지의 성질과 유사하나 무색으로 착색이 자유롭고 내수성이 약간 약함.	마감재, 조작재, 가구재, 도료, 접착제
멜라민수지	요소수지와 같으나 경도가 크고 내수성은 약함.	마감재, 조작재, 가구재, 전기부품
알키드수지	접착성이 좋고 내후성이 양호, 성형이 가능, 전기적 성능이 우수함.	도료, 접착제
불포화폴리에스텔수지	전기절연성, 내열성, 내약품성이 좋고 제압성형이 가능함, 유리섬유를 보강재로 한 것은 대단히 강인함.	커튼월, 창틀, 덕트, 파이프, 도료, 욕조, 대성형품, 접착제
실리콘수지	열전연서이 크고 내약품성, 내후성이 좋으며 전기적 성능이 우수함.	방수피막, 발포보온판, 도료, 접착제
에폭시수지	금속의 접착성이 크고 내약품성이 양호하며 내열성이 우수함. 다소 고가임.	금속도료 및 접착제, 보온보냉제, 내수피막
우레탄수지	열절연성이 크고 내약품성이 있으며 내열성이 우수함.	보온보냉제, 접착제, 내수피막, 도료
규소수지	내열성, 전기절연성 및 발수성이 양호, 다소 고감임.	전기부품, 기름 발수제
푸란수지	내약품성, 접착성이 양호, 흑색임.	금속도료, 금속접착제

표 12.3 열경화성 수지의 종류, 특징 용도

종류	특징	용도
아크릴수지	투광성이 크고 내후성이 양호하며 착색이 자유롭다.	채광판, 유리대용품
염화비닐수지	강도, 전기절연성, 내약품성이 양호하고 가소제에 의하여 유연고무와 같은 품질이 되며, 고온, 저온에 약함.	바닥용 타일, 시트 조인트 재료, 파이프, 접착제, 도료
초산비닐수지	무색투면, 접착성이 양호, 각종 용제에 가용, 내열성이 부족.	도료, 접착제, 비닐론원료
비닐아세탈수지	무색투명, 밀착성이 양호.	안전유리 중간막, 접착제, 도료
메틸메타크릴수지	무색투명, 강인, 내약품성이 상당히 크다.	방풍유리, 광조장식, 조명기구
스티롤수지 (폴리스티렌)	무색투명, 전기절연성, 내수성, 내약품성이 크다.	창유리, 파이프, 발포보온판, 벽용 타일, 채광용
폴리에틸렌수지	물보다 가볍고, 유연, 내열성이 결핍된 것도 있다. 내약품성, 전기절연성, 내수성이 대단히 양호함.	건축용 성형품, 방수필름, 벽재, 발포보온판
폴리아미드수지 (나일론)	강인하고 잘 미끄러지며, 내마모성이 큼.	건축물 장식용품
셀룰로이드	투명, 가소성, 가공성이 양호하나 내열성이 없다.	대용유리, 수통, 파이프

12.4 합성수지의 일반적 성질

고분자 재료 중에서 대표적인 합성수지(plastic)의 종류와 성질을 정리한 것이 표 12.4이다.

한편 플라스틱을 구조재료로 사용할 경우 유리섬유, 석면, 합성섬유 등으로 보강한 강화플라스틱(fiberglass reinforced plastic, FRP)이 사용된다.

표 12.4 주요 합성수지의 일반적 성질

합성수지명		ISO 약호	비중	강도(MPa)			탄성계수 (10^3MPa)	파단시 신장률 (%)	열팽창계수 (10^{-5}/℃)	열변형 온도 (℃)	내열성 (연속) (℃)
				인장	휨	압축					
열가소성수지	염화비닐수지 (polyvinylchloride)	PVC	1.35~1.45	35~63	70~110	56~91	2.4~4.2	2.0~40	5~18	54~74	50~70
열가소성수지	폴리스티롤수지 (polystyrol)	PS	0.98~1.10	35~63	60~90	80~110	2.8~3.5	1.0~2.5	3.4~21	64~93	60~79
열가소성수지	폴리프로필렌수지 (polypropylene)	PP	0.90~0.91	30~40	42~55	60~70	0.9~1.4	250~700	11	99~110	135~160
열가소성수지	폴리에틸렌수지(고밀도)(plyethylene)	PE	0.94~0.97	21~38	10	16	0.5~1.0	15~100	11~13	60~82	120
열가소성수지	폴리에틸렌수지(저밀도)(polyethylene)	PE	0.91~0.93	7~16	–	–	0.1~0.2	90~650	16~18	41~49	100
열가소성수지	아크릴수지 (methylmethacryl)	PMMA	1.70~1.20	49~77	91~110	84~126	3.0~3.5	3~10	5~9	71~91	60~88
열가소성수지	아미드 수지 (polyamide)	PA	1.09~1.14	49~76	56~97	50~91	1.8~2.8	90~	8~13	149~182	132~149
열가소성수지	폴리카보네이트 (polycarbonate)	PC	1.2	59~66	77~91	77~	2.2~	60~100	7	138~143	135~
열가소성수지	폴리아세틸수지 (polyacetal)	POM	1.43	70.3	98	126~	2.8	15~75	8.1	170	85~121
열가소성수지	폴리스틸렌수지 (polystylene)	–	1.0~1.1	21~85	24~133	60~113	2.8~4.2	1~4	6~8	60~95	–
열가소성수지	불소수지 (fluoro plastic)	PTFE	2.1~2.2	11~35	–	12	0.4	100~400	10	205~290	–
열경화성수지	페놀수지(phenol formaldehyde)	PF	1.5~2.0	38~52	56~97	140~240	7~21	0.18~0.5	2.5~6.0	130	120
열경화성수지	불포화폴리에스테르 (unsaturated polyester)	(UP)	1.8~2.3	170~210	70~280	100~210	5.6~14	0.5~5.0	2.5~3.3	200	150~180
열경화성수지	요소수지 (urea formaldehyde)	UF	1.4~1.5	40~90	70~110	175~310	7~10.5	0.5~1.0	2.7	130~140	75
열경화성수지	에폭시수지(epoxide)	EP	1.8~2.3	98~210	140~210	210~260	21	4	2.5~3.3	200	150~180
열경화성수지	멜라민수지(melamine formaldehyde)	MF	1.4~1.5	49~91	70~110	175~300	8.4~9.8	0.6~1.0	4.0	200	100
열경화성수지	폴리우레탄수지 (poly urethane)	–	1.0~1.3	30~75	5~30	50~150	0.7~7.0	100~600	10~20	80~120	–
열경화성수지	아미노수지 (poly amino)	–	≒1.5	42~91	63~127	175~316	7.0~11.2	2	2.2~4.5	75~100	–
열경화성수지	실리콘수지 (silicone)	–	1.7~2.0	18~30	48~54	110~170	–	–	5~5.8	~250	–

12.4.1 플라스틱의 장점 및 단점

플라스틱은 철강, 콘크리트 등의 구조재료와 비교해서 몇 가지 특성을 가지고 있다. 그 중에서 장점 및 단점을 열거해 보면 다음과 같다.

(1) 장점

1) 경량으로 강인하다.
 수지의 종류에 따라 다르지만, 대개 비중이 0.9~2.0 정도의 범위이므로 목재보다는 무겁지만 강이나 콘크리트에 비하여 훨씬 가볍기 때문에 이를 사용하는 구조물의 경량화가 가능하다.
2) 성형의 자유, 크기의 정확, 가공성이 양호하므로 공장의 대량생산이 가능하다.
3) 내수성, 내습성 및 내식성이 양호하다.
 플라스틱은 흡수, 흡습성이 적기 때문에 구조물의 방수재료로 널리 이용되며 일반적으로 약품류에 대한 저항성이 크므로 화학공업용 장치에 적합하다.
4) 내절연성, 전기적 특성이 우수하다.
 플라스틱 재료는 전기 및 열의 절연성을 가진 것이 많고 절연재료로 널리 이용된다.
5) 착색의 자유 및 투광성이 우수하다.
 플라스틱은 색을 자유스럽고 아름답게 착색할 수 있으며, 투광성을 가진 것이 많으므로 유리 대신에 널리 이용되며, 메타크릴수지(methacrylic resin)는 투명하며 강인하므로 항공기의 방풍유리 등에 사용된다.

(2) 단점

1) 압축강도 이외의 강도가 작다.
 콘크리트의 약점을 보강하기 위하여 철근을 넣는 것처럼 플라스틱의 강화재로서 수지속에 섬유를 넣은 강화플라스틱을 제외하고는 압축강도는 크지만 압축강도에 비하여 다른 강도는 매우 작다.
2) 탄성계수가 작다.
 플라스틱 재료는 탄성계수가 작고 변형이 크다.
3) 내열성, 내후성이 약하다.
 일반적으로 열가소성 수지쪽이 열의 영향을 받기 쉽고, 사용 한계온도는 열가소성 수지는 60~80℃에서 연화하며 하중이 걸리면 아래로 늘어지거나 휘거나 하여 지장을 초래한다.
4) 열에 의한 팽창수축이 크다.
 열에 의한 체적변화가 크고, 열팽창계수가 온도의 변화에 따라 다르다. 플라스틱의 온도에 따른 평균 선팽창계수를 나타낸 것이 표 12.6과 그림 12.1이다.
5) 내마모성, 표면정도가 약하다.

플라스틱보다 경도가 큰 재료에 마모되기 쉬우며, 특히 열을 가한 경우에 마모가 촉진되는 경우가 있으므로 주의를 요한다.

표 12.5 강화플라스틱과 구조재료의 기계적 성질

<table>
<tr><th colspan="2" rowspan="2">재료</th><th colspan="4">강도(MPa)</th><th rowspan="2">영계수 (MPa)</th><th rowspan="2">샤르피 충격치 (MPa)</th><th rowspan="2">비중</th><th rowspan="2">용도</th></tr>
<tr><th>인장</th><th>압축</th><th>휨</th><th>전단</th></tr>
<tr><td rowspan="3">금속재료</td><td>구조용강 SS41</td><td>420</td><td>–</td><td>–</td><td>–</td><td>210,000</td><td>15,000</td><td>7.8</td><td rowspan="3">구조재</td></tr>
<tr><td>알루미늄합금 24S-T</td><td>470</td><td>–</td><td>–</td><td>280</td><td>70,000</td><td>2,000~2,900</td><td>2.8</td></tr>
<tr><td>알루미늄합금 52S-O</td><td>190</td><td>–</td><td>–</td><td>127</td><td>70,000</td><td>8,300</td><td>2.8</td></tr>
<tr><td rowspan="4">강화플라스틱</td><td>고급유리포</td><td>330</td><td>280</td><td>500</td><td>80~100</td><td>20,000</td><td>1,300</td><td>1.8</td><td rowspan="4">부구조재</td></tr>
<tr><td>르빙포</td><td>273</td><td>167</td><td>235</td><td>163</td><td>20,000</td><td>–</td><td>1.8</td></tr>
<tr><td>중급유리포</td><td>200</td><td>243</td><td>260</td><td>80~100</td><td>16,000</td><td>1,000</td><td>1.7</td></tr>
<tr><td>유리매트</td><td>100</td><td>230~270</td><td>140~180</td><td>80~100</td><td>10,000</td><td>1,000</td><td>1.6</td></tr>
<tr><td rowspan="3">플라스틱</td><td>불포화폴리에스테르</td><td>41</td><td>158</td><td>115</td><td>66</td><td>3,800</td><td>31</td><td>1.12</td><td>구조</td></tr>
<tr><td>경화염화비닐</td><td>60</td><td>100</td><td>100</td><td>40</td><td>3,000</td><td>80</td><td>1.4</td><td>부속</td></tr>
<tr><td>아크릴수지</td><td>72</td><td>100</td><td>100</td><td>44</td><td>2,800</td><td>30</td><td>1.4</td><td>부분</td></tr>
</table>

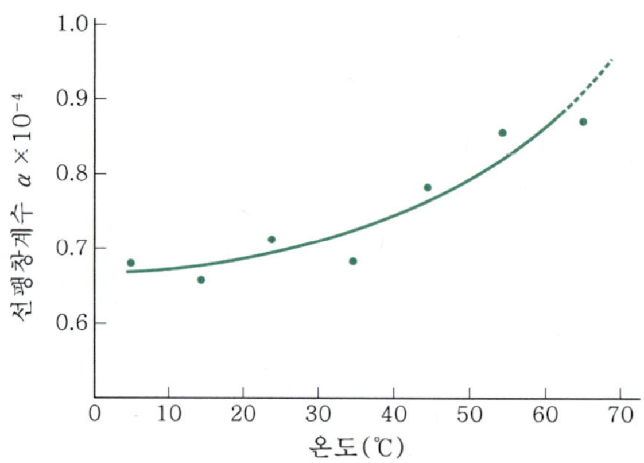

그림 12.1 플라스틱의 선팽창계수와 온도와의 관계

표 12.6 플라스틱의 선팽창계수와 온도와의 관계

온도(℃)	0~10	10~20	20~30	30~40	40~50	50~60	60~70
평균 선팽창계수 $\alpha\times10^{-4}(1/℃)$	0.683	0.666	0.704	0.687	0.783	0.843	0.850

12.5 첨가재료

12.5.1 가소제(plasticizer)

가소제(可塑劑)는 수지와의 친화성에 의해 고분자간의 간극을 채워 분자들 사이의 움직임을 쉽게 하여 가소성을 증대시키고, 분자들 사이에 작용하는 힘을 차단하므로 수지분자간의 힘이 약화되어 플라스틱의 성형시에 유동성을 증가하여 성형을 쉽게 하고 제품의 균열방지, 도료 도막의 탄성개선을 목적으로 첨가하는 약품이다. 대표적인 가소제로는 인산에스테르, 프탈산 에스테르, 지방산 에스테르 등이 사용된다.

12.5.2 충전재

값이 비싼 플라스틱 제품에 값이 싼 충전재(充塡材)를 증량재(增量材)로 사용함으로써 제품의 품질 저하를 일으키지 않고 기계적 성질을 보강하고 내구성을 증대시키며, 아울러 제품의 간격을 낮추기 위한 목적으로 사용하는 예가 많다. 일반적으로 최종제품의 20~50%의 충전재가 사용된다.

1) 증량재로서는 부피가 크고 값이 싼 카본블랙석면, 대리석분말, 톱밥, 운모, 마(痲), 코르크분말, 펄프, 석영분말, 규산칼슘, 탄산칼슘 등이 이용된다.
2) 강도보강을 위해서는 목질섬유, 무명섬유, 유리섬유, 탄소섬유, 아라미드섬유, 마, 석면, 펄프 등이 이용된다.
3) 경도를 증가시키기 위해서는 금속카바이트, 석영, 운모 등이 있다.
4) 내열, 내수, 내약품성을 증대시키기 위해서는 흑연, 금속분, 석영, 모래, 금속산화물 등이 사용된다.

충전재로서 요구되는 성질은 품질이 균일하고 비중과 흡수율이 적고, 금속을 침식하지 않아야 하며 또한 성형품으로서는 기계적 성질이나 전기적 성질, 내열성을 향상시키는 일도 중요하며 가격이 싸야 한다.

12.5.3 안정제

재료에 따라서 압출성형, 롤(roll)가공, 사출성형 등의 공정 중에 압력이나 마찰열에 의해 수지의 분해가 일어나는데, 이런 형상을 방지하기 위하여 첨가하는 것을 열안정제라 하며, 스테아린산염, 라우릴산염, 나프텐산염 등이 이용된다.

또한 플라스틱 성형품이 햇빛에 노출되는 경우 자외선에 의하여 분해되고 공기중의 산소에 의해서도 서서히 산화가 일어나기 때문에 이를 방지하기 위하여 산화방지제 및 자외선 흡수제를 첨가하는데, 산화방지제로는 알킬페놀계, 아민계, 키논계 등의 약품을 사용하고, 자외선 흡수제로 살리실산 에스테르, 벤센산 에스테르 등이 사용된다.

12.6 토목재료로 사용되는 고분자 재료

토목재료로서는 철강, 콘크리트가 주요재료로서 사용되고 있으나, 고분자재료는 철강, 콘크리트가 가지지 못한 많은 특성을 가지고 있기 때문에 1960년경부터 적극적으로 사용되기 시작하여 종래의 콘크리트 및 강재분야에도 진출하여 구조용 재료를 비롯한 상하수도관, 또는 차수(遮水)공사, 도로, 교량공사 및 도료, 접착제로서 널리 채용되게 되었다. 그밖에 구조물의 보수, 보강 및 각종 방수, 방식 피복 등 광범위하게 이용되기 시작하였으며, 앞으로도 더욱 그 이용범위가 증대될 것으로 예상된다. 표 12.7에 합성 고분자재료의 토목재료로서의 적용 예를 나타내었다.

표 12.7 고분자 재료의 토목재료로서의 적용 예

수도	관, 콘크리트관의 joint cocking, 관의 접착용 고무링, 관 및 저수지의 누수방지, PC관의 단말서형 및 단말방청도장, 라이닝
항만	방조제 줄눈, 부잔교 및 철제 브이 도장, 방현(防弦)롤러, 준설용 장치, 세립침전제
하천	콘크리트 구조물의 줄눈, 수로의 누수방지
도로	블록식 콘크리트 교량의 줄눈, SLIP 방지, 도로·교량의 신축줄눈, 교량방수층 터널의 방수공, 철강부재의 접착, 페인트 표지, 교량지지 패드(pad)
철도, 지하철	블록식 콘크리트 교량의 줄눈, 연결부의 줄눈, 내·외방수, 누수방지, 세그먼트의 시일(seal) 및 콤파운드(compound), 교량지지용 패드(pad), 레일 패드
콘크리트	양생제, 거푸집, 혼화제, 균열주입보강용
아스팔트	보강메쉬, 미분말 혼화재, 유제용 혼화제
지반	지반주입용 그라우트, 방수막
도료	도로용 페인트 강재도장용 페인트

12.6.1 경질염화비닐관

수도용관으로 염화비닐관은 강관, 주철관, 흄관, 석면 시멘트관 등과 함께 대량으로 사용되고 있다. 그 용도는 토목건축분야에서 송수관, 급수관, 배수관, 전선관, 케이싱관, 유공관(有孔管), 케이블관, 해저송수관 및 옹벽의 배수용 파이프로부터 종래의 토관(土管)분야에까지 광범위하게 사용되고 있다.

경질염화비닐관의 장점은 내식성이 좋고, 관의 내면이 매우 매끄럽기 때문에 유수마찰이 작고, 관내의 유량이 크게 되어 경제적이다. 또한 이음이 용이하며 경량이고 휘는 성질 때문에 시공이 간단하며 값이 싸다.

일반적으로 관의 크기는 공칭지름이 10~500mm까지 규격화되어 있으나 800mm까지 생산되고 있다. 또 수도관으로서는 공칭지름 10~50mm까지가 있으나 75~150mm까지도 생산되고 있다.

급수관으로서의 염화비닐관의 수요는 압도적으로 많다. 한국산업규격에 플라스틱 관에 대한 규격이 제정되어 있다.

KS M 3401 압력용 경질 폴리염화비닐관
KS M 3402 압력용 경질 폴리염화비닐 이음관
KS M 3404 비압력용 경질 폴리염화비닐관
KS M 3410 비압력용 경질 폴리염화비닐 이음관

12.6.2 방수 및 방사재

1 차수막, 방사막

토사, 암석 등의 공극에 물이 침투하면 침하, 활동, 세굴 등의 현상이 일어나므로, 이것을 방지하기 위한 목적으로 매립지의 주위, 저수댐, 용수로의 저면, 흙 댐(earth dam)의 사면 등에 깔아 사용하는 플라스틱 막이 차수막(遮水膜)이다. 또 해안선이나 매립지의 호안의 뒷채움토사가 조수의 간만차에 의하여 계속 유실되어 침하나 함몰 등의 사고가 일어나며 이러한 사고를 방지하기 위하여 호안의 배면지와 토사와의 중간에 사용하는 플라스틱 막이 방사막(防砂膜)이다.

과거에는 이러한 용도에 석재, 콘크리트 블록, 아스팔트 등이 사용되었으나 플라스틱막 만큼 물이나 모래의 차단 효과가 좋지 않다.

이들 플라스틱 막의 두께는 일반적으로 0.5~3.0mm 정도이며, 차수막에는 0.5~1.0mm 정도, 방사막에는 1.0~2.0mm 정도가 주로 사용되며, 사용장소의 중요도에 따라 0.1~0.3mm 정도의 얇은 것이나 4~6mm 정도의 두꺼운 것이 사용된다.

차수막 및 방사막에 사용되는 플라스틱막에 요구되는 성질 및 조건은 다음과 같다.

1) 인장강도나 인열강도가 크고 예리한 돌기물에 의하여 파괴되지 않을 것
2) 불투수성이 완전할 것
3) 지반의 움직임에 의해 발생하는 약간의 변형에 견딜 정도의 휨(撓)성이 있을 것
4) 내구성, 내해수성 및 내토양성 등이 좋으며 토사속이나 수중에 매몰되어도 부패되지 않을 것
5) 해변 등에서 부분적으로 일광, 풍우에 노출되는 경우가 있으므로 내후성이 양호할 것
6) 넓은 면적에 사용될 때 막과 막 사이의 접착이 용이하며, 보수도 간단할 것
7) 가능한 경량일 것
8) 가격이 쌀 것

차수막의 대표적인 폴리염화비닐, 폴리에틸렌 및 부틸고무시트의 일반적 성질을 표 12.8에 나타내었다.

표 12.8 플라스틱 차수막의 일반적인 성질

항목 \ 종류		폴리염화비닐	부틸고무	폴리에틸렌
인장강도(MPa)		17.6	9.8	11.2
탄성변형률(%)		300	550	9
파열저항		우수	양호	불량
제조가능치수	두께(mm)	0.2~0.9	0.8~3.2	0.15~0.5
	폭(m)	1.2~18.6	8.5~14.0	4.9~12.2
접합방법		가열 및 접착제	접착제	가열 및 접착제
비중		1.25	1.25	0.93

2 차수판, 지수실판

일반적으로 하천제방이나 간척제방 등에서 차수코아를 형성하여 침윤선을 저하시켜 투수계수를 낮출 목적으로 사용되는 것 중에서 플라스틱의 시트(sheet) 종류를 차수판, 판종류를 지수실판(止水失板)이라 한다. 차수판에는 연질폴리염화비닐시트(두께 1.0~3.0mm), 지수실판에는 반경질폴리염화비닐관(두께 약 1.0mm)이 사용된다. 이것을 제체(堤體)에 삽입 시공할 때 제트수류의 이용 등에 의하여 실시된다. 이 공법은 과거의 점토코아를 넣는 방법과 비교해서 시공이 간단하며 값이 싸고 동시에 내구성이 우수하다고 한다.

3 방수시트

토목공사의 경우 방수시트는 터널공사에 있어서 용수처리 및 지하구조물의 콘크리트의 방수 등에 주로 사용된다. 특히 터널공사에 수요가 많다. 터널공사에는 불투수성으로 가격이 싼 연질폴리염화비

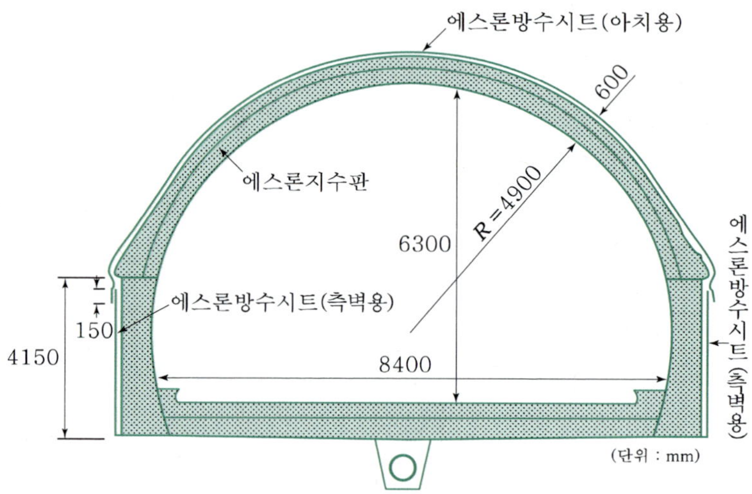

그림 12.3 방수시트와 지수판의 사용 예(도로터널)

닐이나 폴리에틸렌의 시트류가 사용되며, 이들의 두께는 0.3~0.5mm 정도이다. 터널공사에서 콘크리트의 타설 전에 방수시트에 의하여 용수처리를 실시한다. 그림 12.2는 터널 내의 방수에 방수시트와 지수판을 사용한 예를 나타낸 것이다.

여기서는 건축분야에서 사용되고 있는 것과 같은 합성고분자 루우핑(roofing)이 사용되며 부틸고무, 클로로프렌고무, 에틸렌, 프로필렌, 폴리머고무, 폴리이소부틸렌, 폴리염화비닐 등의 종류가 있다.

이들의 두께는 0.8~2.0mm 정도이며, 합성고분자 루우핑에 관한 규격은 KS F 4901 아스팔트 펠트, 보강합성고분자 루우핑은 KS F 4912에 각각 규정되어 있다.

4 봉함제, 양생막

양생이란 콘크리트 작업의 최후의 마무리과정이며, 타설한 콘크리트의 소요 강도 및 내구성을 얻기 위하여 매우 중요한 작업이다.

콘크리트 타설 후 적어도 7일간은 습윤상태로 유지해야 하므로 콘크리트 표면이 건조되지 않아야 하며 콘크리트에 충분한 수분을 공급해야 한다. 그러기 위해서는 콘크리트 표면에 봉함제(封緘劑)를 도포하거나 뿜어붙이기로 양생을 해야 한다 봉함제를 도포하는 방법은 수분을 많이 공급하지는 못하지만 증발을 방지하는 효과가 있다. 봉함제로 사용되는 재료로서는 역청질 혼합물과 유지계, 수지계의 재료가 있다. 봉함제로서 갖추어야 할 성질은 다음과 같다.

1) 습기를 봉함하는 능력이 있을 것
2) 수직한 콘크리트면에 사용할 경우 흘러내리지 않고 피막이 되어 피복될 것
3) 건조하는 속도가 적당할 것
4) 내구성을 어느 정도 가질 것
5) 착색한 것이 콘크리트의 표면을 더럽히거나 흡열작용으로 콘크리트의 온도를 지나치게 상승시킬 위험이 있는 경우에는 사용을 고려해야 한다.

수지계의 봉함제로서는 염화비닐과 염화비닐리덴의 공중합의 미립자를 콜로이드 상태로 수중에 분산시킨 유액을 도포하면, 단시간에 불투수성의 피막이 형성되므로 양생효과를 얻을 수 있다.

일반적으로 양생용 플라스틱필름이라 하며 필름의 규격에는 KS M 3503 폴리에틸렌 필름, KS M 3505 농업용 폴리염화비닐필름 등이 있다.

12.6.3 방식재

방식재(防蝕材)라고 하면 코팅(coating) 또는 라이닝(lining)이라는 용어로 사용한다. 이 두 용어의 명확한 구별은 되지 않고 있다. 일반적으로 코팅은 피복층이 엷고, 그 두께가 0.3~0.5mm 정도의 경우를 말하며 라이닝은 피복층이 두껍고 그 두께가 0.5~3.0mm 정도의 경우를 말한다.

페인트의 도장, 즉 페인팅(painting)은 거의 코팅과 같은 의미로 사용된다. 토목분야의 방식재도

코팅과 라이닝의 2종류로 나누어 검토된다.

토목공사에 있어서 방식시공의 대상물은 대개 강이나 철 등의 금속과 콘크리트로 크게 구분된다. 전자는 강교, 강관말뚝 등의 방청, 방식처리 등에, 후자는 수로, 하수도, 공장지대나 해안 및 해중에 있어서 콘크리트 구조물 또는 흄관과 같은 콘크리트 2차 제품의 내식처리 등을 들 수 있다. 방식재로 사용되는 고분자계 재료를 그 사용형태 및 화학조성으로 분류하면 다음과 같다.

코팅 : 에폭시, 알키드, 폴리우레탄 등

라이닝 : 레진 페이스트 라이닝(에폭시, 폴리에스테르, 푸란 등)
레진 모르타르 라이닝(에폭시, 폴리에스테르, 푸란 등에 골재를 포함)
FRP 라이닝(에폭시, 폴리에스테르, 푸란 등에 유리섬유 또는 합성섬유로 보강)
폴리머 시멘트모르타르 라이닝(스티렌, SBR, 아크릴 등과 시멘트 모르타르에 시멘트 배합용 라텍스나 유제를 첨가한 것)

12.6.4 봉랍재(封蠟材, sealing materials)

1 지수판

지수판(止水板)은 토목공사에 있어서 콘크리트 구조물의 이음부분에 삽입되어 누수방지나 지수효과를 얻는 판모양의 재료이다. 지수판은 다음 3가지 기본적인 기능 중에서 전부 또는 이들의 조합에 의한 지수효과를 발휘해야 한다.

1) 콘크리트에 대한 밀착성이 좋을 것
2) 판막작용을 할 것
3) 굴곡된 투수경로를 형성할 것

지수판에는 과기부터 강판, 연판, 천연고무 또는 합성고무 등이 사용되어 왔으나 현재 거의 연질폴리비닐제품이 널리 사용된다.

토목공사에서 지수판의 용도는 수력발전소의 댐, 도수암거, 취수로, 배수로, 철도 및 도로, 터널, 고가교, 지하철, 수로교, 매립지의 옹벽, 상하수도의 정화조, 항만 하천의 방조제, 사방댐 등의 이음부나 신축이음 등이다.

2 이음판(joint bar)

콘크리트 포장의 경우 온도, 기타 변화에 따라 콘크리트의 변형 때문에 생기는 응력을 받아도 콘크리트가 파괴되지 않도록 미리 소정의 위치에 이음이 설치되며, 그 중에서 팽창이음에 사용되는 이음재가 이음판이다. 보통 이음폭은 15~25mm 정도이다.

일반적으로 이음판의 기능을 다음 3가지로 들 수 있다.

1) 건설 중에 있어서 팽창공간을 형성

2) 콘크리트의 자유팽창의 허용

3) 봉랍재의 보유

이음판은 주로 아스팔트계 재료가 사용되어 왔으나 압축력을 받으면 포장면에 불거져 나오는 경우가 많았다.

이러한 점을 개량하기 위하여 사용된 것이 폴리염화비닐, 폴리에틸렌, 폴리스틸렌, 폴리우레탄 등의 플라스틱을 이용한 이음판이 있다.

3 가스켓(gasket)

가스켓은 클로로프렌고무(chloro prene-rubber)나 폴리염화비닐 등을 특수한 단면 모양으로 만든 것이다. 끈 모양 이음재는 폴리부텐부틸고무(polybutene butyl rubber), 아스팔트 폴리우레탄 폼 등을 끈, 테이프, 튜브, 리본 모양으로 성형한 것이다. 전자는 탄성적이며 후자는 소성적인 특성을 가지고 있다. 이들의 토목분야에 있어서의 용도는 이음의 치수 정도가 비교적 높고, 상하수도관, 케이블관 등의 관로의 접합, 연약지반을 위한 쉴드(shield)공법의 세그먼트(segment)의 이음, 프리캐스트 콘크리트 슬래브의 접합 등에 이용된다.

4 주입이음재

건설공사에서 주입봉랍재(주입이음재)는 거의 현장타설 또는 프리캐스트 콘크리트판의 이음에 사용되는 것으로서 상온 또는 가열상태에서 이음부에 주입하여 사용한다.

지금까지 주입이음재로서 아스팔트가 가격이 싸므로 널리 사용되었으나, 성질 및 조건을 충분히 만족시키지 못하며 사용조건이 가혹한 경우 아스팔트계 재료를 사용할 수 없으므로 아스팔트보다 성능면에서 우수한 탄성이음재를 사용해야 하며, 그러한 재료는 다음과 같은 것이 있다.

(1) 성분형(자기가류형)탄성 이음재 : 폴리설페이트(티오콜), 실리콘, 폴리우레탄, 부틸고무, 클로로프렌고무 등

(2) 이성분형(가황형)탄성 이음재 : 폴리설페이트(티오콜)타르, 에폭시·폴리설페이트, 에폭시·폴리우레탄, 타르·에폭시 등

이들 중에서 두 성분형 탄성이음재가 보급되고 있으나 아직도 상당히 고가이다.

탄성이음재와 같은 주입이음재를 사용하는 건설공사로서는 고속도로, 공항 등의 콘크리트 포장판의 이음부, 프리캐스트콘크리트교 슬래브 등이다.

12.6.5 접합재

1 접착제(adhesive)

토목공사용의 접착제로 사용되어 온 아스팔트, 시멘트 모르타르 등은 접착강도, 성능, 내구성 등이

좋지 않기 때문에 접착공법에 신뢰성이 없었으나, 고분자 재료를 사용함으로써 처음으로 토목재료에 접착의 개념이 도입되었다.

일반적으로 접착을 위해서는 고체면을 축축하게 해야 하며 그러기 위해서는 접착제에는 적당한 유동성이 요구되면 아울러 고화된 피막에 사용목적에 따라 신장성, 내열성, 내수성, 내약품성 등이 요구된다.

토목재료에 이용되는 접착제용 합성수지의 종류를 표 12.9에 나타내었으며, 토목재료로서 접착제가 갖추어야 할 조건은 다음과 같다.

1) 피착면을 잘 적실수 있으며 유동성을 가질 것
2) 고화시 체적수축 등에 의한 내부변형을 일으키지 않을 것
3) 장기부하에 의해 크리프가 없을 것
4) 진동, 충격의 반복에 잘 견딜 것
5) 내수성, 내알칼리성, 내산성, 내열성, 내후성이 있을 것
6) 접착강도가 클 것
7) 취급이 용이할 것

표 12.9 토목재료에 이용되는 접착제용 합성수지의 종류

수지		비중	강도(MPa)				특징	용도
			인장	압축	휨	전단		
열경화성수지	페놀수지	1.25~1.45	25~65	80~250	50~110	7~15	내수, 내열성(−50~150℃), 가격이 저렴	합판, 집성재 등의 접착 실링재, 코킹재, 구조용
	레졸신수지	1.25~1.45	25~65	80~250	50~110	7~15	내화성, 내구성이 큼	옥외용 합판, 내수합판의 접착, 구조용
	요소수지	1.4~1.52	40~90	175~280	70~110	8~11	내수, 내열성이 적음	일반용 합판, 샌드위치판
	에폭시수지	1.88	70	90~140	90~120	15~30	내수, 내약품성, 강도가 큼, 고가	구조용 접착, 코킹재, 라이닝재, 실링재
	불포화폴리에스테르수지	1.10~1.65	30~70	90~250	55~130	5~20	상온경화, 내약품성 약간 작음	상동
	푸란수지	1.75	20~30	70~90	40~60	−	내약품성이 큼	코킹재, 라이닝재
	폴리우레탄수지	−	1.0~1.5	−	−	15~20	내열, 내약품성이 큼	실링재
열가소성수지	질산비닐수지(PVA)	1.18~1.20	35	−	−	−	팽윤성(澎潤性), 내열성이 작음	타일 등의 접착, 샌드위치판, 비구조용
	폴리비닐알코올	−	−	−	−	−	수용성	좌관용 모르타르 첨가제, 토양안정제
	부티롤수지	1.05	3.5~21	−	−	−	내수성	페놀수지와 혼용한 구조용

2 그라우트재

콘크리트 구조물의 균열 부분에 주입, 충전하여 경화시켜 이 부분의 강도 증가와 수밀성의 향상을 목적으로 사용되는 액상 폴리머 재료를 그라우트재라 한다.

그라우트재가 갖추어야 할 성질 및 조건은 다음과 같다.

1) 균열 폭의 크고 작은데 따라 점도를 적당히 선택할 수 있어야 하며 작업성이 양호하고 세부까지 주입이 가능해야 한다.
2) 시공이 용이할 것
3) 콘크리트의 건습에 관계없이 접착강도가 크고 경화 후에는 콘크리트보다 큰 강도를 발현 할 것
4) 내수성, 내알칼리성, 내후성 등이 좋을 것
5) 경화 후는 흡수 및 투수에 대한 저항성이 클 것
6) 가격이 쌀 것

표 12.10에 그라우트재의 점도와 균열폭과의 관계를 나타내었다.

표 12.10 그라우트재의 점도와 균열폭과의 관계

상태	점도(20℃, CP)	주입가능 추정균열폭
액상	400 이하	1.0mm 이하
물엿상태	7,000 전후	0.5~3.0mm
점상	20,000 이상	2.0mm 이상
퍼티상태	–	봉랍용과 0.5mm 이하의 봉랍

현재까지 그라우트재로 사용되고 있는 액상수지는 거의가 저점도 고강도의 에폭시수지로서 그 품질의 한 예를 소개해 보면 표 12.11과 같다.

표 12.11 균열부 주입용 에폭시수지의 성질

성질	시험치	비고
비중(g / ㎝^{3})	1.20	20℃
점도(CP)	1100	20℃
가사시간(min)	200	20℃, 1kg 혼합
압축강도(MPa)	83.7	20℃, JIS K 6911
휨강도(MPa)	38.5	〃
인장강도(MPa)	25.4	〃
충격강도(N·mm/mm^2)	10	〃
경도(N·mm/mm^2)	108	20℃, 로크웰 M

12.6.6 수지콘크리트(resin concrete)

합성수지를 소재(matrix)로 해서 골재와 결합시킨 콘크리트를 수지콘크리트라 하며 포틀랜드 시멘트를 전연 사용하지 않는다.

한편 시멘트와 합성수지, 유체 또는 합성고무 라텍스를 소재로 한 것을 폴리머 시멘트 콘크리트(polymer cement concrete)라 한다. 또한 과거의 시멘트 콘크리트에 합성수지를 함침시켜 시멘트 콘크리트의 성질을 개량한 것을 폴리머콘크리트(polymer concrete)라고 한다. 수지콘크리트용 재료는 불포화 폴리에스테르, 에폭시, 푸란, 폴리우레탄 등의 액상수지, 탄산칼슘, 실리카 등의 충전제, 자갈과 모래, 부순돌 등의 골재이다.

특히 수지콘크리트에서는 골재나 충전재에 포함된 수분이 수지의 경화를 저해하기 때문에 함수율 0.1% 이하의 것을 사용해야 하며 골재의 강도가 콘크리트 강도에 미치는 영향이 크므로 고강도의 골재를 사용할 필요가 있다.

1) 경화속도의 억제가 가능하므로 용도에 따라 가사시간을 매우 광범위하게 선택할 수 있다.
2) 조기에 고강도의 발현이 가능하므로 한랭지 또는 동기의 시공에 유리할 뿐만 아니라 고강도를 얻을 수 있으므로 부재의 단면을 작게 할 수 있다.
3) 수밀성이 매우 좋으며 동결융해에 대한 저항성이 매우 양호하다.
4) 수지의 종류에 따라 시멘트 콘크리트, 석재, 금속 등의 각종 재료에 잘 접착한다.
5) 수지의 종류에 따라 훌륭한 내약품성을 가진다.
6) 내마모성, 내충격성, 전기절연성 등이 좋다.

수지 콘크리트의 물리적 성질을 나타낸 것이 표 12.12이다. 수지콘크리트의 강도는 어느 정도까지는 수지의 함유율의 증가에 따라 강도가 증가하지만 어느 한계를 넘어서면 오히려 수축균열이 발생하는 등 나쁜 영향이 생긴다.

표 12.12 각종 수지콘크리트의 물리적 성질

항목	수지의 종류						
	푸란	폴리에스테르	에폭시	폴리우레탄	페놀	아스팔트	포틀랜드시멘트
밀도(kgf/cm^3)	2000~2100	2200~2400	2100~2300	2000~2100	2000~2100	2100~2400	2300~2400
압축강도(MPa)	50~140	80~160	80~120	65~72	24~25	2~15	10~60
인장강도(MPa)	6~10	9~14	10~11	8~9	2~3	0.2~1.0	2~7
휨강도(MPa)	16~32	14~35	17~31	20~23	7~8	2~15	1~4
탄성계수(GPa)	20~30	15~35	15~35	10~20	10~20	1~5	20~40
흡수율(wt%)	0.1~1.0	0.1~1.0	0.2~1.0	0.1~0.3	0.1~1.0	1.0~3.0	4.0~6.0

수지콘크리트의 개발, 특히 구조재로서의 응용은 아직도 시작 단계에 지나지 않으며 앞으로 발전하기 위해서 콘크리트에 철근을 사용하는 것과 같이 수지콘크리트에 적합한 보강재의 개발이 앞서야 한다.

지금까지의 실용화 상태를 살펴보면 다음과 같다. 통신용, 가스용, 전력용 등 블록 맨홀, FRP보강 화이버쉴드공법용 세그먼트, FRP보강판넬, U자구, 고강도 파일, 보도판 등 프리캐스트 제품과 현장타설의 공사 예로서는 댐 배수로의 복공, 산성수가 흐르는 곳의 사방제 등이 있다.

연습문제

12.1 고분자 재료의 토목재료로서의 특성을 강, 콘크리트 등과 비교하여 설명하라.

12.2 플라스틱 재료의 장점과 문제점을 열거하고 설명하라.

12.3 플라스틱이 건설공사용 또는 구조물에 이용되는 예를 열거하고 설명하라.

12.4 경질염화비닐관의 특징에 대하여 설명하라.

12.5 FRP의 특성과 그 용도에 대하여 설명하라.

12.6 플라스틱제 지수판의 용도에 대하여 예를 들고 설명하라.

12.7 플라스틱의 첨가재료를 분류하고 설명하라.

12.8 접착제를 열거하고 그 용도에 대하여 설명하라.

12.9 방수, 방사제의 역할과 그 용도에 대하여 설명하라.

12.10 수지콘크리트에 대하여 아는 바를 설명하라.

제 13 장

화 약

제 13 장 화약

13.1 개요

화약류(explosive materials)란 가벼운 타격이나 가열로 짧은 시간에 화학변화를 일으킴으로써 급격히 많은 열과 가스를 발생하게 하여 순간적으로 큰 힘을 얻을 수 있는 물질을 말한다. 화약류는 결합이 불안정한 상태로 평형을 유지하고 있기 때문에 외부로부터 약간의 충격을 받으면 분해되고, 이때 발생한 반응열을 아직 분해되지 않은 층으로 전파되어 급격한 반응을 일으키게 된다. 이에 따라 높은 온도의 열과 많은 가스가 발생하여 원래의 용적보다 훨씬 큰 팽창을 하고, 큰 파괴력을 가진다. 화약은 자체내에 산소를 가지고 있어서 공기가 없는 것에서도 반응이 가능하다.

A. Nobel이 규조토 다이나마이트(dynamite)를 발명한 이래 백년 이상이 경과하여 이 사이에 산업용 화약류는 여러 가지 변천을 거쳐 왔다. 그러나 이 사이의 주류는 다이나마이트였지만 1950년대의 엔포(AN-FO)의 발명, 1960년대 후반부터 1970년대 전반까지의 슬러리 폭약의 발명에 의해 산업용 화약류의 흐름은 크게 변화하기 시작하였고 1980년대 들어와서 에멜죤(emulsion) 폭약의 발명으로 산업용 화약류는 큰 변혁기에 들어왔다고 할 수 있다. 특히, 에멜죤 폭약은 길게 계속된 다이나마이트 역사에 종지부를 찍는 발명이라고 일컬어지며, 가까운 앞날 산업용 화약류는 엔포를 주체로 하여 슬러리 폭약 및 에멜죤 폭약으로 대표되는 시대로 된다고 여겨진다.

토목공사에서 사용하는 화약류는 도로, 댐, 터널공사 등의 암반 굴착에 가장 많이 이용하며, 탄광 또는 광산 등의 암반 굴착용으로도 없어서는 안 되는 재료이다.

13.2 화약의 분류

화약류는 조성, 성능, 용도, 법규 등에 따라 여러 가지로 분류되고 있으나 보통 화약과 폭약으로 크게 나눌 수 있으며, 화약은 폭파속도 340m/sec 이하로 연소하는 것이고, 폭약은 뇌관 등을 사용하여 그 기폭에 의하여 폭발시키는 것으로서, 폭속이 2,000~8,000m/sec이다.

13.2.1 화약(low explosives, powder)

(1) 흑색화약(black powder)

흑색화약은 황(S) 15%, 목탄(C) 15%, 초석(KNO_3) 70%의 비율로 미분말을 혼합한 것인데, 지름 약 3~7mm 정도로 조립한 것으로 유연화약이라고도 한다. 색은 흑회색이며, 비중은 1.5~1.8, 충격 또는 가열(260~280℃)에 의해 폭발하고, 순간적으로 원용적의 300배의 가스로 팽창하여 2,000℃의 고열과 660MPa의 압력이 발생하여 주위의 물체를 파쇄한다. 폭파력은 그다지 강력하지 않으나 값이 싸고, 취급 및 보관을 하는데 위험이 적으며, 발화가 간단하고 소규모 장소에서 사용할 수 있다. 그러나 흡수성이 크며, 젖으면 발화하지 않고 수중에서는 폭발하지 않는 결점이 있다. 주로 대리석이나 화강암처럼 큰 석재를 채취할 필요가 있을 경우에는 폭속이 낮고 가스 발생량이 적은 흑색 화약을 쓴다.

(2) 무연화약(smokeless powder)

유연화약에 반대되는 용어이며, 니트로셀룰로오스 또는 니트로셀룰로오스와 니트로 글리세린을 주성분으로 하는 화약에 비하여 압력은 그다지 높지 않으나, 압력을 장시간 작용시킬 수 있기 때문에 연소성을 조절할 수 있어 총탄, 포탄, 로켓 등의 발사에 사용된다. 일반으로 비중 1.54~1.68이고, 발생가스량 900~1,100cc / g(공기없이 H_2O는 액체로 한다)이다. 발생가스는 CO_2, H_2O, CO, H_2, N_2, NO, NH_3, CH_4이다. 연소 후 생성물은 모두 기체로 되고 고형이 생기지 않기 때문에 보통 연기가 없다. 발사약 및 추진약에 사용된다. 니트로셀룰로오스, 니트로글리세린, 디니트로에틸렌글리콜 및 니트로구아니딘을 적당히 교합시켜 균일한 연소를 하게 한다. 그 기초 성분에 의해 다음의 3가지로 분리한다.

① 싱글베이스 화약
단기제 화약. SB화약이라고도 하며 NC(니트로셀룰로오스)를 기제로 한 화약으로 프랑스, 미국, 일본 등에서 사용한다.

② 더블베이스 화약
2기제 화약. DB화약이라고도 하며 NC(니트로셀룰로오스)와 NG(니트로글리세린)를 기제로 한 화약으로 영국, 일본의 주요 포용 화약이다.

③ 트리플베이스 화약
3기제 화약. TB화약이라고도 하며 NC, NG, NGd(니트로구아니딘)를 기제로 한 화약으로, 이 화약은 발생가스량이 많고 연소온도가 낮으므로 약량이 많아도 포신의 소식이 적고 초고속을 낼 수 있는 특징이 있다.

발사약으로서의 무연화약의 장단점을 나열하면 다음과 같다.

㉠ 발사할 때 연기가 적으므로 연속발사도 용이하다.

㉡ 연소잔사가 적고 총강은 청정하게 보존한다.
㉢ 흑색화약보다 점화하기 힘들다.
㉣ 위력이 강하다.
㉤ 다년간 저장하면 자연분해를 일으키나 흑색화약은 저장 안정성이 좋다.
㉥ 가격이 흑색화약에 비하여 고가이다.

13.2.2 폭약(explosives ; high explosives)

파괴적 폭발의 용도에 쓰이는 화약류는 폭발성 화합물과 폭발성 혼합물로 나눌 수 있다. 화약류 단속법에서는 다음과 같이 분류된다.

① 뇌홍, 아지화연 등의 기폭제
② 초안폭약, 염소산염 또는 과염소산염을 주성분으로 하는 폭약
③ 니트로글리세린, 니트로글리콜 그 밖의 폭약으로 사용하는 초산에스텔
④ 다이나마이트 그 밖에 초산(질산)에스텔을 주로 하는 폭약
⑤ 폭발에 쓰이는 트리니트로벤젠, 트리니트로톨루엔, 피크린산, 트리니트로클로로벤젠, 테트릴, 트리니트로아니졸, 헥사니트로디펠닐아민, 트리메틸렌트리니트로아민, 니트로기가 3개 이상이 들어있는 그 밖의 니트로 화합물과 이들을 주성분으로 하는 폭약
⑥ 액체산소 폭약 및 그 밖의 액체폭약
⑦ 그 밖에 ①에서 ⑥까지 나타낸 폭약과 동등하게 파괴적 폭발에 사용하는 폭약

폭약의 성능 즉 화약력, 폭속 및 장전비중은 암석의 특성치인 인장파괴계수, 압축파괴계수 및 분쇄계수에 의하여 다음과 같이 결정된다.

① 인장파괴계수가 큰 암석에는 에너지가 큰 폭약을 사용하고 작은 암석에는 에너지가 작은 폭약을 사용한다.
② 압축계수와 분쇄계수가 작고 단단한 암석에는 동적효과가 큰 폭약을 사용한다.
③ 압축계수, 분쇄계수가 큰 연암에는 동적효과가 작아도 된다.
④ 대발파의 경우에는 기준보다 에너지를 좀 크게 한다.
⑤ 복토법을 사용한 경우에는 동적효과가 지배적인 요인이 된다.

(1) 기폭약(initial explosives)

보통의 폭약은 화약과 달리 점화하면 연소만 할 뿐 즉시 폭발하지 않는다. 그러나 그 중에는 뇌산수은($Hg(ONC)_2$), 질화납($P_2(N_3)_2$)과 같이 점화만으로도 쉽게 폭발하는 것도 있다. 이와 같이 그 폭발에 의해서 인접하는 다른 화약류의 폭발을 유발하는 것을 기폭약이라 하고, 각종의 뇌관류는 이것을 이용한 것이다.

① 뇌산수은($Hg(ONC)_2$)

수은을 질산에 용해한 질산수은용액을 에틸알콜에 혼합하여 격렬한 반응을 일으켜서 미세한 마름모형의 회색결정인 뇌산수은($Hg(ONC)_2$)이 생성된다. 이것은 비중이 4.4이고, 화염, 충격 및 마찰 등에 매우 예민하므로 취급시 세심한 주의가 필요하다. 발화온도는 170~180℃이나 장시간 가온하면 분해되어 비폭성이 된다.

② 질화납($P_2(N_3)_2$)

질화나트륨과 초산납으로 복합시켜 제조한 것으로서, 무색의 깨끗한 결정으로 되어 있으며 구리와 화합하면 위험한 질화구리를 만듦으로 뇌관의 관체는 알루미늄을 사용하며, 점폭약으로 많이 사용한다. 건조상태에서의 감도는 뇌산수은만 못하나 습윤상태에서는 훨씬 예민하다.

③ DDNP

황색의 미세한 결정으로 기폭약 중에서 가장 강력한 폭약으로서, 폭발력은 TNT와 동일하고 뇌산수은의 2배정도이며 발화점은 약 180℃이다.

(2) 폭약

① 칼릿

칼릿은 과염소산암모늄(NH_4ClO_4)을 주성분으로 하여 여기에 규소철, 목분, 중유 등을 조합한 분말로서, 다이나마이트보다 발화점이 높고(295℃), 충격에 둔감하여 취급에 위험성이 적으며 보존중 자연분해에 의한 폭발위력이 감소되지 않고 자연폭발의 위험도 없다. 폭발력은 다이나마이트보다 우수하고 흑색화약의 4배에 달하며, 폭발속도가 다이나마이트보다 느리다. 또 발파 후의 암편이 다이나마이트보다 크므로 큰 돌의 채석, 암석, 경질토사의 절토시 적합하며 값도 싸다. 그러나 유해가스의 발생이 많고 흡수성이 크기 때문에 터널공사에는 부적당하다.

② 니트로글리세린[$C_3H_5(ONO_2)_3$]

니트로글리세린은 글리세린($C_3H_5(OH)_3$)에 질산($2NHO_3$)을 반응시켜 만든 무색, 무취의 투명한 유상용액으로 알코올, 벤졸, 에테르 등에는 잘 녹지만, 물에는 잘 녹지 않으며 비중이 약 1.6이고 단맛이 난다. 충격 및 마찰에 극히 예민하므로 단독으로 사용하는 것은 위험하다. 가장 강력한 폭약 중의 하나로서 폭속은 7,500~8,000m/sec이고, 폭발온도는 4,000℃에 달하며 폭발로 인한 압력은 흑색화약보다 강하고 발생가스의 용적은 원용적의 약 700배에 달한다. 니트로글리세린은 액체로서 운반, 사용에 불편하고 동해(공업용의 경우 8℃에서 동결)를 입기 쉬우며, 또 위험하므로 흡수제에 흡수시켜 사용한다. 규조토에 흡수시킨 것이 다이나마이트이다.

③ 다이나마이트(dynamite)

1867년 알프레드 노벨이 니트로글리세린을 규조토에 흡수시켜, 취급이 안전한 제품에 붙여진 이름이나, 현재는 니트로글리세린을 기제로 하는 폭약의 일반명사로 되었다. 우리나라의 KS에서는 니트로겔을 기제로 하고, 그 함유량이 6% 이상의 것으로 규정하고 있다. 외국에서는 교질 다이나마이트와 분상 다이나마이트가 있다. 니트로겔 약 20%를 한도로 하여, 그 이하는 겔상으로 되지 않는다. 니트로겔 이외의 성분으로는 초안, 질산칼륨 등의 산화제, 목분, 전분 등이 가연제, 식염, 염화칼륨 등의 감열소염제(感熱消炎劑)가 있으며, 그 외 내수재, 암신성형, 개량제 등을 쓰기도 한다. 감열소염제는 다이나마이트, 초안 다이나마이트등 탄광용 다이나마이트에 배합되고, 여기에 반해 감열소염제를 넣지 않는 것은 비탄광용 또는 광공업용 다이나마이트라 한다. 포장재료는 교질 다이나마이트는 피포지로 말고, 분상 다이나마이트는 지통에 넣어 모두 파라핀으로 방습한다. 다이나마이트는 니트로글리세린을 주성분으로 하여 흡수성이 큰 여러 가지 고체에 흡수시켜 그 함유율이 6% 이상인 폭약으로서, 흡수제의 성질에 따라 다음과 같은 여러 가지 종류가 있다.

㉠ 규조토 다이나마이트 : 규조토 다이나마이트는 액상인 니트로글리세린의 취급에 따르는 위험과 불편함을 피할 목적으로 중량으로 다공질의 규조토(주성분 SiO_2) 25, 니트로글리세린 75의 비율로 흡수시킨 것으로서, 홍갈색을 띤 유토와 비슷한 최초의 고체 다이나마이트이다.

㉡ 스트레이트 다이나마이트 : 액상의 니트로글리세린 40~60%에 흡수제로서 불가연성인 규조토 대신에 가연성인 질산나트륨($NaNO_3$)에 질산칼, 목분, 녹말, 황분말 등을 혼합한 것으로서, 규조토 다이나마이트보다 위력이 크며 미국에서 주로 사용된다.

㉢ 교질 다이나마이트 : 니트로셀룰로오스에 니트로 글리세린 및 젤라틴 20% 이상 넣어 콜로이드화하여 만든 가소성의 황색폭약으로서, 블라스팅 다이나마이트와 젤라틴 다이나마이트가 있다. 플라스틱 다이나마이트는 니트로 글리세린 82.5% 면화약 7.5%의 아교질로서, 폭약중에서 폭발력이 가장 강하여 터널과 암석발파에 주로 사용하고 수중용으로도 많이 사용한다.

㉣ 분말상 다이나마이트 : 니트로글리세린 7~20%에 다른 다이나마이트와는 달리 질산암모늄 7% 이상을 함유하고 그 밖의 성분으로서 목분 3~9%, 나프탈린 0~6%를 함유하고 있는 분말로 된 폭약으로 위력은 젤라틴 다이나마이트보다 떨어지며, 채탄용, 암석용으로 쓰인다.

④ 질산암모늄계 폭약

질산에 암모니아 가스를 흡수시키면 질산암모니아(NH_4NO_3)가 된다. 질산암모니아가 분해하면서 폭발한 후에는 고형물이 남지 않고 전부 가스화되어 폭발력이 커진다. 이와 같이 질산암모늄을 기제로 한 폭약에는 질산암모늄 폭약, 질산암모늄유제 폭약이 있다.

13.3 기폭용품

기폭용품은 폭약을 기폭시키기 위한 것으로 도화선, 도폭선, 뇌관 등이 있다.

13.3.1 도화선(blasting fuse ; fuse)

도화선은 분상의 흑색화약을 중심으로 해서 그 주위를 마사, 종이 테이프 등으로 피복하고 습기를 방지하기 위하여 특수한 방수도료를 도포한 것으로서, 심사에 의해 끌려나온 흑색화약 주위를 마사, 면사, 테이프 등으로 피복하고, 이것을 아스팔트류로 방수피복한 후, 다시 피복 가공한 직경 약 5mm의 끈상화공품, 비닐을 사용한 것을 비닐도화선이라 한다. 이상의 구조의 것은 종이, 빅포드 도화선으로 불리지만 이외에 심약을 미리 테이프로 감은 위를 섬유 피복한 유니버셜 도화선이 있다. 우리나라에서는 제1종, 제2종, 제3종 도화선이 있으나 제2종 도화선이 사용되고 있다. 연소속도는 KS를 보면, 시료 5개의 평균연소 초시는 100~140sec / m 내에 있고, 또 측정치의 범위는 그 평균치의 ±10% 이내이다. 도화선은 연소속도가 정확하고 점화력이 강하며 내수성이 양호해야 한다.

13.3.2 도폭선(detonating fuse)

도폭선은 대폭파 또는 수중폭파 등 동시 폭파할 경우 뇌관 대신에 사용하는 코드선이다. 폭약을 심약으로 이것을 섬유, 플라스틱 또는 금속관으로 피복한 것으로서 제1종, 제2종, 제3종 도폭선이 있다. 제 1종은 피크린산을 주석관내에 녹이고 이것을 표준약경으로 한 것으로 약량은 20~25g / m이다. 이외에 TNT를 납관에 녹인 것도 있다 이것을 T도폭선이라 하며, 기준도폭선이라고 불리고, 폭속시험용으로도 쓰인다. 제2종 도폭선은 헥소겐을 심약으로 쓴 것도 있으나, 현재는 펜트리트를 심약으로하고, 그 위를 종이테이프, 마사, 면사 등으로 피복한 후, 아스팔트, 합성수지 등으로 방수처리한 것으로 약량은 10~12g / m이다. 제3종 도폭선은 제2종 도폭선을 방수도료로 가공한 것으로 수압 30kPa(물속 약 10m에서 3시간 이상 내수할 수 있는 것)으로 심수용 도폭선이라 한다. 발파시 전기뇌관 또는 도화선, 공업뇌관과 병용한다. 모든 도폭선의 폭속은 5,500m/sec 이상이다.

흑색화약을 사용하는 도폭선과는 달리 면화약을 심약으로 하고 마사, 면사 및 종이로 피복하여 아스팔트나 기타 방습용 도료를 입힌 것으로 연소속도는 3,000~6,000m/sec이다.

13.3.3 뇌관(detonator ; blasting cap)

폭약 또는 화약을 폭발하기 위해 기폭약 또는 첨장약을 관체에 장전한 것으로서 사용에 따라 점화용 뇌관 및 점폭용 뇌관으로 분류한다. 점화용 뇌관은 소총이나 피스톨 약협(Case)지부에 부착하여 발사약에 점화하는 것으로 격발뇌관과 전기뇌관으로 나누어진다.

점폭용 뇌관은 폭약을 폭광시키는 것으로 공업용 뇌관과 군용으로 나눠지고, 공업용에는 공업뇌관과 전기뇌관이 있다.

(1) 공업용 뇌관

공업용 뇌관은 폭약을 폭발시키기 위한 것이고, 구리관에 기폭약을 넣고 도화선을 점화시켜 기폭약을 폭발시키고, 이 폭발을 폭약에 전달한다. 따라서 뇌관은 폭약을 완전히 폭발시킬 정도의 기폭력을 갖춰야 한다.

(2) 전기뇌관

전기뇌관은 공업용 뇌관의 윗부분에 전기점화장치를 조합시킨 것이다. 전기점화장치는 보통 점화 플러그가 사용된다. 전기뇌관은 1개의 전기전관에 의한 단발발파는 거의 실시되지 않고, 여러 개의 발파를 동시에 실시하는 경우에 주로 사용된다.

(3) 지발전기뇌관

지발전기뇌관은 지발전기발파용으로 제조된 것으로, 전기뇌관의 전기점화장치와 기폭약과의 사이에 지연제를 넣어 폭발시간을 단계적으로 늦추는 것으로서, 순차적으로 폭발시킬 수 있다.

뇌관으로 폭약이 기폭하는 것은 뇌관 폭발시 가스충동에 의한 작용, 관체 파편에 의한 작용 및 폭발열이 폭약에 직접 전달되어 폭약을 가열하는 작용 등의 3가지로 나누어진다고 한다.

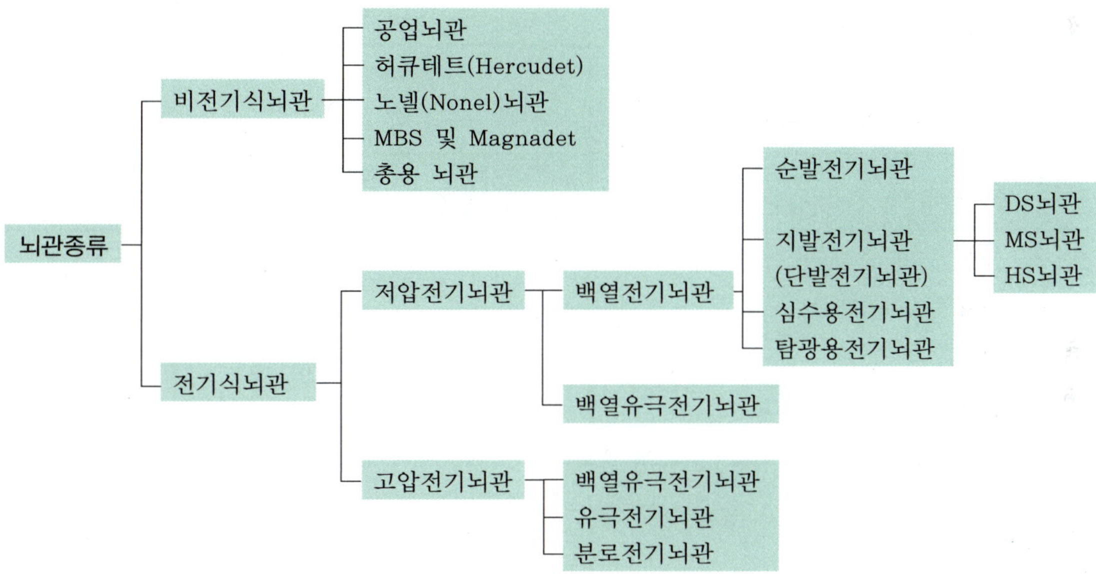

그림 13.1 뇌관의 종류 및 분류

① 뇌관의 가스충동에 의한 기폭

뇌관 폭발 때의 가스충동으로 생기는 압력의 크기는 대략 3,000~6,000MPa 정도로 추정된다. 뇌관의 폭발에 의한 충동파의 전달속도는 폭발초기에는 2,000~3,000m/sec 정도일 것이다. 이 정도의 충격으로서는 폭약을 기폭시키는 한계값 내외로 될 것이며 특히 니트로글리세린 불포함 폭약의 기폭여부는 불분명하다.

② 뇌관 파편에 의한 기폭

뇌관과 폭약의 순폭거리는 그림과 같이 뇌관의 밑방향이 가장 길며, 측면이 그 다음이고 사전방

(斜煎方)이 가장 짧다. 뇌관 파편으로 뇌관으로부터 1m 떨어진 질산암모늄 폭약도 기폭되는 수가 있다. 대체적으로 뇌관의 파편으로 인한 기폭작용은 가스충동으로 생기는 작용보다 훨씬 큰 효과가 있다

③ 전열작용에 의한 기폭

뇌관의 폭발열량은 표 13.1과 같다. 알루미늄, 구리스제로 된 뇌관이 메탄에 착화하는 것은 폭발열량이 크기 때문이다. 또 폭약을 기폭시키기 위한 최소뇌관 약량은 표 13.2와 같다.

13.1 뇌관의 폭발열량(kcal/개)

뇌관의 관체	폭발열량	메탄가스 착화
철(6호)	1,050	착화하지 않는다.
알루미늄(6호)	2,550	착화한다.
구리(6호)	1,190	착화하지 않는다.
구리(8호)	1,900	착화한다.

13.2 폭약을 기폭시킬 최소 뇌관 약량(뇌홍구리뇌관)

약량(g)	교질 다이나마이트	질산암모늄 다이나마이트	NG불함유 질산 다이나마이트	비고
0.05	0/6	–	–	분자 : 발화수 분모 : 시험수
0.15	3/5	0/5	–	
0.20	5/5	1/5	0/5	
0.25		1/5	1/5	
0.35		5/5	2/5	
0.45			5/5	

13.4 화약류의 사용법과 취급

13.4.1 흑색화약의 사용법

암반에 뚫은 구멍 속에 습기가 전혀 없는 경우에는 직접 흑색화약을 낱개로 삽입한다. 그러나 조금이라도 습기가 있을 때에는 화약을 비닐봉지와 같은 것으로 방수포장을 하여 사용한다. 구멍 속에 장전된 화약 사이에 공극이 없도록 나무막대로 조심스럽게 밀어넣어 밀착시킨다. 다음에 적당한 길이의 도화선을 화약 속에 확실하게 파묻는다. 화약을 채우는 깊이는 보통 구멍 깊이의 약 1/3로 하고, 나머지 부분은 건조한 점토분이나 잔모래를 넣고 나무막대로 공극이 없도록 한다. 이것은 폭발할 때 가스의 손실을 방지하기 위함이다. 화약이나 충전재를 밀어넣을 때 금속막대 등을 사용하면 발화하여 폭발할

위험이 있다. 화약을 장전한 후 부근의 정비가 끝나면 도화선을 점화하고 안전한 장소로 대피하여 폭발을 기다린다.

13.4.2 다이나마이트의 사용법

일반적으로 다이나마이트의 점화방법에는 도화선을 사용하는 방법과 공업용 뇌관을 사용하는 방법, 전기뇌관을 사용하는 방법이 있으나, 현재는 대부분 전기뇌관이 사용된다. 일반 건설용으로 사용되는 폭약을 플라스틱한 다이나마이트를 사용하고 있다.

뇌관 및 도화선을 붙인 약포를 프라이머라 한다. 프라이머를 만드는 순서는 다음과 같다.

① 도화선의 한 끝을 원하는 길이만큼 남기고 목재가위를 사용해 직각으로 절단한다.

② 그 끝에 서서히 뇌관 속 기폭약까지 밀어 넣는다.

③ 도화선이 빠지지 않도록 도화선 입구의 뇌관주변을 목제 가위를 사용해 밀착시킨다. 이때 뇌관이 들어 있는 부분을 집으면 뇌관이 폭발하므로 주의를 해야 한다. 또 도화선과 뇌관의 이음부에 습기가 생기지 않도록 유지를 발라 방수 처리한다.

④ 도화선에 꽂은 뇌관을 폭약포 속에 삽입할 때 미리 뇌관장전용 나무막대로 뇌관의 지름과 같은 크기의 구멍을 뚫고 뇌관과 도화선의 이음부가 약포 내의 폭약표면에 약간 나올 정도의 깊이로 삽입한다.

⑤ 뇌관을 삽입한 후는 약포의 뇌관입구를 끈으로 묶거나 테이프로 주의 깊게 감아 둔다.

전기뇌관을 폭약에 장진하는 방법은 다음과 같다

① 폭약의 포장지를 열고 뇌관 전체가 들어갈 수 있을 정도의 구멍을 나무막대로 뚫는다.

② 뇌관의 전체를 폭약속에 삽입한다.

③ 열어놓은 포장지로 약포와 뇌관을 싼 후, 끈이나 고무줄 등으로 뇌관이 빠져 나오지 않게 동여맨다.

13.5 폭파약 사용시 주의사항

폭파약 및 그 부속품의 취급에는 항상 위험이 따르므로 안전상의 재해예방에 만전을 기하고 그 취급과 사용법을 익히며, 특히 화학류 취급법규에 명시된 취급상의 준수사항과 안전수칙을 잘 숙지하여 신중히 다루어야 한다.

13.5.1 화약류 취급시의 주의사항

(1) 다이나마이트는 직사광선을 피하고 화기에 접근시키지 말아야 한다.

(2) 운반시에 화기나 충격을 받지 않도록 주의해야 한다.
(3) 뇌관과 폭약은 같은 장소에 두지 말아야 한다.
(4) 장기간 보관시는 온도나 습도에 의해 변질되지 않도록 하고 수분을 흡수하여 동결하지 않도록 해야 한다.
(5) 화약 취급자를 수시로 교육, 지도, 감독하여 안전관리에 만전을 기해야 한다.

13.5.2 화약류 사용시의 주의사항

(1) 도화선을 삽입하여 뇌관에 압착할 때 충격이 가해지지 않도록 한다.
(2) 도화선과 뇌관이 이음부에 수분이 침투하지 못하도록 기름 등으로 도포해야 한다.
(3) 도화선의 연소속도를 고르게 하고 점화가 안되는 것을 미리 방지하기 위해서 도화선을 사용전에 충분히 점검해야 한다.
(4) 불발 또는 반폭발시에 잔류폭약의 처리에 주위를 기울여야 한다.
(5) 도화선의 연소속도가 늦어질 경우가 있으므로 불발로 오인하여 사고를 일으키는 일이 없도록 해야 한다.

연습문제

13.1 화약류를 토목공사에 사용하는 목적에 대하여 설명하라.

13.2 화약과 폭약의 차이점에 대하여 설명하라.

13.3 화약의 종류를 열거하고 그 특징에 대하여 설명하라.

13.4 폭약의 종류를 열거하고 그 특징에 대하여 설명하라.

13.5 기폭용품의 종류를 열거하고 설명하라.

13.6 뇌관의 종류와 그 특징에 대하여 설명하라.

13.7 화약류의 취급상 유의사항에 대하여 설명하라.

참고문헌

- 국토해양부, “콘크리트표준시방서”, 한국콘크리트학회, 2009.
- 국토해양부, “콘크리트구조설계기준”, 한국콘크리트학회, 2007.
- 건설교통부, “도로설계편람”, 2000.
- 건설교통부, “해사 및 일반잔골재를 사용한 콘크리트의 품질 및 내구성 향상 기술”, '97년 건설교통사업 최종 보고서, pp. 81-86, R&D/97-0001, 2000.
- 김진근, “매스콘크리트의 수화열 및 온도응력에 대한 해석”, 한국콘크리트학회 연구소위원회 발표집, pp. 57-87, 1999.
- 서효원 역, “실무자를 위한 아스팔트 포장공사의 시공노하우”, 탐구문화사, 1993.
- 송하원, 박상순, 조호진, 변근주, “수화발열과 수분이동을 고려한 초기재령 콘크리트의 균열저항성 평가”, 한국콘크리트학회 소위원회 발표집, pp. 88-106, 1999.
- 송하원, 박상순, 변근주, “초기재령에서 균열을 갖는 콘크리트의 염화물 침투해석”, 대한토목학회 논문집, 제21권, 제 6-A호, pp. 925-936, 2001.
- 안태송, 유환구, “콘크리트 구조물의 수화열 저감 및 성능개선을 위한 연구”, 도로연구소, 1996.
- 오병환, “초기재령 콘크리트의 수화열 및 건조수축의 수학적 모델링 및 합리적인 응력해석기법 연구”, 한국콘크리트학회 연구소위원회 발표집, pp.107-137, 1999.
- 오병환, “플라이애시 콘크리트의 강도 및 역학적 특성과 활용”, 석탄회(플라이애시) 활용 국제워크숍, 한국계면공학연구소, 1996.
- 윤재환, “포틀랜드 시멘트 및 콘크리트”, 세진사 제2판, 1994.
- 이한승, 김은겸, 정란, “일본의 내구성 설계 연구 현황”, 한국콘크리트학회, 연구소위원회 발표집:콘크리트 내구성 설계 및 수명평가, pp.23-24, 2000.
- 주충렬, “분석화학” 형설출판사, p.346, 1981.
- 최상흘, “물이 스며 흐르는 콘크리트”, 한국양회공업, 시멘트, Vol. 146, 1997.
- 최상흘, 민경소, 김태현, 한기성, “슬래그-규산질 미분말을 함유하는 시멘트 경화체 중에서의 이온의 확산”, 한국요업학회지, Vol. 24, No. 3, pp.282-288, 1987.
- 한국콘크리트학회, “콘크리트 혼화재료”, 기문당, 2001.
- 한국콘크리트학회, “최신콘크리트공학”, 기문당, 2005.

- 한국콘크리트학회, “고성능유동화제를 이용한 고강도콘크리트의 제조와 특성 및 활용”, 한국콘크리트학회 국제워크샵, 1993.
- 高橋知生 外, “透水性コンクリートの開發”, コンクリート工學年次論文報告集, Vol. 14, pp. 351-356, 1992.
- 松尾伸二 外, “透水コンクリートの透水·透濕·吸音特性”, コンクリート工學年次論文報告集, Vol. 15, pp. 525-530, 1993.
- 中丸貢 外, “透水性セメント·コンクリート鋪裝の車道への適用に關する檢討”, 土木學會第47回年次技術講演概要集, pp. 152-153, 1992.
- 玉井元治, “連續空隙を有する固化體の透水性”, セメント技術年報, Vol. 42, pp. 591-594, 1988.
- 松尾伸二 外, “起泡劑を用いた透水性コンクリートの特性”, 第46回セメント技術大會講演集, pp. 948-953, 1992.
- 出村克宣 外, “ポリマー混入透水コンクリートの開發”, セメント·コンクリート論文集, No. 47, pp. 226-231, 1993.
- 天羽和夫 外, “魚礁用多孔質コンクリートに對する骨材粒度,粒徑の影響”, セメント·コンクリート論文集, No. 47, pp. 718-723, 1993.
- 田邊大次郎 外, “高爐スラグを用いた RCDコンクリートの配合に關する研究”, セメント·コンクリート論文集, No. 44, pp. 666-671, 1990.
- 片協青士, “新しい土木材料とその展開”, 山海堂, ニュコンストラクションシリーズ Vol. 10, 1995.
- 和泉意登志, 喜多達夫, 前田熙信, “中性化”, 技報堂出版, 1986.
- 和泉意登志, “構造物の耐久性設計手法例-鐵筋のかぶり厚さの信頼性設計手法-”, コンクリート工學, Vol. 26, No. 11, pp. 38~42, 1988.
- 阿部保彦, “ひび割れ幅がコンクリートの中性化深さに及ぼす影響に關する文獻調査結果”, コンクリート構造物のリハビリテーションに 關するシンポジウム論文集, 1998.
- 武若耕司, “海洋環境下のコンクリート含有に關する既往調査結果の整理と分析”, 土木學會第43回年次學術講演會概要集, pp. 36-37, 第V部, 1988.
- 福島敏夫, “RC コンクリート造建築物の壽命”, 技報堂, 1990.
- 岸谷孝一, 小林一輔, 宇野祐一, 宇野祐, “鹽化物を含むコンクリート中における鐵筋腐食と中性化との關係”, コンクリート工學論文集, Vol. 2, No. 1, pp. 77~83, 1991.
- 今井富士夫, 中澤隆雄, 赤木正見, 枝元宏彰, “既存鐵筋コンクリート橋の劣化·損傷たついで”, コンクリート工學年次論文報告集, Vol. 14, No. 1, pp. 915~920, 1992.
- 丸屋 剛, Somnuk T., 松岡廢訓, “コンクリート中の鹽化物イオンの移動の關する解析的研究”, 土木學會論文集, Vol. 16, No. 442, pp. 81-90, 1992.
- 笠井芳夫, 池田尙治, “コンクリートの試驗方法”, pp. 139-144, 技術書院, 1993.

- 阪田憲次, “硬化コンクリート中の水分の移動”, コンクリート工學, Vol. 32, No. 9, pp. 16-23, 1994.
- 永松靜也, “セメント·コンクリートの乾燥收縮”, コンクリート工學, Vol. 32, No. 9, pp. 31-36, 1994.
- 秋田 宏, 藤原忠司, 尾坂芳夫, “乾燥を受けるコンクリート中の水分移動の解析手法”, 土木學會論文集, Vol. 23, No. 490, pp. 101-110, 1994.
- 後藤孝治, 魚本健人, “ポルトランドセメントペースト硬化體の強度發現機構に關する硏究”, コンクリート工學論文集, 第5劵, 第1號, pp. 109-117, 1994.
- 日本土木學會, “コンクリート構造物の耐久性設計指針(案)”, コンクリートライブラリー 第82號, 11, 1995.
- 下村 匠, 前川宏一, “微視的機構に基づくコンクリートの乾燥收縮モデル”, 土木學會論文集, Vol. 28, No. 520, pp. 35-45, 1995.
- 石川靖晃, 大下英吉, 阿部博俊, 田邊忠顯, “時間依存擧動に對する若材齡コンクリートモデル化”, 土木學會論文集, Vol. 28, No. 520, pp. 123-133, 1995.
- 大下英吉, 田邊忠顯, “コンクリート內部に發生する間隙水壓の豫測とその影響評價に關する解析的硏究”, 土木學會論文集, Vol. 29, No. 526, pp. 29-41, 1995.
- 會田八重, 吉川弘道, “力學的確率場におけるマスコンクリートの力學應力解析とひび割れ發生確率”, 土木學會論文集, Vol. 43, No. 620, pp. 43-54, 1995.
- 楊恩翼, 森田司郎, “若材齡において一軸變形拘束を受けるコンクリートの特性”, コンクリート工學論文集, 第7劵, 第1號, pp. 169-177, 1996.
- 岸利治, 前川宏一, “高爐スラグおよびフライアッシュ用いた混合シメントの複合水和發熱モデル”, 土木學會論文集, Vol. 33, No. 550, pp. 131-143, 1996.
- 石田哲也, Chaube, R.P., 岸利治, 前川宏一, “微視的機構に基づくコンクリートの自己收縮,乾燥收縮及びその複合に關する解析的檢討”, 土木學會論文集, Vol. 37, No. 578, pp. 111-121, 1997.
- 石田哲也, Chaube. R.P., 岸利治, 前川宏一, “任意の踣乾濕繰り返しを受けるコンクリートの含水狀態豫測モデル”, 土木學會論文集, Vol. 35, No. 414, 1997.
- 青木優介, 不村匠, 丸山久一, “乾燥收縮應力解析に基づくコンクリート部材のひび割れ豫測に關する硏究”, コンクリート工學年次論文報告集, Vol. 20, No. 2, pp. 643-648, 1998.
- 大即信明, 宮里心一, 皆川浩, “コンクリート中のイオン移動に關する理論的計算方法の提案”, コンクリート工學論文集, 第10卷, 第2號, pp. 43-49, 1999.
- AASHTO, “AASHTO Guide for Design of Pavement Structures”, 1986.
- AASHTO T 260, “Standard Method of Test for Sampling and Testing for Total Chloride ion in Concrete and Concrete Raw Materials”, 1993.

• ACI Standard 211.1, "Standard Practice for Selecting Proportions for Normal, Heavyweight, and Mass Concrete", ACI Manual of Concrete Practice, Part 1, 1991.

• ACI Committee 211.2. "Standard Practice for Selecting Proportions for Structural Lightweight Concrete", ACI Materials Journal, Vol. 87, No. 6, pp. 638-651, 1990.

• ACI Committee 212 Report, "Chemical Admixtures for Concrete," ACI Materials Jour., Vol.86, No.3, pp.297-327, 1989.

• ACI Committee 214, "Recommended Practice for Evaluation of Strength Test Results of Concrete," ACI Manual of Concrete Practice, Part 2, 1991.

• ACI Committee 221, "Guide for Use of Normal-weight Aggregates in Concrete," ACI Manual of Concrete Practice, Part 1, 1989.

• ACI Committee 212, "Guide for Use of Admixtures in Concrete", ACI Journal, pp. 646-676, 1991.

• ACI Committee 228, "In-Place Methods for Determination of Strength of Concrete," ACI Materials Journal, Vol.85, No.5, pp.446-71, 1988.

• ACI Committee 305, "Hot Weather Concreting," ACI Materials Journal, Vo.88, No.4, pp.417-36, 1991.

• ACI Committee 306, "Cold Weather Concreting," ACI Manual of Concrete Practice, Part 2, 1991.

• ACI Committee 318, "Building Code Requirements for Reinforced Concrete", Building Code Commentary, ACI 318R, 1983.

• ACI Committee 363, "State-of-the-Art Report on High-Strength Concrete", ACI Journal, pp. 364-411, 1984.

• ACI, "Designing for Creep and Shrinkage in Concrete Structures", SP-76, 1983.

• ACI Manual of Concrete Practise, 1992.

• A.M. Neville, "Properties of Concrete : Fourth and Final Edition", Wiley, 1996.

• Aldea, C.M., Shah, S.P., Karr, A., "Effect of Cracking on Water and Chloride Permeability of Concrete, Joumal of Materials in Civil Engineering", Vol. 11, No. 3, pp. 181-186, 1999.

• Aldea, C.M., Ghandehari, M., Shah, S.P., Karr, A., "Estimation of Water Flow Through Cracked Concrete Under Load", ACI Materials Journal, Vol. 97, No. 5, pp. 567-575, 2000.

• Andrade, C., "Calculation of Chloride Diffusion Coefficients in Concrete From Ionic Migration Measurements", Cement and Concrete Research, Vol. 23, No. 5, pp. 724-742, 1993.

• Aoki, Y., Shimomura, T., Obata, H., "Stress Analysis and Cracking Criteria of Concrete under Restraint Drying Shrinkage", The Seventh East Asia-Pacific Conf. on Structural Engineering and Construction, pp. 1425-1430, Kochi, 1999.

- Ary, C., Buenfeld, N.R., Newmann, J.B., "Factors Influencing Chloride Binding in Concrete", Cement and Concrete Research, Vol. 20, No. 2, pp. 291-300, 1990.
- Ayano, T., Sakata. K., Wittmann, F.H., "Moisture Distribution, Diffusion Coefficient and Shrinkage of Cement-based Materials", JSCE Journal of Concrete Structures and Pavement, Vol. 45, No. 634, pp. 387-401, 1999.
- Ayotte, E., Massicotte, B., Houde, J., Goevski, V., "Modeling the Thermal Stresses at Early Ages in a Concrete Monolith", ACI Materials Journal, Vol. 94, No. 6, pp. 577-587, 1997.
- Baroghel, B.V., Mainguy, M., Lassabatere, T., Coussy, O., "Characterization and Identification of Equilibrium and Transfer Moisture Properties for Ordinary and High-Performance Cementitious Materials", Cement and Concrete Research, Vol. 29, No. 8, pp. 1225-1238, 1999.
- Bazant, Z.P., Chem, J.C., "Mathematical Model for Freeze-Thaw Durability of Concrete", Journal of American Ceramic Society, Vol. 9, No. 71, pp.776-783, 1988.
- Breugel, K.V., "Numerical Simulation of Hydration and Microstructural Development in Hardening Cement-based Materials", Cement and Concrete Research, Vol. 27, No. 3, pp. 522-530, 1995.
- Brown, P.W., Harner, C.L., Prosen, E.J., "The Effect of Inorganic Salts on Tricalcium Silicate Hydration", Cement and Concrete Research, Vol. 16, No. 1, pp. 17-23, 1986.
- Brown, P.W., Shi, D., "Porosity-Permeability Relationship", Materials Science of Concrete, Vol. 2, pp. 83-109, 1993.
- Buenfeld, N.R., Glass, G.K., Hassanein, A.M., Zhang, Z.Z., "Chloride Transport in Concrete Subjected to Electric field", Journal of Materials in Civil Eng., Vol. 10, No. 4, pp. 220-228, ASCE, 1998.
- Chatterii, S., "Mechanism of Alkali-Silica Reaction and the Significance of Calcium Hydroxide - Discussion", Cement and Concrete Research, Vol. 22, pp. 190-192, 1992.
- Chatterji, S., "Transportation of Ions Through Cement-Based Materials. Part 1-Fundamental Equations and Basic Measurement Techniques", Cement and Concrete Research, Vol. 24, No. 5, pp. 907-912, 1994.
- Christensen, B.J., Coverdale, R.T., Olson, R.A., Ford, S.J., Garboczi, E.J., Jennings, H.M., Mason, T.O., "Impedance Spectroscopy of Hydration Cement-Based Materials: Measurements, Interpretation, and Application", Journal of the American Ceramic Society,

Vol. 77, No. 11, pp. 2789–2804, 1994.

- Colin Lobo, Menashi D. Cohen, "Effects of Silica Fume on Expansion Characteristics of Expansive Cement Pastes", ACI Materials Journal, pp. 481–490, 1992.
- Detwiler, R.J., Whiting, D.A., Lagergren, E.S., "Statistical Approach to Ingress of Chloride Ions in Silica Fume Concrete for Bridge Decks", ACI Materials Journal, Vol. 96, No. 6, pp. 670–675, 1999.
- Detwiller, R.J., Dalgleish, B.J., Williamson, R.B., "Assessing the Durability of Concrete in freezing and Thawing", ACI Material Journal, pp. 29–35, 1989.
- Delagrave, A., Marchand, J., Samson, E., "Prediction of Diffusion Coefficients in Cement–Based Materials on the Basis of Migration Experiments", Cement and Concrete Research, Vol. 26, No. 12, pp. 1831–1842, 1996.
- Delagrave, A., Marchand, J., Ollivier, J.P., Julien, S., Hazrati, K., "Chloride Binding Capacity of Various Hydrated Cement Paste Systems", Advanced Cement Based Materials, Vol. 6, pp. 28–35, 1997.
- Dhir, R.K., Jones, M.R., Ahmed H.E.H., Seneviratne, A.M.G., "Rapid Estimation of Chloride Diffusion Coefficient in Concrete", Magazine of Concrete Research, Vol. 42, No. 152, pp. 175–185, 1990.
- D.R., Morgan, J.T., Wolsiefer, "Silica Fume in Shotcrete", proceeding of the CANMET/ACI International Workshop, 1991.
- Dolar–Mantuani, L., Handbook of Concrete Aggregates, Noyes Publications, 1984.
- Garboczi, E.J., Bentz. D.P., "Computer Simulation of the Diffusivity of Cement–Based Materials", Journal of Material Science, Vol. 27, pp. 2083–2092, 1992.
- Garboczi, E.J., "Computational Materials Science of Cement–Based Materials", Materials and Structures, Vol. 26, pp. 191–195, 1993.
- Gowripalan, N., Sirivivatnanon, V., Lim, C.C., "Chloride Diffusivty of Concrete Cracked in flexure", Cement and Concrete Research, Vol. 30, pp. 725–730, 2000.
- Gratten–Belleue, P.E., ed., Proc. 7th Internal Conference on Alkali–Aggregate Reactions, National Research Council, Ottawa, Canada, 1987.
- Gueguen, V., Dienes, J., "Transport Properties of Rocks From Statistics and Percolation", Mathematical Geology, Vol. 21, pp. 460–463, 1989.
- Hanna, E., Luke, K., Perraton, D., Aitcirt, P,C., "Rheological Behavior of Portland Cement Pastes in the Presence of a Superplasticizer", pp. 171–188, ACI SP–119, 1989.
- Harada, S., Suzuki, Y., Maekawa, K., "Coupling Analysis of Cement Heat Generation and

Diffusion for Massive Concrete", Proceedings of JCI, pp. 209-220, 1990.

- Hearn, N., "Effect of Shrinkage and Load-Induced Cracking on Water Permeability of Concrete", ACI Materials Journal, Vol. 96, No. 2, pp. 234-241, 1999.
- Helmuth, R., "Fly Ash in cement and Concrete", Portland Cement Association, 1987.
- Hedegaard, S.E., Hansen, T.C., "Water Permeability of Fly-ash Concrete", Material and Structures, Vol. 25, pp. 381-387, 1992.
- Hewlett P.C., "Superplasticized Concrete: Partl. Concrete", Vol. 18, No. 4, pp. 31-32, 1984.
- Hillerborg, A., "A Modified Absorption Theory", Cement and Concrete Research, Vol. 15, pp. 809-816, 1985.
- Hobbs, D.W., "Aggregate Influence on Chloride lon Diffusion into Concrete", Cement and Concrete Research, Vol. 29, pp. 1995-1998, 1999.
- Hobbs, D.W., "Alkali-silica Reaction in Concrete", Thomas Telford, London, 1988.
- Hughes, D.C., "Pore Structure and Permeability of Hardened Cement Paste", Magazine of Concrete Research, Vol. 37, No. 133, pp. 227-233, 1985.
- Igarashi, S.I., Kubo, H.R., Kawamura, M., "Long-term Volume Changes and Micro-cracks Formation in High Strength Mortars", Cement and Concrete Research, Vol. 30, No. 7, pp. 943-951, 2000.
- James R Clifton Lawrence I. Knab, "Service Life of Concrete" National Bureau of Standards U.S. Department of Conference, NISTIR 89-4086, 1989.
- James R Clifton, "Predicting the Remaining Service Life of Concrete", National Bureau of Standards U.S. Department of Commerce, NISTIR 4712, 1991.
- J.M., Khatib, S.Wild, "Sulphate resistance of metakaolin mortar", Cement and Concrete Research, Vol. 28, pp. 83-92, 1998.
- Kermani, A., "Permeability of Stressed Concrete", Building Research and Information, Vol. 19, No. 16, 1991.
- Kheder, G.F., Al Rawi, R.S., Al Dhahi, J.K., "Study of the Behavior of Volume Change Cracking in Base Restraint Concrete Walls", ACI Materials Journal, Vol. 91, No. 2, pp. 150-157, 1994.
- Khan, A.A., Cook, W.D., Michell, D., "Creep, Shrinkage, and Thermal in Normal, Medium, and High-Strength Concrete during Hydration", ACI Materials Journal, Vol. 94, No. 2, pp. 156-163, 1997.
- Khayat,K.H., Nasser,K.W., Hester,W.T., "Alternative Method to Measure Air Content in Fresh Concrete," ACI Journal, pp.355-362, 1990.

- Kim, J.K., Moon, Y.H., Eo, S.H., "Compressive Strength Development of Concrete with Difference Curing Time and Temperature", Cement and Concrete Research, Vol. 28, No. 12, pp. 1761–1773, 1998.
- Kishi, T., Maekawa, K., "Hydration Heat Model for Blended Cement Including Blast Slag and Fly Ash", Proceedings of the JCI, Vol. 15, No. 1, pp. 1211–1216, 1993.
- Kishi, T., Maekawa, K., "Thermal and mechanical modelling of young concrete based on hydration process of multi–component cement minerals", Thermal Cracking and Concrete at Early Ages, RILEM, 1995.
- Koenders, E.A.B., Breugel, K.V., "Numerical Modelling of Autogenous Shrinkage of Hardening Cement Paste", Cement and Concrete Research, Vol. 27, No. 10, pp. 1489–1499, 1997.
- KS F 2408, "Method of test for flexural strength of concrete", 2000.
- KS F 2421, "Method of test for air content of fresh concrete by pressure method", 2002.
- KS F 2436, "Method of test for time of setting of concrete mixture by penetration resistance", 2002.
- KS F 2456, "Method of test for resistance of concrete to rapid freezing and thawing", 1993.
- LEA, F.M., "The Chemistry of Cement and Concrete", Chemical Publishing Company, Inc., 1998.
- Loukili, A., Chopin, D., Khelidj, A., Le Touzo, J.Y., "A New Approach to Determine Autogenous Shrinkage of Mortar at an Early Age Considering Temperature History", Cement and Concrete Research, Vol. 30, pp. 915–922, 2000.
- Malhotra, V.M. ed., Durability of Concrete, ACI SP 126, Vol.1&2, 1991.
- Malhotra, V. M. ed., Supplementary Cementing Materials for Concrete, Canmet Publ. Sp86–8E, 1987.
- Malhotra, V.M., "Fly Ash, Silica Fume, Slag, and Natural Pozzolans in Concrete", Proceedings, Second International Conference, ACI, Madrid, Spain, 1986.
- Mangat, P.S., Gurusamy, K., "Chloride Diffusion in Steel Fiber Reinforced Marine Concrete", Cement and Concrete Research, Vol. 17, No. 2, pp. 385–396, 1987.
- Mays, G., "Durability of Concrete Structures: Investigation Repair, Protection", E & FN SPON, pp.270, 1992.
- Mehta, P.K., Schiessl, P., and Raupach, M., "Performance and Durability of Concrete Systems," Proc. 9th International Congress on the Chemistry of Cements, Vol.1, New Delhi, 1992.

- Mehta, P.K., "Concrete: Structure, Properties, and Materials", Prentice-Hall, 1986.
- M.G. Fontana, "Corrosion Engineering", 3rd, McGRAW-HILL, pp.14-19, 1986.
- MINDESS, S., and J. F. Young, and David Darwin, Concrete, 2nd Edition, Prentice Hall, Inc., 2002.
- M.K., Gopalan, "Nucleation and Pozzolanic Factors in Strength Development of Class F Fly Ash Concrete", ACI Materials Journal, pp. 117-121, 1993.
- M.N., Haque, B.W., Langan, M.A. Ward, "High Fly Ash Concretes", ACI Journal, pp. 54-50, 1984.
- Oshita, H., Tanabe, T.A., "Water Migration Phenomenon Model in Cracked Concrete. I : Formulation", ASCE Journal of Engineering Mechanics, Vol. 126, No. 5, pp. 539-543, 2000.
- Oshita, H., Tanabe, T.A., "Water Migration Phenomenon Model in Cracked Concrete. II : Calibration", ASCE Journal of Engineering Mechanics, Vol. 126, No. 5, pp. 544-549, 2000.
- Otsuki, N., Nagtataki, S., Nakashita, K., "Evaluation of $AgNO_3$ Solution Spray Method for Mesurment of Chloride Penetration into Hardened Cementitious Matrix Materials", ACI Materials Journal, Vol. 89, No. 6, pp. 587-592, 1992.
- Papadakis, V.G., Vayenas, C.G., Fardis, M.N., "Physical and Chemical Characteristics Affecting the Durability of Concrete", ACI Journal, pp.186-195, 1991.
- Papadakis, V.G., Vayenas, C.G., Fardis, M.N., "Experimental Investigation and Mathematical-Modelling of the Concrete Carbonation Problem", Chemical Engineering Science, Vol. 46, pp. 1333-1338, 1991.
- Parker, K.M., Roy, D.M., "Porosity, Permeability and Microstructure of Portland- Blast Furnace Slag Cement Pastes", American Ceramic Society Bulletin, Vol. 61, p.345, 1982.
- Pigeon, M., Lachance, M., "Critical Air Void Spacing Factors for Concrete Submitted to Slow Freeze-Thaw Cycles", ACI Journal, pp.282-291, 1981.
- Rachel J. Detwiler, P. Kumar Mehta, "Chemical and Physical Effects of Silica Fume on the Mechanical Behavior of Concrete", ACI Materials Journal, pp. 609-614, 1989.
- Ramachandran, V.S., ed., "Concrete Admixtures Handbook", Noyes Publications, 1984.
- Rasheeduzzafar, "Reinforcement Corrsion Resisting Characteristics of Silica Fume Blended-Cement Concrete", ACI Materials Journal, pp. 337-344, 1992.
- Ravindra K. Dhir, Andrew W, F. Yap, "Superplasticized Flowing Concrete: Durability Properties", Magazine of Concrete Research, Vol. 36, No. 127, 1984.
- Ravindra K. Dhir, Andrew W, F. Yap, "Superelasticized Flowing Concrete: Strength and Deformation Properties", Magazine of Concrete Research, Vol. 36, No. 129, 1984.

- R.D. Hooton, "Influence of Silica Fume Replacement of Cement on Physical Properties and Resistance to Sulfate Attack, Freezing and Thawing, and Alkali-Silica Reactivity", ACI Materials Journal, pp.143-151, 1993.
- Reinhardt, H.W., Gaber, K., "From Pore Size Distribution to an Equivalent Pore Size of Cement Mortar", Materials and Structures, Vol. 23, pp. 3-15, 1990.
- R.F. Feldman, Cheng-yi Huang, "Properties of portland cement-silica fume pastes I. Porosity and surface properties", Cement and Concrete Research, Vol. 15, No. 5, pp. 765-774, 1985.
- R.J. Dewiler, K.O. Kjellsen, O.E. GjΦrv, "Resistance to Chloride Intrusion of Concrete Cured at Different Temperature", ACI Materials Journal, pp.19-24, 1991.
- Robert L. Day, "The Effect of Secondary Ettringite Formation on the Durability of Concrete: A Literature Analysis", PCA Research and Development Bulletin RD108T, 1992.
- Samson, E., Marchand, J., Beaudoin, J.J., "Describing Ion Diffusion Mechanism in Cement-based Materials using the Homogenization Technique", Cement and Concrete Research, Vol. 29, pp. 1341-1345, 1999.
- Scherer, G.W., "Structures and Properties of Gels", Cement and Concrete Research, Vol. 29, pp. 1149-1157, 1999.
- Setzer, M.T., "A Model of Hardened Cement Paste for Linking Shrinkage and Creed Phenomena", fundamental Research on Creep and Shrinkage of Concrete Edited by F.H. Wittmann, Martinus Nijjhoff Publishers, 1982.
- S. Gime nez, S. Garci a, M.T. Blanco, A. Palomo, "The Behaviour of a Low Energy in Na2SO4 and Sea Water Media," Cement and Concrete Research, Vol. 22, pp. 793-803, 1992.
- Skalny, J.P., ed., Material Science of Concrete, Vol.1, The American Ceramic Society Inc., 1989.
- Smaha, H.R, Hover, K.C., "Influence of Microcracking on the Mass Transport Properties of Concrete", ACI Materials Journal, Vol. 89, No. 4, pp. 416-424, 1992.
- Suryavanshi, A.K., Scantlebury, J.D., Lyon, S.B., "Pore Size Distribution of OPC & SRPC Mortars in Presence of Chlorides", Cement and Concrete Research, Vol. 25, No. 5, pp. 980-988, 1995.
- Swamy, R.N., ed., "Cement Replacement Materials", Surrrey Univ. Press, 1986.
- Swamy, R.N., Al-Asali, M.M., "Engineering Properties of Concrete Affected by Alkali-Silica", ACI Journal, pp.357-374, 1988.
- S.Wild, J.M, Khatib, "Portlandite consumption in metakaolin cement pastes and mortars",

Cement and Concrete Research, Vol. 27, pp. 137-146, 1997.

- Steven H. Gebler, Albert Litvin, William J. Mclean, and Ray Schutz, "Durability of Dry-Mix Shotcrete Containing Rapid-Set Accelerators", ACI Materials Journal, Vol.89, No. 3, pp. 259-262, 1992.
- Tang, L., Nilsson, L.O., "A Study of the Quantitative Relationship Between Permeability and Pore Size Distribution of Hardened Cement Pastes", Cement and Concrete Research, Vol. 22, pp. 541-550, 1992.
- Tang, L, Nilsson. L.O., "Rapid Determination of the Chloride Diffusivity in Concrete by Applying and Electrical field", ACI Materials Journal, Vol. 89, No. 1, pp. 49-53, 1992.
- Tang, L., Nilsson, L.O., "A Numerical Method for Prediction of Chloride Penetration into Concrete Structure", The Modelling of Microstructure and Its Potential for studying Transport Properties and Durability, pp. 539-552, 1996.
- Tang, L., "Electrically Accelerated Methods for Determining Chloride Diffusivity in Concrete-Current DeveloDment", Magazine of Concrete Research, Vol. 48, No. 176, pp. 173-179, 1996.
- Tang, L., "Concentration Dependence of Diffusion and Migration of Chloride lons; Part 1. Theoretical Considerations", Cement and Concrete Research, Vol. 29, pp. 1463-1468, 1999.
- Tang, L., "Concentration Dependence of Diffusion and Migration of Chloride lons; Part 2. Experimental Evaluations", Cement and Concrete Research, Vol. 29, pp. 1469-1474, 1999.
- Thomas, M.D.A., Bamforth, P.B., "Modelling Chloride Diffusion in Concrete Effect of Fly Ash and Slag", Cement and Concrete Research, Vol. 29, pp. 487-495, 1999.
- Taylor, H.W.F., "Cement Chemistry", Academic Press, Inc., San Diego, CA, 1990.
- Tuutti K., "Service Life of Structures with Regard to Corrosion of Embedded Steel", American Concrete Institute, Performance of Concrete in Marine Environment SP-65, pp. 223-236, 1980.
- Uji, K., Matsuoka, Y., Maruya, T., "Formulation of an Equation for Surface Chloride Content of Concrete due to Permeation of Chloride", Corrosion on Reinforcement in Concrete, Society of Chemical Industry, pp. 258-267, 1990.
- Van Vlack, L. H., Elements of Material Science and Engineering, 6th ed., Addison Wesley Publishing Company, Inc., Reading, Mass., 1989.
- Vipulanandan, C., Liu, J., "Glass-fiber Mat-reinforced Epoxy Coating for Concrete in

Sulfuric Acid Environment", Cement and Concrete Research, Vol. 32, pp. 205–210, 2002.

- Wang, K., Jansen, D., Shah, S.P., Karr, A., "Permeability Study of Cracked Concrete", Cement and Concrete Research, Vol. 27, pp. 381–393, 1997.
- Wee, T.H., Wong, S.F., Swaddiwudhipong, S., Lee, S.L., "A Prediction Method for Long-Term Chloride Concentration Profiles in Hardened Cement Matrix Materials", ACI Materials Journal, Vol. 94, No. 5, 1997.
- Welty, J.R., Wicks, C.E., Wilson, R.E., "Fundamentals of Momentum", Heat and Mass Transfer, pp. 112–117, 3rd Ed., John Wiley &Sons, 1984.
- Whiting D., "Rapid Determination of the Chloride lon Permeability of Concrete", Federal Highway Administration, Final Report No. FHWA/RD-81/119, 1981.
- Xiaofeng Cong, Shanglong Gong, David Darwin, Steven L. McCabe, "Role of Silica Fume in Compressive Strength of Cement Paste, Mortar, and Concrete", ACI Materials Journal, pp.375–397, 1992.
- Xi, Y., "A model for Moisture Capacities of Composite Materials. Part I: Formulation", Computational Materials Science, Vol. 4, pp. 65–77, 1995.
- Xi, Y., "A model for Moisture Capacities of Composite Materials. Part II : Application to Concrete", Computational Materials Science, Vol. 4, pp. 78–92, 1995.
- Xie Ping, J.J., Beaudoin, "Modification of transition zone microstructure silica fume coation of aggregate surfaces", Cement and Concrete Rearch, Vol.22, pp. 597–604, 1992.

부 록

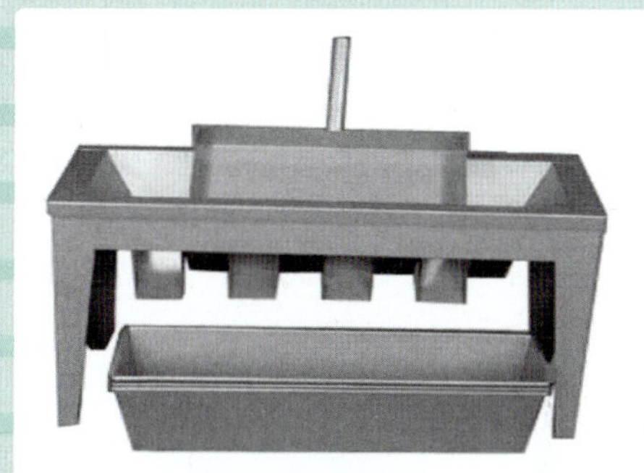

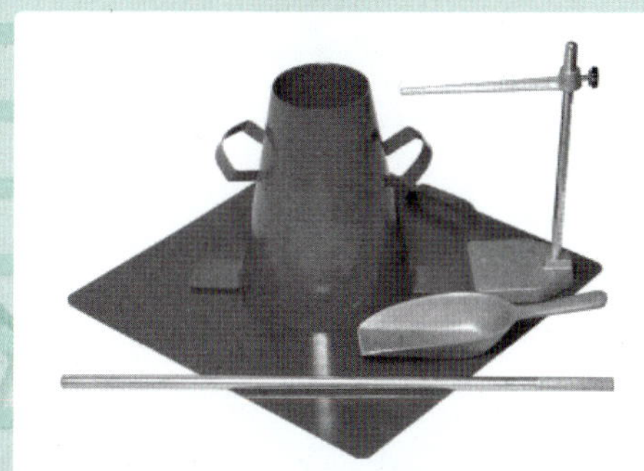

부록 / I ■ 재료실험법

① 시멘트

1.1 시멘트의 비중 시험방법

(Testing method for specific gravity of hydraulic cement, KS L 5110)

1. 적용범위 및 시험목적

(1) 콘크리트의 배합설계에서 시멘트가 차지하는 용적을 계산하기 위하여 그 비중을 알아둘 필요가 있다.

(2) 비중의 시험값으로 시멘트 풍화의 정도를 알 수 있다.

(3) 비중의 시험값에 의해 시멘트의 품종과 혼합시멘트에 있어서 혼합하는 재료의 함유비율을 추정할 수 있다.

(4) 혼합시멘트의 분말도시험(브레인 방법)을 행할 때 시료의 양을 결정하는데 비중의 실측값이 이용된다.

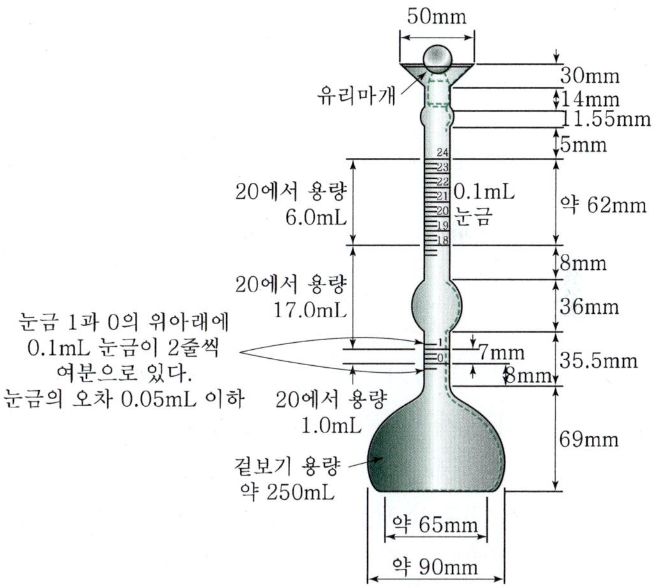

그림 1.1 르샤틀리에 비중병

2. 시험기구

(1) 르샤틀리에 비중병(Le Chatelier Flask, 그림 1.1 참조)

(2) 천평 : 칭량 200g, 감량 0.2g

(3) 철사 및 마른걸레

(4) 항온수조 : 비중병을 넣어 20±0.2℃ 이내의 일정온도로 조절할 수 있는 것
(5) 광유 : 온도 23±2℃에서 비중 약 0.73 이상인 완전히 탈수된 등유나 나프타

3. 시험방법

(1) 비중병의 눈금 0～1mL눈금선까지 광유를 채우고 가는 부분의 내면을 마른 걸레로 닦는다.
(2) 비중병을 항온수조에 정치시키고 30분에서 1시간 후에 눈금을 읽는다.
(3) 시멘트(포틀랜드 시멘트는 64g)를 소수점 이하 1자리까지 정확히 저울에 단다.
(4) 시멘트를 조금씩 조심스럽게 병에 넣는다.
(5) 시멘트를 다 넣었으면 적당히 진동을 주어 비중병 속의 공기를 충분히 제거한다.
(6) 다시 비중병을 항온수조에 정치하여 처음 눈금을 읽었을 때와 같은 온도에서 비중병의 눈금을 읽는다.
(7) 다음 식에 의해서 비중을 산출하며 소수점 이하 셋째자리를 반올림해서 둘째자리까지 구한다.

$$\text{시멘트의 비중} = \frac{\text{시멘트의 중량}(g)}{\text{비중병 눈금의 차}(cc)}$$

4. 주의 및 참고사항

(1) 광유액면의 눈금을 읽을 때는 미니스커스(miniscus)의 최저면을 읽는다.
(2) 시료를 병에 넣을 때 흩어지지 않고 또 액면 윗부분의 비중병 내부에 묻지 않도록 하며 기름을 위로 올려서 구부가 막히지 않도록 한다. 만일 막힐 때나 병 내면에 부착되었을 때는 병 밑바닥을 가볍게 두들기거나 경사지게 하여 떨어뜨리면 좋다.
(3) 공기를 제거하기 위해서는 병이 파손되지 않을 정도로 진동을 준다.
(4) 광유의 온도가 1℃ 변하면 용적이 약 0.2mL 변화하고 비중이 약 0.02의 차가 생기므로 시멘트를 넣기 전후의 광유의 온도차는 0.2℃를 넘어서는 안된다.
(5) 비중시험은 동일한 재료에 대하여 2회 이상 행하고 ±0.03 이내이어야 한다.
(6) 비중의 값은 그 평균치를 취한다.
(7) 사용 후의 비중병은 광유를 사용하여 잘 청소한다.
(8) 풍화에 의한 비중변화의 한 예를 표 1.1에 나타냈다.

표 1.1 시멘트의 저장기간과 비중의 변화

저장기간(월)	0	1	2	3	6	9
비중	3.14	3.14	3.11	3.09	3.10	3.11

1.2 공기투과장치에 의한 시멘트의 분말도 시험방법

(Testing method for fineness of portland cement by air permeability apparatus, KS L 5106)

1. 적용범위 및 시험목적

이 시험은 시멘트의 분말도를 측정할 목적으로 행한다. 시멘트 입자의 미세한 정도는 콘크리트의 모든 성질에 영향을 미치는 중요한 성질이다.

2. 시험기구

(1) 브레인 공기투과장치 세트(그림 1.2)
(2) 스톱 워치(stop watch)
(3) 여과지
(4) 천평 : 칭량 100g, 감량 0.005g
(5) 마노미터(manometer)액
(6) 붓 및 숟가락
(7) 시료병

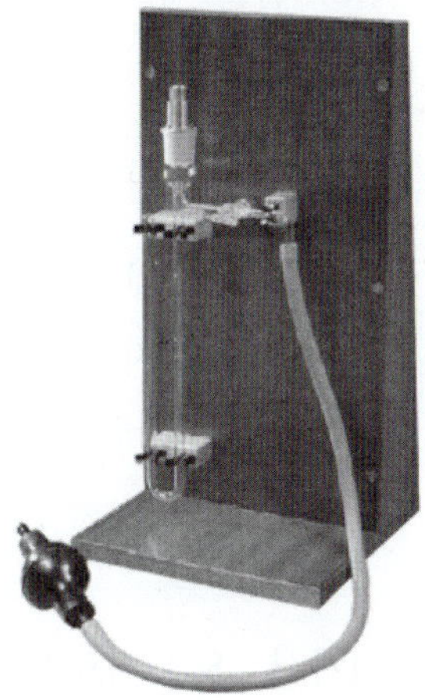

그림 1.2 브레인 공기투과장치

3. 시험방법

(1) 미국 표준국 표준시료 No.114를 (2)항에서 (15)항에 준하여 측정하고 매회 새로운 시멘트 베드를 형성하고, 3회 이상 행하여 그 평균값을 구한다(표준화 시험).

(2) 시료 시멘트 약 100g을 100cc의 시료병에 넣고 밀봉하여 약 2분간 심하게 흔들어서 덩어리를 잘 풀어 놓는다.

(3) 저울에 다는 시료의 양은 다음 식에 따라 계산하고 시료를 0.005g까지 정확히 칭량한다.

$$W = \rho V(1-e)$$

여기서, W : 저울에 달 시료의 중량(g)
ρ : 시멘트의 비중(보통포틀랜드시멘트는 3.15로 한다)
V : 셀(cell) 중의 시멘트 베드가 차지하는 체적(cc)
e : 시멘트 베드의 기공률(porosity)(보통포틀랜드시멘트의 경우는 0.500 ± 0.005로 한다.)

(4) 셀(cell)을 마노미터(manometer)에서 떼고 플런저를 빼내어 셀의 밑바닥에 유공금속판을 바르게 접촉시켜 넣는다.

(5) 유공금속판 위에 여과지 1장을 포개어 놓는다.

(6) 셀에 깔때기를 대고 시료를 서서히 흘리지 않도록 넣는다.

(7) 깔때기에 부착한 시멘트는 붓으로 떨어뜨리고 조용히 깔때기를 치운다.

(8) 셀 측면을 붓으로 가볍게 두들겨 시료를 고르게 한다.

(9) 다시 별도의 여과지를 시료의 위에 넣는다.

(10) 플런저의 턱이 셀의 위쪽에 닿을 때까지 플런저를 가볍게 누른다.

(11) 플런저를 가만히 빼낸다.

(12) 셀을 마노미터 윗부분에 끼워 넣는다.

(13) 고무구를 오른손으로 쥐고 왼손으로 콕크(cock)를 연다.

(14) 고무구를 쥐었던 손을 서서히 떼어, U자관 내에 액체의 윗면을 제1표선까지 올리고 콕크를 닫는다.

(15) 액체의 윗면이 2표선에 오면 스톱워치(stop watch)를 누르고 3표선까지 강하하는 시간(t)을 0.5초까지 정확하게 측정한다. 이때의 실험실온도를 기록한다.

(16) 보통포틀랜드시멘트의 비표면적은 다음과 같이 산출한다.

$$S = S_0 \sqrt{t/t_0}$$

여기서, S : 시료시멘트의 비표면적(cm^2/g)

S_0 : 표준 시료의 비표면적(cm^2/g)

t : 시료시멘트를 베드로 한 때의 2표선에서 3표선까지 강하하는 시간(sec)

t_0 : 표준시료를 베드로 한 때의 2표선부터 3표선까지 강하하는 시간(sec)

4. 주의 및 참고사항

(1) 셀 중의 플런저를 급하게 밀어 넣으면 시료가 밀려 나온다.

(2) 여과지는 언제나 같은 크기의 것을 만든다.

(3) 셀과 마노미터의 밀착부 및 콕크에는 그리스(grease)를 엷게 바르고 공기가 통하지 않도록 한다.

(4) 2표선 및 3표선의 읽음은 마노미터의 뒤에 있는 거울을 통하여 정확한 눈금의 위치로 한다.

(5) 비표면적시험은 매회 새로운 베드를 만들어 2회 이상 행하고 2% 이내에서 일치한 것의 평균치를 취한다. 단, 정수 1위를 반올림하여 0으로 한다.

(6) 시멘트 및 장치는 실내온도로 유지하고 표준화시험 때와 시료시멘트 때의 온도가 ±3℃ 이상의 차가 있어서는 안된다.

(7) 표준화시험은 셀, 플런저의 마모, 마노미터액의 오염, 증감이 있는 경우 그때마다 행하지 않으면 안된다.

(8) 시멘트 베드의 체적(V)는 다음 식에 의해 구한다.

$$V = \frac{W_a - W_b}{D}$$

여기서, V : 시멘트 베드의 체적(cm^3)

W_a : 셀에 유공금속판과 여과지 2장을 넣고 수은을 채운 윗면을 수평하게 했을 때의 수은의 중량(g)

D : 시험온도에 있어서의 수은의 밀도(표 1.2 참조)

체적의 각 회의 측정치가 $\pm 0.005cm^3$의 정도로 합치한 것의 평균을 취한다.

표 1.2 수은의 밀도

실내온도(℃)	수은의 밀도(g/㎤)	실내온도(℃)	수은의 밀도(g/㎤)
16	13.56	26	13.53
18	13.55	28	13.53
20	13.55	30	13.52
22	13.54	32	13.52
24	13.54	34	13.51

(9) 조강포틀랜드시멘트 베드의 가공율은 0.530 ± 0.005로 한다.

고로시멘트, 실리카시멘트 및 플라이애시 시멘트의 경우 : 0.510 ± 0.005

(10) 보통포틀랜드시멘트 이외의 시멘트의 비표면적은 다음 식에 의해 구한다.

조강포틀랜드시멘트의 경우 : $S = 1.115 S_0 \sqrt{t/t_0}$

중용열포틀랜드시멘트의 경우 : $S = 0.984 S_0 \sqrt{t/t_0}$

고로시멘트, 실리카시멘트 및 플라이애시 시멘트의 경우 : $S = 3.310 \dfrac{S_o}{\rho} \sqrt{t/t_0}$

(여기서, ρ : 시멘트의 비중)

비중은 보통포틀랜드시멘트의 경우에는 3.15, 조강포틀랜드시멘트의 경우는 3.12, 중용열포틀랜드시멘트의 경우는 3.20으로 하고 고로시멘트, 실리카시멘트 및 플라이애시시멘트의 경우는 실측한 값으로 한다.

1.3 시멘트의 응결시간 시험방법

(Testing method for setting time of hydraulic cement, KS L 5103, KS L 5108)

1. 적용범위 및 시험목적

(1) 시멘트의 응결시간을 측정함으로써 콘크리트의 응결시간도 추정할 수 있기 때문에 운반, 타설, 다짐 등의 시공계획을 세울 때 참고가 된다.

(2) 시멘트의 풍화와 이물의 혼입 등에 의해 비정상적으로 된 경우 시멘트의 응결시험으로 이것을 알 수 있다.

(3) 양생방법에 의한 응결시간의 변화를 측정할 수 있다.

(4) 응결시간을 조정할 목적으로 사용하는 혼화제의 효과를 시험하기 위하여 시험한다.

2. 시험기구

1 비카트(Vicat) 장치에 의한 경우

(1) 비카트 장치 세트(그림 1.3)

(2) 천평 : 칭량 1kg, 감량 1g

(3) 모르타르 믹서

(4) 메스실린더 : 용량 200cc, 최소눈금 1cc

(5) 습기함 또는 습기실(굳지 않도록 보관하는 장소)

(6) 시계, 시멘트용 칼, 유리판, 젖은 걸레, 온도계, 흙손

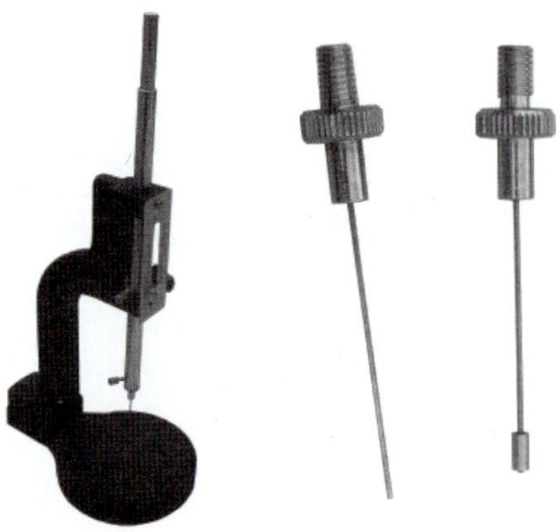

그림 1.3 비카트 장치 및 침

그림 1.4 길모아 장치

2 길모아 침(Gillmore needles)에 의한 경우

(1) 길모아 장치(그림 1.4)

초결침 : 무게 113.4±0.5g, 지름 2.12±0.05mm

종결침 : 무게 453.6±0.5g, 지름 1.06±0.05mm

(2) 기타는 비카트 장치에 의한 경우와 같음

3. 시험방법

1 표준반죽질기의 시멘트 풀을 만드는 방법

(1) 시멘트 500g을 저울에 단다.

(2) 표준반죽질기를 얻기에 적당한 물의 양을 메스실린더로 재어서 혼합용기 안에 넣는다.

(3) 시멘트를 넣고 물을 흡수하도록 30초 동안 둔다.

(4) 혼합기를 시동하여 30초 동안 제1속으로 혼합한다.

(5) 혼합기를 정지하고 15초 동안에 시멘트 반죽 전부를 스크레이퍼(scraper)로 긁어내려 모아 놓는다.

(6) 혼합기를 제2속으로 시동하여 1분간 혼합한다.

(7) (1)항에서 (6)항에 따라 준비된 시멘트 반죽을 고무장갑을 낀 손으로 속히 구형으로 만들고 두 손을 약 150mm 간격으로 벌려 한손에서 다른 손으로 6번 던진다.

(8) 한쪽 손바닥 위에 올려놓은 구형의 시멘트 반죽을 다른 손에 쥔 원추형 링 A(그림 1.3)의 큰 쪽으로 밀어 넣어 링(ring)을 반죽으로 완전히 채운다.

(9) 링의 큰 쪽 끝에 있는 여분의 시멘트 반죽을 손바닥으로 한 번에 떼어낸다.

(10) 링의 큰 쪽 끝을 밑으로 하여 유리판 위에 놓고 작은 쪽 끝에 있는 여분의 반죽은 링의 윗면에 대하여 조금 기울여 잡은 예리한 흙손 날로 한 번에 경사지게 문질러 링 윗부분을 잘라낸다.

(11) 예리한 흙손 날로 몇 번 가볍게 대어 윗면을 매끄럽게 한다.

(12) 판 위에 올려놓은 링 안에 넣은 반죽은 로드(rod) B의 밑에 중심을 맞추고 그플런저의(이때 플런저는 거꾸로 꽂으면 된다.) 끝 C(플런저의 굵은 끝의 지름 10±0.05mm)를 반죽의 표면에 접촉시켜 멈춤 나사 D를 조인다.

(13) 가동지침 E를 눈금자 위쪽에 있는 0표에 맞추거나 처음 위치의 눈금을 읽어 둔다.

(14) 혼합이 끝난 30초 뒤에 로드(rod)를 풀어 넣는다.

(15) 처음면에서 10±1mm 점까지 내려갔을 때를 표준반죽질기로 한다.

(16) 표준반죽질기를 얻을 때까지 물의 양을 변경하여 시험반죽을 만든다.

(17) 각 시험반죽은 새로운 시멘트로 만들어야 한다.

(18) 표준반죽질기를 얻은 시험체는 곧 습기함이나 습기실에 넣어두고 응결시험을 할 때 외에는 꺼내지 않는다(비카트 장치에 의한 실험에 한함).

2 비카트 장치에 의한 응결시간의 측정

(1) 비카트 장치의 플런저를 다시 바꾸어 꽂아 위로 가게하고 밑에는 지름 1mm의 표준침 F로 바꾸어 낀다.
(2) 플런저와 강하하는 표준침과의 전 중량은 300±0.5g로 한다.
(3) 습기함에서 꺼낸 시험체를 30분 후부터 15분마다(조강포틀랜드시멘트는 10분마다)1mm의 침으로 30초 동안 25mm의 침입도를 얻을 때까지 시험한다. 그리고 반죽후 이때까지의 시간을 응결시간으로 한다.
(4) 침입도 시험에는 로드(rod)의 아래에 있는 침의 끝을 시멘트 반죽의 표면에 접촉시킨다.
(5) 멈춤나사를 조이고 눈금자의 지침을 0표에 맞추든지 혹은 처음 위치의 눈금을 읽어둔다.
(6) 멈춤나사를 풀어 로드(rod)를 풀어 놓고 30초 동안 바늘이 내려가도록 하여 침입도를 결정한다.

3 길모아 침에 의한 응결시간의 측정

(1) 표준반죽질기의 시멘트 반죽을 약 100mm 정사각형의 유리판 위에 지름이 약 75mm, 중앙면의 두께가 약 13mm이고 바깥쪽으로 갈수록 점점 얇은 패드(pad)를 만든다(그림 1.5 참조).

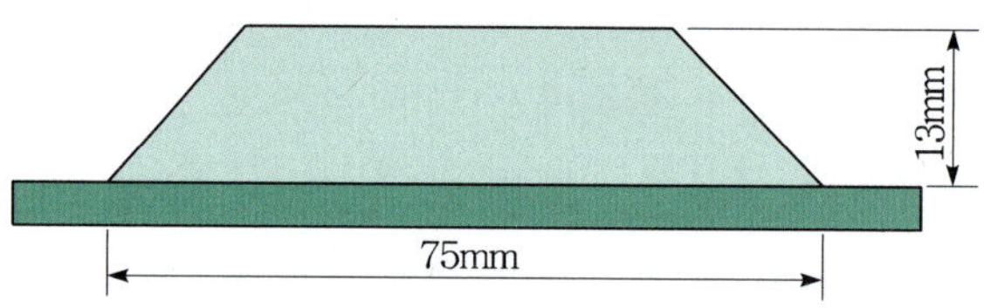

그림 1.5 응결시험을 위한 시멘트풀의 패드

패드를 만드는 데는 처음에 시멘트 반죽을 유리판에 놓고 패드를 바깥쪽에서 안쪽으로 훑는 것 같이 흙손질을 하여 만든 뒤에 윗면을 평평하게 한다.
(2) 패드는 습기함이나 습기실에 넣고 응결시간을 측정하는 시간 외에는 정치하여 둔다.
(3) 응결시간의 결정은 침을 수직의 위치로 놓고 패드의 표면에 가볍게 댄다. 알아볼만한 흔적을 내지 않고 패드가 초결침을 받치기 시작할 때를 응결 시작(初結)으로 하고 종결 침을 받치기 시작할 때를 응결의 끝(終結)으로 한다.

4. 주의 및 참고사항

(1) 반죽판, 건조시멘트, 몰드 및 밑판 부근의 공기 온도는 20 ~ 27.5℃로 유지하여야한다.
(2) 혼합수의 온도는 23±2℃의 범위 내에 있어야 한다.
(3) 실험실의 표준습도는 50% 이상이어야 한다.
(4) 실험실의 표준습도는 실험체를 90% 이상의 표준습도에서 저장할 수 있는 구조이어야 한다.

(5) 비카트 장치에 의한 침입도 시험은 이미 시험한 곳의 어떤 곳에서나 6mm 이내로 접근시키면 안되며, 몰드 내면에 9mm 이내로 접근시켜도 안된다.

1.4 시멘트 모르타르의 압축강도 시험방법

(Testing method for compressive strength of hydraulic cement mortar, KS L 5105)

1. 적용범위 및 시험목적

(1) 이 시험방법은 50mm의 입방 시험체를 사용한 수경성시멘트 모르타르의 압축강도 시험에 적용한다.
(2) 시멘트의 강도시험은 그 시멘트가 갖는 강도를 알고 품질검사와 동시에 그 시험결과로부터 동일 시멘트를 사용하여 만든 콘크리트 강도를 어느 정도 추정하기 위하여 행한다.
(3) 시멘트는 주로 콘크리트로 사용되기 때문에 강도시험은 모르타르에 의해 행한다.
(4) 모르타르에 표준사를 사용하는 것은 사용모래의 차이에 의한 영향을 배제하여 시험조건을 일정하게 하기 위함이다.

2. 시험기구

(1) 저울 : 용량 2kg
(2) 표준체 : 297μm, 595μm
(3) 메스실린더 : 250ml, 500ml

그림 1.6 모르타르 믹서

그림 1.7 모르타르 플로우 테이블

(4) 시험체 성형용 몰드 : 50mm 입방체
(5) 혼합기, 혼합용기 및 패들(paddle)(그림 1.6)
(6) 플로우 테이블(flow table) 및 플로우 몰드(flow mold)(그림 1.7)
(7) 다짐봉 : 단면 13×25mm, 길이 120 ~ 150mm
(8) 흙손 : 길이 100 ~ 150mm
(9) 습기함(curing box), 양생수조
(10) 캘리퍼(caliper)
(11) 표준사
(12) 고무장갑
(13) 유압형이나 스크루(screw)형의 압축시험기

3. 시험방법

1 모르타르를 만드는 방법

(1) 표준모르타르의 배합은 시멘트와 표준사를 1 : 2.45의 무게비로 섞는다. 6개의 시험체를 한배치(batch)로 한 번에 반죽할 재료의 양은 시멘트 510g에 표준사 1250g이다.
(2) 혼합수의 양은 포틀랜드시멘트를 사용하는 경우 시멘트 무게의 48.5%로 하며 기타 시멘트는 ml로 계량하고 플로우가 100 ~ 115가 될 만한 양으로 하고 시멘트의 무게에 대한 백분율로 표시한다.
(3) 혼합수가 전량을 혼합용기 속에 넣는다.
(4) 시멘트를 혼합용기 안에 넣고 혼합기를 시동하여 제1속으로 30초 동안 혼합한다.
(5) 제1속으로 혼합하고 있는 동안에 표준사 전량을 서서히 가한다.
(6) 혼합기를 정지하고 제2속으로 바꾸어 30초 동안 혼합한다.
(7) 혼합기를 정지하고 모르타르를 90초 동안 방치한다. 이 기간의 처음 15초 동안에 용기의 측면에 부착한 모르타르를 전부 배치안에 스크레이퍼(scraper)로 긁어내리고 이 기간의 나머지 시간 동안에는 용기에 뚜껑을 덮어둔다.
(8) 제2속으로 1분 동안 혼합한 후 혼합을 끝낸다.
(9) 재혼합을 요할 때에는 용기의 후면에 부착한 모든 모르타르를 재혼합 전에 스크레이퍼를 가지고 속히 배치 안으로 긁어내려야 한다.

2 플로우시험(flow test)

모르타르의 반죽질기를 결정하기 위하여 플로우시험을 한다.

(1) 플로우 테이블의 윗면을 깨끗이 마르게 주의해서 닦고 플로우 몰드를 중앙에 놓는다.
(2) 모르타르를 25mm 두께의 층으로 하여 몰드 안에 넣고 다짐봉으로 20번 찧는다.
(3) 찧는 압력은 몰드에 균일하게 차는데 꼭 충분하도록 한다.
(4) 다음에 모르타르로 몰드를 채우고, 처음 층에서와 같이 찧는다.
(5) 이어서 모르타르를 평면으로 잘라내고, 몰드의 윗면에 맞추어 흙손의 곧은 날로 몰드의 면에 거의 직각이 되도록 세우고 몰드의 윗면을 따라서 톱질운동으로 평평하게 한다.
(6) 테이블 윗면을 깨끗이 마르게 닦고 특히 플로우몰드의 변두리에서 물기를 완전히 없앤다.
(7) 반죽을 끝마친 후 1분 뒤에 몰드를 모르타르로부터 들어 올린다.
(8) 즉시 테이블을 15초 동안에 25회, 12.7mm의 높이로 낙하시킨다.
(9) 플로우는 모르타르 평균 밑지름 증가를 적어도 거의 같은 간격으로 4개의 지름을 측정하여 이것을 원지름의 백분율로 하여 표시한다.
(10) 규정된 플로우를 얻을 때까지 물의 백분율을 변경하여 시험모르타르를 만든다.
(11) 각 시험모르타르는 새로운 시료로 모르타르를 만들어야 한다.

3 시험체의 성형

(1) 플로우시험이 끝나는 즉시 모르타르를 플로우몰드로부터 혼합용기에 쏟는다.
(2) 혼합용기의 벽에 붙은 모르타르를 속히 긁어내려 용기 안에 넣고 전 배치를 보통 속도로 15초간 반죽한다.
(3) 모르타르 배치의 처음 반죽이 끝난 뒤로부터 2분 15초 이내에 시험체 성형을 시작한다.
(4) 두께 약 25mm 모르타르층을 전부의 입방체 칸 안에 넣는다.
(5) 각 입방체 칸 안의 모르타르에 대하여 약 10초 동안에 4바퀴로 32회 찧는다. 한 바퀴마다 직각으로 방향을 바꾸고 아래 그림에 표시한 대로 시험체 전면에 8회의 인접한 찧기를 한다. 찧는 압력은 모르타르 몰드에 균일하게 차는데 꼭 충분하도록 한다.
(6) 네 바퀴의 모르타르 찧기(32회 찧기)는 하나의 입방체를 끝낸후 다음 것으로 옮긴다.
(7) 전부의 입방체 칸에 대하여 제1층의 찧기를 끝내고, 모든 칸에 나머지의 모르타르를 채우고 제1층을 규정한대로 찧는다.
(8) 제2층을 찧는 동안 한 바퀴마다 장갑을 낀 손가락과 다짐봉으로 밀려나온 모르타르를 몰드 안에 넣는다.
(9) 몰드 윗면에 밀려나온 모르타르는 흙손으로 밀어 넣고 흙손의 평평한 면을(진행방향의 날을 약간 올리고) 몰드의 길이 방향에 대하여 직각으로 각 입방체의 윗부분을 한번 건너 당김으로써 입방체를 고르게 한다.
(10) 흙손의 곧은 날을 몰드에 대하여 직각으로 대고 몰드의 길이에 따라서 톱질운동을 하며 당김으로써 몰드의 윗면과 같은 면으로 모르타르를 잘라 맞춘다.

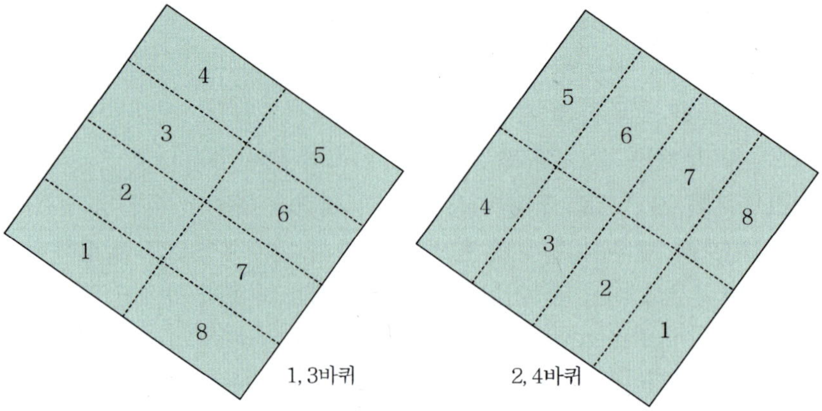

그림 1.8 시험체를 성형할 때 찧는 순서

4 시험체의 시험

(1) 모든 시험체의 성형이 끝난 즉시 몰드에 넣은 그대로 밑판에 얹어서 습기함이나 습기실에 20 ~ 24시간 보관한다. 이때 윗부분 표면은 습기에 노출시키고 물방울이 떨어지지 않도록 주의한다.

(2) 24시간 이전에 시험체를 몰드에서 빼어 냈을 때는 24시간이 될 때까지 습기함이나 습기실 선반 위에 보관하고 24시간 시험을 할 때만 제외하고는 시험체를 불침식성 재료로 만든 저장용 수조의 깨끗한 물에 담가 놓는다.

5 압축강도 시험

(1) 24시간 시험체에 대하여는 습기함에서 꺼내어 놓은 직후 그 이외의 시험체는 양생수조에서 꺼내는 직후에 시험을 한다.

(2) 24시간 시험을 하기 위하여 습기함에서 1개보다 많은 시험체를 끄집어냈을 때는 이것들을 시험할 때까지 젖은 헝겊으로 덮어 놓아야 한다.

(3) 각 시험체는 표면이 건조상태가 되도록 물기를 닦고 시험기의 지지블록(bearing block)이 접촉할 면에 붙어 있는 모래알이나 다른 부착물을 없게 한다. 이들 면은 곧은자를 써서 검사한다. 만약 눈에 보일 만큼 굽어 있으면 그 면을 평평하게 만들든지 그 시험체를 버린다.

(4) 하중은 몰드의 정확한 평면과 접촉하고 있는 시험체 면에 대하여 재하한다.

(5) 시험체는 시험체의 윗부분 지지블록의 중심에 맞추도록 한다.

(6) 예측하는 최대하중이 13.5kN 이상의 시험체에 대하여는 그 예측하는 초기부하의 1/2까지는 임의의 속도로 하여도 좋다. 예측하는 최대하중이 13.5kN보다 작은 시험체에 대하여는 초기부하를 가해서는 안된다. 따라서 하중 부하의 속도는 그 나머지 하중을(예측하는 최대하중이 13.5kN보다 작을 때는 전하중) 끊임없이 가하여 시험체가 파괴되도록 한다.

(7) 이때 최대하중이 20초 이상 80초 이내에 미치는 속도로 가한다.
(8) 시험기가 표시한 최대 총 하중을 기록하고 그 압축강도를 MPa로 계산한다.
(9) 압축강도를 결정하는 데 있어서 명백한 불완전 시험체 또는 같은 시료, 같은 시간에 시험한 전 시험체 중에서 평균값보다 10% 이상의 강도차가 있는 시험체는 압축강도의 계산에 넣지 않는다.

4. 주의 및 참고사항

(1) 플로우시험시 규정된 플로우를 얻지 못할 경우에는 각 시험 모르타르는 새로운 시료로 만들어야 한다.
(2) 시험체를 성형할 때 몰드 윗면의 주위에 그리스(grease) 등을 두껍게 발라 모르타르에서 분리된 물이 흘러나오지 않도록 한다.
(3) 양생용 수조의 물은 자주 바꾸어 넣어 깨끗이 해 놓아야 한다.
(4) 반죽판, 건조재료, 몰드, 밑판 및 혼합용기 부근의 공기온도는 20 ~ 27.5℃ 로 유지하여야 한다.
(5) 습기함 또는 양생수조의 온도는 23±2℃ 이어야 하며 습기함의 습도는 90% 이상이어야 한다.
(6) 압축강도 시험시 쿳숀재나 벳재는 사용하면 안된다.
(7) 시험체의 수는 규정된 시험의 각 재령에 대하여 3개 이상씩 만들어야 한다.
(8) 강도 시험용 표준사의 규격은 표 1.3과 같다.

표 1.3 강도시험용 표준사(KS L 5110)

항목 / 구분	입도(잔분, %)			이토량 (%)	단위용적중량 (kg/l)
	No.20(841μ)	No.30(595μ)	No.50(297μ)		
압축강도시험용	–	1.0 이하	95.0 이상	0.4 이하	1.53~1.60
인장강도시험용	1.0 이하	95.0 이상	–	〃	〃

1.5 시멘트 모르타르의 인장강도 시험방법

(Testing method for tensile strength of hydraulic cement mortar, KS L 5104)

1. 적용범위 및 시험목적

시멘트의 강도시험은 그 시멘트가 갖는 강도를 알고 품질검사와 동시에 그 시험결과로부터 동일 시멘트를 사용하여 만든 콘크리트의 강도를 어느 정도 추정하기 위하여 행한다.

2. 시험기구

(1) 저울 : 칭량 1kg

(2) 표준체 : 841μ, 595μ

(3) 메스실린더 : 150~200ml

(4) 몰드 : 그림 1.9와 같은 모양으로 시험체 동부 내면 사이의 몰드의 넓이는 25.4±0.25mm, 동부 양측사이의 가장 두꺼운 점의 두께는 25.4±0.05mm일 것

(5) 흙손 : 길이 10~15cm

(6) 시험기 : 시험기는 하중을 연속적으로 2.7±0.1kN/min의 속도로 가할 수 있고 재하속도를 조절하는 장치가 있는 것으로 시험기의 정밀도에 대한 조건으로 150N 이상의 하중에 대한 오차는 ±1.5%이어야 한다.

(7) 표준사 : 주문진산 천연사로서 KS L ISO 679(시멘트의 강도 시험 방법으로 통합)에 적합한 것

그림 1.9 인장강도 시험용 몰드

3. 시험방법

1 모르타르의 혼합

(1) 배합은 무게비로 시멘트 1에 표준사 2.7로 한다. 1배치에서 한번에 혼합하는 건조재료의 양은 6개의 시험체에 대하여 1,000~1,200g으로 하고 9개의 시험체에 대하여 1,500~1,800g으로 한다.

(2) 물의 양은 같은 시멘트의 시료를 써서 표준반죽질기를 나타낼 순 시멘트반죽을 만드는데 소요된 수량을 기준으로 하여 정하며 표 1.4와 같다.

(3) 건조재료를 달아서 매끈하고 비흡수성인 반죽판 위에 놓고 건조한 그대로 잘 혼합한 다음에 중앙에 홈을 만든다.

(4) 정확한 양의 깨끗한 물을 홈 안에 붓고 가장자리에 있는 재료를 흙손을 써서 30초 이내에 홈 안에 걷어 넣는다.

표 1.4 표준모르타르에 대한 물의 양

표준반죽질기의 순 시멘트 반죽에 대한 물의 양(%)	시멘트 1, 표준사 2.7의 모르타르에 대한 물의 양(%)
15	9.2
16	9.4
17	9.6
18	9.7
19	9.9
20	10.1
21	10.3
22	10.5
23	10.6
24	10.8
25	11.0
26	11.2
27	11.4
28	11.5
29	11.7
30	11.9

(5) 증발로 인한 손실을 줄이고 흡수를 촉진시키기 위하여 주위에 있는 마른 모르타르를 남은 모르타르 위에 가볍게 흙손질하여 30초간 흡수할 시간을 준 다음 계속해서 손으로 심하게 개고 반죽하여 90초 동안에 작업을 완료한다. 반죽하여 작업을 할 동안은 손에 맞는 깨끗한 고무장갑을 끼어야 한다.

2 시험체의 성형 및 양생

(1) 몰드는 모르타르를 채우기 전에 광유를 엷게 바른다.

(2) 모르타르의 반죽이 끝난 직후 몰드는 기름을 바르지 않은 유리판 또는 금속판 위에 올려놓고 모르타르를 다지지 말고 수북이 쌓아 놓는다.

(3) 이어서 두 손의 엄지손가락으로 전면에 걸쳐 힘이 미치도록 각 시험체마다 12번씩 힘껏 모르타르를 밀어 넣는다. 이 힘은 두 손의 엄지손가락을 동시에 작용할 때 80~100N의 힘이 되도록 한다.

(4) 이어서 모르타르를 몰드 위에 쌓아 놓고 흙손으로 고르게 한다. 흙손으로 20N을 넘지 않는 힘을 작용시키는 정도로 몰드 위를 누른다.

(5) 몰드 위에 광유를 바른 유리판이나 금속판을 때때로 두 손으로 몰드와 판을 받쳐 들고 몰드가 그 종축의 주위에 대하여 회전하도록 뒤집는다.

(6) 그리고 윗판을 떼고 다시 쌓아올리기, 누르기, 쌓아올리기, 흙손으로 고르기를 반복한다. 두드리거나 찧거나 해서는 안된다. 또 시험체의 표면을 고르게 하는 이외의 흙손질을 해서는 안된다.

(7) 시험체 전부를 성형직후 몰드에 넣은 채로 밑판에 얹어서 습기함이나 습기실 내에 20~24시간 보관한다. 이때 윗면은 습기에 노출시키고 물방울이 떨어지지 않도록 주의한다.

(8) 24시간 전에 몰드에서 빼어냈을 때에는 24시간이 될 때까지 습기함이나 습기실 내의 선반 위에 보관하고 24시간 시험할 때만 제외하고 시험체는 저장용 수조의 깨끗한 물안에 담가 놓는다.

3 강도시험

(1) 시험체에 있어서 24시간 시험체는 습기함에서 꺼내는 직후에, 그 이외의 시험체는 저장수조에서 꺼내는 직후 시험한다.

(2) 각 브리켓(briquet)은 표면건조상태가 되도록 물기를 닦고 시험기의 클립(clip)과 접촉하는 면에서 붙어 있는 모래알이나 다른 부착물이 없도록 한다.

(3) 클립의 지지면은 깨끗이 하여 모래가 없도록 하고 로울러 베어링은 기름을 잘 쳐서 자유롭게 회전하도록 한다.

(4) 클립을 달고 있는 철걸이는 부착물이 없고 피벗(pivots)은 정확히 조정하여 클립이 자유롭게 피벗 주위로 움직이고 철걸이에 교착되지 않도록 한다.

(5) 시험체는 클립단의 중심에 오도록 주의 깊게 넣고 하중은 계속해서 2.7±0.1kN/min의 속도로 재하한다.

(6) 몰드에서 빼낸 시험체가 동부에서 두께와 넓이에 대한 조건이 맞지 않든가 혹은 명백히 불완전품이거나 또는 같은 시료, 같은 기간에 시험한 시험체 중에서 평균보다 15% 이상의 강도차가 있는 시험체는 인장강도의 계산에 넣지 않는다. 만일 이와 같은 시험값과 시험체가 2개 이상 있을 때는 재시험하여야 한다.

4. 주의 및 참고사항

(1) 반죽한 건조재료 몰드 및 밑판 부근의 공기온도는 20~27.5℃로 유지하여야 한다.

(2) 혼합수, 습기함 또는 습기실 및 시험체 저장용 수조의 물의 온도는 23±2℃이어야 한다.

(3) 시험실의 표준습도는 50% 이상이어야 하며 습기함이나 습기실은 90% 이상의 표준습도에서 저장할 수 있도록 제작하여야 한다.

(4) 표준반죽질기의 순시멘트 반죽을 만드는데 소요되는 물의 양은 KS L 5102(시멘트의 표준주도 시험방법)에 따라서 결정한다.

(5) 각 재령에 있어서의 시험체의 수는 3개 이상씩 만들어야 한다.

② 골재

2.1 골재의 체가름 시험방법

(Testing method for sieve analysis of fine and coarse aggregate, KS F 2502)

1. 적용범위 및 시험목적

(1) 이 시험방법은 골재의 입도상태를 결정하는 방법에 대한 것이며 역청 혼합물 중에서 채취한 체가름시험 또는 광물질 채움재에 대한 체가름시험에는 이 방법을 사용할 수 없다.

(2) 골재의 입도, 조립률, 굵은 골재의 최대치수 등을 구하기 위하여 행한다.

(3) 골재의 적부, 각종 골재의 적당한 비율의 결정, 콘크리트의 배합설계, 골재의 품질관리 등에 필요하다.

2. 시험기구

(1) 저울 : 시료 중량의 0.1%까지 측정할 수 있는 감도를 가진 것

(2) 표준망체 : 0.15(No.100), 0.3(No.50), 0.6(No.30), 1.2(No.16), 2.5(No.8), 5(No.4), 10, 15, 20, 25, 30, 40, 50, 60, 80 100mm(그림 2.1)

(3) 건조기 : 150±5℃의 균일한 온도를 유지할 수 있는 적당한 크기의 건조로

(4) 시료분취기(그림 2.2)

(5) 체 진동기(그림 2.3)

(6) 삽

그림 2.1 표준체

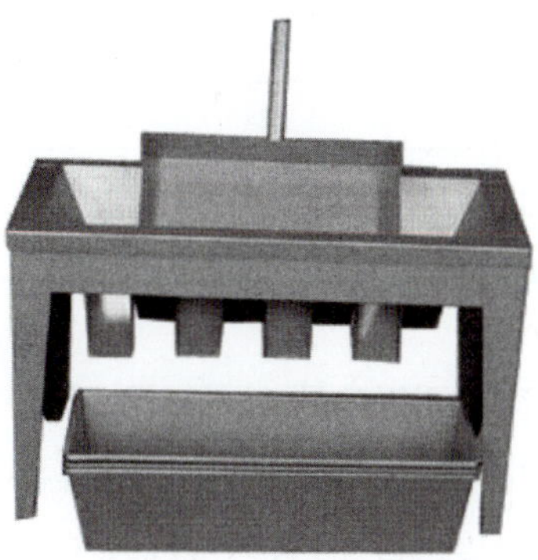

그림 2.2 시료분취기

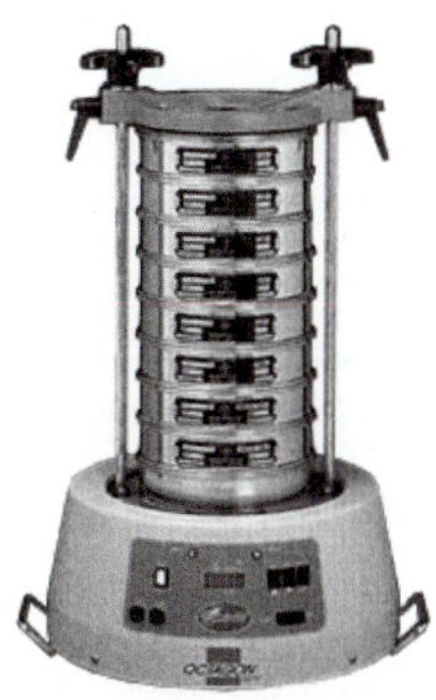

그림 2.3 골재 체진동기

3. 시료

(1) 4분법 또는 시료분취기에 의해 채취한 대표적 시료를 110℃를 넘지 않는 온도에서 항량이 될 때까지 건조한다.

(2) 잔골재용은 건조 후에 아래의 양을 표준으로 한다.
2.5mm체를 95% 이상 통과하는 것 : 100g
5mm체를 90% 이상 통과하고 2.5mm체에 5% 이상 남는 것 : 500g

(3) 굵은 골재용은 건조 후에 표 2.1에 규정한 양에 달하여야 한다.

(4) 5,000g 또는 그 이상인 시료에 대해서는 지름 400mm 또는 그 이상의 지름을 가진 체를 사용하는 것이 좋다.

4. 시험방법

(1) 시료는 용도에 따라 규정된 한 벌의 체로써 체가름한다.

(2) 체질은 체를 위아래 및 수평으로 흔들어 시료가 연속적으로 체위에서 움직이도록 해야 한다.

(3) 체가름 작업은 1분 동안에 각 체에 잔류량 1% 이상 그 체를 통과하지 않을 때까지 계속하여야 한다.

표 2.1 굵은 골재 시료의 최소중량

낱알의 최대공칭치수(mm)	시료의 최소중량(g)
10	1,000
13	2,500
19	5,000
25	10,000
40	15,000
50	20,000
65	25,000
80	30,000
90	35,000

(4) 5mm체에 잔류한 시료에 대하여는 체가름 작업의 정밀도를 알기 위하여 위에서 설명한 방법으로 하되 한 층의 재료를 가지고 하여야 한다. 기계를 사용하여 체가름하는 경우에도 위에 말한 수동식 체가름 방법을 써서 체가름 작업의 정밀도를 시험하여야 한다.

(5) 체가름 결과는 각 체를 통과하는 시료의 중량에 대한 백분율(%), 각 체에 잔류하는 시료의 전

중량에 대한 백분율(%) 및 용도에 따라 규정된 한 벌의 체에 잔류하는 시료의 중량백분율(%)로 표시하여야 한다.

(6) 중량백분율의 표시는 이것에 가장 가까운 정수로 수정하고 0.08mm 체를 통과하는 재료를 포함한 전 시료의 양을 기준으로 하여 계산하여야 한다.

5. 주의 및 참고사항

(1) 체가름할 때 체에 잔류한 시료편을 손으로 눌러서 통과시켜서는 안된다.

(2) 시험은 2회 이상으로 하고 그 평균치를 취한다.

(3) 굵은 골재의 최대치수란 중량으로 적어도 90%가 통과하는 체 중에서 최소치수의 체의 공칭치수로 나타난 골재의 치수를 말한다.

(4) 골재의 조립률이란 80mm, 40mm, 19mm, 10mm, 5mm, 2.5mm, 1.2mm, 0.6mm, 0.3 mm, 0.15mm 등 10개의 체를 1조로 사용하여 체분석을 행한 경우 각 체에 남는 중량백분율의 합계를 100으로 나눈 값을 말한다. 그 적당한 범위의 값은 잔골재 2.3~3.1, 굵은 골재 6~8이다.

(6) 굵은 골재의 최대치수의 표준

① 철근콘크리트의 경우 : 굵은 골재의 최대치수는 50mm 이하로, 부재 최소치수의 1/5 또는 철근의 최소 순간격의 3/4을 넘어서는 안 된다. 일반적인 경우는 25mm, 단면이 큰 경우는 40mm를 대체적인 표준으로 한다.

표 2.2 잔골재의 입도의 표준(무근 및 철근콘크리트, 포장 콘크리트의 경우)

체의 공칭치수(mm)	체를 통과하는 것의 중량백분율
10	100
5 (No. 4)	95~100
2.5 (No. 8)	80~100
1.2 (No. 16)	50~85
0.6 (No. 30)	25~60
0.3 (No. 50)	10~30
0.15 (No. 100)	2~10

② 무근 콘크리트의 경우 : 100mm 이하를 표준으로 하고 부재 최소치수의 1/4을 넘어서는 안된다.

③ 포장 콘크리트의 경우 : 40mm 이하로 한다.

④ 댐 콘크리트의 경우 : 150mm 정도 이하를 표준으로 한다.

표 2.3 굵은 골재의 입도의 표준(무근 및 철근콘크리트, 포장콘크리트의 경우)

골재 번호	체의 호칭 / 골재의 크기(mm)	각 체를 통과하는 것의 중량 백분율(%)												
		100	90	80	65	50	40	25	20	13	10	5	2.5	1.2
1	90~40	100	90~100		25~60		0~15		0~5					
2	65~40			100	90~100	35~70	0~15		0~5					
3	50~25				100	90~100	35~70	0~15		0~5				
357	50~5				100	90~100		35~70				0~5		
4	40~20					100	90~100	20~55	0~15		0~5			
467	40~5					100	90~100		35~70			0~5		
57	25~5						100	95~100		25~60		0~10	0~5	
67	20~5							100	90~100		20~55	0~15	0~5	
7	13~5								100	90~100	40~70	0~15	0~5	
8	10~2.5									100	85~100	10~80	0~10	0~5

2.2 잔골재의 비중 및 흡수율 시험방법

(Testing method for specific gravity and absorption of fine aggregate, KS F 2504)

1. 적용범위 및 시험목적

(1) 이 시험은 잔골재의 일반적 성질은 판단하고 또 콘크리트의 배합설계에 있어서 잔골재의 절대용적을 알기 위해 행한다.

(2) 잔골재의 흡수율 시험은 잔골재 입자의 공극을 알고, 또 콘크리트의 배합의 계산에 있어서 사용수량을 조절하기 위하여 행한다.

(3) 채취장소 및 풍화의 정도에 의해 비중과 흡수율이 변화한다.

2. 시험기구

(1) 저울 : 칭량 5kg 이상, 감도 0.1g 이상이며, 시료중량의 0.1% 이내를 읽을 수 있는 것
(2) 플라스크 : 시험시료를 용이하게 집어넣을 수 있고, 변화량 0.1ml 이내로 내부 용량을 재현시킬 수 있는 플라스크나 기타 적당한 용기이어야 한다. 용기의 용적은 시험에 소요되는 부분보다 최소 50% 이상 커야하며, 500g의 시료에 대하여 500ml의 용적 플라스크가 적당하다.

그림 2.4 잔골재의 표면건조포화상태 측정용 몰드

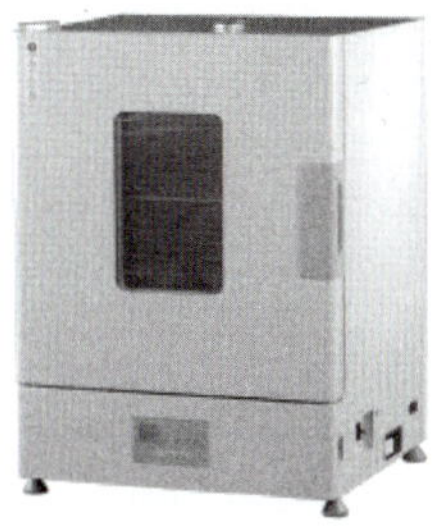

그림 2.5 건조기

(3) 원추형 몰드 : 윗지름 40±3mm, 아래지름 90±3mm, 높이 75±3mm, 최소두께 0.8mm의 것(그림 2.4)
(4) 다짐대 : 중량 340±15g, 지름 25±3mm인 평평하고 원형인 다짐면을 가진 것
(5) 건조기 : 105±5℃의 균일한 온도를 유지할 수 있는 적당한 크기의 것(그림 2.5)

3. 시험방법

(1) 시료분취기 또는 4분법에 의하여 시료에서 약 1,000g의 잔골재를 준비해서 적당한 팬이나 그릇에 넣어 105±5℃의 온도에서 항량이 될 때까지 건조시킨 다음 24±4시간 물속에 담근다.
(2) 담근 다음 시료를 평평한 용기에 펴서 따뜻한 공기속에서 서서히 건조시킨다. 자주 시료를 헤쳐서 건조가 균일하게 되도록 하여야 한다.
(3) 잔골재를 원추형 몰드에 다지는 일이 없이 서서히 넣은 다음 표면을 다짐대로 가볍게 25회 다지고 나서 몰드를 수직으로 빼 올린다.
(4) 몰드를 빼 올릴 때 잔골재의 원추가 흘러내릴 때까지 계속해서 잔골재를 헤쳐 말려야 하며 또 자주 이 시험을 해 보아야 한다.
(5) 원추가 처음 흘러내린다는 것은 잔골재가 표면건조포화상태에 달하였다는 것을 의미하는 것이다.
(6) 이 500g의 잔골재를 곧 플라스크에 넣고 물을 용량의 90%까지 채운 다음 플라스크를 평평한 면에 굴려 기포를 모두 없앤다.

(7) 플라스크를 항온조에 담가 23±1.7℃의 온도로 조정한 후 플라스크 시료와 물의 중량을 측정하고 이 무게와 기타의 무게를 0.1g까지 기록한다.

(8) 잔골재를 플라스크에서 꺼낸 다음 항량이 될 때까지 105±5℃에서 건조시키고 실내온도까지 식힌 후 무게를 단다.

(9) 23±1.7℃의 물을 플라스크의 검정용량까지 채워 중량을 측정한다.

(10) 비중은 다음과 같이 계산한다.

$$\text{비중} = \frac{A}{B + 500 - C}$$

$$\text{표면건조포화상태의비중} = \frac{500}{B + 500 - C}$$

$$\text{겉보기비중} = \frac{A}{B + A - C}$$

여기서, A : 대기중 노건조시료의 중량(g)

B : 물을 채운 플라스크의 중량(g)

C : 공시체와 물을 검정점까지 채운 플라스크의 중량(g)

(11) 흡수율은 다음 식에 따라 계산한다.

$$\text{흡수율}(\%) = \frac{500 - A}{A} \times 100$$

(12) 시험을 2회 실시하고 그 측정값의 차가 비중시험의 경우에는 그 값의 0.02 이하, 흡수율 시험의 경우에는 0.05 이하이어야 한다.

4. 주의 및 참고사항

(1) 산적된 골재로부터 대표적인 시험용 골재를 채취하는 경우에는 여러 곳에서 채취하는 것이 좋다.

(2) 잔골재를 원추형 몰드에 넣을 때 다짐대의 중량만으로 다지도록 한다.

(3) 시료를 플라스크에 넣기 전에 소량의 물을 넣어 두면 플라스크가 깨질 염려가 없다.

(4) 잔골재의 비중은 일반적으로 2.50~2.70 정도이다.

2.3 굵은 골재의 비중 및 흡수율 시험방법

(Testing method for specific gravity and absorption of coarse aggregate, KS F 2503)

1. 적용범위 및 시험목적

(1) 이 시험은 굵은 골재의 일반적 성질을 판단하고 또 콘크리트의 배합설계에 있어서의 굵은 골재의

절대용적을 알기 위하여 행한다.

(2) 굵은 골재의 흡수율 시험은 굵은 골재 입자의 공극을 알고 또 콘크리트 배합의 계산에 있어서 사용수량을 조절하기 위하여 한다.

(3) 채취장소 및 풍화의 정도에 따라 비중과 흡수율에 변화가 생긴다.

2. 시험기구

(1) 저울 : 칭량 5kg 이상, 감도 0.5g 이상이거나 시료중량의 0.1% 이내를 읽을 수 있는 것

(2) 철망태 : 3mm 또는 그이하의 철선으로 만든 것으로서 폭과 높이가 같을 것이어야 하며, 골재의 최대치수가 38mm 이하일 때, 4~7 L, 골재의 최대치수가 38mm 이상일 때 8~16 L의 용량을 가진 것

(3) 철망태를 담을 수 있는 적당한 크기의 물통과 철망태를 저울 접시의 중앙에 달아맬 수 있는 장치

(4) 건조기 : 105±5℃의 온도로 건조시키고, 1~3시간동안 실내온도로 냉각시킨 다음 24±4시간동안 실내온도의 물에 침수시킨다.

표 2.4 시료의 최소중량

공칭최대치수(mm)	시료의 최소중량(kg)
13 또는 그 이하	2
19	3
25	4
38	5
50	8
63	12
75	18
90	25

(5) 물속에서 시료를 꺼내어 눈에 보이는 수막이 없어질 때까지 큰 흡수천에 굴린 다음, 큰 낱알을 일일이 닦는다.

(6) 표면건조포화상태 동안 골재의 구멍에서 물이 증발되는 것을 막도록 하여야 하며 표면 건조포화상태의 무게를 달고 이 무게와 다음의 무게를 0.5g 또는 시료무게의 0.0001배중 큰 쪽의 정밀도로 기록한다.

(7) 무게를 단 후 표면건조포화상태의 시료를 철망태에 넣어 밀도 0.997±0.002의 수중에서 무게를 단다. 침수중 무게를 달기 전에 용기를 흔들어 갇힌 공기를 조심스럽게 제거한다.

(8) 시료를 105±5℃의 항량이 될 때까지 건조시킨 다음 1~3시간 동안 실온에서 냉각시켜 무게를 단다.

(9) 비중은 다음과 같이 계산한다.

$$비중 = \frac{A}{B-C}$$

$$표면건조포화상태의비중 = \frac{B}{B-C}$$

$$겉보기비중 = \frac{A}{A-C}$$

여기서, A : 대기중 시료의 노건조중량(g)

B : 대기중 시료의 표면건조포화상태의 중량(g)

C : 물속에서 시료의 중량(g)

(10) 흡수율은 다음 식에 따라 계산한다.

$$흡수율 = \frac{B-A}{A} \times 100$$

(11) 시료를 여러 개의 무더기로 나누어서 시험하였을 때 비중의 평균치는 다음 식을 사용하여 계산할 수 있다.

$$G = \frac{1}{\frac{P_1}{100G_1} + \frac{P_2}{100G_2} + \cdots\cdots \frac{P_n}{100G_n}}$$

여기서, A : 평균 흡수율(%)

$A_1, A_2, \ldots, A_n$: 각 무더기의 흡수율(%)

$P_1, P_2, \ldots, P_n$: 원시료에 대한 각 무더기의 중량백분율(%)

(12) 흡수율의 평균치는 다음과 같이 계산한다.

$$A = \left(\frac{P_1 A_1}{100}\right) + \left(\frac{P_2 A_2}{100}\right) + \cdots\cdots \left(\frac{P_n A_n}{100}\right)$$

여기서, A : 평균흡수율(%)

$A_1, A_2, \ldots, A_n$: 각 무더기의 흡수율(%)

$P_1, P_2, \ldots, P_n$: 원시료에 대한 각 무더기의 중량백분율(%)

(13) 위의 시험을 두 번 실시하여 그 측정값의 차가 비중시험의 경우에는 그 값의 0.02 이하, 흡수율 시험의 경우에는 0.05 이하이어야 한다.

4. 주의 및 참고사항

(1) 굵은 골재의 비중은 일반적으로 2.50 ~ 2.70 정도이다.

(2) 댐콘크리트용 골재의 비중은 2.60 정도 이상을 표준으로 한다.

(3) 콘크리트용 부순돌의 비중은 2.50 이상으로, 흡수율 3% 이하이다.

2.4 골재의 단위중량 시험방법

(Testing method for unit weight of aggregate, KS F 2505)

1. 적용범위 및 시험목적

(1) 골재의 공극률의 계산, 콘크리트의 배합을 용적으로 표시하는 경우, 골재를 용적으로 계량하는 경우에 필요하다.

(2) 포장용 콘크리트에 사용되는 단위굵은골재 용적을 정하는 데에 필요하다.

(3) 부순돌, 경량골재의 입형판정에 이용된다.

(5) 골재의 용적에 의한 검수에 이용된다.

2. 시험기구

(1) 저울 : 시료 무게의 0.1%까지 측정할 수 있는 감도를 가진 것

(2) 다짐대 : 지름 16mm, 길이 600mm의 크기를 가진 강재 직선봉으로 끝은 지름 16mm의 반구형으로 된 것

(3) 용기 : 용기는 금속제 원통형으로 용량과 치수는 표 2.5와 같다.

표 2.5 용기의 용량과 치수

용량 (l)	안지름 (mm)	안높이 (mm)	금속용기의 최소두께(mm)		골재의 최대치수 (mm)
			바닥	벽	
3	155±2	160±2	5.0	2.5	12.5
10	205±2	305±2	5.0	2.5	25
15	255±2	295±2	5.0	3.0	40
30	355±2	305±2	5.0	3.0	100

3. 용기의 검정

(1) 실온에서 용기에 물을 채우고 기포나 여분의 물을 제거할 수 있도록 판유리로 덮는다.

(2) 용기 내의 물의 중량을 0.1%의 정밀도로 측정한다.

(3) 용기 내의 물의 온도를 측정하여 물의 단위중량을 계산한다.

(4) 용기에 채우는데 필요한 물의 중량을 물의 단위중량으로 나누어서 용기의 계수를 계산한다.

표 2.6 물의 단위중량

온도(℃)	단위중량(kg/m³)	온도(℃)	단위중량(kg/m³)	온도(℃)	단위중량(kg/m³)
4	1000.00	13	999.40	22	997.80
5	999.99	14	999.27	23	997.56
6	999.96	15	999.12	24	997.32
7	999.93	16	998.97	25	997.07
8	999.87	17	998.80	26	996.81
9	999.80	18	998.62	27	996.54
10	999.73	19	998.43	28	996.26
11	999.63	20	998.23	29	995.97
12	999.52	21	998.02	30	995.67

4. 시험방법

1 봉다짐 시험방법

(1) 봉다짐 시험방법은 골재의 최대치수가 40mm 이하인 경우에 적용한다.

(2) 골재시료를 항량이 될 때까지 건조로에서 건조시킨 후 충분히 혼합한다.

(3) 시료를 용기의 1/3 정도 넣고 손가락으로 윗면을 고른 다음, 다짐대로 25회 균등히 다진다.

(4) 다음의 용기의 2/3 정도까지 시료를 넣고 전과 같을 방법으로 다진다.

(5) 용기의 윗면에서 골재의 튀어나온 부분이 빈틈과 대략 같도록 손가락이나 곧은 날로 고른다.

(6) 첫 번째 층을 다질 때 다짐봉이 용기의 밑바닥을 타격하지 않도록 하고 2번째 및 3번째 층을 다질 때는 다짐봉이 그 전 층에 관통할 수 있는 힘만을 가해야 한다.

(7) 용기와 시료의 중량을 0.1%까지 달아 그 무게를 기록하고, 이 무게에 3. (4)에서 계산한 계수를 곱한 값이 다져진 골재의 단위중량이다.

2 지깅(Jigging)시험방법

(1) 지깅시험방법은 골재의 최대치수가 40mm 이상, 100mm 이하인 것에 대하여 적용한다.

(2) 용기의 시료를 3층으로 채우는데, 용기를 시멘트 콘크리트 슬래브와 같은 견고한 기초 위에

놓고 용기의 한쪽이 50mm 가량 올라가도록 기울인 후 슬래브에 닿아서 충격을 받을 수 있도록 용기를 떨어뜨려서 각 층을 채워야 한다.

(3) 각 층에 대하여 용기를 위의 방법으로 한쪽에 25회씩 50회 떨어뜨려 다져야 한다. 용기의 윗면에서 골재의 튀어나온 부분이 빈틈과 대략 같도록 손가락이나 곧은 날로 고른다.

(4) 용기와 시료의 중량을 0.1%까지 달아 그 무게를 기록하고, 이 무게에 3. (4)에서 계산한 계수를 곱한 값이 다져진 골재의 단위중량이다.

3 삽을 사용하는 시험방법

(1) 삽을 사용하는 시험방법은 골재의 최대치수가 100mm 이하인 것에 대하여 적용한다.

(2) 골재를 용기 윗면에서의 높이가 50mm를 넘지 않도록 삽이나 스쿱(scoop)으로 채운다. 이때, 가급적 시료의 입도분리가 일어나지 않도록 주의하여야 한다.

(3) 용기의 윗면에서 골재의 튀어나온 부분이 빈틈과 대략 같도록 손가락이나 곧은 날로 고른다.

(4) 용기와 시료의 중량을 0.1%까지 달아 그 무게를 기록하고, 3. (4)에서 계산한 계수를 곱한 값이 흐트러진 상태의 단위중량이다.

5. 주의 및 참고사항

(1) 동일한 시료와 시험방법을 사용한 시험결과의 차이는 1% 이내이어야 한다.

(2) 단위중량은 kg/m^3 또는 kg/l로 표시한다.

(3) 보통골재, 경량골재의 단위중량, 실적률의 대체적인 값은 표 2.7과 같다.

표 2.7 골재의 단위중량 및 실적률

골재의 종류		단위중량(kg/m^3)	실적률(%)
보통골재	잔골재	1500~1850	53~73
	굵은골재	1550~2000	45~70
경량골재	잔골재	800~1200	48~72
	굵은골재	650~900	50~70

2.5 잔골재의 표면수 측정방법

(Testing method for surface moisture in fine aggregate, KS F 2509)

1. 적용범위 및 시험목적

이 시험은 콘크리트의 시방배합을 조정하여 현장배합으로 환산하는데 필요한 시험이다.

2. 시험기구

(1) 저울 : 칭량 2kg 이상, 감도 0.5g 이하인 것

(2) 플라스크 : 찹프만플라스크(Chapman flask) 또는 피크노미터(pycnometer)용기로서 용적이 다져지지 않은 시료용적의 2~3배가 되어야 하며 일정한 용량을 표시하는 표시선이 있든지 또는 용량을 0.5ml 이하까지 읽을 수 있는 눈금이 있는 것

3. 시험방법

1 시료

시료는 표면수량을 측정할 잔골재를 대표할 수 있도록 채취한다. 시료의 중량은 200g 이상이어야 하며, 보다 더 많은 시료에 대해서 시험한 결과는 보다 더 정확한 결과를 준다.

2 중량법에 의한 측정

(1) 물을 용기의 표시선까지 채우고 중량을 g단위로 측정한 다음에 용기를 비운다.

(2) 시료를 침수시킬 수 있는 충분한 물을 용기속에 다시 넣는다.

(3) 그 다음 잔골재를 용기속에 넣고 기포를 제거한다.

(4) 용기에 원 표시선까지 물을 채우고 g단위로서 그 중량을 측정한다.

(5) 시료에 의해서 배제되는 물은 다음 식에 따라 계산한다.

$$V_S = W_C + W_S - W$$

여기서, V_S : 시료에 의해 배제되는 물의 중량(g)

W_C : 표시선까지 물이 들어 있는 용기의 중량(g)

W_S : 시료의 중량(g)

W : 표시선까지 물을 채웠을 때의 시료가 들어 있는 용기의 중량(g)

3 용적법에 의한 측정

(1) 시료를 충분히 침수시킬 수 있는 물의 양을 ml로 측정하고, 이 물을 용기속에 넣는다.

(2) 칭량된 잔골재 시료를 용기속에 넣은 다음 함유되어 있는 기포를 제거한다.

(3) 용량을 측정할 수 있는 플라스크를 사용했을 때의 시료와 물의 혼합된 용량은 플라스크의 눈금을 읽음으로써 측정할 수 있다.

(4) 일정한 용량의 피크노미터(pycnometer)나 플라스크가 사용될 때의 시료와 물의 혼합된 용량은 다음과 같이 측정할 수 있다. 즉, 이들 용기의 표시선까지 물을 채우고 그 수량을 측정한다.

용기 용적에서 이 수량을 빼면 이것이 구하는 용적이 된다.

(5) 시료에 의해서 배제되는 물의 용량은 다음과 같이 구한다.

$$V_s = V_2 - V_1$$

여기서, V_s : 시료에 의해서 배제되는 물의 용량(ml)

V_2 : 시료와 물의 혼합용량(ml)

V_1 : 시료를 완전히 침수시키는데 소요되는 물의 용량(ml)

(6) 표면건조포화상태의 잔골재를 기준으로 한 표면수율과 습윤상태의 잔골재의 중량을 기준으로 한 표면수율은 다음 식으로 구한다.

$$P_1(\%) = \frac{V_s - V_d}{W_s - V_s} \times 100$$

$$P_2(\%) = \frac{V_s - V_d}{W_s - W_d} \times 100$$

여기서, P_1 : 표면건조포화상태의 잔골재를 기준으로 한 표면수율

P_2 : 습윤상태의 잔골재의 중량을 기준으로 한 표면 수율

V_d : 시료중량을 표면건조포화상태의 비중으로 나눈 값

V_s : 배제된 물의 중량(g)

W_s : 시료의 중량(g)

4. 주의 및 참고사항

(1) 시험은 동일시료에 대하여 2회 계속 시험하였을 때의 차가 0.5% 이하이어야 한다.

(2) 시험은 15~29℃의 온도범위 내에서 행해야 한다.

(3) 골재의 표면수량의 근사치는 표 2.8과 같다.

표 2.8 골재의 표면수량

골재의 상태	표면수량(%)
젖은 자갈 또는 부순돌	1.5~2
아주 젖은 모래(쥐면 손바닥이 젖는다)	5~8
보통 젖은 모래(쥐면 모양을 유지하고 손바닥에 약간의 수분이 묻는다)	2~4
젖은 모래(쥐어도 모양은 바로 무너지고 손바닥이 약간 젖는 것은 느낀다)	0.5~2

2.6 모래의 유기불순물 시험방법

(Testing method for organic impurities in sands for concrete, KS F 2510)

1. 적용범위 및 시험 목적

(1) 이 시험은 시멘트 모르타르 또는 콘크리트에 사용되는 천연사 중에 함유되어 있는 유기 화합물의 해로운 양을 대략 결정하는데 대한 것이다.

(2) 이 시험의 중요한 가치는 모래의 사용여부를 결정함에 앞서 보다 더 정밀한 모래에 대한 시험의 필요성 유무를 미리 아는데 있다.

2. 시험기구

(1) 유리병 : 고무 병마개를 갖고 눈금이 있는 용량 400ml의 무색의 유리병이 2개 있어야 하며 그 중 하나는 130ml와 200ml의 눈금이 있을 것

(2) 시료분취기

(3) 화학천평

(4) 메스실린더

(5) 피펫(pipette)

3. 식별용 표준색 용액을 만드는 방법

(1) 물 97에 가성소오다 3의 무게비로 3%의 수산화나트륨(NaOH) 용액을 만든다.

(2) 10%의 알코올 용액으로 2%의 탄닌산 용액을 만든다.

(3) 탄닌산 2.5ml를 3%의 수산화나트륨 용액 97.5ml에 탄다.

(4) 이것을 용량 약 400ml의 시험용 무색 유리병에 넣는다.

(5) 고무마개로 막고 잘 흔들어 24시간 가만히 놓아둔 것을 표준색 용액으로 한다.

4. 시험방법

(1) 모래 시료를 4분법 또는 시료분취기를 사용하여 약 450ml를 취한다.

(2) 시료를 시험용 무색 유리병에 130ml되는 눈금까지 채운다.

(3) 여기에 3%의 가성소오다 용액을 가하여 모래와 용액의 전 양이 200ml가 되도록 한다.

(4) 병마개를 닫고 잘 흔든 후 24시간 가만히 놓아둔다.

(5) 24시간 가만히 놓아 둔 시험용 유리병과 3에 의하여 준비된 후 2시간을 경과하지 않은 표준색 용액을 75ml 눈금까지 넣는다.

(6) 그 후 시료 윗부분의 투명한 용액의 색을 표준색 용액의 색과 비교한다.
(7) 그리고 시료 윗부분의 용액이 표준색 용액보다 연한지, 진한지 또는 같은지를 기록하여 둔다.
(8) 시험용액의 색도가 표준색 용액보다 진할 때는 그 모래를 사용하기 전에 KS F 2514(모르타르의 압축강도에 의한 잔골재 시험방법)의 시험을 할 필요가 있음을 나타내는 것이다.

5. 주의 및 참고사항

(1) 2%의 탄닌산 용액을 10cc 정도 만드는 것이 색도의 차가 적게 된다.
(2) 3%의 수산화나트륨용액은 표준색 용액, 시험용액을 합한 양을 동시에 만들면 편리하다.
(3) 표준색 용액은 시간의 경과에 따라서 색이 변하기 때문에 그때마다 만들 필요가 있다.
(4) 산모래, 산자갈은 옛 하상 또는 구릉지 등에서 나오는 것으로 유기부순물, 기타를 다량으로 함유하는 경우가 많다. 부득이 사용하는 경우에는 사용시에 충분히 세척할 필요가 있다.
(5) 유기불순물 함유량의 판정표준의 한 예를 나타내면 표 2.9와 같다.

표 2.9 유기물 함유량의 판정표준의 한 예

색	적부	1:3 반죽모르타르의 f_7 및 f_{28}의 저하율(%)
무색 내지 담황색	좋은 콘크리트에 사용할 수 있다	0
농황색	사용할 수 있다	10~20
적황색	콘크리트 강도가 작을 때에 사용할 수 있다	15~30
담적갈색	사용할 수 없다	25~50
암적갈색	사용할 수 없다	50~100

2.7 굵은 골재의 마모 시험방법

(Testing method for abrasion of coarse aggregate by use of the Los Angeles machine, KS F 2508)

1. 적용범위 및 시험목적

(1) 이 시험은 철구를 사용하는 로스앤젤레스 시험기를 사용하여 부순돌, 부순광재, 자갈 등의 마모에 대한 저항성을 시험하는 방법이다.
(2) 이 시험은 시료인 굵은 골재가 마모저항이 요구되는 콘크리트에 사용 가능한지 여부를 판정하기 위하여 행한다.

2. 시험기구

(1) 로스앤젤레스 시험기(그림 2.6) : 안지름 710mm, 내측길이 510mm의 양끝이 밀폐된 강철제의 원통형으로 구성

(2) 체 : No.3, No.4, No.8, No.12 및 10, 13, 19, 25, 40, 50, 65, 80mm체

(3) 철구 : 지름 약 47.5mm, 무게 390~445g의 주철 또는 강철로 된 것으로 시험에 사용되는 철구의 수 및 허용 중량은 3.에 규정한 시험용 시료의 입도에 따라 표 2.10의 값을 사용해야 한다.

그림 2.6 로스앤젤레스 마모시험기

표 2.10 사용철구의 수 및 총 중량

등급	사용 철구 수	사용 철구의 총 중량(g)
A	12	5,000±25
B	11	4,580±25
C	8	3,330±20
D	6	2,500±15
E	12	5,000±25
F	12	5,000±25
G	12	5,000±25

3. 시험방법

(1) 시험용 시료는 깨끗하고 건조(항량이 될 때까지 105±5℃의 온도로 건조시켜야 한다)된 것이어야 한다.

(2) 골재의 시료는 그 입도를 표 2.11의 7개 등급 중의 하나로 선정해야 한다. 사용되는 입도는 공사에 사용되는 골재의 입도를 가장 잘 대표하는 것이어야 한다. 시료의 A, B, C, D급은 1g, E, F, G급은 5g의 정밀도로 측정한다.

표 2.11 사용시료의 등급에 따르는 중량

정방형 체눈을 가진 체의 크기(mm)		중량(g)						
통과체	남는체	A	B	C	D	E	F	G
80	65	–	–	–	–	2,500(*)	–	–
65	50	–	–	–	–	2,500(*)	–	–
50	40	–	–	–	–	5,000	5,000(*)	–
40	25	1,250	–	–	–	–	5,000(*)	5,000(*)
25	19	1,250	–	–	–	–	–	5,000(*)
19	13	1,250	2,500	–	–	–	–	–
13	10	1,250	2,500	–	–	–	–	–
10	No.$3\frac{1}{2}$	–	–	2,500	–	–	–	–
No.$3\frac{1}{2}$	No.4	–	–	2,500	–	–	–	–
No.4	No.8	–	–	–	5,000	–	–	–

주 : (*)시료 중량의 허용치는 ±2%이다.

(3) 시험용 시료와 철구를 로스앤젤레스 시험기에 넣은 후 매분 30~33회 회전시킨다. 시료가 A, B, C, D의 입도의 경우는 500회, E, F, G인 경우에는 1000회 회전시킨다.

(4) 시험이 끝난 후 시료를 시험기로부터 들어내어 No.12체로 체가름 한다.

(5) No.12체에 잔류하는 시료를 물로 씻은 다음, 항량이 될 때까지 105±5℃의 온도로 건조시켜 최소 1g까지 계량한다.

(6) 시험한 시료의 시험 전의 중량과 시험 후의 중량의 차를 시험 전의 시료의 중량 백분율로 표시한다.

$$\text{마모율}(\%) = \frac{\text{시험 전의 시료의 중량} - \text{시험 후의 시료중량}}{\text{시험 전의 시료의 중량}} \times 100$$

4. 주의 및 참고사항

(1) 암석을 손으로 거의 입방체에 가까운 입형으로 깬 것을 이 방법에 의해 시험한 경우의 마모감량은 같은 암석으로부터 만든 부순돌에 대하여 시험한 경우의 마모감량의 약 85% 정도의 것이다.

(2) 로스앤젤레스 시험기에 의한 굵은 골재의 마모감량의 한도는 포장 콘크리트의 경우는 35%, 댐콘크리트 및 부순돌의 경우는 40%로 한다.

(3) 데발(Deval) 시험기에 의한 굵은 골재의 마모시험방법도 있다.

③ 콘크리트

3.1 콘크리트의 슬럼프 시험방법

(Testing method for slump of portland cement concrete, KS F 2402)

1. 적용범위 및 시험 목적

(1) 이 시험은 시험실과 현장에서 콘크리트의 슬럼프를 측정하는 방법으로 비소성이나 비점성인 콘크리트에는 적합하지 않으며 콘크리트 중에 크기가 50mm 이상인 굵은 골재가 상당량 함유되어 있는 경우에는 이 방법을 적용할 수 없다.

(2) 슬럼프 시험은 굳지 않은 콘크리트의 반죽질기를 측정하는 방법으로서 워커빌리티를 판정하는 하나의 수단이다.

2. 시험기구

(1) 슬럼프 콘 : 밑면의 안지름이 200mm, 윗면의 안지름이 100mm, 높이가 300mm인 금속제절두원추형(그림 3.1)

(2) 다짐대 : 지름이 16mm, 길이가 600mm인 곧은 원형 강봉으로 한쪽 끝은 지름 16mm의 반구형으로 둥글게 되어 있는 것

(3) 흙손과 스쿱(scoop)

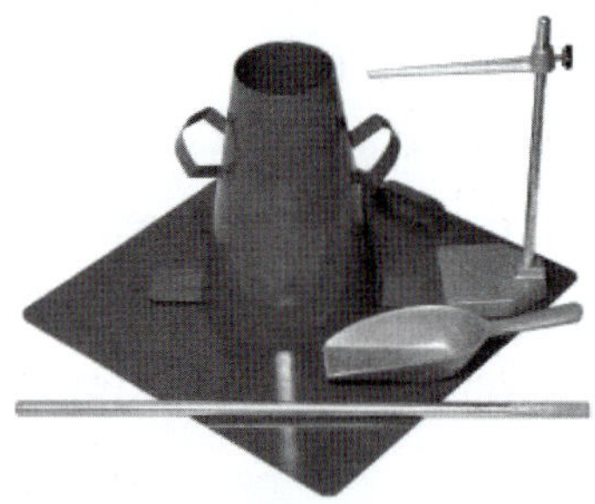

그림 3.1 슬럼프 시험 셋트

3. 시험방법

(1) 슬럼프 콘을 젖은 걸레로 닦은 후 평평하고 습한 비흡수성의 단단한 평판 위에 놓고 콘크리트를 채워 넣을 동안에 두 개의 발판을 디디고 서서 움직이지 않도록 그 자리에 단단히 고정시킨다. 콘크리트 시료를 즉시 슬럼프 콘 용적의 약 1/3씩 되도록 3층으로 나누어 채운다.

(2) 각 층을 다짐대로 25회씩 단면 전체에 골고루 다진다. 최하층에 대해서는 다짐대를 약간 기울여서 다짐횟수의 약 절반을 둘레에 따라 다지고 둘째 층과 최상층은 각각 그 층의 깊이만 다지는데, 그 아래층을 약간 관입할 정도로 다진다.

(3) 최상층을 채워서 다질 때는 콘크리트를 슬럼프 콘 위에 높이 쌓고 다지기 시작한다. 만일 다져서 콘크리트가 슬럼프 콘의 상단보다 낮아지면 여분의 콘크리트가 항상 슬럼프 콘 윗면의 위에

있도록 콘크리트를 추가하여 넣는다. 최상층을 다졌으면 콘크리트로부터 조심성 있게 수직 방향으로 벗긴다.

(4) 전 항의 작업이 끝난 후 콘크리트가 충분히 주저앉은 다음 슬럼프 콘의 높이와 공시체 밑면의 원중심부터 공시체 높이와의 차를 mm단위(5mm의 정밀도)로 구하여 슬럼프를 정한다. 만일, 거의 다 무너져 버리거나 또는 콘크리트의 한 면이나 부분이 전단되어 떨어지거나 하면 그 시험값은 버리고 시료의 다른 부분을 재시험한다.

(5) 다음 사항에서 필요한 사항을 기록한다.

① 일시
② 굵은 골재의 최대치수
③ 날씨
④ 콘크리트의 온도
⑤ 기온
⑥ 슬럼프
⑦ 배치 번호
⑧ 기타

4. 주의 및 참고사항

(1) 슬럼프 콘을 벗기는 작업은 5초 정도로 끝내야 하며 콘크리트에 가로방향 운동이나 비틀림 운동을 주지 않도록 조용히 윗방향으로 들어 올려야 한다.

(2) 몰드에 채우기 시작해서 벗길 때까지 전 작업을 중단함에 없이 2분 30초 내로 끝마쳐야 한다.

(3) 콘크리트를 넣을 때 슬럼프 콘 용적의 처음 1/3은 바닥에서 70mm, 다음의 1/3은 바닥에서 160mm까지 채우면 된다.

(4) 슬럼프 시험을 끝낸 즉시 다짐대로 콘크리트의 측면을 가볍게 두들겨서 그 모양을 보는 것은 콘크리트의 워커빌리티를 판단하는데 좋은 참고가 된다.

(5) 만일 한 콘크리트시료에 대한 2회의 연속적 시험이 무너져 버리거나 또는 공시체 덩어리로부터 콘크리트의 일부분이 전단되어 떨어지거나 하면 그 콘크리트는 슬럼프시험을 하는데 필요한 소성과 점성이 결핍되어 있는 것이다.

(6) 슬럼프 25mm 이하의 된반죽 콘크리트의 시험에는 슬럼프 시험은 적합하지 않기 때문에 진동식 반죽질기시험 등의 방법이 사용된다.

3.2 굳지 않은 콘크리트의 압력법에 의한 공기함유량 시험방법 (공기실압력방법)

(Testing method for air content of freshly mixed concrete by the pressure method(air receiver method), KS F 2421)

1. 적용범위 및 시험목적

(1) 이 시험은 굳지 않은 콘크리트의 공기함유량을 압력의 감소에 의하여 시험하는 방법에 대한 것이다.

(2) 이 시험방법은 보통의 골재를 사용한 콘크리트 또는 모르타르에 대해서는 적당하나, 골재 수정계수를 정확히 구할 수 없는 다공질의 골재를 사용한 콘크리트 또는 모르타르에 대해서는 적당하지 않다.

(3) 콘크리트의 공기량은 콘크리트의 제성질에 큰 영향을 미치기 때문에 굳지 않은 콘크리트에 있어서 공기량을 측정할 목적으로 이 시험을 행한다.

2. 시험기구

시험용 기구(그림 3.2)는 콘크리트와 뚜껑 사이의 공간에 물을 넣어서 시험하도록 만든 것 또는 물을 넣지 않고 시험하도록 만든 것 중 어느 것을 사용해도 좋다.

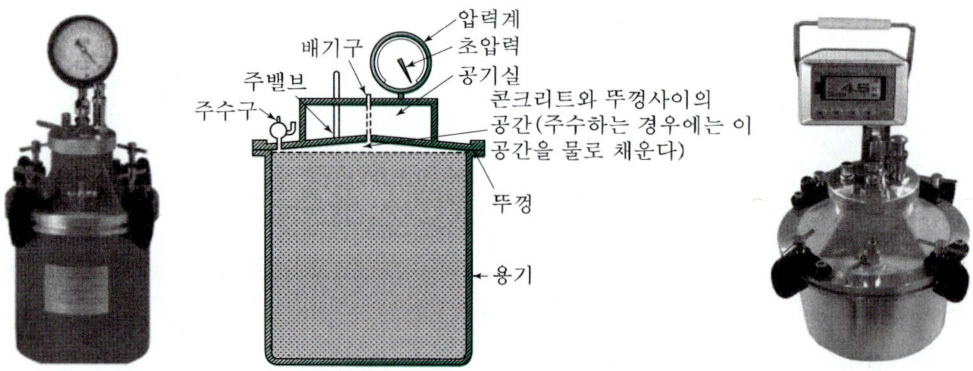

그림 3.2 공기량 측정기

(1) 용기 : 원통형으로 지름은 높이의 0.9~1.1배이며 용기의 최소용량은 콘크리트 중의 굵은 골재의 최대치수에 따라 표 3.1과 같다.

표 3.1 용기의 최소용량

굵은 골재의 최대치수(mm)	용기의 최소용량(l)
50 이하	6
80 이하	12

(2) 압력계 : 압력계는 용량 약 0.1MPa, 감도 1kPa의 것이어야 하며 압력계 눈금판의 지름은 약 80mm 이상이어야 한다.

(3) 검정용 기구 : 검정에 필요한 양의 물을 손쉽게 용기 밖으로 꺼낼 수 있는 기구

(4) 목재 정규 : 크기 45mm×300mm, 두께 12mm의 목재 정규

(5) 다짐대 : 지름 16mm, 길이 약 600mm의 곧은 원형강으로서 그 한쪽 끝은 지름 16mm의 반구형으로 둥글게 된 것이다.

3. 장치의 검정

1 용기의 검정

용기에 물을 채우고 채운 물의 중량을 단다. 용기에 물을 채울 때는 용기의 플랜지에 컵그리스(cup grease)를 엷게 칠하고, 물을 약간 넘치도록 채운 후 용기 위에 유리판을 얹어 여분의 물을 제거한다. 이때 유리판 뒷면에 기포가 있어서는 안된다. 중량은 용기와 물을 합한 중량의 0.1% 이하의 감도의 저울로 단다.

2 초압력의 검정

(1) 용기에 물을 채우고, 뚜껑의 안팎으로 공기가 통하도록 하여 가만히 뚜껑을 덮는다. 물을 넣을 경우에는 뚜껑을 덮은 뒤 뚜껑의 안쪽과 수면 사이의 공기가 다 빠질 때까지 넣는다. 물을 넣지 않을 경우에는 용기중의 수면은 용기의 뒷면과 정확히 일치되어 있어야 한다.

(2) 모든 밸브를 잠그고 공기펌프로 공기실의 압력을 초압력보다 약간 크게 한다. 약 5초 후에 조정밸브를 서서히 열어서 압력계의 바늘을 초압력의 눈금과 일치시킨다.

(3) 공기실의 주밸브를 충분히 열어서 공기실의 가압과 용기 윗부분의 기압을 팽창시키고 압력계를 읽고 그 값이 공기량 0%의 눈금과 일치하는가의 여부를 조사한다. 만일 일치하지 않을 경우에는 공기나 물이 새지 않는가 등을 점검한 후 검정을 반복한다. 2~3회 반복하였을 때 압력계의 바늘이 같은 점을 가리키거나, 0점과 일치하지 않을 경우에는 초압력 눈금의 위치를 바늘의 0점에 멈추도록 이동시킨다. 이 조작을 반복하여 초압력 눈금의 위치 이동이 적당하였는가를 확인한다.

3 공기량 눈금판의 감정

(1) 3. 2 (1)과 같은 조작을 한다. 검정용 기구를 사용하여 적당한 양의 물을 용기 내에서 꺼내어 메스실린더에 넣고 용기의 용량에 대한 백분율로 표시한다. 용기 내의 기압을 대기압과 같이 하여 잠그고 공기실 내의 기압을 초압력까지 높인다. 주 밸브를 열어 고압의 공기를 용기내에 도입시킨다. 압력계의 바늘이 안정되었을 때 공기량의 눈금을 읽는다.

(2) 다시 3. 3 (1)에 따라 용기내의 물을 꺼낸 물의 총량을 용기의 용적에 대한 백분율로 표시한다. 3. 3 (1)과 같은 방법으로 공기량의 눈금을 읽는다.

(3) 위와 같은 조작을 몇 번 반복하여 꺼낸 물의 백분율로 공기량의 눈금을 비교한다. 이들의 값이 각각 일치되어 있을 때는 공기량의 눈금은 정확한 것이다. 만일 일치하지 않을 경우에는 그 관계를 그래프로 나타낸다. 이 그래프를 공기량의 검정에 사용한다.

4. 시험방법

1 콘크리트의 겉보기 공기량의 측정

(1) 대표적인 콘크리트 시료를 용기에 3층으로 나누어 채우되, 각 층의 용적은 비슷하게 한다. 그 후 다짐대를 원형으로 돌리면서 콘크리트를 고르게 분포시켜야 하며 각 층을 25회씩 다진다. 콘크리트는 단면 전체를 균일하게 다져야 하며, 다짐대가 그 밑층의 표면에 도달할 정도로 다진다. 제 1층을 찧을 때는 용기바닥을 찧지 않도록 해야 한다. 다짐대에 의해서 생긴 빈틈은 용기의 측면을 두들겨서 없어지도록 한다. 최상층을 다진 후 목재 정규로 콘크리트의 표면을 긁어내어 용기의 상면과 일치시킨다. 진동기로 다진 콘크리트의 공기량을 측정하는 데는 진동기를 사용해도 좋다.

(2) 용기 플랜지의 윗면과 뚜껑 플랜지의 밑면을 완전히 닦아낸 다음, 뚜껑의 안팎을 공기가 통하도록 하여 가만히 뚜껑을 용기에 얹어 공기가 새지 않도록 잘 잠근다. 이 때 공기실의 주밸브는 잠그고 배기구 밸브와 주수구 밸브를 열어 둔다. 물을 넣을 경우에는 배기구에서 물이 나올 때까지 주수구에 물을 넣고, 배기구에서 기포가 나오지 않을 때까지 압력계를 가볍게 두들긴 다음 배기구와 주수구의 밸브를 잠근다.

(3) 3. 2 (2)에 따라 공기실 내의 기압을 초압력에 일치시킨다. 약 5초가 지난 뒤 주밸브를 충분히 연다. 콘크리트 각 부에 압력이 잘 전달되도록 용기의 측면을 망치로 두들긴다. 다시 주밸브를 충분히 열고 바늘이 안정되었을 때 압력계의 눈금을 읽는다. 이 측정치를 콘크리트의 겉보기 공기량(A_1)으로 한다.

2 골재 수정계수의 측정

(1) 사용하는 잔골재의 중량(F_s) 및 굵은 골재의 중량(C_s)은 다음 식에 따라 계산한다.

$$F_s = \frac{S}{B} \times F_b$$

$$C_s = \frac{S}{B} \times C_b$$

여기서, F_s : 사용하는 잔골재의 중량(kg)

C_s : 사용하는 굵은 골재의 중량(kg)

S : 콘크리트 시료의 용적(용기의 용적과 같다)(l)

B : 1배치의 콘크리트의 성형된 용적(l)

F_b : 1배치에 사용하는 잔골재의 중량(kg)

C_b : 1배치에 사용하는 굵은 골재의 중량(kg)

(2) 잔골재 및 굵은 골재의 대표적 시료를 각각 F_s 및 C_s 만큼 채취하여 별도로 약 5분간 물에 담가 둔 다음, 거의 1/3까지 물을 채운 용기에 넣는다. 골재를 용기에 넣을 때는 잔골재를 한 삽 넣은 다음 굵은 골재를 두 삽 넣도록 하여, 골재가 완전히 물에 잠기도록 한다. 골재를 넣을 때는 될 수 있는 대로 공기가 들어가지 않도록 하여 표면에 나온 거품은 빨리 제거해야 한다. 공기를 추출하기 위해서 용기의 측면을 고무망치로 두들기고 또한 잔골재를 넣을 대마다 다짐대로 약 10회 다진다.

(3) 전부의 골재를 넣은 후 수면의 거품을 모두 없애고 뚜껑을 용기에 얹고 잠근다. 4. 1 (3)과 같은 조작을 하여 압력계의 공기량의 눈금을 읽고, 이것을 골재 수정계수(G)로 한다.

(4) 콘크리트의 공기량은 다음 식에 따라 계산한다.

$$A = A_1 - G$$

여기서, A : 콘크리트의 공기량(%)

A_1 : 콘크리트의 겉보기 공기량(%)

G : 골재 수정계수(%)

5. 주의 및 참고사항

(1) 압력계를 읽을 때는 항상 압력계를 손가락으로 가볍게 두들긴 다음 읽어야 한다.

(2) 진동기 다짐을 하여 공기량을 측정할 때에는 2층으로 나누어 넣고 다진다. 윗층을 다질 때는 용기에 시료가 넘치도록 넣고, 진동기가 밑층에 2.5cm 이상 들어가지 않도록 한다. 진동시간은 콘크리트

의 표면에 큰 기포가 일어나지 않을 때까지 필요한 최소시간으로 한다.

(3) 골재 수정계수란 골재입자의 내부에 포함된 공기가 시험의 결과에 미치는 영향을 고려하기 위한 계수로서 골재에 따라 변화한다. 이것은 골재 입자의 흡수량과는 직접적인 관계가 없고 시험에 의해서만 결정할 수 있는 것이기 때문에 생략해서는 안된다.

(4) 공기량 시험방법은 공기실 압력 방법 외에도 중량법(KS F 2409), 주수압력방법(KS F 2417) 등이 있다.

3.3 콘크리트의 블리딩 시험방법

(Testing method for bleeding of concrete, KS F 2414)

1. 적용범위 및 시험 목적

(1) 이 시험은 굵은 골재의 최대치수가 50mm 이하인 굳지 않은 콘크리트의 블리딩을 시험하는 방법이다.

(2) 콘크리트의 재료 분리의 경향을 시험한다.

(3) AE제 및 감수제의 품질을 시험하는 방법의 하나이다.

2. 시험기구

(1) 용기 : 안지름 250mm, 안높이 285mm이고 2.8~3.5mm의 두께를 가진 원통형 금속제

(2) 저울 : 필요한 하중의 칭량에 지장이 없도록 충분한 용량을 가지며 감도 10g 이상인 것

(3) 피펫(pipette) 및 메스실린더 : 용량 10ml, 50ml, 100ml의 메스실린더와 시료의 표면에 생긴 블리딩 물을 빨아낼 수 있는 피펫

(4) 다짐대 : 지름 16mm, 길이 약 500mm의 크기를 가진 강제 직선봉으로 그 한쪽 끝이 지름 16mm의 반구형으로 된 것

3. 시험방법

(1) 시험하는 동안 온도를 20±3℃로 유지해야 한다.

(2) 콘크리트를 용기에 3층으로 나누어 넣고 각 층의 윗면을 고른 후 25회씩 다지고, 다진 구멍이 없어지고 콘크리트의 표면에 큰 기포가 보이지 않을 때가지 용기 바깥을 10~15회 두들긴다. 맨 아래층을 다질 때에는 용기의 밑까지 세게 때려서는 안되며, 제 2층 및 맨 위층을 다질 때에는

각 층의 두께까지 도달할 수 있는 힘을 주어 다진다.

(3) 시료의 표면이 용기에 250 ± 3mm의 높이가 되도록 흙손으로 고른다. 이때의 시간을 기록하고 용기 바깥쪽의 콘크리트를 깨끗이 닦고 용기와 시료의 무게를 단다.

(4) 시료와 용기를 진동이 없는 수평한 시험대 위에 놓고 뚜껑을 덮는다.

(5) 처음 60분 동안은 10분 간격으로, 그 후는 블리딩이 정지할 때까지 30분 간격으로 표면에 생긴 물을 빨아낸다. 빨아낼 때 이외에는 뚜껑을 열어 두어서는 안된다.

(6) 블리딩 물을 쉽게 모으기 위하여 물을 빨아내기 2분 전에 50mm 두께의 나무받침을 용기의 한쪽 밑에 고여 용기를 조심스럽게 기울인다.

(7) 물을 빨아낸 후 용기가 흔들리지 않도록 하여 수평으로 되돌려 놓는다.

(8) 각각 빨아낸 물을 메스실린더에 옮긴 후 물의 양을 기록한다.

(9) 시험이 끝난 후 즉시 용기와 시료의 중량을 단다.

(10) 단위표면적의 블리딩 양은 다음 식에 따라 계산한다.

$$\text{블리딩 양}(\text{mm}^3/\text{mm}^2) = \frac{\text{V}}{\text{A}}$$

여기서, V : 규정된 측정시간 동안에 생긴 블리딩 물의 양(mm^3)

A : 콘크리트 상면의 면적(mm^2)

(11) 시료에 함유된 물의 총중량에 대한 블리딩 물의 비를 나타내는 블리딩률은 다음 식에 따라 계산한다.

$$\text{블리딩률}(\%) = \frac{B}{C} \times 100$$

$$\text{단, } C = \frac{w}{W} \times S$$

여기서, B : 시료의 블리딩 물의 총량(kg)

C : 시료에 함유된 물의 총중량(kg)

W : 콘크리트 1m^3에 사용된 재료의 총중량(kg)

w : 콘크리트 1m^3에 사용된 물의 총중량(kg)

S : 시료의 중량(kg)

4. 주의 및 참고사항

(1) 시료로 하는 콘크리트의 온도 및 실험실 온도를 20 ± 3℃로 유지한다.

(2) 시료의 표면을 너무 고르면 물이 배어나오며 시험결과의 편차가 크게 된다.

(3) 골재는 표면건조포화상태라고 하여 계산한다.
(4) 필요한 경우는, 시간과 그때까지 누계한 블리딩에 의한 수량과의 사이의 관계를 나타내는 그림을 그린다.
(5) 블리딩은 콘크리트와 거푸집과의 사이에서도 일어난다.
(6) 블리딩은 시멘트의 분말도가 높을수록 적고, 잔골재의 0.15mm보다 가는 세립부분이 적을수록 크다. 블리딩이 크면 레이턴스도 많다. 이 때문에 필요하면 적당한 혼화재료를 사용하는 것이 좋다. 일반적으로 단위수량을 줄이고 AE제, 감수제등을 사용하면 블리딩은 감소한다.
(7) 블리딩의 계속시간은 콘크리트의 높이와 온도에 따라 다르며, 높이가 작고, 온도가 높을 때 일찍 끝난다. 콘크리트가 어느 정도 굳을 때, 즉 2~4시간에서 블리딩은 거의 전부가 끝난다.
(8) 블리딩에 의한 굵은 골재의 밑면과 철근의 아래쪽에 물-결합재비가 큰 시멘트풀의 막이 생기고, 철근과 콘크리트와의 부착강도가 약하게 되며, 콘크리트의 수밀성이 나쁘게 된다. 또한 블리딩이 현저하면 상부의 콘크리트가 다공질로 되어 강도, 내구성 등이 감소된다.

3.4 굳지 않은 콘크리트의 단위용적중량 및 공기량에 의한 시험방법 (중량방법)

(Testing method for unit weight and air content(gravimetric) of fresh concrete, KS F 2409)

1. 적용범위 및 시험목적

(1) 이 시험은 굳지 않은 콘크리트의 단위용적중량 및 공기량을 중량에 의하여 구하는 시험방법에 대한 것이다.
(2) 경화한 콘크리트의 단위용적중량을 알 지표가 얻어진다.
(3) 콘크리트 1배치에 해당하는 용적 및 각 콘크리트 재료의 단위량이 구해진다.
(4) 콘크리트 중의 공기량을 구한다.

2. 시험기구

(1) 용기 : 금속제의 원통형으로 용기의 치수는 굵은 골재의 최대치수에 따라 표 3.2와 같이 한다. 용기의 용적은 용기를 채우기에 필요한 물의 중량을 물의 밀도(예를 들면 13~19℃일 때 0.999 kg/l)로 나눠서 구한다.
(2) 저울 : 표 3.2에 표시한 감량의 것
(3) 다짐대 : 지름 16mm, 길이 500mm의 환강으로 하고, 그 끝이 반구형으로 된 것

(4) 진동기 : KS F 8004(콘크리트 봉형진동기)에 규정된 것

표 3.2 용기의 치수 및 저울의 감량

굵은골재의 최대치수(mm)	용기의 치수(mm)		저울의 감량(g)
	내경	내고	
10 이하인 것	140	130	2
50 이하인 것	240	220	10
50을 넘을 때	350	290	25

3. 시험방법

1 다짐대로 다지는 경우

(1) KS F 2401의 방법에 의해 채취한 시료를 용기의 약 1/3까지 채우고 고른 후 표 3.3에 표시된 횟수만큼 균등하게 다지고 다짐대 구멍이 없어지고 콘크리트의 표면에 큰 기포가 보이지 않도록 하기 위하여 용기의 외측을 10~15회 두들긴다.

표 3.3 각 층의 다짐수

용기의 내경(mm)	다짐대에 의한 각 층의 다짐수
140	10
240	25
350	50

(2) 다음에 용기의 약 2/3까지 채우고 전번과 같은 조작을 반복한 후 시료를 용기에 넘치도록 넣고 다시 첫 번째와 같은 조작을 반복한 후 금속제의 자로 여분의 시료를 깎아내며 고른다. 다짐대의 다짐 깊이는 거의 각 층의 두께로 한다.

(3) 용기의 외측에 붙은 콘크리트를 깎아내고, 용기속의 시료의 중량을 잰다.

2 진동기로 다질 경우

(1) 시료를 용기의 1/2까지 넣고 진동기로 다진다.

(2) 다음에 용기에서 넘치도록 시료를 채우고 먼저와 같이 진동기로 다진다. 내부 진동기를 사용할 경우에는 윗층의 콘크리트를 다질 때 진동기의 선단이 아래층의 콘크리트에 닿을 정도로 한다. 진동시간은 콘크리트 표면에 큰 기포가 없어짐에 필요한 최소시간으로 한다.

(3) 윗층에 진동다짐이 끝나면 금속제의 자로 여분의 시료를 깎아내어 고른다.

(4) 용기의 외측에 붙은 콘크리트를 닦아내고 용기 속의 시료의 중량을 잰다.

3 단위용적중량

그릇속의 시료의 중량을 용기의 용적으로 나누어 구한다.

4 공기량

다음 식에 의하여 구한다.

$$A(\%) = \frac{T - W}{T} \times 100$$

여기서, A : 콘크리트 속의 공기량(%)

T : 공기가 전혀 없는 것으로 계산한 콘크리트의 단위용적중량(kg/m^3)

W : 3에 의해 구한 콘크리트의 단위용적중량(kg/m^3)

$$T = \frac{W_1}{V}$$

여기서, W_1 : $1m^3$당 콘크리트의 각 재료의 중량의 합계(kg)

V : $1m^3$당 콘크리트의 각 재료의 절대용적의 합계(m^3)

4. 주의 및 참고사항

(1) 용기의 용적을 알기 위해서 물을 용기에 채울 때에는 약간 넘쳐흐르도록 넣은 뒤, 용기의 위에 매끈한 유리판을 얹어서 여분의 물을 없앤다. 이때에 판유리 뒷면에 기포가 생겨서는 안 된다.

(2) 진동기로 다질 경우 내부 진동기의 크기는 용기의 용적에 비하여 지나치게 커서는 안된다. 140 mm안지름의 용기를 사용할 경우에는 공칭지름 27mm 진동기를 사용하는 것이 좋다.

(3) 공기가 전혀 없는 것으로 계산에 의하여 구하는 콘크리트의 단위용적중량(T)은 시멘트 및 골재의 비중에 의하여 큰 영향을 받아 공기량에 오차가 생기는 원인이 되기 쉬우므로 이것들의 비중은 시험에서 구한 값을 사용하여야한다.

(4) 콘크리트의 각 재료의 절대용적(m^3)이란 각 재료의 중량(kg)을 각 비중의 1,000배의 값으로 나눈 것이다.

3.5 관입저항침에 의한 콘크리트 응결시간 시험방법

(Testing method for time of setting of concrete mixtures by penetration resistance, KS F 2436)

1. 적용범위 및 시험목적

(1) 이 시험은 슬럼프가 0보다 큰 콘크리트를 체로 쳐서 얻은 모르타르로 시험하여 그 응결 시간을 측정하는 방법에 대한 것이다.

(2) 이 방법은 콘크리트에서 모르타르 부분을 시험함으로써 그 콘크리트와 같은 결과를 얻을 수 있는 경우에 한하여 사용할 수 있다.

(3) 시멘트의 품질, 콘크리트의 배합, 혼화재료의 사용(경화촉진제, 지연제등), 온도 등이 콘크리트의 응결경화과정에 미치는 영향을 조사할 목적으로 이 시험을 한다.

2. 시험기구

(1) 모르타르 시료 용기 : 원통형 또는 장방형의 금속제로 최소치수는 150mm이고, 깊이는 적어도 150mm까지 모르타르 시료를 넣을 수 있는 것

(2) 관입저항 시험용 기구(그림3.3) : 스프링 반력장치로서 용량 4.5~58.5kg, 정밀도 1kg이하의 것이거나 수압장치로서 용량 68~90kg, 정밀도 1kg 이하의 압력계가 붙은 것이어야 한다. 이들 기구는 실제의 침하중을 1kg까지 정확히 측정하여야 하며 침은 바꾸어 낄 수 있어야한다. 침은 그 지지면적이 640, 320, 160, 64, 32, 16mm^{2}이어야하고, 지지면에서 25mm 위의 둘레에 표시가 있어야한다. 16mm^{2}의 침은 길이가 90mm 이하이고 휘어지지 않도록 되어 있어야 한다.

(3) 진동기 : 내부진동형으로 봉축형 또는 가동형으로 전동식일 것. 속도는 7,000vpm 이상 이고 진동 부분은 바깥지름이 20~40mm, 축의 길이가 600mm 이상일 것

(4) 다짐대 : 원형의 곧은 강봉으로 지름 16mm, 길이 약 600mm로서 한쪽 끝의 반구형인 것

(5) No.4(5mm)체 및 피펫

그림 3.3 유압식 Proctor 관입 시험기

3. 시험방법

(1) 충분한 양의 콘크리트를 No.4의 체로 체가름하여 시료 용기에 깊이가 150mm가 되도록 채취한다.

(2) 모르타르를 손으로 되비벼서 용기에 넣고 진동 또는 다짐대로 다진다. 다짐대로 다질 때 에는 둥근 쪽으로 모르타르에 관입하도록 다진다. 진동기로 다질 경우에는 다진 뒤 표면이 거의 수평이 되도록 한다. 다짐대는 시료의 위 표면적 645mm^{2}당 1회의 비율로 모르타르를 다지고 시료 전단면에 균등히 분포시킨다.

(3) 진동 또는 다짐대로 다짐이 끝나면 시료 용기의 측면을 가볍게 두들겨서 진동이나 다짐대로 다짐할 때 생긴 공극을 채우고 시료 표면을 수평으로 고른다.

(4) 시료는 시험 온도로 저장하여 보관한다. 습도가 지나치게 증발되지 않도록 시료 위에 시험기간 중 젖은 천으로 덮는다. 떠오른 물을 제거하거나 관입시험을 할 때에만 열어야 하며 공시체는 직사광선에 노출되어서는 안된다.

(5) 피펫을 사용하여 모르타르 시료의 표면에서 30분마다 또는 관입시험 직전에 떠오른 물을 제거한다. 떠오른 물을 모으기 위해 떠오른 물을 제거하기 2분전에 시료의 한쪽에 블록을 두어 시료를 조심스럽게 수평면에 대해 약 12℃ 정도 기울인다.

(6) 모르타르의 경화상태에 따라 적당한 치수의 침을 관입저항기구에 붙여 침의 지지면을 모르타르 표면에 접촉시킨다.

(7) 천천히 그리고 균등하게 기구를 아래쪽으로 연직력을 작용시켜 침을 모르타르 안으로 25mm의 눈금의 깊이까지 관입시킨다. 25mm의 깊이까지 관입하는데 소요되는 시간은 약 10초로 한다. 소요된 힘의 크기와 처음 시멘트와 물을 접촉시킨 후의 경과시간을 기록한다.

(8) 다음에 관입할 때에는 기왕의 시험에서 흐트러진 면을 피하여야한다. 침 관입의 순간격은 사용하는 침의 지름의 2배 이상이고 최소한 12mm 이상이어야 한다. 임의의 침 관입위치와 용기가장자리의 순 간격은 25mm 이상이어야 한다.

(9) 정상적인 배합, 정상적인 온도에서의 관입시험은 1시간마다 하고 최초의 시험은 경과 시간이 3~4시간일 때에 한다. 촉진배합 또는 고온시에는 최초의 시험은 경과시간 1~2시간일 때에 하고 그 뒤의 시험은 30분마다 하는 것이 좋다. 저온시 또는 지연배합일 때에는 최초의 시험을 경과시간 4~6시간 또는 그 후에 하고 그 뒤의 시험은 특히 관입저항에 따라 간격을 짧게 할 필요가 없을 때에 한하여 2시간 또는 그 이상의 간격으로 한다.

(10) 6회 이상 시험하여 관입저항이 28MPa가 될 때 까지 시험을 계속한다.

(11) 침의 관입길이가 25mm될 때 까지 소요된 힘을 침의 지지면으로 나누어 MPa의 단위로 관입저항을 계산한다.

(12) 보고에는 다음 자료를 명시하여야한다.

① 콘크리트 배합에 관한 자료

시멘트, 잔골재, 굵은 골재(최대치수 및 입도)의 종류와 배합, 물-결합재비
사용한 혼화재료의 명칭, 성질 및 시멘트에 대한 중량 백분율
콘크리트의 공기량 및 그 측정방법
모르타르의 체가름 후의 온도
시험기간 중의 온도 기록
시험한 월, 일, 시간

② 곡선 및 응결시간 : 경화속도 시험의 결과 또는 동일시료 3개의 평균결과는 관입저항과 경화시간과의 관계를 나타내는 곡선으로 표시한다. 이때 관입저항을 종축으로, 경과시간을 횡축으로 한다. 응결의 초결 및 종결은 경화속도 곡선에서 결정할 수 있다.

4. 주의 및 참고사항

(1) 초결과 종결시간의 정의는 다음과 같다.

① 초결시간 : 시멘트와 물이 처음으로 접촉한 뒤 콘크리트에서 체로 쳐서 얻은 모르타르가 관입저항이 3.5MPa가 될 때까지의 소요되는 시간

② 종결시간 : 시멘트와 물이 처음으로 접촉한 뒤 콘크리트에서 체로 쳐서 얻은 모르타르가 관입저항이 28MPa가 될 때까지의 소요되는 시간

(2) 모르타르의 관입저항값과 콘크리트의 응결경화과정과의 사이에 일정한 관계가 있다고는 인정되지 않지만 이 방법에 따르면 지연제, 촉진제의 효과, 온도의 영향 등을 명료하게 알 수가 있다.

(3) 콘크리트의 응결경화속도를 조사하는 방법으로서 이 방법 외에 콘크리트의 전기저항, 전기용량, 진동에너지의 흡수량, 수화열, 건조수축, 콘크리트중의 음속 등의 측정결과로부터 추정하는 방법이 제안되고 있지만 어느 것도 실용화에는 이르러 있지 않다.

3.6 굳지 않은 콘크리트의 씻기분석 시험방법

(Testing method for washing fresh concrete, KS F 2411)

1. 적용범위 및 시험 목적

(1) 콘크리트 중에 시멘트, 잔골재, 굵은 골재, 물 등이 어떻게 배합되어 있는가를 알기위하여 시험한다.

(2) 씻기분석에 의해 굳지 않은 콘크리트의 균등성 및 그 배합의 좋고 나쁨을 판정할 수가 있다.

2. 시험기구

(1) 저울 : 칭량 10kg 이상, 1g까지 계량할 수 있는 것

(2) 용기 : 용량 5L이상인 밑바닥이 둥근 것

(3) 체 : No.4, No.30 및 No.170체

3. 시험방법

(1) 콘크리트 시료의 양은 굵은 골재의 최대치수가 50㎜이하인 경우에는 약 20L, 50㎜를 초과하는 경우에는 약 35L이어야 한다.

(2) 시료에서 씻기분석용으로 대표적인 시료를 굵은 골재의 최대치수가 50mm 이하인 경우 약 5kg, 50mm를 초과하는 경우 약 6kg 채취한다. 나머지 시료를 사용하여 KS F 2409(굳지 않은 콘크리트의 단위용적중량 및 공기량에 의한 시험방법)에 따라 콘크리트의 단위중량을 측정하고 W_B(kg/m^3)로 한다.

(3) 단위중량을 측정한 시료 전부를 No.4체로 체가름하여 굵은 골재와 모르타르로 분리한다. 그리고 굵은골재를 물로 씻고 표면건조포화상태로 중량을 측정하여 W_G(kg/m^3)로 한다.

(4) 씻기분석용 시료를 1g까지 정확하게 측정한 후 No.4체 위에서 물로 씻으면서 굵은 골재와 모르타르 시료로 체가름한다. No.4체에 잔류한 굵은 골재를 표면건조포화상태로 중량을 측정하고, 시료 중량에서 빼내어 모르타르 중량을 구하여 W_m(g)으로 한다.

(5) 이 모르타르 시료를 수중중량 측정용 용기에 넣고 용기중의 물이 2L 정도로 되도록 한 다음 휘저어 시료중의 공기를 완전히 제거한다.

(6) 휘젓기가 끝나면 수면의 거품을 제거하고 필요에 따라서 이소프로필 알코올 (isopropyl alcohol)을 가하여 거품을 제거한다.

(7) 약 10분간 정치한 후 용기에 넣은 상태로 시료를 수중에 넣어 시료의 수중중량을 재고 W_m'(g)으로 한다.

(8) 수중중량을 잰 모르타르 시료를 No.30체 및 No.170체 위에서 순차적으로 물로 씻으면서 체가름한다. 이들 체에 잔류한 재료의 합계의 수중중량을 W_s'(g)로 한다.

(9) 시험결과는 다음 식으로 계산한다.

모르타르 시료중의 시멘트 중량 $W_c(g) = (W_m' - W_s') \times \dfrac{g_c}{g_c - 1}$

모르타르 시료중의 잔골재(No.170체에 남는것)의 중량 $W_s(g) = W_s' \times \dfrac{g_s}{g_s - 1}$

모르타르 시료중의 물의 중량 $W_w(g) = W_m - (W_c + W_s)$

단위 굵은 골재량 $W_G(\mathrm{kg/m^3}) = \dfrac{W_G}{V} \times 1000$

단위 모르타르량 $W_m(\mathrm{kg/m^3}) = W_B - W_G$

단위 시멘트량 $W_c(\mathrm{kg/m^3}) = W_m \times \dfrac{W_c}{W_m}$

단위 잔골재량 $W_s(\mathrm{kg/m^3}) = W_m \times \dfrac{W_s}{W_m}$

단위수량 $W_w(\mathrm{kg/m^3}) = W_m \times \dfrac{W_w}{W_m}$

여기서, g_c : 시멘트의 비중

g_s : 잔골재의 비중

V : 콘크리트의 단위 중량시험의 용기의 안용적(l)

4. 주의 및 참고사항

(1) 휘저어 뒤섞은 시료중의 공기를 완전히 제거하는 것은 시험오차를 적게 하기 위하여 대단히 중요하다. 이 경우 용기 바깥쪽에 부착한 기포를 확실히 제거한다.

(2) No.170체로 씻기분석하는 경우에는 미리 시료에 충분한 물을 가하고 교반하여 현탁액(懸濁液)의 상태로 체를 통과시키는 것이 편리하다.

3.7 콘크리트의 압축강도 시험방법

(Testing method for compressive strength of molded concrete cylinders, KS F 2403, 2405)

1. 적용범위 및 시험목적

(1) 임의 배합의 콘크리트 압축강도를 알고 또 소요강도의 콘크리트를 얻는데 적합한 배합을 선정한다.

(2) 재료(시멘트, 골재, 물, 혼화재료 등)가 사용에 적합한가 어떤가를 조사하고 소요의 제성질을 갖는 콘크리트를 가장 경제적으로 만들 수 있는 재료를 선정한다.

(3) 압축강도를 알고 다른 제성질(역학적, 물리화학적 성질)의 개략을 추정한다.

(4) 콘크리트의 품질관리에 이용한다.

(5) 실제의 구조물에 시공된 콘크리트의 품질을 알고 설계에 가정한 압축강도, 기타의 성질을 갖는다, 어떤가를 조사한다. 또 거푸집의 해체시기와 프리스트레스의 도입 시기를 결정한다.

2. 시험기구

(1) 압축강도 시험용 몰드

(2) 다짐대 : 직선원형강으로 지름 16mm 길이 600mm로서 그 한쪽 끝은 지름 16mm 둥글게 한 것 또는 지름 9mm, 길이 300mm로서 그 한쪽 끝은 지름 9mm의 반구형으로 둥글게 한 것

(3) 자(scale)

(4) 흙손, 캘리퍼스, 작은 스쿱(scoop)

(5) 콘크리트 믹서

(6) 압축강도 시험기(그림 3.4)

(7) 진동기

(8) 저울

(9) 캡핑(capping)장치

3. 시험방법

1 공시체의 성형 및 양생

(1) 콘크리트의 1배치량은 공시체를 제작하였을 때 약 10%정도의 콘크리트가 남도록 혼합한다. 삽으로 혼합하는 방 법은 AE콘크리트나 슬럼프를 측정할 수 없는 정도의 콘크리트에는 적용할 수 없으며 1배치의 양은 7*l* 이하로 해야 한다. 기계로 혼합하는 방법은 드럼형 믹서이어야 하고 혼합결과가 규정된 변동범위 내에 들어야한다.

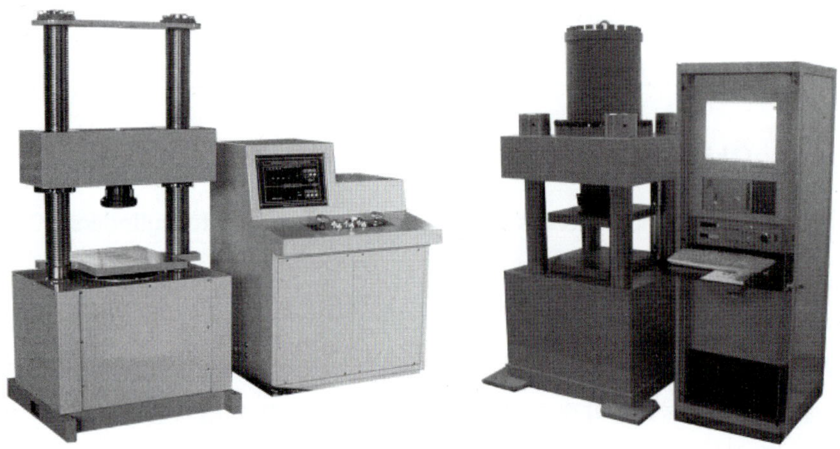

그림 3.4 강도시험기

(2) 재료분리가 일어나지 않도록 삽이나 흙삽으로 혼합팬에 받은 콘크리트를 재혼합하여 확인한 후 몰드 내에서 굵은 골재의 재료분리가 적게 일어나고 콘크리트가 좌우 대칭으로 균일하게 채워지도록 몰드의 윗면 주위를 따라 삽을 옮겨가면서 콘크리트를 몰드에 미끄러뜨려서 채워넣는다. 다지기 전에 다짐대를 원형으로 돌리면서 콘크리트를 고르게 분포시킨다. 콘크리트를

몰드에 채우는 층의 수는 표 3.4에 따른다.

표 3.4 콘크리트를 몰드에 채우는 층의 수

공시체의 높이(mm)	다짐형식	층의 수	층의 대략 깊이(mm)
300 까지	다짐대사용	3	
300 이상	다짐대사용	필요에 따름	100
300~460	진동기사용	2	
460 이상	진동기사용	3 또는 그 이상	200 정도

(3) 다짐방법에는 다짐대, 내부 및 외부진동기를 사용하는 방법 등이 있으나 시방서에 특별한 규정이 없는 한 슬럼프에 따라 표 3.5와 같이 결정한다.

표 3.5 공시체의 다짐방법

슬럼프(mm)	다짐방법
75 이상	다짐대
25 ~ 75	다짐대 또는 진동기
25 이하	진동기

(4) 다짐대를 사용할 때 3.6에 규정한 다짐횟수로 각 층을 다짐대의 반구형으로 된 부분으로 다진다. 콘크리트를 다질 때에는 몰드의 단면 전체를 균일하게 또 층의 깊이가 100mm 미만일 때는 그 층의 12mm 정도까지 더 깊게, 100mm 이상일 때에는 25mm 정도가 더 관입되도록 다진다. 최하층의 경우에는 그 깊이만 다지면 된다. 다짐대에 의한 빈틈이 남아 있을 경우에는 몰드의 측면을 빈틈이 없어질 때까지 가볍게 두드린다.

표 3.6 공시체의 다짐횟수

공시체의 지름(mm)	다짐대의 지름(mm)	다짐횟수 / 층
50~150	10	25
150	16	25
200	16	50
250	16	75

(5) 다진 후의 시험체는 몰드의 둘레와 모서리가 수평이 되고 3mm 이상의 요철이 없도록 표면을 마무리한다.

(6) 최상층을 다진후 흙손 또는 다짐대로 콘크리트 표면을 고르고 필요하면 시멘트 풀로 얇게 캡핑(capping)을 하거나 연마기를 이용하여 상하면을 연마한다.

그림 3.5 시료연마기

(7) 마무리 직후의 공시체는 비흡수성판이나 단단하고 내구적인 플라스틱판으로 수분이 증발하지 않도록 콘크리트 표면을 덮는다. 젖은 천으로 덮어도 좋으나 몰드에서 공시체를 거할 때 까지 습윤상태를 유지할 수 있어야한다.

(8) 공시체는 성형후 20~48시간 내에 몰드에서 꺼내야한다.

(9) 공시체는 특유한 규정이 없는 한 성형후 시험전까지 23 ± 2℃의 온도에서 습윤상태로 저장하여 양생해야한다. 이 때 공시체를 유수 중에 넣거나 진동을 주어서는 안된다.

2 압축강도 시험

(1) 습윤양생을 한 공시체의 압축시험은 양생실에서 꺼낸 즉시로 향한다. 시험하기 전에 공시체의 지름을 최소 0.25mm까지 측정하며, 공시체의 높이의 중앙에서 서로 직교하는 두방향의 지름을 측정하여 평균한 것을 공시체의 지름으로 한다. 이 평균 지름은 공시체의 단면적을 계산하는데 사용한다. 캡핑을 포함 한 공시체의 높이를 최소 2.5mm까지 측정한다.

(2) 구면좌로 된 가입판 바로 밑에 있는 시험기의 대(臺)나 또는 압판 위에 평평한 가압판을 놓는다. 위 아랫부분 가압판과 공시체의 지압면을 깨끗이 닦고 공시체를 아랫부분 가압판 위에 올려놓는다. 이때 공시체의 축이 윗부분 가압판의 구좌의 중앙에 반드시 오도록 해야 한다.

(3) 하중은 충격을 주지 않도록 계속적으로 가한다. 나선식 시험기에 있어서는 기계를 천천히 돌려서 가압판이 매분 약 1.3mm의 속도로 움직이게 한다. 수압식 시험기에 있어서는 기계를 천천히 돌려서 가압판이 매분 약 1.3mm의 속도로 움직이게 한다. 수압식 시험기에 있어서는 하중을 매초 0.15~0.35MPa 이내의 일정한 속도로 가한다.

(4) 공시체의 압축강도는 시험중에 공시체가 받은 최대하중을 공시체의 평균단면적으로 나누어 계산한다. 이때 압축강도를 0.1MPa의 정밀도까지 구한다.

4. 주의 및 참고사항

(1) 공시체의 수는 배합이 달라질 때마다 서로 다른 각 재령 또는 소정의 조건에 대하여 3개 이상의 공시체를 만들어야한다.

(2) 특히 큰 골재의 낱알이 들어 있을 경우에는 공시체를 제작하는 도중에 제거해야한다.

(3) 압축강도 시험은 보통 재령 7일과 28일에 실시한다. 장기 재령은 3개월, 6개월, 1년으로 한다.

(4) 1배치의 혼합이 끝나고 믹서로부터 콘크리트를 받아낼 때에 믹서에 모르타르가 붙어있게 되므로 다음의 방법으로 이 양만큼의 모르타르를 보충해야한다.

① 믹서 안에 모르타르를 미리 바르는 방법은 시험배치를 혼합하기 직전에 시험배치와 거의 같은 배합의 가배치를 믹서로 혼합하여 믹서 안에 모르타르를 발라둔다.

② 모르타르를 더 넣는 방법은 시험배치는 믹서에 붙은 모르타르의 양을 보충할 수 있도록 여분의

모르타르를 넣고 배합한다.

(5) 강도 시험기의 구면좌에 달려 있는 가압판의 최대지름은 표 3.7에 주어진 값을 초과해서는 안된다.

표 3.7 가압판의 최대지름

공시체의 지름(mm)	가압면의 최대지름(mm)
50	100
75	130
100	170
150	250
200	280

3.8 콘크리트의 휨강도 시험방법

(Testing method for flexural strength of concrete, KS F 2408)

1. 적용범위 및 시험목적

(1) 이 시험은 콘크리트 보에 휨모멘트를 가하여 파괴하고 그 인장측에 생기는 휨강도를 계산하는 방법이다.

(2) 휨모멘트를 가하는 대는 단순보 3등분점 하중방법에 의한다.

(3) 콘크리트의 휨강도는 도로, 공항 등의 콘크리트 포장의 설계기준강도에 채용되고 있고 이들의 콘크리트 품질결정과 품질관리는 휨강도 시험에 의해 행하는 것으로 되어있다.

2. 시험기구

(1) 휨강도 시험용 몰드(그림 3.6)

(2) 다짐대

(3) 자(scale)

(4) 흙손, 캘리퍼스, 작은 스쿱(scoop)

(5) 콘크리트 믹서

(6) 휨강도 시험기(그림 3.7)

(7) 진동기

(8) 저울

그림 3.6 휨강도 시험용 몰드

그림 3.7 휨강도용 시험기

3. 시험방법

1 공시체 제작

(1) 2층으로 나누어 콘크리트를 채운 후 표 3.8에 규정한 다짐횟수로 각 층을 다짐대의 반구형으로 된 부분으로 다진다. 다짐대에 의한 빈틈이 남아있을 경우 몰드의 측면을 빈틈이 없어질 때까지 가볍게 두드린다.

(2) 다진 후에 공시체표면을 마무리 하며 마무리는 몰드의 둘레와 모서리가 수평이 되고 3mm 이상의 요철이 없도록 한다.

표 3.8 공시체의 다짐횟수 및 다짐대의 치수

공시체의 윗면적(mm^2)	다짐대의 지름(mm)	다짐횟수 / 층
16,000	10	25
16,500~31,000	10	윗면적 700mm^2당 1회
32,000 이상	10	윗면적 1,400mm^2당 1회

(3) 마무리 직후의 공시체는 비흡수성판이나 단단하고 내구적인 불투수 플라스틱판으로 수분이 증발하지 않도록 콘크리트 표면을 덮는다. 젖은 천으로 덮어도 좋으나 몰드에서 공시체를 제거할 때까지 습윤상태를 유지 할수 있어야한다.

(4) 공시체는 성형 후 20~48시간 내에 몰드에서 꺼내야한다.

(5) 그리고 특수한 규정이 없는 한 성형 후 시험전까지 23±2℃의 온도에서 습윤상태로 저장하여 양생한다.

2 강도시험

(1) 공시체는 두께의 약 3배의 스판을 가져야 하며 시험할 때 습윤상태로 두어야 한다.

(2) 공시체는 콘크리트를 몰드에 넣었을 때의 측면을 상하면으로 하여 지지블록들의 중심에 공시체의 중심이 오도록 놓는다(그림 3.8참조). 하중을 가할 블록은 두 지지블록의 삼등분점에서 공시체의 상측과 접촉하도록 한다. 만일 공시체의 표면들이 평면이 되지 않아서 힘이 가해질 블록이나 지지블록들과 충분히 접촉되지 않을 때에는 캡핑을 한다.

(3) 파괴하중의 약 50%까지는 빠른 속도로 작용시킨 다음 최대 휨압축응력의 증가가 매분 1MPa을 초과하지 않을 정도로 하중을 가한다.

(4) 공시체의 파괴단면에서의 평균폭과 두께를 1mm의 정밀도로 측정한다.

(5) 공시체가 지간의 3등분 중앙부에서 파괴되었을 때의 휨강도는 다음 식에 따라 계산한다.

$$R = \frac{pl}{bd^2}$$

여기서, R : 휨강도(MPa)

p : 시험용 계기에 나타난 최대하중(N)(보의 자중은 계산에 넣지 않는다)

l : 공시체 지간의 길이(mm)

b : 평균폭(mm)

d : 평균두께(mm)

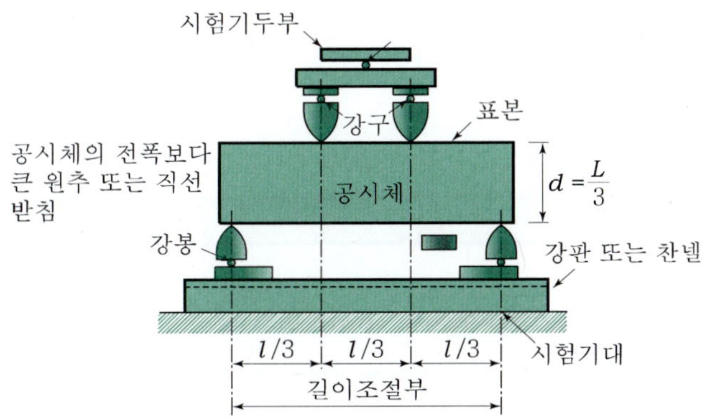

그림 3.8 3등분점 하중법에 의한 콘크리트 휨강도 시험기

(6) 공시체가 지간의 3등분 외측부에서 파괴되고 또 하중점에서 파괴단면까지의 거리가 지간의 5%이내일 때의 휨강도는 다음 식에 따라 계산한다.

$$R = \frac{3pa}{pda}$$

여기서, a : 파괴단면과 이것에 가까운 쪽의 지점과의 거리를 보의 밑면 중심선에 따라 측정한 거리(mm)

(7) 공시체가 지간의 3등분 외측부에서 파괴되고 또 하중점에서 파괴단면까지의 거리가 지간의 5% 이상일 때에는 이 시험을 무효로 하여야한다.

4. 주의 및 참고사항

(1) 공시체의 최소 횡단면의 치수는 콘크리트에 사용될 골재의 최대치수의 3배 이상이어야 한다.
(2) 특히 큰 골재의 낱알이 들어 있을 경우에는 시험체를 제작하는 도중에 제거해야한다.
(3) 콘크리트를 몰드에 채우는 층의 수는 표 3.9에 따른다.

표 3.9 공시체의 높이에 따른 다짐방법

공시체의 높이(mm)	다짐형식	층의 수	층의 대략 깊이(mm)
200 까지	다짐대 사용	2	
200 이상	다짐대 사용	3 또는 그 이상	100
200 까지	진동기 사용	1	
200 이상	진동기 사용	2	200 정도

(4) 다짐방법에는 다짐대, 내부 및 외부진동기를 사용하는 방법 등이 있으나 시방서에 특별한 규정이 없는 한 슬럼프에 따라 표 3.10과 같이 결정한다.

표 3.10 슬럼프에 따른 다짐방법

슬럼프(mm)	다짐 방법
75 이상	다짐대
25~75	다짐대 또는 진동기
25 이하	진동기

(5) 휨강도 시험은 보통 재령 14일과 28일에 실시한다. 장기재령은 3개월, 6개월, 1년으로 한다.

3.9 콘크리트의 인장강도 시험방법

(Testing method for splitting tensile strength of molded concrete cylinders, KS F 2423)

1. 적용범위 및 시험목적

(1) 이 시험은 콘크리트 원주 공시체를 할렬시켜 인장강도를 시험하는 방법이다.

(2) 콘크리트의 인장강도는 압축강도의 1/10~1/13로 대단히 작아서 일반적인 철근콘크리트 부재의 설계에서는 무시되고 있지만 포장판, 수조 등의 설계에서는 중요한 성질이다. 또 사인장응력, 건조수축, 온도변화 등에 의한 균열발생을 예측할 수 있기 때문에 이것을 알아두는 것이 중요하다.

2. 시험기구

(1) 압축시험기

(2) 공시체 제작용 몰드

(3) 다짐봉

(4) 흙손, 캘리퍼, 작은 스쿱(scoop)

3. 시험방법

(1) 공시체의 치수, 성형 및 양생은 콘크리트 압축강도 시험방법과 같이 한다. 습윤양생한 공시체를 양생실에서 꺼내어 시험할 때까지의 기간은 젖은 모포로 덮어서 습윤상태로 유지하며 습윤 상태로 즉시 시험한다.

(2) 공시체의 양끝에 지름선을 그리되 그 양끝의 지름선에 평행하여야 한다.

(3) 공시체를 양끝에 표시한 지름을 포함하는 평면으로 양끝부 근처와 중앙부의 3지름을 0.2mm의 정밀도로 측정하여, 그 평균치를 지름으로 취한다. 공시체의 길이는 양끝의 표시선을 포함하느 평면에서 2개소 이상을 2mm의 정밀도를 측정하여 그 평균치를 길이로 취한다.

(4) 하부 지지블록의 중심에 따라 배니어판 한 장을 맞춘다. 나머지 배니어판을 공시체의 길이 방향으로 표시선에 따라 중심선을 맞춘다. 이 위치는 다음 조건을 만족시켜야 한다.

① 공시체의 양끝에 표시한 지름으로 이루어지는 평면이 윗부분 지압판의 중심선을 통과하여야한다.

② 지지봉 또는 지지판을 사용할 때에는 공시체의 중심과 구면좌 블록의 중심이 일치되어 야한다 (그림 3.9참조).

(5) 재하속도는 공시체가 파괴될 때까지 계속적으로 충격없이 하중을 가하되 인장강도가 매분 0.7~1.4MPa의 일정한 비율로 증가하도록 하여야한다. 파괴할 때 시험기가 표시하는 최대하중을 기록한다. 파괴형태와 콘크리트의 외관을 기록한다. $\phi 150 \times 300$mm의 공시체에 대하여는 하중이 증가속도가 50~100kN/sec로 된다.

(6) 공시체의 인장강도는 다음 식으로 계산된다.

$$T = \frac{2P}{\pi l d}$$

여기서, T : 인장강도(MPa)

P : 시험기에 나타난 최대하중(N)

l : 공시체의 길이(mm)

d : 공시체의 지름(mm)

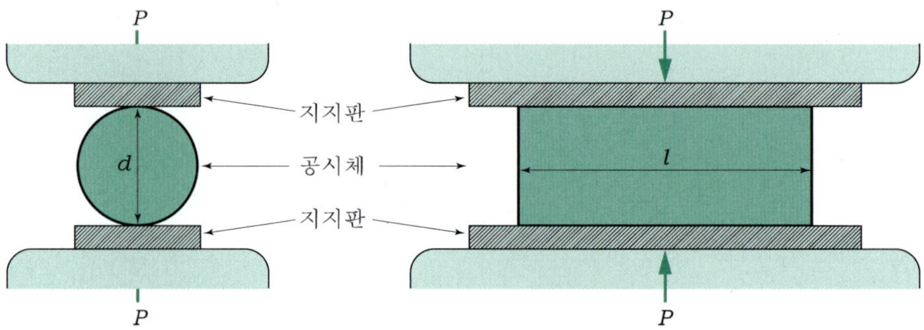

그림 3.9 인장강도 지지판 구성

4. 주의 및 참고사항

(1) 콘크리트의 인장강도는 각 시험체(보통 3개 이상)의 강도 평균치로 나타낸다.

(2) 시험 기록에는 0.01MPa까지 계산한 인장강도, 공시체의 결함 유무, 파괴상황, 하중의 편심 유무 등을 기록한다.

(3) 공시체의 지름은 골재의 최대공칭치수의 3배 이상으로 한다.

3.10 콘크리트 원주 공시체의 정탄성계수 및 프와송비 시험방법

(Testing method for static modulus of elasticity and poission's ratio in compression of cylindrical concrete specimens, KS F 2438)

1. 적용범위 및 시험목적

이 시험은 성형한 콘크리트 원주 공시체 및 다이아몬드로 뚫은 콘크리트 코어가 종방향 압축응력을 받았을 때의 탄성계수 및 프와송비를 구하는 방법이다.

2. 시험기구

(1) 압축시험기

(2) 콤프레소미터(compressometer)(그림 3.10)

그림 3.10 콤프레소미터

탄성계수를 측정하기 위해 접착한 또는 접착하지 않은 측정 장치를 사용하고 지름의 반대쪽에 2개의 게이지의 선을 각각 축에 평행하게 공시체 높이의 중간에 붙여서25.4mm에 대해 0.127μm까지의 정밀도로 변형을 측정한다. 각 게이지라인의 유효길이는 콘크리트에 사용한 굵은 골재의 최대치수의 3배 이상, 공시체 높이의 2/3 이하로 하고, 추천할 수 있는 길이는 공시체 높이의 1/2로 한다. 게이지 포인트는 공시체 안에 묻거나, 접착시켜 2개의 게이지라인의 변형은 따로 읽든지 또는 콤프레소미터를 사용하여 2개의 요크(yokes)중 1개는 공시체에 정확히 고정시키고, 다른 1개는 지름의 반대쪽의 2점에 붙여 자유롭게 회전할 수 있도록 한다. 회전하는 요크의 2개의 지점 중간에 긴 중심대를 붙여, 2개의 요크사이의 거리를 일정하게 유지하고 원주의 반대측의 점에서의 요크간의 거리의 변화가 지금의 반대측의 2개의 게이지라인의 변형의 합과 같도록 한다. 변형은 다이얼 게이지로 직접 또는 레바 확대 방식으로 와이어 스트레인 게이지(wire strain gauge)나 변차 트랜스퍼머(differential transformer)로 측정한다.

(3) 엑스텐소미터(extensometer)(그림 3.11)

그림 3.11 엑스텐소미터

프와송비를 구할 경우의 횡변형을 측정하려면 공시체 높이의 중앙에서의 지름의 변형을 접착시키지 않은 엑스텐소미터로 0.635μm까지 읽는다. 2개의 접착한 스트레인 게이지를 공시체 높이의 중간에 지름의 반대측인 점에 원주에 따라 붙이고 원주 변형을25.4mm에 대해 0.127μm까지 정확하게 읽는다. 콤프레소미터와 엑스텐소미터를 조합한 것은 편리하다. 이 기구에는 제3의 요크(2개의 같은 세그먼트로 이루어져 있다)가 있고, 2개의 콤프레소미터요크 중간에 공시체 지름의 반대측의 두 점에 붙인다. 이 두 점의 중앙에 짧은 중심대를 긴 중심대에 이어서 붙여 아래쪽의 요크와 중앙의 요크 사이의 거리가 일정하게 되도록 유지한다. 중앙의 요크는 피벗(pivot)의 점에서 힌지를 만들고 멍에 모양으로 끊은 2개의 세그먼트가 수평면에서 자유롭게 회전할 수 있도록 한다. 원주의 반대측의 점에서 2개의 세그먼트 다이얼 게이지나 다른 측정장치를 사용하여 연결하고 횡변형을 1.27μm까지 측정할 수 있도록 한다. 이 변형은 공시체 지름의 횡변형의 2배로 된다(만일 게이지의 편심이 한지의 편심보다 클 경우). 만일 힌지와 게이지와의 편심이 같지 아니할 때에는 공시체의 지름의 변형률은 다음 식에 따라 계산할 수 있다.

$$d = \frac{g \cdot e_r}{e_r + e_g}$$

여기서, d : 유효 게이지 길이 전장에 대한 공시체의 변형(μm)

g : 게이지의 읽음(μm)

e_r : 공시체 축에서 로드(rod)의 편심 0.254mm까지 측정한다.

e_g : 공시체 축에서 게이지의 편심 0.254mm까지 측정한다.

(4) 저울 : 감도 50g

3. 시험방법

1 공시체

(1) 성형한 원주 공시체는 캡핑(capping)을 하거나 연마하여야 하며 요구되는 탄성체의 역학적 성질을 만족하는 규정된 양성상태를 유지하고 시험한다. 공시체는 양생실 또는 저장실에서 꺼내어 1시간 이내에 시험한다. 시험하기 위해 습윤실에서 꺼낸 공시체는 시험할 때까지 젖은 천으로 덮어서 습윤상태를 유지하여야한다.

(2) 드릴로 도려낸 코어 공시체를 시험할 때는 함수조건 및 캡핑이 적합하여야한다. 다만 다이아몬드로 도려낸 것은 길이와 지름의 비가 1.50 이상의 코어에 한하여 적용된다. 저장 및 시험직전의 상태에 대해서는 (1)항과 같다.

(3) 시험공시체의 지름은 길이의 중앙에서의 지름을 서로 직각의 두 방향에서 캘리퍼로 0.25mm까지 측정하여 평균을 구한다. 공시체의 단면적은 이 평균 지름을 사용하여 계산한다. 성형된 공시체는 캡핑된 부분을 포함하여 길이를 2.54mm까지 측정한다. 도려낸 공시체는 KS F 2412 (도려낸 콘크리트 코어의 길이 측정방법)에 따라 길이를 2.54mm 정밀도로 측정한다.

(4) 만일 압축강도를 구하기 위한 같은 조의 공시체가 없을 경우 또는 공시체의 근사 단위 무게가 명확치 않을 때에는 공시체를 시험직전에 실험실에서 공기중 무게를 50g의 정밀도로 측량한다. 다만 위 무게는 공시체 무게를 (3)항에서 구한 치수로 계산한 용적으로 나누어 계산한다. 그 결과를 g/cm^{3}로 나타낸다.

2 시험방법

(1) 시험중의 온도와 습도는 가급적 일정하게 유지하며 온도 및 습도에 변동이 생기면 기록해둔다.

(2) 만일 같은 조 공시체를 이용할 수 있을 때에는 탄성계수의 시험에 앞서 압축강도를 구한다.

(3) 공시체는 변형 측정장치를 붙여 시험기의 하판 또는 지지블럭 위에 둔다. 조심하여 공시체의 축을 바르게 구좌 상부 지지블록의 압력 중심과 일치시킨다. 변형지시계의 읽음을 기록해 둔다. 구좌 블록을 조용히 공시체 위에 내려 블록의 가동 부분을 손으로 회전시켜 균등한 가압이 되도록 한다.

(4) 공시체에는 하중을 2회 이상 가한다. 제1회의 하중에 대하여는 어떠한 기록도 하지 않고 계산은 그 이후의 하중 결과의 평균으로 한다. 시험의 반복성을 얻기위해 적어도 2회 이상의 하중을 가하는 것이 좋다. 제1회의 하중은 주로 게이지를 정착시키기 위해 가해지고 그 사이에 게이지의 동작을 관할하여 제2회 하중을 가하기 전에 비정상적인 동작을 수정한다. 각 회의 읽음은 다음과 같이 구한다.

하중을 연속해서 충격이 가지 않도록 가한다. 스크류형의 시험기는 그 가동 베드가 무하중의 경우에 약 0.127mm/min의 속도로 움직이도록 조정한다. 유압 시험기는 하중을 1초당 0.245±0.035MPa의 범위로 가한다. 하중은 계속하여 가해 그 하중의 크기와 종변형을 다음과 같을 때 기록한다.

① 종변형이 25.4mm에 대해 0.127mm일 때

② 가해진 하중의 극한 하중의 40%와 같을 때 [(5)항 참조]

종변형은 총 종변형을 유효 게이지 길이로 나눈 것이라고 정의된다. 프와송비를 구하기 위해 같은 점에서의 횡변형을 기록한다. 만일 응력-변형률 곡선을 구하기 위해서는 하중을 계속 가해 2점 이상의 읽음을 읽든가 또는 연속 기록을 할 수 있는 장치는 사용한다. 최대 하중에 달함과 동시에 극한 하중의 경우를 제외하고 하중을 적용할 때와 동일속도로 0으로 되돌린다. 만일 읽음을 못하였으면 하중 사이클을 완성하고 다시 반복한다. 이 여분이 하중 사이클을 기록해 둔다.

(5) 극한하중이 불명확한 경우에는 종변형이 표 3.11의 값에 도달하였을 때의 각 하중사이에 제2조의 읽음을 읽는다. 보통의 콘크리트에서는 이 변형은 하중이 극한하중의 30~50%의 범위에도 달하였을 때에 생긴다.

(6) 탄성계수 및 강도는 동일 하중에 대하여 구해지고, 게이지는 계속해서 쓰든지 제거하든지 또는 연속 하중에 견디도록 잘 보호되어 있어야한다. 후자의 경우에는 제2조의 읽음에 대하여 표 3.11의 변형치를 사용하든가 또는 몇 회의 읽음을 기록하여 극한하중의 40%의 변형치를 삽입법에 따라 구한다. 표 3.11의 변형치는 예비 하중에 대한 안내로 이용할 수 있다.

(7) 만일 중간 읽음을 취할 경우에는 3회 시험의 각각의 결과를 종변형을 횡축으로 하고 압축응력을 종축으로 하여 플롯한다. 시험 하중을 공시체 단면적으로 나누어 압축응력을 계산한다.

표 3.11 최대 변형치(단위 : μm/25.4mm)

시험시의 단위중량(kg/m³)	다음 재령에서의 최대 변형	
	7일 이상	7일 미만
3,280 이상	7.62	5.08
2,640~3,264	9.53	6.35
2,160~2,624	11.4	7.62
1,840~2,144	13.3	8.89
1,680~1,824	15.2	10.2
1,520~1,664	17.1	11.4
1,360~1,504	19.1	12.7
1,200~1,344	20.9	13.9

(8) 탄성 계수를 350MPa까지 다음 식으로 계산한다.

$$E = \frac{S_2 - S_1}{\epsilon_2 - 0.000050}$$

여기서, E : 탄성 계수(MPa)

S_2 : 가해진 최대 하중에 대한 응력(MPa)

S_1 : 종변형 0.00005cm에 대한 응력(MPa)

ϵ_2 : 응력 S_2로 생긴 종변형

(9) 포와송비를 0.01까지 다음 식으로 계산한다.

$$\mu = \frac{\epsilon_{t2} - \epsilon_{t1}}{\epsilon_2 - 0.000050}$$

여기서, μ : 포와송비

ϵ_{t2} : 응력 S_2로 공시체 높이의 중앙에 생긴 횡변형

ϵ_{t1} : 응력 S_1로 공시체 높이의 중앙에 생긴 횡변형

4. 주의 및 참고사항

콘크리트의 응력-변형률 곡선으로부터 구하는 영계수는 접선 영계수, 할선 영계수, 초기접선 영계수의 3종류가 있는데 여기서 기술한 시험방법으로 구해지는 것은 할선 영계수이다.

3.11 공명진동에 의한 콘크리트의 동탄성계수 및 동포와송비의 시험방법

(Testing method for dynamic modulus of elasticity, rigidity and dynamic poisson's ratio of concrete specimens by resonance vibration, KS F 2437)

1. 적용범위 및 시험목적

이 시험은 콘크리트의 원주형 및 각주형 공시체의 종진동, 변형진동 및 비틀림진동의 1차공명 진동수를 구하여 여기서 동탄성계수, 동전단탄성계수 및 동프와송비를 구하는 시험방법이다.

2. 시험기구

시험장치는 그림 3.12와 같으며 회로의 개략을 나타낸 것이 그림 3.13이다.

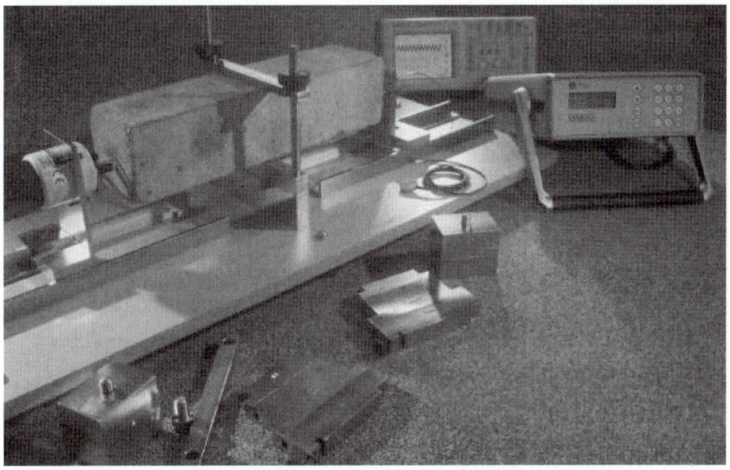

그림 3.12 동탄성계수 측정장치

(1) 구동회로 : 구동회로는 진동수가 가변인 발진기, 증폭기 및 구동단자로 되어 있다. 발진기는 진동수가 500~10,000Hz의 범위에 있는 것을 표준으로 하며 오차±2% 이내의 진동수를 조정할 수 있는 것이라야 한다.

(2) 픽업(pick up)회로 : 픽업회로는 픽업, 증폭기 및 지시기로 구성된다.

(3) 공시체의 지지대 : 지지대는 공시체가 너무 구속되지 않고 진동될 수 있는 것이어야 한다.

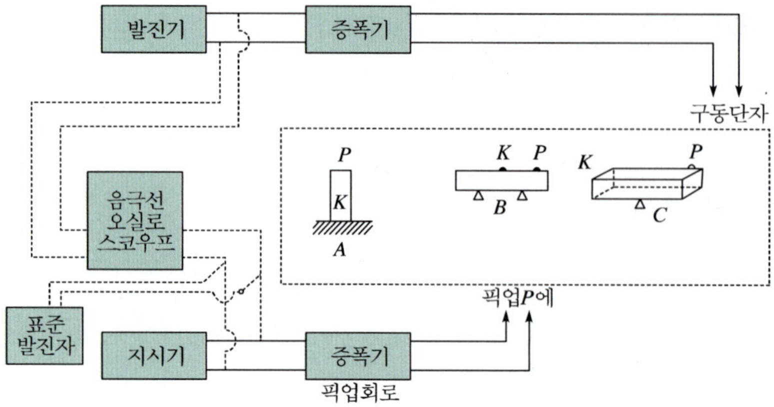

그림 3.13 시험기의 배치보기

3. 시험방법

1 공시체

(1) 공시체의 무게와 길이는 ±0.5% 이내의 정밀도로 측정한다. 단면치수는 ±1% 이내의 정밀도로 구한다.

(2) 종진동의 경우, 공시체의 단면치수는 100mm 이상으로 하고 공시체의 길이와 단면치수의 비는 2 이상으로 한다.

(3) 변형진동의 경우, 공시체의 길이와 진동방향의 두께와의 비는 3~5의 범위를 표준으로 한다.

2 종진동 경우의 공명 진동수 결정

(1) 공시체는 양 끝 자유 종진동으로 될 때는 너무 구속되지 않고 진동되도록 지지대 위에 놓아야한다. 구동력은 공시체의 끝면에서 여기에 직각으로 가한다. 픽업은 공시체의 진동방향으로 작동하도록 콘크리트의 다른 끝면에 접촉시켜야한다.

(2) 발진기의 진동수를 바꾸고 여기에 따라 공시체가 진동하도록 구동력을 가하면서 증폭된 픽업의 출력 전압을 관측한다. 지시기는 명확한 최대의 흔들림을 생기게 하고 더구나 진동의 파절을 측정한 결과 1차 공명 진동임을 확인했을 때는 이 경우의 진동수를 종진동의 1차 공명 진동수로 한다.

3 변형진동의 공명 진동수 결정

(1) 공시체는 양끝 자유로운 변형진동을 할 때는 너무 구속되지 않고 진동되도록 지지대 위에 놓아야 한다. 구동력은 공시체에 변형진동을 주는 방향으로 가하여야한다. 또 구동력을 주는 위치는

진동의 파절에서 떨어진 위치(보통 공시체의 중앙부 또는 한쪽 끝부분에 가까운 위치)로 한다. 픽업은 공시체의 진동방향으로 작동하도록 콘크리트면에 접촉시켜야한다.

(2) 발진기의 진동수를 바꾸고 여기에 따라 공시체가 진동하도록 구동력을 가하면서 증폭된 픽업의 출력전압을 관측한다. 지시기에 명확한 최대의 흔들림이 나타나며 또 진동의 파절을 측정할 결과 1차 공명변형진동임을 확인하였을 때에는 그 경우의 진동수를 변형진동의 1차 공명 진동수로 한다.

4 비틀림진동의 공명 진동수의 결정

(1) 공시체는 양끝 자유인 비틀림 진동을 할 때는 너무 구속되지 않고 진동되도록 지지대위에 놓아야 한다. 구동력은 공시체의 한쪽끝 가까이에 있어서 비틀림 진동을 주도록 한다. 픽업은 공시체의 진동방향으로 작동하도록 콘크리트면에 접촉시켜야 한다.

(2) 발진기의 진동수를 변화시켜 여기에 따라 공시체가 진동되도록 구동력을 가하면서 증폭된 픽업의 출력 전압을 관측한다. 지시기에 최대의 흔들림이 명확히 생기고 또 진동의 파절을 측정한 결과 1차 공명비틀림진동임을 확인하였을 때는 그 경우의 진동수를 비틀림진동의 1차 공명 진동수로 한다.

5 동탄성계수는 다음과 같이 계산한다.

(1) 종진동의 경우

$$E_D = C_1 W f_1^2$$

다만, $C_1 = 408 \times 10^{-5} \frac{L}{A} (s^2/mm^2)$

여기서, E_D : 동탄성 계수(N/mm^2)

W : 공시체의 무게(N)

f_1 : 종진동의 1차 공명 진동수(Hz)

L : 공시체의 길이(mm)

A : 공시체의 단면적(mm^2)

(2) 변형진동의 경우

$$E_D = C_2 W f_2^2$$

다만, $C_2 = 164 \times 10^{-5} \times \frac{L^3 T}{d^4} (s^2/mm^2)$ (원주 공시체)

$$C_2 = 966 \times 10^{-6} \times \frac{L^3T}{bt^3}(s^2/mm^2) \text{ (각주 공시체)}$$

여기서, E_D : 동탄성 계수(N/mm^2)

W : 공시체의 무게(N)

f_2 : 변형 진동의 1차 공명 진동수(Hz)

L : 공시체의 길이(mm)

d : 원주 공시체의 지름(mm)

b : 각주 공시체 단면의 각 변의 길이(mm)

t : 진동 방향의 변의 길이(mm)

T : 회전 반지름 k(원주 공시체에 대해서는 $\frac{d}{4}$, 각주 공시체에 대해서는 $\frac{1}{3.464}$)와 길이 L 및 동 포와송비 μ_D에 의하여 결정되는 수정 계수(표 3.12참조)

표 3.12 수정 계수 T의 값

k/L	$T(*)$	k/L	$T(*)$
0.00	1.00	0.09	1.60
0.01	1.01	0.10	1.73
0.02	1.03	0.12	2.03
0.03	1.07	0.14	2.36
0.04	1.13	0.16	2.73
0.05	1.20	0.18	3.14
0.06	1.28	0.20	3.58
0.07	1.38	0.25	4.78
0.08	1.48	0.30	6.07

주: * 동포와송비를 1/6로 하여 계산한 값이다. 동포와송비가 μ_D일 경우에는 다음의 수정 계수를 곱한 T'를 사용한다.

$$T' = T\left[\frac{1+(0.26\mu_D+3.22\mu_D^2)k/L}{1+0.1328k/L}\right]$$

6 동전단탄성계수는 다음과 같이 계산한다.

$$G_D = C_3 W f_3^2$$

다만, $C_3 = 408 \times 10^{-5}\frac{LR}{A}(s^2/mm^2)$

여기서, G_D : 동탄성 계수(N/mm^2)

W : 공시체의 무게(N)

f_3 : 비틀림 진동의 1차 공명 진동수(Hz)

L : 공시체의 길이(mm)

R : 형상계수 $=1$(원주 공시체)

$=1.183$(정사각형 단면의 각주 공시체)

$$=\frac{a/b+b/a}{4a/b-2.52(a/b)^2+0.21(a/b)^6}$$

A : 공시체의 단면적(mm^2)

7 동포와송비

동포와송비는 다음과 같이 계산한다.

$$\mu_D=\frac{E_D}{2G_D}-1$$

4. 주의 및 참고사항

(1) 이 규격은 기상작용, 동결융해작용, 화학적 작용 등 콘크리트에 변화를 생기게 하는 환경 조건하에 놓여진 콘크리트 공시체의 동탄성계수의 변화를 측정하는 시험방법으로 제정된 것이다.

(2) 이 규격에 의한 시험값은 공시체의 함수량 등에 의하여 영향을 받으며 동일 콘크리트로 만든 공시체라도 그 형상 및 치수가 틀리므로 측정값의 취급에는 주의를 요한다.

④ 철근

4.1 철근의 인장 시험방법

(Method of tension test for metallic materials, KS B 0802)

1. 적용범위 및 시험목적

(1) 강재의 가장 중요하며 대표적인 성질인 동시에 설계에서 기준으로 이용되는 항복점 또는 내력, 인장강도 등을 측정한다.

(2) 강재의 연성의 척도인 신장, 단면 수축률 등을 측정한다.

(3) 응력과 변형의 관계를 조사하고 비례한도, 탄성한도, 탄성계수 또는 프와송비 등을 구한다.

2. 시험기구

(1) 인장시험기(universal testing machine)

(2) 자(scale)

(3) 캘리퍼(caliper)

(4) 펀치(punch)

(5) 해머(hammer)

(6) 마이크로미터(micrometer)

3. 시험편 및 시험기

1 시 험 편

(1) 시험편은 KS B 0801(금속재료 인장 시험편)에 따른다. 다만 별도로 규정되어 있는 것은 이에 따르지 않아도 좋다.

(2) 시험편의 채취, 제작은 각각의 재료의 규격에 따라 시행한다. 시험편 부분의 재질에 변화를 생기게 하는 것과 같은 변형 또는 가열을 피하여야한다. 상 항복점, 하 항복점 또는 항복강도를 측정할 때는 특히 이 사항이 필요하다. 전단, 펀칭 등에 따른 거친 가공을 시행 할 경우에는 그 영향을 받은 영역을 절삭하여 제거하고 평행부를 다듬질한다.

(3) 선의 교정을 될 수록 피하는 것이 좋다. 교정을 필요로 할 경우에는 손으로 시행하는 등 재질에 영향을 미치지 않는 방법을 사용한다.

(4) 표점은 펀치 또는 스크라이버로 긋는 것을 원칙으로 한다. 다만 시험편의 재질이 표면 홈에 대하여 민감하거나 또는 매우 단단한 재질인 경우에는, 도료칠을 한 도료 위에 줄을 그어 표시한다.

2 시험기

(1) 인장시험에 사용하는 시험기는 KS B 5521(인장시험기)에 따른다.

(2) 시험기는 견고한 기초대에 설치하고 물림부를 연결하는 직선을 정확히 수직 또는 수평으로 놓고 사용하여야한다.

(3) 시험기는 그의 중요부분의 분해, 재조립, 모양 변경 또는 재설치하였을 경우에는 다시 검사를 시행하고 KS B 5521(인장 시험기) 에 적합한가를 재확인후 사용한다.

(4) 전 항의 경우에 해당하지 않을 때에도 사용 빈도에 따라 일정 기간마다 정밀도를 재확인하여야한다.

4. 시험

(1) 시험편의 모양에 적당한 물림 장치를 사용하고 시험중 시험편에는 축방향의 하중만이 가하여지도록 하여야한다.

(2) 하중을 가하는 속도는 가능한 균일하여야하며 그 지정은 다음의 어느 방법을 따른다.

① 응력 증가율

② 연신 증가율

③ 경과시간

㉠ 하중을 가하는 속도가 측정 결과에 큰 영향을 미칠 염려가 있는 재료에 대하여는 그의 재료 규격의 규정에 따른다. 또한 특별히 규정하지 않는 경우에는 일반적으로 ㉡항 및 ㉢항의 규정에 따르고 하중과 변형의 측정을 정확히 시행할 수 있도록 주의한다.

㉡ 상 항복점, 하 항복점 또는 항복 강도의 측정을 시행하는 경우에는 그 규정값에 대응하는 하중의 1/2의 하중까지는 적당한 속도로 하중을 가하여도 좋으나 강재에 있어서는 그의 1/2하중을 초과한 후에는 상 항복점, 하 항복점 또는 항복강도까지의 평균 응력 증가율을 $9.8 \sim 29\text{N/mm}^2$로 한다.

㉢ 인장강도의 측정을 시행하는 경우에 상 항복점, 하 항복점 또는 항복강도의 측정을 필요로 하지 않는 경우에는 인장강도의 규정값에 상당하는 하중의 1/2의 하중까지는 적당한 속도로 하중을 가하여도 좋으나 강재에 있어서는 이의 1/2 하중을 초과한 후에는 시험편 평행부의 연신 증가율이20～80%/min으로 되는 속도로 인장을 한다. 상항복점, 하항복점 또는 항복강도의 측정을 끝마친 후 계속하여 인장강도를 구하는 경우도 이와 같다.

(3) 시험 온도는 일반으로 5~35℃의 범위내로 하고 필요하면 시험 온도를 기록한다. 다만 온도 변화에 민감한 재료에 대하여는 20℃±2℃를 표준으로 하고 그 재료 규격의 지시에 따른다.

5. 시험편 평행부의 원 단면적, 표면 거리, 항복점, 항복강도, 인장강도, 파단연신율(연신율), 단면 수축률을 구하는 방법

(1) 시험편 평행부의 원 단면적은 표점 거리의 양단부 및 중앙부의 3곳의 단면적의 평균치로 한다. 다만 필요가 있어 테이퍼를 붙인 시험편은 최소 단면적을 측정하여 원 단면적으로 한다. 각각의 단면적을 구하기 위하여 지름 또는 나비, 두께는 적당한 측정기를 사용하고 적어도 규정치수의 0.5%의 수치까지 측정하지 않으면 안된다. 다만 2mm 이하의 치수에 대하여는 0.01mm까지 측정하여도 좋다. 원형의 단면적을 구하기 위한 지름은 서로 직교하는 2방향에 대하여 측정한 값의 평균치로 한다.

(2) 표점 거리는 적당한 측정기를 사용하여 적어도 규정 치수의 0.1%의 수치를 측정하지 않으면 안된다. 다만 100mm 미만의 치수에 대하여는 0.1mm까지 측정하여도 좋다. 표점 거리가 정해져 있는 연신율계를 사용하는 경우에는 미리 앞서의 측정을 연신율계에 대하여 시행한다.

(3) 상 항복점 및 하 항복점은 다음의 식에 따라 구한다.

상 항복점의 경우 $\sigma_{SU} = \dfrac{P_{SU}}{A_0}$

하 항복점의 경우 $\sigma_{SL} = \dfrac{P_{SL}}{A_0}$

여기서, σ_{SU} : 상 항복점(N/mm^2)

σ_{SL} : 하 항복점(N/mm^2)

P_{SU} : ① 참조

P_{SL} : ② 참조

A_0 : (1)의 원 단면적(mm^2)

σ_{SU}와 σ_{SL}를 혼동할 염려가 없을 때에는 σ_S로 써도 좋다.

① 상 항복점을 구하기 위해서는 시험편을 서서히 인장하였을 때 시험편 평행부가 신장을 시작하기 이전의 최대하중, 요컨대 하중 지침을 가진 시험기에서는 지침이 일시적으로 멈추거나 역행하기 이전의 최대 하중$P_{SU}(N)$을 구한다.

② 하 항복점을 구하기 위해서는 시험편을 서서히 인장하였을 때 시험편 평행부가 신장을 시작한 후 대략 일정한 하중, 예컨대 하중 지침을 가진 시험기에서는 지침이 일시정지 또는 역행한 후에 일시 정지하는 하중 $P_{SL}(N)$을 구한다.

(4) 항복강도는 다음 식에 따라 구해진다.

$$\sigma\epsilon = \frac{P\epsilon}{A_0}$$

여기서, $\sigma\epsilon$: 항복강도(N/mm^2)

$P\epsilon$: 연신율계를 사용하여 하중과 신장량과의 관계 선도를 구하고, 신장축상 규정의 영구 연신율(ϵ)에 상당하는 점으로부터 시험 기초의 직선부분에 평행성을 그어 이것이 선도와 만나는 점이 나타내는 하중(N)

A_0 : (1)의 원 단면적(mm^2)

또 항복강도가 규격에 합격하느냐 않느냐의 결정만으로 좋은 경우에는 규정값에 원단면적을 고하여 얻은 하중을 15초간 가하고 이것을 제거하여 측정한 영구 연신율이 규정치 이하인가 아닌가로 결정하여도 좋다.

상기 항복강도의 식에 대하여는 보기를 들면 규정의 영구 연신율 $\epsilon = 0.2\%$ 의 경우는 다음과 같이 써서 나타낸다.

$$\sigma_{0.2} = \frac{P_{0.2}}{A_0}$$

(5) 규정의 영구 연신율 $\epsilon\%$ 가 얻어지는 하중하의 총 연신율 $\lambda\%$ 을 알고 있는 경우에는 항복강도를 (4)대신 다음의 방법으로 결정하여도 좋다.

$$\sigma\epsilon(\lambda) = \frac{P_\lambda}{A_0}$$

여기서, $\sigma\epsilon(\lambda)$: 총 연신율법으로 구한 항복강도(N/mm^2)

P_λ : 연신율계를 사용하여 측정한 하중하의 총연신율이 $\lambda\%$ 일 때의 하중(N)

A_0 : (1)의 원단면적(mm^2)

(6) 인장강도는 다음 식에 따라 구한다.

$$\sigma_B = \frac{P_{max}}{A_0}$$

여기서, σ_B : 인장강도(N/mm^2)

P_{max} : 인장하중(N)

A_0 : (1)의 원 단면적(mm^2)

(7) 상(上)항복점, 하(下)항복점, 항복강도 또는 인장강도를 구하기 위한 하중의 읽음은 적어도 그 크기의 0.5%까지로 한다. 항복점, 항복강도, 인장강도의 수치를 첫째자리에서 끝맺음한다. 다만 응력의 측정치가 100N/mm^2 미만인 경우에는 유효숫자 2자리가 되도록 수치를 끝맺음한다. 맺음 방법은 각각 KS A 0021(수치의 맺음법)에 따른다.

(8) 파단 연신율(연신율)은 다음의 식에 따라 구한다.

$$\delta = \frac{l - l_0}{l_0} \times 100$$

여기서, δ : 파단연신율(연신율)(%)

l : 시험편의 양 파단편의 중심선이 일직선상에 있도록 주의하여 파단면을 접촉시켜 (2)에 준하여 측정한 표점거리(mm)

l_0 : 표점거리(mm)

비고 : 판상시험편에 있어서 파단면을 접촉시켰을 때 나비의 중앙부에 틈새(CP)가 있는 경우 (그림 4.1)에도 그 CP의 치수를 빼지 않고, 표점 O_1O_2 간의 거리로써 판단 연신율(연신율)을 산출한다.

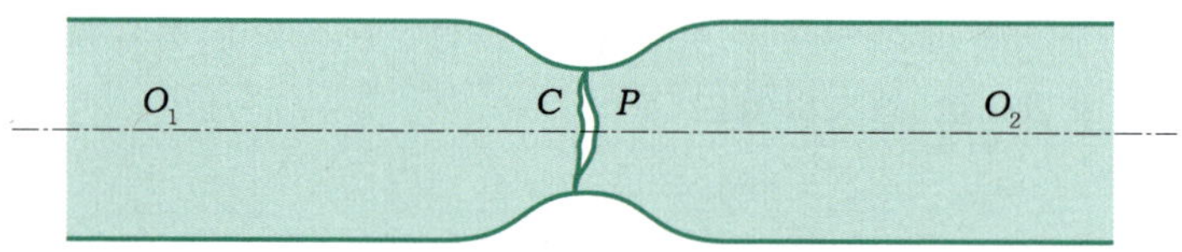

그림 4.1 틈새가 있는 판상시험편의 연신율 측정

(9) 파단 연신율(연신율)의 수치는 KS A 0021(수치의 맺음법)에 따라 첫째자리에서 끝맺음한다. 다만 표점 거리가 100mm를 초과하는 경우에는 더 정밀하게 하여도 좋다.

(10) 단면 수축률의 측정에는 원형단면의 시험편을 사용한다.

(11) 단면 수축률은 다음 식에 따라 구한다.

$$\phi = \frac{A_0 - A}{A_0} \times 100$$

여기서, ϕ : 단면 수축률(%)

A : 시험편 파단면을 주의하여 접촉시켜 (1)에 준하여 측정한 최소 단면적(mm^2)

A_0 : 원 단면적(mm^2)

(12) 단면 수축률의 수치는 KS A 0021(수치의 맺음법)에 따라 첫째자리에서 끝맺음 한다.

(13) 인장시험의 성적은 시험편의 파단 위치에 따라 다음의 기호를 부기하여 구별한다.

A : 표점 사이의 중심으로부터 표점 거리의 1/4 이내(그림 4.2 A부)에서 파단한 경우

B : 표점 사이의 중심으로부터 표점 거리의 1/4 초과 표점 이내 (그림 4.2 B부)에서 파단한 경우

C : 표점밖(그림 4.2, C부)에서 파단한 경우

이 A, B ,C 의 구분은 파단 후의 표점 사이의 길이로 생각하여도 좋다.

(14) 시험의 성적에는 시험편의 종류를 부기한다.

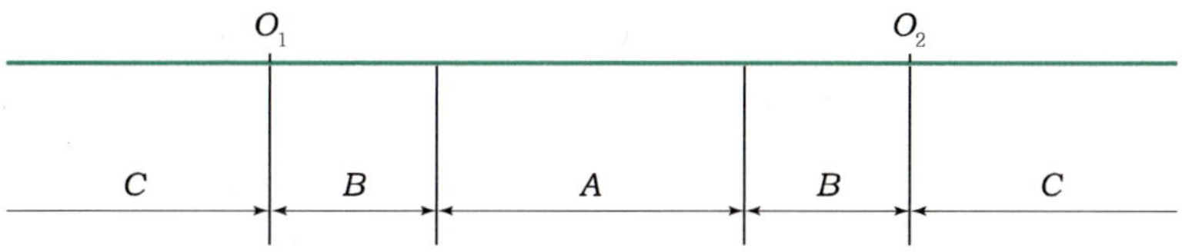

그림 4.2 시험편의 파단위치

6. 주의 및 참고사항

파단 연신율(연신율)의 추정 시험편의 파단위치가 5. (13)의 (B)의 경우에 표점 사이의 중앙에서 절단한 경우의 파단 연신율(연신율)의 값을 추정(이하 추정치라 한다) 하는 데는 다음의 방법에 따른다.

(1) 미리 표점 사이를 적당한 길이로 등분하여 눈금을 기입한다.

(2) 시험후의 파단면을 접촉시켜 짧은 쪽의 파단 편상의 표점(O_1)의 파단위치(P)에 대한 대칭점에 가까운 눈금(A)를 구하고 O_1A간의 길이를 측정한다.

(3) 긴 쪽의 편단면상의 표점(O_2)와 A와의 사이의 등분수를 n으로 하고, n이 짝수인 때는 A로부터 O_2의 방향으로 $\frac{n}{2}$번째의 눈금 n이 홀수인 때는 $\frac{n-1}{2}$번째의 눈금과 $\frac{n+1}{2}$번째의 눈금과의 중점을 B로 하여 AB간의 길이를 측정한다.

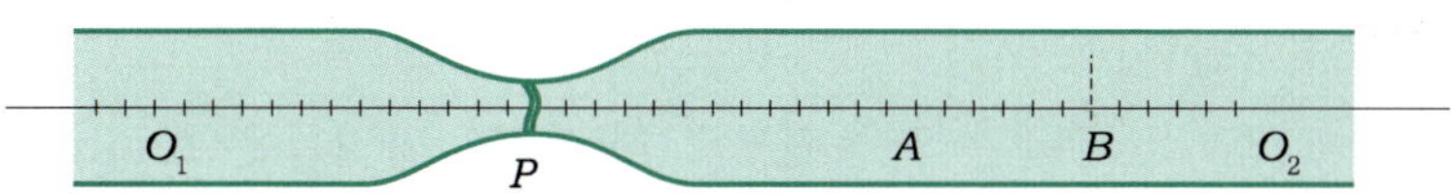

그림 4.3 파단연신율 측정

(4) 추정값은 다음 식에 따라 산출하여 추정치라고 부가한다.

$$\text{추정값} = \frac{O_1A + 2AB - \text{표점 거리}}{\text{표점 거리}} \times 100\%$$

4.2 철근의 굽힘 시험방법

(Method of bend test for metallic materials, KS F 0804)

1. 적용범위 및 시험목적

여기서 말하는 굽힘 시험은 재료의 휨파괴강도를 조사하기 위한 시험이 아니고 냉간휨가공 등을 할 때 굴곡부의 바깥쪽에 터짐 및 기타 결점의 발생유무를 조사, 즉 강재의 가공성을 조사할 목적으로 행하는 시험이다.

2. 시험기구

(1) 굽힘 시험기 (2) 갤리퍼(caliper) (3) 누름쇠 (4) 지점간 게이지판

3. 시험편

(1) 시험편은 KS B 0803(금속재료 굴곡 시험판)에 따른다. 다만 별도로 규정되어 있는 것은 이에 따르지 않아도 좋다.

(2) 시험편의 채취 및 제작은 각 재료 규격에 따라 행하며 특별한 지정이 있을 때를 제외하고는 시험편으로 되는 부분에 불필요한 변형 또는 가열을 피하여야 한다.

4. 시험방법

1 눌러 굽히는 방법

(1) 그림 4.4와 같이 시험편을 2개의 받침에 얹고 그 중앙부에 누름쇠를 대고 서서히 하중을 가하여 규정의 모양으로 굽히는 방법이다.

(2) 받침과 누르개의 축과는 서로 평행해야 한다. 또 누름쇠 및 받침이 시험편에 접히는 면에는 기름칠을 하여도 무방하다.

(3) 누름쇠의 끝부분은 규정의 안쪽 반지름과 같은 반지름의 원통면을 가지며 원통면의 길이는 시험편의 나비보다 커야한다.

(4) 받침이 시험편에 접히는 부분은 원통면으로 하고, 그 반지름은 10mm 이상으로 한다.
또 받침 사이의 거리는 다음 식에 따른다(그림 4.4 참조).

$$L = 2r + 3t$$

여기서, L : 2개의 받침 사이의 거리(mm)
r : 안쪽 반지름(mm)
t : 시험편의 두께, 지름, 변 또는 맞변거리(mm)

(5) 그림 4.5의 방법으로 굽히는 각도는 약 170℃까지로 한다. 굽힘 각도가 180℃일 때는 전항의 방법으로 약 170℃로 굽힌 후에 그림 4.5와 같이 규정한 안쪽 반지름의 2배의 두께를 가진 삽입물을 사용하여 시험편의 양 끝을 누른다. 다만 그림 4.4에 있어서 받침 사이의 거리를 $L-2r+2t$로 하고 시험편이 받침을 빠져나갈 때까지 눌러서 이것을 180℃까지 구부려도 좋다.

(6) 밀착할 때에는 우선 적당한 안쪽 반지름을 가지고, 거의 170℃까지 구부린 후 그림 4.6의 방법에 따른다.

2 감아 굽히는 방법

(1) 그림 4.7 또는 그림 4.8과 같이 시험편이 규정의 모양이 되도록 서서히 하중을 가하여 시험편을 축 또는 다이에 감아 굽히는 방법이다.

(2) 시험편의 대략 중앙부분이 규정의 모양이 되도록 시험편의 한쪽을 누르고 다른 쪽을 축 또는 다이에 규정된 굴곡 각도까지 감아 구부린다. 또한 하중을 가하는 위치는 그림 4.7 및 그림 4.8에 따른다.

(3) 굽힘 강도가 180℃이고 안쪽 반지름이 특별히 작거나 또는 밀착하는 경우에는 (2)방법으로써 적당한 안쪽 반지름을 가지고 180℃까지 굽힌 후 이것을 그림 4.5 또는 그림 4.6의 방법으로 규정의 안쪽 반지름이 되도록 시험편의 양끝을 서로 누른다.

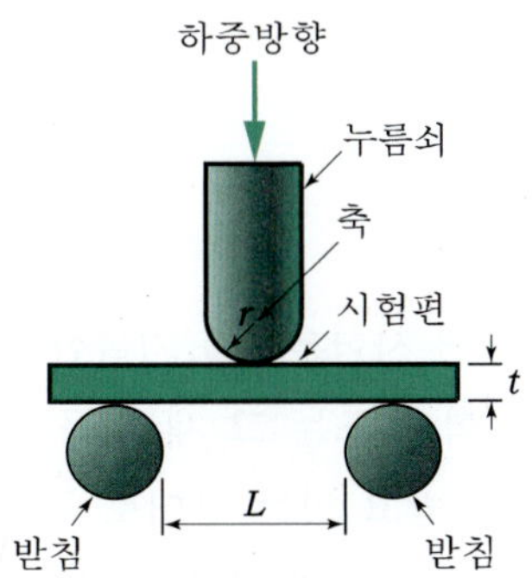

그림 4.4

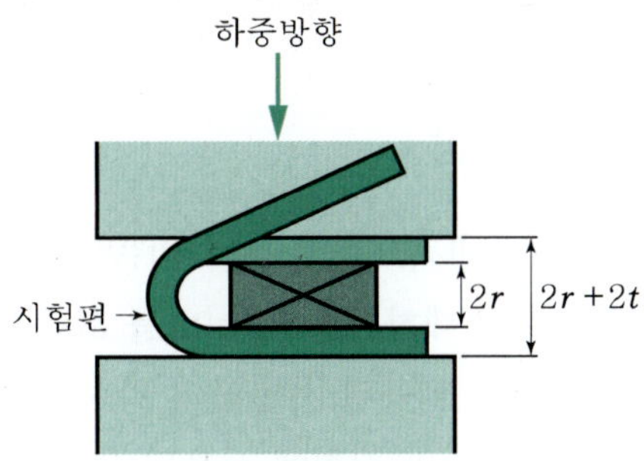

그림 4.5

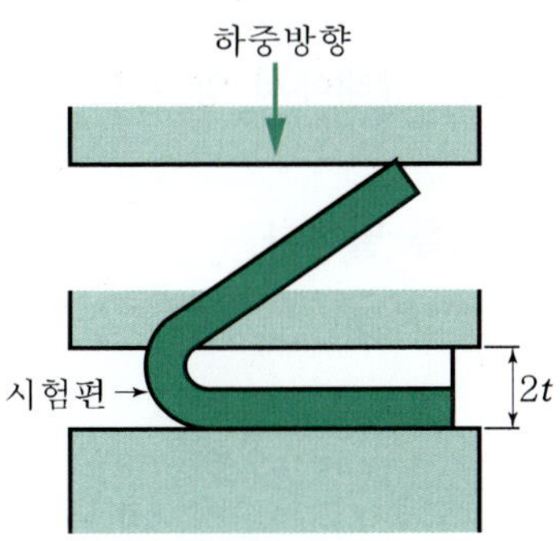

그림 4.6

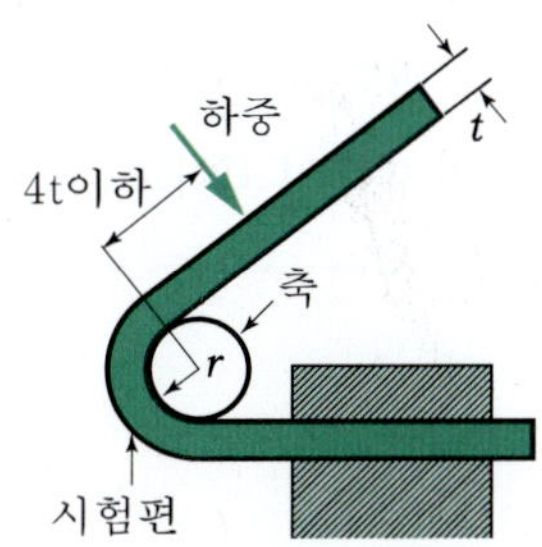

그림 4.7

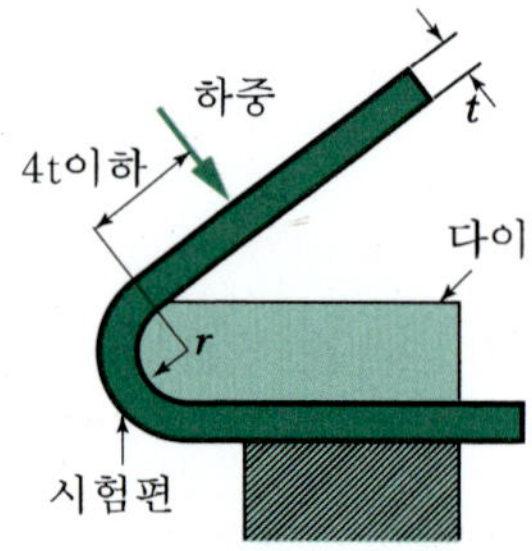

그림 4.7

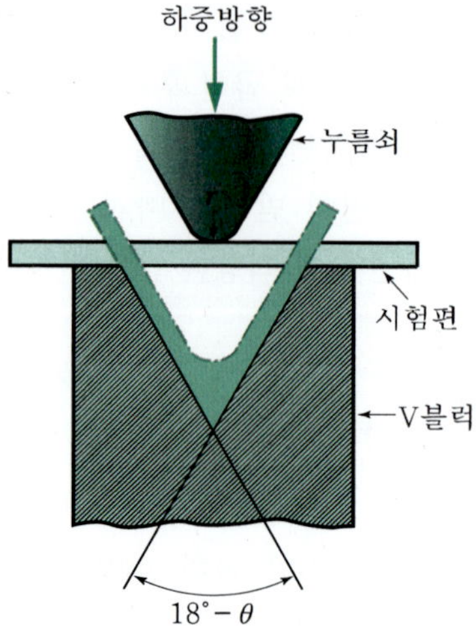

그림 4.9

3 블록법

(1) 그림 4.9와 같이 시험편을 V 블록 위에 놓고 그 중앙에 누름쇠를 대고 서서히 하중을 가하여 규정 된 모양으로 구부리는 방법이다.
(2) V 블록법의 사용은 각각의 재료 규격의 지시에 따라 시험한다. 이 경우의 V 블록 및 누름쇠의 모양, 치수는 재료 규격의 지시에 따른다.

5. 주의 및 참고사항

(1) 시험온도는 일반적으로 5~35℃의 범위로 하고 필요하면 시험온도를 기록한다. 다만 온도변화에 민감한 재료에 대하여는 20±2K를 표준으로 하고 시험 온도는 그 재료 규격의 지시에 따른다.
(2) 안쪽 반지름은 굴곡된 시험편의 안쪽이 굽힘모멘트를 받고 있는 상태로 구부러진 곡면의 곡률 반지름을 말하지만 시험에 사용된 누르개쇠, 축 또는 다이 끝의 곡률 반지름을 안쪽 반지름으로 한다.
(3) 굽힘 각도는 시험편의 안쪽이 굽힘모멘트를 받고 있는 상태에서 양 끝의 직선 부분이 이루는 각이 180°에서 변화한 크기를 말한다.
(4) 밀착은 안쪽 반지름이 0이고 굽힘 각도가 180°인 때를 말한다.

부록 / II ▪ 약어

- ASTM : American Society for Testing and Materials
- ANSI : American National Standards Institute
- ACI : American Concrete Institute
- AISC : American Institute of Steel Construction
- AISI : American Iron and Steel Institute
- ASCE : American Society of Civil Engineers
- AASHTO : American Association of State Highway and Transportation Officials
- AREA : American Railway Engineering Association
- BS : British Standards
- CEB : Comite Euro-Internationale du Beton / Euro-Internationale Committee for Concrete
- DIN : Deustsche Industrie Norn / Industrie Standards
- FIP : Federation Internationale de la Precontrainte / Internationale Federation for Prestressing
- IABSE : International Association for Bridges and Structural Engineering
- IATM : International Association for Testing Materials
- ISO : International Standards Organization
- JIS : Japanese Instrutrial Standards
- KS : Korean Standards
- NF : Francaise de Normalisation/France Standards
- PCI : Prestressed Concrete Institute
- PTI : Post-Tensioning Institute
- PCA : Portland Cement Association
- SI Unit : Systeme Internationale d'Unites / Internationale Systeme of Unites
- UIC : Union Internationale des Chemins de fer / Internationaler Eisenbahnverband / Internationale Union of Railways

부록 / Ⅲ 단위환산표

(1) 길이(length)

m	in(inch)	ft(feet)	yd(yard)	mile	nautical mile(해리)
1	39.370	3.2808	1.0936	$0.621\ 37\times10^{-3}$	$0.539\ 96\times10^{-3}$
25.4×10^{-3}	1	83.333×10^{-3}	27.77810^{-3}	15.783×10^{-6}	13.715×10^{-6}
0.304 8	12	1	0.333 33	$0.18\ 39\times10^{-3}$	$0.164\ 58\times10^{-3}$
0.914 4	36	3	1	$0.568\ 18\times10^{-3}$	$0.493\ 74\times10^{-3}$
$1.609\ 3\times10^{3}$	63.36×10^{3}	5.28×10^{3}	1.76×10^{3}	1	0.868 98
1.852×10^{3}	72.913×10^{3}	$6.076\ 1\times10^{3}$	2.025×10^{3}	1.150 8	1

$1m=10^{-3}km$, $1mm=10^{-1}cm$, $1\mu=10^{-4}cm$, $1m\mu=10^{-7}cm$, 1Å(1angstrom)$=10^{-10}m$

(2) 넓이(area)

m^2	in^2	ft^2	yd^2	acre	square mile
1	1.5500×10^{3}	10.764	1.196	$0.247\ 10\times10^{-3}$	$0.386\ 10\times10^{-6}$
$0.645\ 16\times10^{-3}$	1	6.944×10^{-3}	$0.771\ 61\times10^{-3}$	$0.159\ 42\times10^{-6}$	$0.249\ 10\times10^{-9}$
92.903×10^{-3}	144	1	0.111 11	22.957×10^{-6}	35.870×10^{-9}
0.836 13	1.296×10^{3}	9	1	$0.206\ 61\times10^{-3}$	$0.322\ 83\times10^{-6}$
$4.046\ 9\times10^{3}$	$6.272\ 6\times10^{6}$	43.56×10^{3}	4.84×10^{3}	1	$1.562\ 5\times10^{-3}$
$2.590\ 0\times10^{6}$	$4.014\ 5\times10^{9}$	27.878×10^{6}	$3.097\ 6\times10^{6}$	640	1

1 a(1are)$=100m^2$, 1ha(1hectare)=100 a

(3) 부피(volume)

m^3	in^3	ft^3	yd^3	UK gallon	US gallon
1	61.024×10^{3}	35.315	1.308 0	219.97	264.17
16.387×10^{-6}	1	$0.578\ 70\times10^{33}$	21.434×10^{-6}	$3.604\ 6\times10^{-3}$	$4.329\ 0\times10^{-3}$
28.317×10^{-3}	1.728×10^{3}	1	37.037×10^{-3}	6.228 8	7.480 5
0.764 56	46.656×10^{3}	27	1	168.18	201.97
$4.546\ 1\times10^{-3}$	277.42	0.160 54	$5.946\ 1\times10^{-3}$	1	1.201 0
$3.785\ 4\times10^{-3}$	231	0.133 68	$4.951\ 1\times10^{-3}$	0.832 68	1

1 carat=0.2g, $1\ mg=10^{-3}g$, $1g=10^{-3}kg$, 1Ib =7000grain

(4) 그리스문자

대문자	소문자	명칭	대문자	소문자	명칭
Α	α	Alpha(알파)	Ν	ν	Nu(뉴우)
Β	β	Beta(베타)	Ξ	ξ	Xi(크사이)
Γ	γ	Gamma(감마)	Ο	ο	Omicron(오미크론)
Δ	δ	Delta(델타)	Π	π	Pi(파이)
Ε	ε	Epsilon(입시론)	Ρ	ρ	Rho(로오)
Ζ	ζ	Zeta(제타)	Σ	σ	Sigma(시그마)
Η	η	Eta(이타)	Τ	τ	Tau(타우)
Θ	θ	Theta(세타, 테타)	Υ	υ	Upsilon(웁실론)
Ι	ι	Iota(이오타)	Φ	φ	Phi(파이)
Κ	κ	Kappa(캅파)	Χ	χ	Chi(카이)
Λ	λ	Lambda(람다)	Ψ	ψ	Psi(프사이)
Μ	μ	Mu(뮤우)	Ω	ω	Omega(오메가)

(5) SI 접두어 명칭

접두어의 명칭	기호	단위에 곱하는 배수	접두어의 명칭	기호	단위에 곱하는 배수
페라(pera)	P	10^{16}	데시(deci)	d	10^{-1}
테라(tera)	T	10^{12}	센티(centi)	c	10^{-2}
기가(giga)	G	10^{9}	밀리(milli)	m	10^{-3}
메가(mega)	M	10^{6}	마이크로(micro)	μ	10^{-6}
킬로(kilo)	K	10^{3}	나노(nano)	n	10^{-9}
헥토(hecto)	h	10^{2}	피코(pico)	p	10^{-12}
데카(deca)	da	10	펨토(femto)	f	10^{-16}

(6) 압력의 단위

Pa	bar	kgf/cm^2	atm	$psi(lb/in^2)$
1	1×10^{-6}	1.01972×10^{-6}	9.86923×10^{-6}	1.4504×10^{-4}
1×10^{6}	1	1.01972	9.86923×10^{-1}	1.4504×10
9.80665×10^{4}	9.80665×10^{-1}	1	9.67841×10^{-1}	1.4223×10
1.01325×10^{6}	1.01325	1.03323	1	1.470×10
6.89476×10^{3}	6.89476×10^{-2}	7.031×10^{-2}	6.804×10^{6}	1

(7) 힘의 단위

N	dyne	kgf	ft · lb
1	1×10^{6}	1.02×10^{-1}	2.248×10^{-1}
1×10^{-6}	1	1.02×10^{-6}	2.248×10^{-6}
9.807	9.807×10^{6}	1	2.205
4.448	4.448×10^{6}	4.536×10^{-1}	1

(8) 응력의 단위

kPa	MPa(N/mm^2)	kgf/mm^2	kgf/cm^2
1	1×10^{-3}	1.01972×10^{-4}	1.01972×10^{-2}
1×10^{3}	1	1.01972×10^{-1}	1.01972×10
9.80665×10^{3}	9.80665	1	1×10^{2}
9.80665×10	9.80665×10^{-2}	1×10^{-2}	1

(주) kPa=10^3Pa, MPa=10^6Pa

(9) 응력 환산표

kgf/cm^2	MPa	psi	kgf/cm^2	MPa	psi
1	0.098	14.2	210	20.6	2,987
4	0.39	56.9	240	23.5	3,414
12	1.18	170.7	280	27.5	3,982
16	1.57	227.6	350	34.3	4,978
60	5.88	853.4	500	49.0	7,112
70	6.86	995.6	1400	137.3	19,912
80	7.85	1,138	2400	235.4	34,135
90	8.83	1,280	2812	275.8	40,000
100	17.65	2,560	4200	411.9	59,737

(10) 단위 대조표

량 / 단위계	길이	질량	힘	응력	비고
SI계	m	kg	N	N/㎡ 또는 Pa	Lb=pound
CGS계	cm	g	dyne	dyne/cm^2	N=newton
MKS계	m	kg·s^2/m	kgf	kgf/m^2	dyn=dyne
FPSrP	ft	Lbf·s^2/ft	Lbf	Lbf/ft^2	Pa=pascal

부록 / Ⅳ 토목재료 관련 품질시험 기준

(건설공사 품질시험시행규칙 제 4조, 건설부령 제 454호)

1. 선정 시험

(1) 콘크리트

종별	시험종목	시험방법	시험빈도	비고
골 재	체가름	KS F 2502	생산지마다	염화물 함량은 바다모래의 경우
	200번 체 통과량	KS F 2511		
	비중 및 흡수율	KS F 2504		
		KS F 2503		
	단위중량	KS F 2505		
	모래의 유기불순물	KS F 2510		
	안정성	KS F 2507		
	마모율	KS F 2508		
	염화물 함량	KS F 2515		
물	수질검사		감독관이 필요하다고 인정할 때	
콘크리트용 화학혼화제	당해 제품의 KS에 규정된 시험 종목	KS F 2560	제조회사마다	
	적외선 흡수 스펙트럼	KS M 0024		
콘크리트	배합설계	콘크리트 표준시방서	재료가 다른 각 배합마다	시험 포함
콘그리트 양생제	당헤 제품의 KS에 규정된 시험 종목	KS F 2540	제조회사마다	

(2) 아스팔트 포장

종별	시험종목	시험방법	시험빈도	비고
골 재	체가름	KS F 2502	공사개시 전 1회 생산지가 바뀔 때마다	
	200번 체 통과량	KS F 2511		
	비중 및 흡수율	KS F 2504		
		KS F 2503		
	마모율	KS F 2508		
	안정성	KS F 2507		
	피막박리	KS F 2355		

종별	시험종목	시험방법	시험빈도	비고
채움재 (석회, 석분)	입도 수분 비중	KS F 3501 KS F 3501 KS F 5110	제조회사마다	기타의 석분은 별도의 시험방법 적용
아스팔트 콘크리트	배합설계	표준시방서	재료가 다른 각 배합마다	아스팔트 품질시험 포장
플랜트	계량기의 눈금 점검 자동 계량장치 점검 믹서 성능시험		공사 개시전 1회 필요할 때 마다	

(3) 기타

종별	시험종목	시험방법	시험빈도	비고
석재	비중 및 흡수율 압축강도, 탄성파	KS F 2518 KS F 2519	석산마다 필요할 때마다	정밀한 암분류시 탄성파 시험 병행

2. 관리시험

(1) 콘크리트

종별	시험종목	시험방법	시험빈도	비고
시멘트	당해 제품의 KS에 규정된 시험 종목	KS L 5201	제조일로부터 3개월 경과시 또는 재질의 변화가 있다고 인정될 때 300톤마다	
콘크리트용 화학혼화제	당해 제품의 KS에 규정된 시험 종목 적외선 흡수 스펙트럼	KS F 2560 KS M 0024	회사별 반입시마다 3개월 이상 저장하여 재질의 변화가 있다고 인정될 때	동결융해시험 및 길이의 변화 시험 제외
골 재	비중 및 흡수율 200번 체 통과량 모래의 유기불순물 마모율 안정성 염화물함량 체가름 표면수량	KS F 2504 KS F 2503 KS F 2511 KS F 2510 KS F 2508 KS F 2507 KS F 2515 KS F 2502 KS F 2509 KS F 2467	최대치수별 1,000m^3마다 재질의 변화가 인정될 때 해사 50톤마다 산지별, 구조물별, 최대치수별 1일 1회 1일 1회 이상	

종별	시험종목	시험방법	시험빈도	비고
굳지않은 콘크리트 (레디믹스트 콘크리트 포함)	현장배합 수정		아침 작업 개시전	
	슬럼프	KS F 2402	배합이 다를 때마다 1일 1회 이상	
	공기량	KS F 2421	AE제 사용시 1일 1회 이상	
	씻기분석	KS F 2411	재질의 변화가 인정될 때	
경화한 콘크리트	압축강도 또는 휨강도	KS F 2405 KS F 2408	배합이 다를 때마다 콘크리트 타설량이 100m^3 미만일 때 50m^3 마다 100 이상 500m^3 미만일 때 100m^{3}마다 500 이상 1,000m^3 미만일 때 150m^{3}마다 1,000m^3 이상 2,000m^3 이상일 때 200m^{3}마다 2,000m^3 이상일 때 500m^{3}마다	
콘크리트 양생제	당해 제품의 KS에 규정된 시험 종목	KS F 2540	반입시마다 3개월 이상 저장하여 재질의 변화가 인정될 때	
그라우팅	컨시스턴시 블리딩 팽창률 압축강도	KS F 2412 KS F 2414 KS F 2433 KS F 2426	작업 개시전 1회 필요시마다	

(2) 아스팔트 포장

종별	시험종목	시험방법	시험빈도	비고
도로포장용 아스팔트	당해 제품의 KS에 규정된 시험 종목	KS M 2201	2,000톤의 장기저장으로 재질의 변화가 우려될 때	
커트백 아스팔트	당해 제품의 KS에 규정된 시험 종목	KS M 2202	제조회사별 반입시마다	
유화 아스팔트		KS M 2203		
포장타르 채움재	입도, 수분	KS M 2206 KS M 3501	2,000톤마다 반입시마다	
혼합재	아스팔트 함량 골재입도 마샬안정도 피막박리	KS F 2354 KS F 2361 KS F 2337 KS F 2335	1일 1회 이상 필요시마다	
혼합물의 포설	밀도 두께	KS F 2353	포설 후 10아르마다	

찾아보기

ㄱ

ㄴ

ㄷ

ㄹ

ㅁ

ㅂ

ㅅ

ㅇ

ㅈ

ㅊ

ㅋ

ㅌ

ㅍ

ㅎ

■ 저자약력

■ 김 성 수

한양대학교 토목공학과(공학사)
한양대학교 대학원 토목공학과(공학석사)
한양대학교 대학원 토목공학과(공학박사)
캐나다 university of Toronto 교환교수
대학토목학회, 한국콘크리트학회 등, 정회원
현재 : 대진대학교 스마트건설환경공학부 교수

■ 이 승 태

한양대학교 토목공학과(공학사)
한양대학교 대학원 토목공학과(공학석사)
한양대학교 대학원 토목공학과(공학박사)
캐나다 University of Toronto, Post-doc.
미국 North Carolina State University 방문교수
대한토목학회, 한국콘크리트학회, 한국구조물진단유지관리공학회 정회원
현재 : 국립 군산대학교 토목공학과 교수

■ 유 재 석

일본 동경공업대학 대학원 공학박사
미국 UC버클리대학 박사후연구원
미국 노스웨스턴대학 선임연구원
미국 조지아공과대학 겸임조교수
대한토목학회, 한국콘크리트학회 등 정회원
현재 : 한양대학교 건설환경공학과 교수

■ 정 호 섭

한양대학교 토목공학과(공학사)
한양대학교 대학원 토목공학과(공학석사)
한양대학교 대학원 토목공학과(공학박사)
한국콘크리트학회, 한국구조물진단유지관리공학회 정회원
현재 : 한양대학교 에리카 건설환경공학과 연구교수

제4판 **토목재료학** 정가 28,000원

저자 : 김성수 · 유재석 · 이승태 · 정호섭

발행인 : 임해진
발행처 : 도서출판 구미서관

발행 : 1996년 9월 25일 초 판
2022년 2월 25일 제4판 1쇄
2024년 3월 4일 제4판 2쇄

등록 : 1979년 6월 29일 No.9-6호

주소 : 서울시 마포구 신촌로 2길 5-15 구미빌딩
전화 : 02-333-1101
팩스 : 02-335-2201
http://www.goomibook.com

ISBN : 979-11-6257-198-9 (93530)